JN045034

新装版　原子炉物理入門

平川直弘　岩崎智彦

東北大学出版会

Restyled Introduction to Nuclear Reactor Physics
Naohiro HIRAKAWA, Tomohiko IWASAKI
Tohoku University Press, Sendai
ISBN 978-4-86163-403-1

「新装版への序」

『原子炉物理入門』（東北大学出版会、2003 年）を出版してから 20 年が経過した。この間 2011 年の東日本大震災と、それに伴う東京電力福島第一原子力発電所の事故は日本の原子力利用に計り知れない影響をもたらした。

原子炉物理学の分野でも、その研究の方向が、臨界安全や加速器炉などの方向にシフトしつつある。このようなことを考えると、本書の出版にあたって、前掲書に改訂を施すべきでないかとも考えたが、次の理由から見送ることとした。

第 1 に本書は入門書であって、本書の基本的事項に、事故の影響で変更すべきことはない、と考えるからである。たとえば、原子炉の運転期間の延長に関して問題となる、原子炉材料の中性子損傷についての問題は、本書で扱っている燃焼計算問題に対するデータが与えられれば、本書の内容の応用問題として解決できる問題である。

第 2 に、最近の研究の進展を加味して改訂する必要があるかどうか、という点については、現在直接原子炉物理を利用する業務を離れて久しい身として、これを行うことはあまり適切でないと思い、それを加えなくても入門書としての役目を果たすことが出来る、と考えるからである。

本書が原子炉物理入門書として、引き続き役割を果たすことが出来れば、幸甚である。

2023 年 12 月

平川直弘　岩崎智彦

目 次

はじめに

本書は2000年4月より2001年4月まで12回にわたり日本原子力学会誌に連載した講座「原子炉物理」をもとに加筆訂正を行ったものである。原子炉物理に関しては後に述べるように多くの教科書、参考書が出版されているのに、あえてここに1冊を加えることとしたのは次の理由による。

原子炉物理（あるいは単に炉物理）は、核燃料物質を含む体系中での中性子の振舞いを研究する分野として発展してきた。その意味で原子炉物理は原子力工学特有の分野として、原子炉設計の中心的役割を担ってきた。また、最近では核融合炉ブランケットの設計等、核燃料物質を含まない体系に対しても適用されつつある。それが、日本原子力学会誌が原子力工学に関する一連の連載講座を掲載するにあたって最初のテーマとして取り上げた理由でもある。

かつては原子炉の設計計算は、解析法にもとづいて見通しよく実行されていた。しかし今日では、炉物理研究の進展、数値解析法そして何よりも計算機そのものの進歩によって、原子炉設計は殆ど計算コードを用いて行われるようになった。極端にいえば、誰でもインプットを書いて、アウトプットを整理することで答えを得られるようになった。設計の効率、標準化を中心に考えれば、これ自体はすばらしい成果であるが、反面これには大きな問題がある。1つは、設計者がそのコードのなかでどのような計算が行われているのかを知らなくても答えが得られるため、そのコードの適切な使い方や適用範囲を知らずに計算を行う可能性があること、もう1つは、ともすると予測される計算結果に対する予備知識に欠けるため、たとえば入力ミスにより、誤った答えがでてきても、それをチェックできないこと、あるいは入力データの準備に際して、適切なものを選択することができないこと等である。しかし、これまでの教科書の多くは、初めて読む者にとっては分厚すぎた。そこで本書では計算コードに使われている計算手法の基礎となっている理論についての理解を図るとともに、計算結果について解析的にある程度評価できるような知識の習得に主眼を置き、炉物理の中でも特に重要な事項に限って解説しようと試みた。一方で、入力データを準備するときの便宜を考えて、基礎的なデータ例えば第4章の遅発中性子データなどについては、なるべく詳細なものを準備することとした。

原子炉解析結果の妥当性の判断を最も必要とされるのは、恐らく原子炉主任技術者であろう。そのため、取り扱っているテーマへの理解度を判断する、という演習問題の本来の主旨からみて不完全であることを承知の上で、あえて演習問題を全て、これまでに出題された原子炉主任技術者の試験問題から選んだ。また、これまで原子炉物理を専門に学んでこなかった技術者が、原子炉主任技術者試験のために学習を独学で行うことをも考慮して、なるべくページ数を削減するよう努める一方で、数式の導出はなるべく丁寧に行うよう心がけた。ただし、大学初年度級の微積分、ベクトル解析等の数学の知識があることを前提とした。(例えば、堀口　剛、三宅省吾 :“数学物理学演習”昭晃堂 (1996))

この種のテキストで最も悩むのが、中性子輸送方程式の取扱いである。原子炉物理は極言すれば、中性子数の保存則に基づくボルツマンの輸送方程式をどう解くかという分野である。しかし、現在の原子炉設計は、殆ど中性子輸送方程式に拡散近似を施した拡散理論によって行われている。そして、原子炉物理を、拡散理論の導入から始めれば、少なくとも一見取り付き難いとされる原子炉物理に対する壁がかなり低くなるのは確かである。しかし、拡散方程式を用いる際に、その限界を知り、また拡散方程式に対して使われる補正や、係数の意味を知る上で、輸送方程式から出発することが望ましいと考えた。また、原子炉の格子 (セル) 計算や、遮蔽体、ブランケット計算等では、輸送計算が不可欠であり、更に直接計算を行うのは計算コードであって我々はそれがどんな計算を行っているのか、という知識を持てば十分であると考えたからである。1970 年以降の教科書が概ね輸送理論から始まっていることも念頭に置いた。ただし、残念ながら中性子輸送計算コードに関する詳しい説明は紙数の関係上割愛せざるを得なかった。

本書の執筆に際しては、下記に示す多くの教科書、参考書を参考とした。中でも (1) に多くを負うこととなったが、これは、このテキストが出版された際に、Journal of Nuclear Science and Engineering 誌で「原子炉物理を教えるということは、決して容易なことではないが、このテキストさえあれば教師は困ることはない」という主旨の書評を読んだことによる。なお、下記の教科書、参考書については、説明上特に必要な場合を除いては、本書中では参考文献としての引用を省略した。

一般的な教科書 :

1. Duderstadt,J.J.,Hamilton,L.J. : “Nuclear Reactor Theory”, John Wiley & Sons, Inc.(1976) [成田正邦、藤田文行訳 :”原子炉の理論と解析“、同文書院、(1986)]
2. Henry, A.F. : “Nuclear Reactor Analysis” M.I.T Press, (1975)
3. Lamarsh, J.R. :“ Introduction to Nuclear Reactor Theory” Addison-Wesley Publ., (1966),[武田充司、仁科浩二郎訳 :“原子炉の初等理論”、吉岡書店、(1974)]
4. Ott, K.O., Bezella, W.A. :“Introductory Nuclear Reactor Statics”, Am.Nucl. Soc., (1983)
5. Ott., K.O. ,Neuhold, R. J. : “Introductory Nuclear Reactor Dynamics”, Am. Nucl. Soc. , (1985)
6. Bell, G. I. , Glasstone, S. :“Nuclear Reactor Theory”, Van Nostrand Reinhold , (1970)
7. Glasstone, G. ,Edlund, M. C. : “The Element of Nuclear Reactor Theory”, Van Nostrand, (1952)、[伏見康治、大塚益比古訳 :”原子炉の理論“、みすず書房、(1955)]

8. Zweifel,P.F. :" Reactor Physics " Mcgraw-Hill, (1973)

9. Murray,R.L. :" Nuclear Reactor Physics " ,Prentice-Hall, (1957)[杉本朝雄、望月恵一 :" 原子炉の物理学 ", 丸善, (1958)]

10. 小林啓祐 :" 原子炉物理 " コロナ社、(1996)

また、断面積などの核データについては、主に文献 (11) によった。

11. Nakagawa, T.. et.al., : Japanese Evaluated Nuclear Data Library Version 3 Revision − 2 : JENDL − 3.2, J. Nucl. Sci. Technol., 32, 1295 (1995))

本書の出版に当っては多くの方々のお世話になった。特に、武蔵工業大学の相澤乙彦教授には、日本原子力学会誌に連載中に原稿を通読して頂き、種々のコメントや助言を頂いた。日本原子力研究所核データ研究室の中川庸雄氏にはJENDL-3を始めとする核データ関連のデータの入手に際してお世話になった。元日本原子力研究所の杉暉夫氏には原子炉主任技術者試験問題（第19〜32回）の入手についてお世話になった。また、東北大学大学院工学研究科の菅原氏、郡司氏、千葉氏、岩瀬氏、布宮氏には、本書中の図面の作成や原稿の整理、印刷原稿の作成等のお世話になった。この場を借りて厚く御礼申上げる。

以下に本書の内容の要約を示す。第1章「核分裂、臨界と原子炉」ではまず1.1節において原子核が陽子と中性子（合わせて核子という）から構成されていること、そして原子核の質量が、それを構成する陽子と中性子の質量の和よりやや小さいことを述べ、この差が結合エネルギーといわれる量に相当し、かつ、1核子当りの結合エネルギーが質量数 A（核内の陽子と中性子の数の和）=60付近で最大であることを示す。そしてそれより軽い原子核を融合させても、それより重い原子核を分裂させてもエネルギーが放出されうることを説明する。また原子核が安定であるためには核内の陽子と中性子数の比がある範囲にある必要のあること、それ以外の原子核は不安定でその原子核に固有の時間（半減期）で壊変することを述べる。1.2節では中性子と原子核の間の反応について述べる。すなわち核反応には散乱反応と吸収反応があること、吸収反応には (a) 放射性捕獲、(b) 荷電粒子放出、(c) 核分裂反応のあること、核分裂反応のうち運動エネルギーの小さな（遅い）中性子によって核分裂を起す核のうち天然に存在するのは ^{235}U のみであるが、^{238}U や ^{232}Th に中性子を吸収させることによって、遅い中性子で核分裂する核、^{233}U と ^{239}Pu を作ることができることを示す。1.3節では核分裂反応で生ずるエネルギー、核分裂反応に伴ってでてくる粒子、核分裂反応で生ずる中性子のエネルギースペクトル等、核分裂反応の詳細について説明する。1.4節では核反応を定量的に扱うため、ミクロ断面積と、ミクロ断面積と単位体積中の原子核数の積であるマクロ断面積を定義する。ついでミクロ断面積の中性子エネルギーに対する依存性を概観する。1.5節では原子炉が普通核燃料、減速材、冷却材、構造材から構成される炉心、およびそれを取り巻く反射体や遮蔽体から構成されていることを示すとともに、種々の観点から原子炉を分類する。1.6 節ではまずある世代の中性子数とその 1 つ前の世代における中性子数の比として原子炉の増倍率 k を定義する。ついで $k = 1$ を臨界といい、$k > 1$ を臨界超過、$k < 1$ 臨界未満ということを述べ、k が、原子炉が無限大のとき η、高速中性子核分裂係数 ϵ、共鳴を逃れる確率 p、熱中性子利用率 f の 4 つの積（4 因子公式）で、また原子炉が有限のときにはそれと高速中性子が漏れない確率 P_{FNL} と中性子の漏れない確率 P_{TNL} の積（6 因子公式）で与えられることを述べる。1.7 節では ^{238}U、^{232}Th 等の親物質といわれるものに中性子を吸収させて熱核分裂性の原子を生成させる転換と、転換率が 1 を超える場合すなわち増殖（このとき核分裂で消費されるより多くの熱核分裂核を生ずる）について説明する。

第 2 章「中性子の空間的振舞い」では体系内の中性子の空間分布解析法とその結果について述べる。まず 2.1 節で、中性子輸送方程式を導く準備として中性子束と中性子密度を定義する。次いで 2.2 節で中性子の運動方向を考慮した角中性子密度、角中性子束、角中性子流、角反応率密度を定義し、それを角度について積分したスカラー中性子密度、スカラー中性子束、中性子流について述べる。2.3 節では、上で定義した量を基に、体積 V 表面積 S の体系を考え、その中に発生する中性子、核反応により失われる中性子、表面 S を通って出入する中性子の数の保存から中性子輸送方程式を定式化する。そしてこれが最も一般的な形では空間（3 個）、角度（2 個）、時間およびエネルギーの 7 個の独立変数を持ち、時間、空間についての微分と、エネルギーと角度についての積分を含む微積分方程式であることを示す。それと共に、物理的に意味のある解を求めるのに必要な初期条件と境界条件を示す。さらに、これが式の複雑さからこのままでは解析的には勿論、数値解を求めるのも困難なことを述べる。2.4 節では輸送方程式から拡散方程式を導く。まず、輸送方程式を角度積分して中性子連続の式を導く。これにより角度依存性は取り去られるものの、得られた式は、1 つの式中にスカラー中性子束 (ϕ) と中性子流 (J) の 2 つの従属変数を持つことを述べる。次に ϕ と J の関係を得るために中性子連続の式に、中性子がみな同じエネルギーを持つという単速近似と、中性子流が中性子束の勾配に比例するというフィックの法則（このときの比例定数を拡散係数という）を導入して ϕ と J の関係をつけ、ϕ のみを従属変数とする方程式、拡散方程式を得る。その後、輸送方程式から拡散方程式を得る手続きを説明し、これを得るためには、(1) 角中性子束が角度について 1 次までの項で展開できる、(2) 散乱断面積の角度依存が散乱角の角度についての展開の 1 次までの項で表される、(3) 中性子源が等方的である、(4) 中性子流の時間変化率が単位時間当りの散乱反応回数より遥かに小さいとする仮定が必要なことを説明する。そして上記の仮定が成立たない場合の例（強い吸収体の付近、吸収体内部、真空境界付近、局所的な中性子源付近）を示す。2.5 節では拡散方程式の初期条件と境界条件を輸送方程式に対する初期条件、境界条件と対比させて述べるとともに、その他の物理的条件から課せられる境界条件を議論する。なお外挿距離を考慮して真空境界条件を拡散方程式の境界条件に置き換える方法を示す。2.6 および 2.7 節では定常状態（時間依存性のない）単速拡散方程式を均質で簡単な形状の体系に対して解析的に解いて、中性子の空間分布を求める。まず拡散方程式と境界条件を具体的に示した後、非増倍体系についての解法を示す。(a) では無限平板体系中に平面状中性子源が置かれた場合、(b) では無限大体系中に点状中性子源のある場合、(c) では (a) で考えた平板状体系の厚さが有限な場合、(d) では (c) の体系の外にさらに無限大厚さの性質の異なる体系が置かれた場合を取り上げる。(e) では中性子源を含む平板と含まない平板 (反射体) が接して置かれたとき、反射体への入射中性子流に対する反射体からの流出中性子流の比であるアルベドを与える式を導き、その反射体厚さによる変化を議論する。さらにアルベドによって反射体の存在を境界条件に置き換えることができることを述べる。2.8 節では増倍体系（核分裂物質を含む体系）に対する拡散方程式を取り扱う。まず有限厚さの無限平板体系に対して、時間依存拡散方程式から時間と空間の変数分離により、中性子束の一般解を求め、これから定常状態を得る条件を得る。それは体系の大きさで決まる幾何学的バックリングと、体系を構成する材料の性質のみによって決まる材料バックリングが等しいという条件（これを臨界条件という）である。またこの場合得られる中性子束分布はコサイン分布となる。次にここで得られた臨界条件と 1.6 節で述べた 4 因子公式および 6 因子公式との関係について述べる。ついで球状体系、有限高さの円柱状体系に対してそれぞれ拡散方程式の解を求めることにより、それぞれの場合の臨界条件と、臨界時の体系内の中性子束分布を得る。最後に反射体のついた平板体系に対し、拡散方程式を解いて解の成立する条件として臨界条件を導出し、また反射体をつけることによって、臨界時の原子炉の厚さが薄くなる（反射体節約）ことを示す。

第 3 章では原子炉における中性子束のエネルギー分布に関する問題を扱う。まず 3.1 節で原子核により弾性散乱される中性子の減速を、エネルギーと運動量の保存則から考察し、衝突前後の中性子エネルギーの比 $\mathrm{E}_f/\mathrm{E}_i$ と重心系における散乱角 θ_c の間の関係式を導出する。そして $\theta_c = 0$ のときはエネルギー損失がなく、$\theta_c = \pi$ に対してエネルギー損失が最大 $\mathrm{E}_f/\mathrm{E}_i = \alpha$（$\alpha = [(\mathrm{A} - 1)/(\mathrm{A} + 1)]^2$）となることを示す。また実験室系の散乱角 θ_L と重心系での散乱角 θ_c の関係を与える式を導く。ついで重心系で等方散乱とした場合に散乱後の中性子の散乱確率分布関数が $p(E_i \rightarrow E_f) = 1/(1-\alpha)E_i$（ただし $\alpha E_i < E_f < E_i$）で与えられる（それ以外の場合は $p(E_i \rightarrow E_f) = 0$）ことを示す。3.2 節では減速材を含む体系中での中性子のエネルギー分布を求める。まず無限大の均質体系を考え、2.4 節で導いた中性子連続の式から中性子減速方程式を得る。次にこの方程式を解いて中性子束のエネルギー分布 $\phi(E)$ を求める。まず、水素を減速材とする体系の減速方程式を吸収のない場合について解く。その過程でマクロ全断面積と中性子束の積である衝突密度を導入し、中性子源のエネルギーより下で中性子束が $1/E$ に比例する形で与えられることを示す。次に減速材中に吸収核のある場合を考察し、その場合に作られる中性子束のエネルギー分布を与える式を導く。その後で減速理論に用いられる (a) 減速密度、(b) 共鳴吸収を逃れる確率、(c) エネルギー減少率の

対数平均、(d) 減速能と減速比、(e) レサージについて説明し、更に衝突密度等をレサージ単位で書き直す。ついで $A > 1$ の場合に対し、吸収のない場合の中性子減速方程式を示し、これが解析的には容易に解けないことを述べる。しかし、この場合も中性子源から十分離れたエネルギー範囲において中性子束が $1/E$ に比例することを示し、減速密度を用いて比例定数を決定する。吸収のあるときは減速方程式がさらに複雑となることを述べる。3.3 節では重い原子核による共鳴吸収の効果を考えるため、ブライトーウイグナーの 1 準位公式を導入し、ついで原子核の温度が変化した場合の共鳴断面積の変化（ドップラー効果）について解説する。3.4 節では水素を減速材とする体系中に共鳴原子核がある場合の共鳴吸収を逃れる確率の計算公式を、無限希釈 (吸収原子核の濃度が低く中性子スペクトルが乱されない場合) と、有限希釈（吸収原子核の存在により中性子スペクトルが乱される場合）についてそれぞれ示す。3.5 節では水素以外の減速材に対しても、共鳴吸収を逃れる確率を計算する公式を導出し、その過程で共鳴積分を定義する。3.6 節では吸収体による中性子の減速と吸収を考慮した共鳴吸収を逃れる確率の計算式を、共鳴幅が実用幅といわれる量に対して狭い場合 (NR 近似) と、共鳴幅が実用幅に比して大きい場合に分けて導出する。3.7 節では熱中性子スペクトルについて述べる。まず、原子核の熱運動による上方散乱の散乱確率分布について示し、次いで吸収のない無限体系中の熱中性子スペクトルがマックスウエル分布となることを述べる。そして、体系が有限の場合や吸収のある場合にも、熱中性子スペクトルが中性子温度を用いて、近似的にマックスウエル分布で与えられることを示す。さらにこれを用いて、熱中性子中の反応率を簡単に表す方法を学ぶ。

第 4 章では原子炉の安全な運転にとって最も重要な課題である原子炉の動特性と制御に関する問題を扱う。4.1 節では遅発中性子の生成過程と遅発中性子データについて述べた後、即発中性子寿命が短いため、遅発中性子がなければ、原子炉の制御機器による制御は不可能であるが、遅発中性子はその先行核の平均寿命で放出されるため、中性子の平均寿命が延び、機械装置による制御が可能となること、しかし、実効増倍率が $1+\beta$（β は全核分裂中性子に対する遅発中性子の割合）を越えると制御不可能となることを示す。4.2 節では時間依存中性子拡散方程式と遅発中性子先行核の濃度の方程式から、中性子束と先行核濃度が時間と空間に変数分離できるという仮定の下に 1 点炉動特性方程式を導出する。また実効増倍率の変化の割合である反応度を定義する。4.3 節ではステップ状の反応度挿入に対する 1 点炉動特性方程式の解法を説明し、このとき、原子炉反応度方程式（または逆時間方程式）という 7 次（遅発中性子 6 組として）方程式が現れ、中性子束の時間挙動はその 7 次方程式の 7 つの根（ω_j、j = 0,⋯,6）を用いて指数関数 $\exp(\omega_j t)$ の重ね合わせで与えられることを示す。4.4 節ではいくつかの特別な場合に対する中性子束の時間挙動を示す。特に、ステップ状の反応度挿入から長時間後の挙動が、7 次方程式の最大の根、ω_0 の項によって支配されることを述べる。また遅発中性子をまとめて 1 組とした場合に中性子束の時間挙動が解析解で近似できることを示すとともにその特徴について述べる。最後に外部中性子源を持つ臨界未満炉内の中性子密度を与える式を導く。4.5 節では原子炉内部の状態の変化によってもたらされる反応度変化について述べる。まず、原子炉温度が変化した場合の反応度変化の正負によりその後の原子炉出力がどのように変っていくかを示す。次に温度係数を定義し、反応度を計算するための摂動法の式を与える。燃料温度係数と冷却 (減速) 材の温度係数に関する時定数の特徴を述べた後、6 因子公式を構成する各因子の温度係数について議論する。4.6 節では原子炉を 1 つの自動制御システムとして扱うことにより、外乱が加えられた場合の原子炉の安定性を論ずる。まず、原子炉システムを原子炉と、出力変化からもたらされる反応度変化（応答関数）を与える各コンポーネントから成るものと考え、それぞれのコンポーネントに対し微分方程式が成立つことを述べる。ついで、入力関数のラプラス変換に対する出力関数のラプラス変換として伝達関数を定義する。そして伝達関数の合成法と、ラプラス変換を用いたシステム解析について説明する。引き続き、原子炉動特性方程式と、遅発中性子を 1 組近似した場合の先行核濃度の方程式から、投入される反応度が小さいものとしてゼロ出力原子炉伝達関数を導く。そして、ゼロ出力伝達関数のボード線図を示し、その特徴を述べる。その後、負の温度フィードバックを表す伝達関数を導く。ここまでの説明を応用して、フィードバックのある原子炉システムの動特性応答をボード線図により説明し、フィードバックのないときは周波数ゼロで発散していた伝達関数の利得（ゲイン）が、負のフィードバックにより有限となること、負の値が大きいほど利得が下がることを示す。最後にシステムの伝達関数からシステムの安定な条件を調べる方法に触れる。4.7 節では核分裂生成物の毒作用について述べる。まず、原子炉の増倍率に特に大きな影響を与える核分裂生成物に ^{135}Xe と ^{149}Sm があることを述べ、核分裂生成物が 4 因子公式の中の熱中性子利用率に影響を与えることから毒作用の反応度を与える式を導く。次に ^{135}Xe による毒作用について、^{135}Xe とその先行核である ^{135}I の生成、消滅を表す方程式を立て、これより、出力の平衡状態での毒作用の効果、および原子炉停止後の毒作用の効果を表す式を導く。特に中性子束の高い原子炉においては、原子炉停止後の ^{135}Xe のビルドアップが大きく、原子炉停止のしばらく後から数 10 時間に亘って原子炉の再起動が不可能なことを説明するとともに、^{135}Xe 濃度が最大となる時間を与える式を導く。これに関連して ^{135}Xe が原子炉出力に空間的な振動を引き起こす可能性を論ずる。ついで ^{135}Xe に対するのと同様な方法で ^{149}Sm の毒作用を扱う。^{149}Sm は ^{149}Pm の壊変により生ずるが、^{149}Sm が安定核のため、一旦生成すると、原子炉を再起動しない限り消滅しないことを説明する。4.8 節では核燃料の燃焼に関する問題を扱う。燃焼チェーンに関わる核種の生成、消滅を表す微分方程式を一般的な形で示し、通常の解析では 15～25 種の核種が扱われること、核分裂生成物が同時に取り扱われることを述べる。ついで燃焼解析に今日用いられている手法の簡単な説明を行う。その後、核燃料の燃焼チェーンに関わる核種のチャートと、主な核分裂生成物の収率と軽水炉における反応度効果のデータを示す。

第 5 章では実際に原子炉設計に用いられている中性子拡散方程式の数値解法について基礎的事項を説明

する。5.1 節では 1 群拡散方程式の数値解法について説明する。まず、中性子源が与えられた 1 次元体系を扱う。そのために、1 次元平板体系を対象として拡散方程式を差分化して、各点の中性子束を未知数とする 3 点の差分方程式を導く。ただし、空間を N 分割したとき、得られる差分方程式の数は $N-1$ 個で、これに境界条件から得られる 2 個の値を加えることにより、全ての点での中性子束の値が得られることを示す。無限円柱や球形状の体系についても、同様の方程式が得られることを述べる。ついで 3 点の差分方程式の組がガウスの消去法により解けることを示し、これが計算機に適した方法であることを述べる。引き続いて、増倍系に対しては中性子源が中性子束の関数となるが、これがべき乗法といわれる方法で解けることを示す。その反復回数を減らす工夫である収束の加速法についても触れる。5.2 節で 2 次元平板体系を対象に、拡散方程式を差分化して 5 点の階差式を導く。しかしこれを行列表示したときの行列の大きさから見て、この解法に逆行列を求めるとか、ガウスの消去法に基づく方法を用いることは適当でなく、反復解法が用いられることを述べ、点ヤコビ法、線ヤコビ法、ガウス-ザイデル法、SOR 法等の数値解法を簡単に説明する。5.3 節では多群拡散方程式の導出とその数値解法について述べる。まず、エネルギー区間を G 個に分割し、エネルギー依存拡散方程式を $E_g < E < E_{g-1}$ というエネルギー区間で積分することにより多群拡散方程式を導出するとともに、その係数である多群定数を定義する。ついで、多群定数は各群内の中性子束が分らなければ定まらないことを述べ、その群内中性子束として、例えば 100keV 以上では核分裂中性子スペクトル、1eV〜100keV では $1/E$ スペクトルが取られ、こうして得られた定数を「核データセット」と呼び、実際に原子炉計算を実行するときには、これが出発点となることを説明する。更に、多群拡散方程式を行列表示し、その構造について議論する。このとき熱中性子群については反復計算が必要となるので別に扱い、この段階では 1 つの群として扱うことを述べる。ここで、中性子の漏れの項をバックリングで置き換えたゼロ次元解析について述べ、このとき得られる中性子スペクトルがしばしば少数群断面積を得るために用いられることを示す。多群拡散方程式の特別な場合として、エネルギー領域の取り方によって、解析的に解の得ることのできる 1 群、2 群の拡散方程式が導かれることを示し、第 1 章で与えた 6 因子公式と、ここで得られた群定数の関係を議論する。また、増倍率を与える修正 1 群理論の式について述べる。最後に多群拡散方程式の数値解法の手続きについて述べる。5.4、5.5 節では非均質格子の扱いについて述べる。ここまで原子炉は少なくとも領域毎には均質であるとして扱ってきた。しかし原子炉は殆どの場合、燃料を被覆材が取り囲み、その周囲に減速 (冷却) 材があるという構造をしている (これをセルという)。さらにセルを幾つか集めて燃料集合体が構成され、これが取り扱いの単位となる。そのため拡散方程式に対する数値計算においては、まず非均質格子に対して、核反応率が保存されるように平均化された断面積を求めることから出発する必要がある。これをセルの均質化という。初めに、熱中性子に対する均質化計算の手法である THERMOS の方法と言われる積分型輸送方程式に基づいた方法を

述べる。そして熱中性子束が得られた後の平均断面積の計算法を示す。5.5 節では共鳴中性子に対する均質化手法について述べる。そのために燃料、減速材の 2 領域を考え、それぞれの領域で発生した中性子がその領域内で衝突を行うことなく別の領域で衝突する確率である「第 1 飛行脱出確率」を定義し、これと相反定理を用いて燃料領域の中性子減速方程式が、全て燃料領域に対して与えられる量のみで与えられることを示し、これを数値解析法または解析的な近似解法で解くことで燃料中の中性子束が得られることを述べる。次に共鳴積分が NR 近似、NRIM 近似それぞれに対して、ミクロ断面積の他には「第 1 飛行脱出確率」のみを含む式で与えられることを示す。そして「第 1 飛行脱出確率」を近似的に与える式であるウイグナーの有理近似を示す。これは燃料のマクロ全断面積の他には燃料中の平均弦長 ($\bar{\ell}$) のみを含む式である。そして均質の場合と非均質の場合との、共鳴積分の式を比較することにより、$\sigma_e = 1/N_F\bar{\ell}$（$N_F$ は燃料の原子密度）で定義される断面積に相当する量を用いることにより、非均質の効果を共鳴積分に取り入れることのできること（等価定理）を説明する。最後に燃料格子が密に存在する場合の効果を補正するダンコフの補正について述べる。5.6 節では、これまで議論してきた数値計算法の流れをエネルギー群数と対応する計算体系の次元数の観点から整理した後、非均質解析にとって不可欠な中性子輸送方程式の数値解法、すなわち衝突確率法、S_N 法、モンテカルロ法について簡単に解説する。

第 6 章では今日運転されている代表的な炉である PWR（加圧水型炉）、BWR（沸騰水型炉）および将来炉として研究開発が行われている LMFBR（液体金属冷却高速炉）についての炉物理面から見た特徴について紹介する。6.1 節では PWR の代表的な原子炉の炉心および燃料集合体の仕様を示し、その特徴を述べる。そして、PWR の核特性について、典型的な解析手法、燃料集合体核特性および炉心解析とその結果を示す。6.2 節では BWR について炉心の構成と炉心および燃料集合体の主要なパラメータを示し、その特徴を述べる。そして、BWR の典型的な解析手法と燃料集合体および制御棒の核特性並びに炉心核特性の解析結果の例を述べる。6.3 節では、まず高速炉の特徴である増殖について説明し、高い増殖率を得るための条件を述べる。次に、高速実験炉「常陽」と原型炉「もんじゅ」について原子炉および炉心の仕様を示し、燃料、燃料集合体、制御棒、炉心の順に解説を加える。ついで高速炉の核特性に関して「もんじゅ」の場合の解析手法と解析結果を述べ、最後にナトリウム冷却高速炉では冷却材ボイド係数が正となる場合のあることと、炉心溶融時の再臨界の可能性について触れる。

第 1 章　核分裂，臨界と原子炉

原子炉は、中性子を介して核分裂を持続的にかつ制御された方法で行わせる装置である。核分裂の結果、大きなエネルギーと放射線が発生し、エネルギーの大部分は最終的に熱の形で原子炉に与えられる。核分裂反応をうまく安定的に行わせる方法を見出すことが、原子炉物理学の使命である。核分裂は中性子と原子核の間の反応（相互作用）の一つであるので、原子炉の完全な理解のためには原子と原子核の構成とその性質について知ることが必要である。第 1 章では、原子と原子核についての基本的な知識を整理し、それに基いて原子炉の臨界および原子炉の構成について学ぶ[(1)]。

1–1　原子と原子核

(1)　原子核の構成と原子核

原子は中心にある正に帯電した原子核と、その周りを回る電子から構成される。原子の大きさはほぼ 10^{-8} cm であるのに対し、原子核の大きさはほぼ 10^{-12} cm である。原子核は、陽子と中性子というほぼ等しい重さの 2 種類の粒子から構成される。原子核の中の陽子の数と周りの電子の数は等しく、原子は全体として中性である。原子核の中の陽子の数を原子番号（atomic number）といい、Z で表す。また、原子核の中の陽子と中性子（これらを核子と呼ぶ）の数の和を質量数（mass number）といい、A で表す。したがって、N で中性子の数を表すと、$N = A - Z$ となる。

物質の化学的性質は、原子核を取り巻く軌道電子の数（すなわち、陽子の数）によって決まるので、同じ原子番号の原子核は質量数が異なっていても化学的には同じ振舞いをするが、原子核としては異なる振舞いをする（まったく異なることも多い）。このため、A と Z の組合せの異なる原子核を一つ一つ区別して議論するために、原子炉物理学では原子核の A と Z 両方を明示する。通常、原子番号 Z に対応する原子記号 X にその質量数 A を付記する ${}^{A}_{Z}X$（または単に ${}^{A}X$）という表現を用い、それらを核種（nuclide）と呼んでいる（あるいは単に核と呼ぶ）。

たとえば、原子炉物理学の中で中心的役割を担うウランは、天然には質量数が 234、235、238 の 3 種類がある。これらは、それぞれ ${}^{234}_{92}$U、${}^{235}_{92}$U、${}^{238}_{92}$U（または ^{234}U、^{235}U、^{238}U）のように表される（表 1.1 ）。こ

---

(1) なお、本書「原子炉物理」では、長さ（面積、体積）の単位として cm（cm^2、cm^3）を、重さの単位として g を、基本として使用することとする

表 1.1 天然ウランの同位体組成と質量

核種	質量数 (A)	原子番号 (Z)	中性子数 (N)	原子数比 (%)	同位体質量 (u)
$^{234}_{92}U$ (^{234}U)	234	92	142	0.0055	234.0410
$^{235}_{92}U$ (^{235}U)	235	92	143	0.720	235.0439
$^{238}_{92}U$ (^{238}U)	238	92	146	99.274	238.0508

の3つのウランのように、Z が同じで A の数の異なる核種（すなわち N の異なる核種）を同位体 (isotope) という。

原子の質量は、陽子 6 個、中性子 6 個、電子 6 個から成る中性の炭素原子 $^{12}_{6}C$ の質量の 1/12 を単位として、相対的に表す。これを原子質量単位（atomic mass unit）u という。1 個の陽子の質量は 1.007276 u であり、1 個の中性子の質量は 1.008665 u である。これに対して電子の質量は 0.000549 u なので、原子の質量は、ほぼ核内にある陽子と中性子の質量の和で与えられる。

1 モルという量は、任意の物質の原子量（または分子量）を含む物質の量（グラム単位）として定義され、この中に含まれる原子（または分子）の数は常に，ほぼ 6.022×10^{23} 個になる。この数をアボガドロ数といい、 N_A で表す。原子質量単位の定義とアボガドロ数を用いると、1u は $12 / (6.022 \times 10^{23}) \times (1/12) = 1.661 \times 10^{-24}$ g であり、陽子、中性子、電子の質量は、それぞれ 1.673×10^{-24} g、1.675×10^{-24} g、9.11×10^{-28} g で与えられる。

量子力学によると、自然界にあるあらゆる粒子は粒子としての性質とともに波としての性質を持っている。当然，中性子もそれに従う。粒子の運動量を p、プランク定数を h と表すと波長 λ は

$$\lambda = \frac{h}{p} \tag{1-1}$$

で与えられる。中性子の波長 λ は、原子炉物理学で対象とするエネルギーの中性子を想定すると、電子ボルト単位（次の項で定義する）で表した運動エネルギー E から，次の関係式で求めることができる。

$$\lambda = \frac{2.86 \times 10^{-9}}{\sqrt{E}} (\mathrm{cm}) \tag{1-2}$$

(2)　結合エネルギー

原子核の質量は質量分析器という装置を用いて測ることができるが、その結果、実際の原子核の質量はその原子核を構成する陽子と中性子の質量の和より少し小さいことがわかった。この差を質量欠損 ΔM といい、

$$\Delta M = Zm_p + (A - Z)m_n - M_A \quad \text{または}$$
$$\Delta M = [Z(m_p + m_e) + (A - Z)m_n] - M(A, Z) \tag{1-3}$$

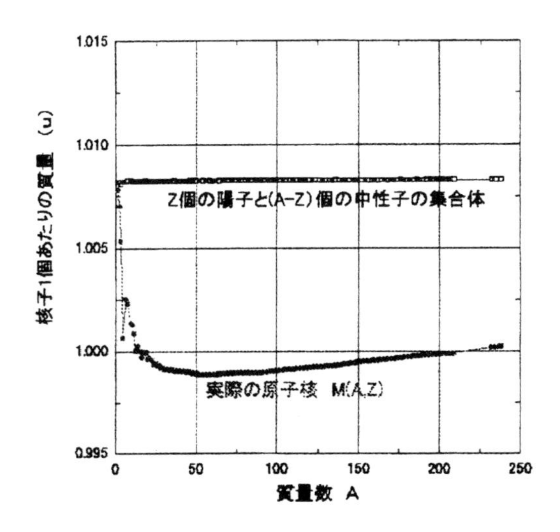

図 1.1 質量数 A に対する核子 1 個あたりの原子核質量の変化

で定義される。ここで、m_p、m_n、m_e は、陽子、中性子、電子の質量、また M_A、$M(A,Z)$ は原子核の質量および中性原子の質量である。実際の質量欠損の計算では、(m_p+m_e) を中性の水素原子の質量 m_H (1.007825 u) で置き換えて、Z 個の水素原子と $(A-Z)$ 個の中性子の単なる集合体の質量と、それらを組み合わせて作られる中性原子の質量 $M(A,Z)$ の差として計算する。すなわち、

$$\Delta M = \underbrace{Z \cdot m_H + (A-Z) \cdot m_n}_{①} - \underbrace{M(A,Z)}_{②} \tag{1-4}$$

図 1.1 は、集合体の質量（上式の①）と実際の質量（上式の②）を質量数で割った値をプロットしたものである。図 1.1 から、核子 1 個当りの質量は、集合体の場合は，陽子や中性子の質量であるほぼ 1.008 で，質量数に依存せず一定であるが、実際の質量 $M(A,Z)$ は、集合体に比べて軽く、質量数に伴って変化していることがわかる。

相対性理論のエネルギーと質量の等価性を考えると、この質量欠損は、Z 個の陽子と $(A-Z)$ 個の中性子から原子核を構成するときに解放されるエネルギーと考えることができ、逆に原子核をその構成要素である Z 個の陽子と $A-Z$ 個の中性子にバラバラに分解するために必要なエネルギーとも考えることができる。そこで、この質量欠損に相当するエネルギーを結合エネルギーと呼ぶ。

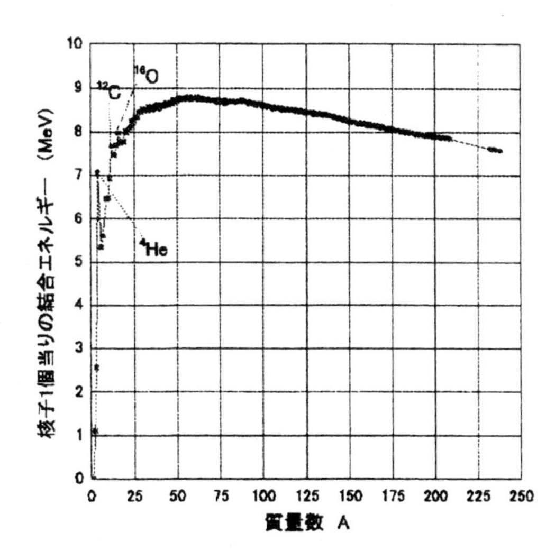

図 1.2 質量数 A に対する核子 1 個あたりの結合エネルギーの変化

相対性理論によると v という速さで運動している粒子のエネルギーは

$$E = \frac{m_0 c^2}{\sqrt{1-\left(\frac{v}{c}\right)^2}} = mc^2 \tag{1-5}$$

で与えられる。ここで m_0 は静止質量であり、c は光速度である。ただし原子炉物理学で扱う範囲では，普通 v は c に比べてはるかに小さいので (1-5) 式を m_0c^2 として計算して良い。したがって、質量 E は J (ジュール) 単位のエネルギーで表すと、

$$E(\mathrm{J}) = m(g) \times 10^{-3} \times (2.998 \times 10^{10}(\mathrm{cm/s}) \times 10^{-2})^2 = m(g) \times 8.988 \times 10^{13} \tag{1-6}$$

となり、1u は 1.661×10^{-24} g であるから

$$E(\mathrm{J}) = m(u) \times 1.492 \times 10^{-10} \tag{1-7}$$

となる。しかし原子炉物理学では通常，エネルギーの単位として eV（または MeV）を用いる。このエネルギーの単位は、1 単位の電荷を持つ粒子を 1V の電位差で加速するときに粒子が得るエネルギーとして定義される。1 単位の電荷は 1.602×10^{-19} C（クーロン）なので、1MeV は 1.602×10^{-13} J となる。したがって

$$E(\mathrm{MeV}) = m(u) \times 931.5 \tag{1-8}$$

となる。この式から、結合エネルギー B_E を MeV 単位とし、核子 1 個当りの値として表すと

$$\frac{B_E}{A} = \frac{931.5}{A}[1.007825Z + 1.008665(A-Z) - M(A,Z)] \tag{1-9}$$

となる。この核子当りの結合エネルギーを質量数に対してプロットすると、図 1.2 のようになる。この図は、先の図 1.1 を逆さにしてエネルギー単位に換算したものに相当する。

核子当りの結合エネルギーは、はじめ質量数とともに急激に増加し（例外的に結合エネルギーの大きい ^{4}He、^{12}C、^{16}O があるが）、$A = 60$ のあたりで最大値 8.7 MeV に達する。その後、質量数の増加に対して少しずつ減少し、ウランの辺りでは 7.6 MeV ほどになる。

質量数に対するこの結合エネルギーの変化が原子力エネルギーの基本的な原理である。軽い原子核を結合させて，より大きな原子核を作るか（核融合反応）、重い原子核を 2 つに分割する（核分裂反応）ことにより、核子 1 個あたりの結合エネルギーの大きな原子核を作れば、大きなエネルギーを得ることができる。たとえば、質量数 238 のウランを 2 つに分割して質量数 119 の 2 つの原子核を作るとすれば、質量数 238 のウランの結合エネルギー は 7.6 MeV、質量数 119 付近の核子当りの結合エネルギーは 8.5 MeV 程度であるから、その差に相当するエネルギー、すなわち、核子 1 個あたり（8.5 − 7.6）= 0.9 MeV、全核子 238 個で $0.9 \times 238 = 214$ MeV 程度のエネルギーが放出されることになる。

(3)　原子核の安定性

原子核は核子がぎっしりと詰まった状態で構成されていると考えられる。そして原子核の半径はほぼ次式のように与えられる。

$$R = 1.25 \times 10^{-13} A^{1/3} (\mathrm{cm}) \tag{1–10}$$

原子核中では，主に核子同士の間に約 10^{-12}cm 程度以下の距離でのみ働く核力という近達性の引力と、陽子同士の間に斥力として働くクーロン力の 2 種類の力が働いている。引力はほぼ核内の核子の数に比例し、一方，クーロン力は Z^2 に比例する。原子核内ではまた、陽子と中性子が対である方が安定であるという性質があるため、質量数の小さい原子核に見られるように、基本的に N/Z の比が 1 に近いものが安定となる。しかし、原子番号が多くなるとクーロン斥力が強くなるため、それを弱めるために核力を強くする必要があり、中性子数が相対的に増えることとなる。この結果、質量数が増すほど安定な原子核の N/Z の比が大きくなるが、$Z = 84$ 以上においては安定な原子核は存在しなくなる。

図 1.3 には天然に存在する約 270 個の安定な核種の Z と N をプロットしている。核子数が大きくなるにつれて N/Z の比は大きくなっていき、$Z = 82$ の鉛の辺りではほぼ 1.5 となっている。ただし原子核が原子と同様のシェル構造を持つため、Z と N の数が 2、8、20、28、50、82 また N の数が 126 のところで原子核は特に安定になり、数多くの同位体が存在する。たとえば陽子数が 50 の錫（すず）の場合、安定な同位体が 10 個も存在する。原子核物理学では、これらの数を魔法の数（magic number）といい、これらの数の陽子または中性子を持つ原子核を魔法の核と呼んでいる。

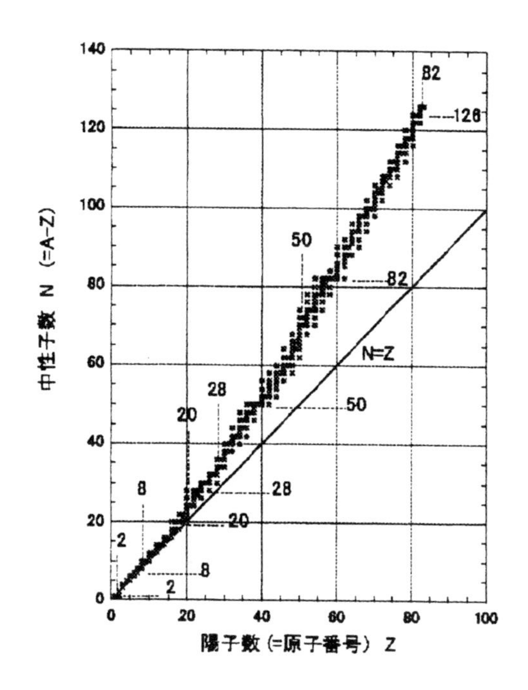

図 1.3 安定な同位体における陽子数（Z）と中性子数（N）の関係（実線は $N=Z$ の線を示し，細い点線は魔法数を示す）

(4)　放射性壊変

安定な Z と N の組合せの範囲の外にある原子核は不安定で、核種によって決まっている一定の確率で放射線を出して、別の原子核へと壊変していく。質量数の大きい核種は α 粒子 (^{4}He の原子核) を放出するか、β^- 粒子（これは電子そのものである）を放出して核内の中性子を陽子に変えて壊変していく。これらは原子記号を用いて次のように表される

$$ {}^{A}_{Z}X \rightarrow {}^{A-4}_{Z-2}X' + {}^{4}_{2}\mathrm{He} \tag{1-11} $$

$$ {}^{A}_{Z}X \rightarrow {}_{Z+1}^{A}X' + {}^{0}_{-1}e + \bar{\nu}_e \tag{1-12} $$

ここで $\bar{\nu}_e$ と示したのは、電子ニュートリノ[2]（正確には反電子ニュートリノ）と呼ばれる質量が殆どゼロ（ただしゼロでないことが示されている）の中性の粒子である。

壊変後の原子核がなお不安定である場合もある。その場合には安定な核になるまで何回も放射線を出して壊変していく。特に、ウラン等の N/Z が 1.5 以上ある大きな値の核が 2 つに割れる核分裂反応では、

(2) 電子ニュートリノには β^- 壊変（1-12）に伴う $\bar{\nu}_e$ と、β^+ 壊変（1-14）に伴う ν_e の 2 種類がある。すなわち電子と陽電子のように、質量が同じで、電荷が反対の素粒子を反粒子というが、それに対応して $\bar{\nu}_e$ と ν_e も互いに反粒子といわれる。
電子ニュートリノは第 1 世代のニュートリノといわれる。ニュートリノには他に、核力を媒介する粒子として Yukawa によって導入された π 中間子が、ミューオン（μ 粒子）に壊変するときに生成する μ ニュートリノ（第 2 世代）と、π 中間子より重い D 中間子といわれる粒子が τ 粒子に壊変したときに生成される τ ニュートリノ（第 3 世代）のあることが知られている。

反応後に生成される原子核（核分裂生成物と呼ぶ）が、その Z に対応する安定な N/Z の比よりもはるかに多くの中性子を含むことになるので、これらの核は安定になるまで、何回もの β^- 壊変を繰り返すことが多い。

$$A \xrightarrow{\lambda_A} B \xrightarrow{\lambda_B} C \xrightarrow{\lambda_C} \qquad (1\text{–}13)$$

ここに示す λ は壊変定数（decay constant）と呼ばれ、半減期（half life）$T_{1/2}$ と $\lambda = 0.693/T_{1/2}$ の関係にある。

一方逆に、原子核の中の中性子の割合が小さすぎる核の場合には、核内の陽子を中性子に変えて陽電子（電子と同じ性質を持つが正に帯電した粒子）を放出するか、あるいは軌道電子を捕獲して陽子を中性子に変えて安定な核になる。

$${}_{Z}^{A}X \rightarrow {}_{Z-1}^{\ \ A}X' + {}_{+1}^{\ \ 0}e + \nu_e \qquad (1\text{–}14)$$

$${}_{Z}^{A}X + {}_{-1}^{\ \ 0}e \rightarrow {}_{Z-1}^{\ \ A}X' + \nu_e \qquad (1\text{–}14')$$

ただし原子炉の運転に伴ってこの種の反応（β^+ 壊変）を行う核種が生成する例は少ない。

放射線壊変に伴って生じた核が、その核の一番エネルギーの低い状態（基底状態）にできることは稀で、大抵はエネルギーの高い状態（励起状態）でできる。この場合、原子核はそのエネルギーを γ 線の形で放出して基底状態の核になる。この壊変を γ 壊変と呼ぶ。γ 壊変の場合、放出される γ 線の数は 1 本の場合もあるが、通常複数の γ 線が放出される。

1–2　中性子と原子核の反応

中性子は原子核に束縛されているが、これを原子核の反応を利用して取り出して自由な中性子を作ることができる。自由な中性子は不安定で約 11.7 分の半減期で β^- 壊変して陽子と電子とになる。中性子は電荷を持たないので原子核にいくらでも近づくことができ、原子核と 10^{-12}cm 程度まで近づくと原子核と相互作用する。

この中性子と原子核との相互作用は，大きく散乱反応と吸収反応の 2 つに分けることができる。

(1)　散乱反応

散乱反応（scattering）では、反応後に再び中性子が放出されるが、その中性子は一般に入射したときとは異なるエネルギー・方向に現れる。

散乱反応はさらに 2 つに分けられる。一つは弾性散乱（elastic scattering）である。弾性散乱では、中性子と原子核の運動エネルギーと運動量の和が保存される。その結果、一般に中性子の運動エネルギーの一部が的となる原子核（ターゲット核）に移り、中性子の運動方向とエネルギーが変る。弾性散乱には、中性子が原子核に取りこまれずに、原子核のポテンシャルで散乱されるポテンシャル散乱と、中性子がいったん原子核に取りこまれ、次項で述べる複合核を形成した後に中性子がエネルギーを失わずに放出される共鳴弾性散乱とがある。

もう一つの散乱反応として非弾性散乱（inelastic scattering）がある。非弾性散乱では、ターゲット核に移ったエネルギーの一部がターゲット核の内部エネルギーを増やす（励起させる）のに使われる。このため、非弾性散乱は中性子のエネルギーがターゲット核の最低の励起エネルギーより高くなければ起らない[3]。

(2) 吸収反応

中性子が起すもう 1 つの反応が吸収反応（absorption）である。原子核に中性子が吸収されると、まずはじめに、入射中性子の運動エネルギーと中性子の結合エネルギーの和の分だけ励起された、質量数が 1 つ多い原子核が形成される。この状態の原子核を複合核と呼ぶ。吸収反応は、この複合核が形成される過程を含む反応の総称（散乱反応は除く）で複合核がその後どのような粒子を放出するかによって、多くの反応に分類される。

複合核から γ 線が放出される反応を放射捕獲反応、荷電粒子が放出される反応を荷電粒子放出反応と呼ぶ。核分裂反応や，入射中性子のエネルギーが高くなると起る、2 個以上の中性子が放出される反応（例えば $(n,2n)$ 反応）もこの吸収反応に含まれる。なお、複合核反応の中には先に述べた再び中性子を放出する反応（散乱反応）もあるが、中性子の挙動を解析する原子炉物理学では、吸収反応には含めず散乱反応に含めて取り扱っている。

(a) 放射捕獲反応

放射捕獲反応（radiative capture）では複合核は γ 線を出して基底状態に移る。すなわち、

$$ {}^{A}_{Z}X + {}^{1}_{0}n \rightarrow \left({}^{A+1}_{Z}X\right)^{*} \rightarrow {}^{A+1}_{Z}X + \gamma \tag{1-15} $$

たとえば ^{59}Co が中性子を吸収すると ^{60}Co ができ、^{60}Co はほとんど瞬間的に γ 線を放出する。このとき放出される γ 線を捕獲 γ 線という。なお、この反応で生成された ${}^{A+1}_{Z}$X は不安定な核であることが多い。この場合、その核は β^- 壊変して β^- 粒子と γ 線を放出する。たとえば、^{60}Co は 5.2 年の半減期で β^- 壊変して ^{60}Ni となり，1.33MeV と 1.17MeV の γ 線を放出して基底状態へ落ちる。

---

[3] 最低の励起エネルギーを E_c と書くと、非弾性散乱を起すためには $E_\ell = E_c\,[(m+M)/M]$ というエネルギーが必要となる。ここで、m は中性子の質量、M はターゲット核の質量である。これに対して、弾性散乱はあらゆるエネルギーの中性子に対して起り得る。なおこれとは別に、中性子エネルギーが低い場合、原子（原子核）が分子や固体に束縛されている状態で分子を回転させたり、振動させたりして，エネルギーを失う場合がある。これも非弾性散乱という。

(b) 荷電粒子放出反応

軽い原子核中には中性子を吸収すると荷電粒子を放出するものがある。特に、中性子の入射エネルギーが高くなると多くの核が陽子やα粒子を放出するようになる。放出される粒子がα粒子であれば、この反応は

$$ {}^{A}_{Z}X + {}^{1}_{0}n \rightarrow \left({}^{A+1}_{Z}X\right)^{*} \rightarrow {}^{A-3}_{Z-2}X' + {}^{4}_{2}\mathrm{He} \tag{1-16} $$

と書ける。たとえば^{58}Niに高いエネルギーの中性子が吸収されると、α粒子が放出される。この反応は原子炉における材料の劣化に大きな影響を持つ。

(c) 核分裂反応

^{235}U、^{239}Pu、^{233}Uなどの重い原子核に中性子が吸収されると2つの核に分裂し、同時に2ないし3個の中性子が放出される。これを核分裂反応（fission）という。この反応については、次節で詳細に述べる。

$$ {}^{A}_{Z}X + {}^{1}_{0}n \rightarrow \left({}^{A+1}_{Z}X\right)^{*} \rightarrow {}^{A_1}_{Z_1}X' + {}^{A_2}_{Z_2}X'' + (2\sim3){}^{1}_{0}n \tag{1-17} $$

なお、天然ウランの約99.3%を占める^{238}Uも約1MeV以上のエネルギーの中性子が入射したときには、核分裂反応を起す。これは、核分裂を起すためには原子核をある程度以上変形させることが必要であるが、^{238}Uの場合には核分裂を起すだけ核を変形させるのに1MeV以上のエネルギーを持つ中性子の入射が必要なためである(^{235}U等の場合には、入射中性子の結合エネルギーだけでその変形を起すことができるので、低いエネルギーの中性子でも核分裂を起すことができる)。

(3)　核分裂性核種と親物質

エネルギーが低い入射中性子に対して、天然に存在する原子核で核分裂を起す核種（熱核分裂性核種(fissile)）は^{235}Uのみである。しかし^{238}Uや^{232}Thに中性子を吸収させると，次のプロセスによって低い運動エネルギーでも核分裂する核種、^{239}Pu、^{233}Uが形成される。このため、これらの核を親物質（fertile）という。

$$ {}^{238}\mathrm{U} + {}^{1}_{0}\mathrm{n} \longrightarrow {}^{239}\mathrm{U} \xrightarrow{\beta^-,23.5\mathrm{min}} {}^{239}\mathrm{Np} \xrightarrow{\beta^-,2.3\mathrm{day}} {}^{239}\mathrm{Pu} \tag{1-18} $$

$$ {}^{232}\mathrm{Th} + {}^{1}_{0}\mathrm{n} \longrightarrow {}^{233}\mathrm{Th} \xrightarrow{\beta^-,23.3\mathrm{min}} {}^{233}\mathrm{Pa} \xrightarrow{\beta^-,27.4\mathrm{day}} {}^{233}\mathrm{U} \tag{1-19} $$

(4) 自発核分裂

ウランよりさらに重い原子核になると、中性子を吸収させなくとも量子力学的なトンネル効果で自発的に核分裂を起すことがある。この核分裂を自発核分裂（spontaneous fission）と呼ぶ。^{252}Cf の場合、1g 当り毎秒約 6.2×10^{11} 個の核分裂を起し、2.3×10^{12} 個の中性子を発生する（^{238}U では 1g 当り毎秒 0.01 個程度）。このため ^{252}Cf は中性子源として重要である。

1-3 核分裂反応の詳細

^{235}U を例として説明する。^{235}U に中性子が吸収されると複合核 ^{236}U が形成される。エネルギーの低い中性子が吸収された場合を考えると、複合核 ^{236}U のうち、17%が ^{236}U のまま残り、残りの 83%が核分裂する。ここで、エネルギーの低い中性子とは、環境の温度（数 100K 程度）と熱平衡にある中性子のことを意味し、熱中性子 (thermal neutron) と呼ぶ。293K（約 20 ℃）に対応する熱中性子のエネルギーは 0.025 eV であり、その速さは 2.2×10^5（cm $\cdot$s^{-1}）である。

核分裂反応での 2 つの核への分れ方は様々だが、たとえば

$$^{235}\mathrm{U} + {}^{1}_{0}\mathrm{n} \longrightarrow {}^{236}\mathrm{U} \longrightarrow {}^{139}\mathrm{Ba} + {}^{94}\mathrm{Kr} + 3{}^{1}_{0}\mathrm{n} + \text{エネルギー} \qquad (1\text{–}20)$$

となる。このとき、分れた 2 つの原子核（核分裂片（fission fragment）と呼ぶ）はともに、高い電荷を帯び、かつ高いエネルギーを持つ原子核であり、クーロン力により互いに反発して反対方向に運動する。運動中の核分裂片は近くにある原子と衝突し、その過程で原子にエネルギーを与え、また電荷を失って減速され、やがて静止する。この核分裂片の運動エネルギーとして、核分裂で発生するエネルギーの約 80%が放出され、このエネルギーは減速の過程で熱エネルギーに変換される。

静止した状態の核分裂片を核分裂生成物（fission product）という。これらはほとんどの場合、中性子過剰のため不安定で、β^- 壊変して安定な核へと移行するが、その際 β 線として約 3.5%、それに伴う γ 線として約 3.5%のエネルギーを放出する。このエネルギーは様々な核の半減期に相当する時間遅れを持って放出されるので、原子炉は停止後も長期間発熱する。このエネルギーは、通常、崩壊熱（decay heat）と呼ばれ，この崩壊熱のため原子炉では停止後も長時間冷却を確保することが必要となる。

崩壊熱の見積もりのためには、しばしば次の Way-Wigner の公式が用いられる。この式は核分裂後 10 秒から 10^6 秒の範囲で妥当である[4]。

$$\left(\begin{array}{c} 1\,\text{核分裂してから}\,t\,\text{秒後に}\beta\text{線、}\gamma\text{線として} \\ \text{放出されるエネルギーの割合} \end{array} \right) = 2.66t^{-1.2} \qquad (\mathrm{MeV/s}) \qquad (1\text{–}21)$$

[4] 今日の事故解析では、たとえば「原子炉崩壊熱とその推奨値」「原子炉崩壊熱基準」研究専門委員会、日本原子力学会（1989）等の数表化したものが用いられる

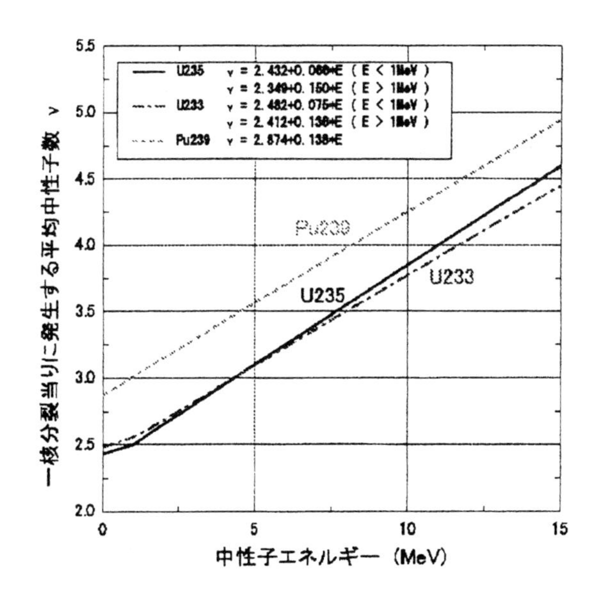

図 1.4 入射エネルギーに対する 1 核分裂当りに発生する中性子数 ν の変化

熱中性子に対して ^{235}U は、核分裂反応で平均約 2.4 個の中性子を放出する。核分裂で生ずる中性子数は、実際には生成される核分裂片の種類によって大きく異なるが、原子炉物理学では多くの核分裂を対象とするので、その平均数（1 核分裂当りに発生する平均の核分裂中性子数）のみが問題となる。通常、この値を ν で表す。この ν は、原子核の種類と入射中性子エネルギーの両方に依存し、入射中性子のエネルギーと共に増加する。^{233}U、^{235}U、^{239}Pu についての ν を中性子エネルギーの関数としてプロットしたものを図 1.4 に示す。

発生する中性子のエネルギーは、熱中性子に比べて極めて高い。核分裂中性子は、例えば次に示すエネルギー分布を持って現れ、その平均エネルギーは約 2MeV である。次式は ^{235}U に対して良く用いられているものである。

$$\chi(E)dE = 0.453e^{-1.036E}\sinh\left(\sqrt{2.29E}\right)dE \tag{1-22}$$

ここで、$\chi(E)dE$ は核分裂中性子が E から $E+dE$ の間のエネルギーを持って放出される割合であり、$\int\chi(E)dE = 1$ に規格化されている。

核分裂中性子のほとんどは核分裂反応が生ずると同時（10^{-14}s 以内）に放出される。これを即発中性子（prompt neutron）と呼ぶ。これとは別に、ごくわずか（1%以内）の中性子が、かなりの時間遅れ (数 10s 以内) を持って現れる。これを遅発中性子（delayed neutron）と呼ぶ。遅発中性子は、その生成量がわずかであるにもかかわらず、原子炉の制御にとって極めて重要な役目を果たすので，第 4 章で詳しく述べる。

核分裂では、中性子のほかにも種々の粒子が放出される。表 1.2 に ^{235}U が核分裂した際に放出される粒子とそれによって解放されるエネルギーを示す。核分裂の瞬間に、約 4%のエネルギーが γ 線の形で放出さ

表 1.2 ^{235}U の核分裂当りに発生するエネルギー

	発生エネルギー (MeV)
核分裂片	168
即発 γ 線	7
即発中性子	5
核分裂生成物からの β 線	7
核分裂生成物からの γ 線	6
中性微子	10
合計	約 200

れる。これを即発 γ 線という。また、核分裂生成物の β 壊変に伴って約 10MeV のエネルギーが中性微子のエネルギーとして放出される。中性微子は物質との相互作用の確率が極めて小さく、原子炉外に飛び出してしまうので、発生エネルギーのうち，中性微子の分は原子炉では利用できない。その一方で、核分裂に伴って生じた平均 2.4 個の中性子のうちの 1.4 個（次の連鎖反応を引き起すのに必要な 1 個を除いた）の多くが原子炉内で構成材料等に捕獲され γ 線を出すことにより約 10MeV、すなわち中性微子の持ち去るエネルギーにほぼ相当するエネルギーが原子炉に付与される。最終的に、1 核分裂ごとに約 200MeV のエネルギーが原子炉内で熱として利用できることになる。このエネルギーは 200（MeV）$\times 1.602 \times 10^{-13}$(J/MeV)= 32.0(pJ) [5] のエネルギーに相当する。これを用いると、1J のエネルギーを得るために必要な核分裂数は、1/32.0(pJ)=3.12×10^{10} である。また 1g の ^{235}U(=2.56×10^{21} 個) がすべて核分裂を起すと、$2.56\times10^{21}\times32.0$ (pJ) = 8.21×10^{10}(J) ≒ 2.28×10^{7}(Wh) ≒ 1(MWd)[6] のエネルギーが放出される。

1–4　ミクロ断面積とマクロ断面積

(1)　ミクロ断面積

これから先、我々は原子炉内で生じている現象を定量的に扱わなくてはならない。そのために必要となる中性子と原子核が反応する確率に相当する概念、「断面積」という概念を導入する。今、図 1.5 に示すように、単位表面積当り毎秒 j 個の中性子（個・$\mathrm{cm^{-2}\cdot s^{-1}}$）の流れが単位体積当り N_0(個・$\mathrm{cm^{-3}}$) の原子核

[5] 1pJ=10^{-12}J
[6] 1Wh、1Wd は 1W で 1h あるいは 1d 連続運転したときに放出されるエネルギー放出量で、1(Wh)= 1(J/s)×3600(s) = 3600(J)、1(Wd) = 1(J/s) ×3600 ×24(s)=86400(J) である。

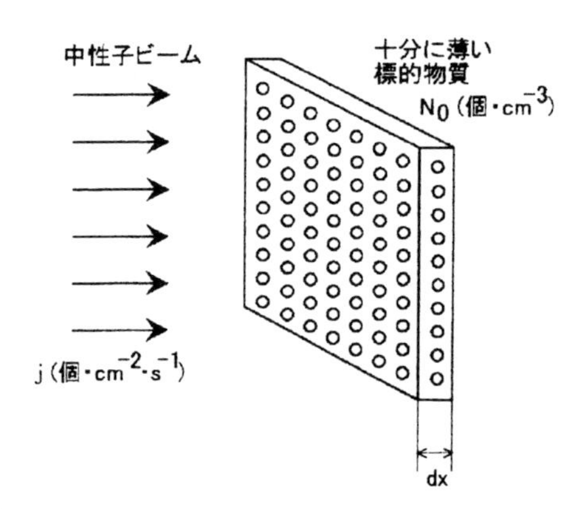

図 1.5 薄い標的物質に入射する単一エネルギーの中性子ビームの概念図

を含む極めて薄い標的（厚さ dx(cm)）に垂直に入射しているとする。厚さが薄いということは、入射する中性子が標的の後の方にある原子核に達する前に減少してしまわないことを保証するための仮定である。このような状況における単位時間単位面積当りの反応数 R（個 $\cdot s^{-1}$）を考えると、R は、入射中性子流の強さ j(個 $\cdot$ cm$^{-2}\cdot$ s^{-1}) と存在する原子核の数 N_0(個 cm^{-3}) $\times dx$(cm) $\times$ 1(cm^2)$= N_0dx$(個) に比例するから、比例定数を σ と書くことにすると、

$$R = \sigma jN_0dx \quad \text{すなわち} \quad R = \sigma jN_A \quad \text{ただし} \quad N_A = N_0dx \tag{1-23}$$

のように表現できる。これを

$$\sigma = \frac{R/N_A}{j}\left(= \frac{\text{標的核 1 個当り単位時間当りの反応率}}{\text{単位時間当り単位面積当りの入射中性子数}}\right) \tag{1-24}$$

と書き直すと、σ は、単位時間単位表面積当り 1 個の中性子が入射するとき、単位時間当り標的核 1 個当りにどれだけの数の反応が起るのかを示す量となっていることがわかる。原子炉物理学では、σ が面積 (cm^2) の単位を持つことから、σ をミクロ断面積（microscopic cross section）と呼ぶ。そして、単位として 10^{-24}(cm^2) を用い、これを 1 バーン (b) と呼んでいる。この単位は、原子核の大きさが 10^{-12}(cm) 程度であることに由来している。

さらに、1 つの原子核も通常，様々な反応を起すことから、その反応ごとにミクロ断面積を定義し、σ に各反応を表す添字を付け、それらを区別する。主だったものとして、散乱断面積 σ_s、吸収断面積 σ_a、核分裂断面積 σ_f、捕獲断面積 σ_c（または σ_γ）がある。このほか、原子炉物理学では、すべての反応の断面積を総和した断面積、全断面積 σ_t（total cross section）がよく現れる。σ_t は σ_s と σ_a の和で与えられる。なお、核分裂物質の吸収断面積には、核分裂断面積を含めるので、σ_a=σ_f + σ_c となることに注意して欲しい。

ミクロ断面積の大きさは核種によって大きく変化する。核種によっては数 100 万バーンという巨大なミクロ断面積を持つこともある。このため、断面積の大きさについて、一般的な議論をすることはできない。

(2) マクロ断面積

ついで、図 1.6 のような厚い板の例を考え、そこに強さ j_0（個・$\mathrm{cm^{-2}\cdot s^{-1}}$）の単一のエネルギーの中性子が垂直に入射している場合を考える。このとき、板の表面から x の距離にある厚さ dx の部分を考え、ここでの中性子の流れを $j(x)$ と表すと、厚さ x から $x+dx$ までの中性子の流れの減少は、σ を全断面積とすると

$$-dj = \sigma j(x) N_0 dx \tag{1–25}$$

と書ける。

$$dj/j = -\sigma N_0 dx \tag{1–26}$$

だから

$$j(x) = j_0 \exp\left(-\sigma N_0 x\right) \tag{1–27}$$

となる。σ と N_0 の積のことを Σ と書いてマクロ断面積（macroscopic cross section）という。すなわち

$$\Sigma = \sigma N_0 \tag{1–28}$$

である。他の反応のミクロ断面積についても、上式と同じ形で各反応のマクロ断面積が定義できる。Σ は断面積という名はついているが、単位は $\mathrm{cm^{-1}}$ であって面積の単位（$\mathrm{cm^2}$）ではないことに注意して欲しい。また、

$$\Sigma = \frac{\left(-{}^{dj}/_{j}\right)}{dx} \tag{1–29}$$

と書けることから、Σ が単位長さ当りに中性子の流れが減少する割合であることがわかる。

(3) 断面積のエネルギー変化

断面積の大きさは、先に述べたように，核によって大きく変ると同時に、入射中性子エネルギーによっても大きく変る。ここでは、質量数の大きな核（重核）と小さな核（軽核）についてミクロ断面積のエネルギー変化を、原子炉物理学で最も代表的な 2 つの核、^{235}U と ^{12}C を例にして説明する。質量数が中くらいの核（中重核）は、おおむね両者の中間の変化を示す。

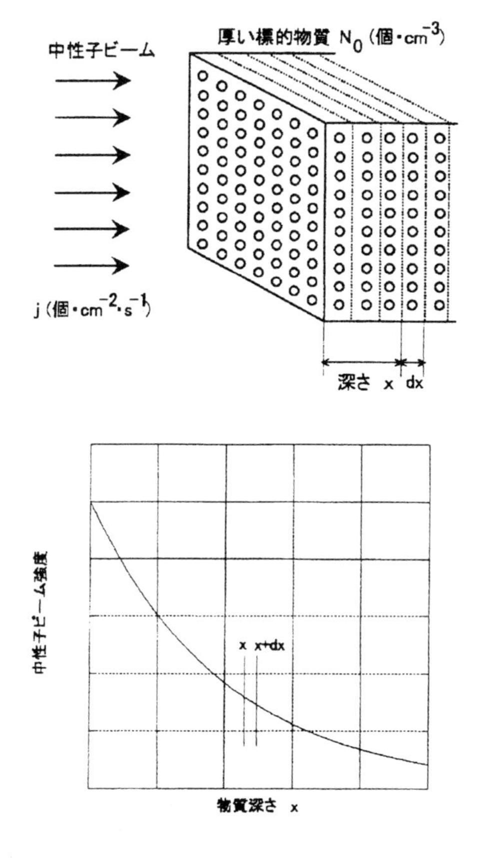

図 1.6 厚い標的物質に単一エネルギーの入射中性子が入射している場合の減衰の模様

(a) 質量数の大きな核

図 1.7 に、入射中性子エネルギーに対する ^{235}U の核分裂断面積の変化を示す。質量数の大きな核は、この ^{235}U と似た変化を示す。

1eV 以下のエネルギーの低い領域では、断面積は $1/v$ $(=1/\sqrt{E})$ に比例して減少する。しかし 1eV 付近から上では大きな増減を繰り返す。これを共鳴といい、中性子のエネルギーが複合核の励起準位と一致したところで核反応が起りやすくなることに起因している（図 1.8 参照)。中性子エネルギーが上がるにつれて、共鳴断面積のピークの高さは次第に小さくなるとともに共鳴のエネルギー幅が広くなり、1keV 以上では一つ一つの共鳴が重なりあって、結果的に滑らかな断面積変化を示すようになる。そして、1MeV を超えると、核分裂断面積は階段状に増している。

捕獲断面積のエネルギー変化も、高エネルギー領域を除いて[7]、この核分裂断面積の変化とほぼ同じエ

[7] 核分裂断面積は 1MeV 以上において増加傾向をするが、捕獲断面積の場合は高エネルギーで単調に減少し、数 MeV あたりではほぼゼロとなる。

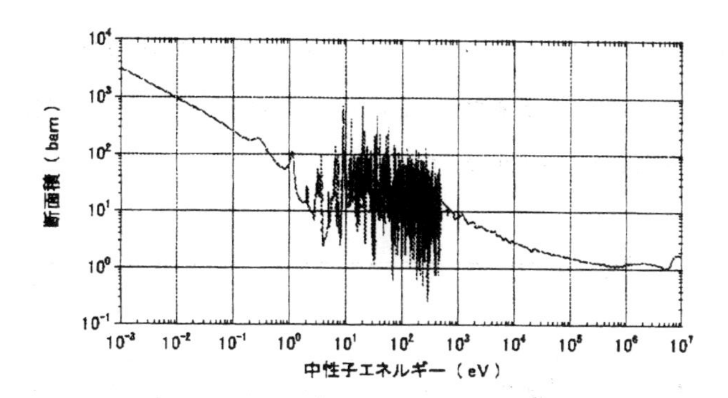

図 1.7 ^{235}U の核分裂断面積の入射中性子エネルギーによる変化 (出典: JENDL3.2)

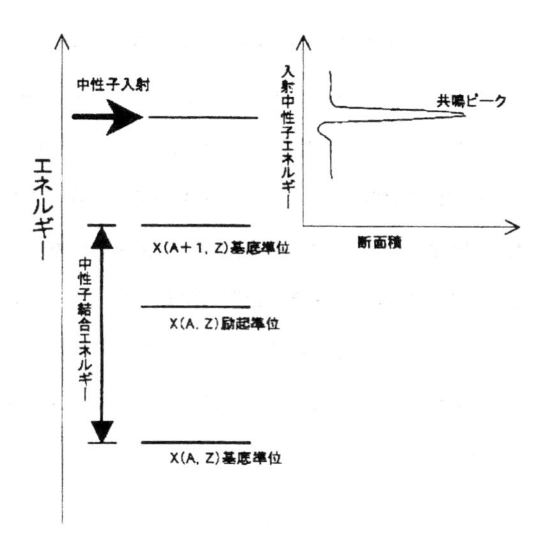

図 1.8 入射中性子エネルギー，中性子結合エネルギー，エネルギー準位と共鳴断面積の関係の一例

ネルギー変化をする。

(b) 質量数の小さな核

図 1.9 に、^{12}C の全断面積のエネルギー変化を示す。^{12}C の場合、吸収断面積が小さいため、この全断面積はほぼ散乱断面積と考えてよい。質量数が小さい核は、おおむねこの ^{12}C と共通の変化をするが、まったく異なるエネルギー変化をする核も少なくない。

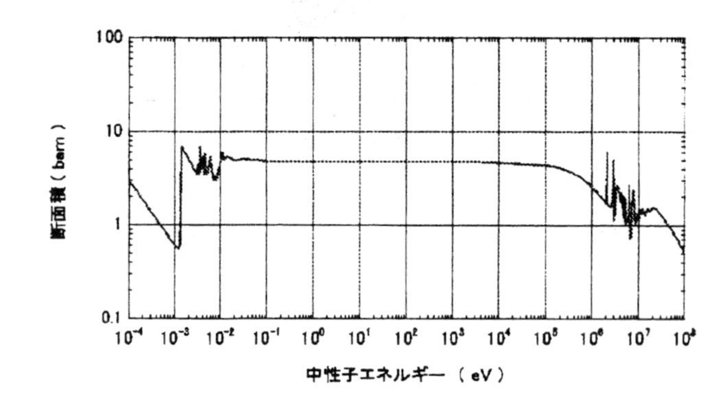

図 1.9 ^{12}C の全断面積の入射エネルギーによる変化 (出典: JENDL3.2)

図からわかる通り、もっとも低いエネルギー領域（10^{-4} eV 程度の非常に低いエネルギー）では $1/v$ に比例するエネルギー変化を示す。そして、エネルギーが上がるにつれて 10^{-3} eV〜10^{-2} eV の間で断面積が急激に大きくなり、その後、不規則なジグザクを示す。これは、このエネルギーの中性子の波長（(1–1)、(1–2) 式）が炭素原子の原子間距離と同程度となるため、中性子が炭素原子核とではなく、炭素原子と相互作用をするようになり、黒鉛の結晶のように原子が規則的な構造をもつ場合に中性子が結晶面で回折現象を起すことによる（中性子の波長が結晶の格子面間距離の整数倍のところで回折が起る)。

この領域よりさらにエネルギーが大きくなると回折は起らなくなり、核そのものの大きさで決まる断面積で反応が起るようになる。この領域をポテンシャル散乱領域と呼び、広いエネルギー範囲にわたって、一定の断面積，ポテンシャル散乱断面積

$$\sigma_p = 4\pi R^2 \tag{1–30}$$

を取る。ここで、R は原子核の半径である。

ポテンシャル散乱領域より上のエネルギー領域では（^{12}C では 1MeV 以上で)、^{235}U に現れたのと同様の共鳴現象が起る。ただし、^{12}C の場合，ポテンシャル散乱と共鳴弾性散乱が共存するので、共鳴散乱と

ポテンシャル散乱の間に干渉が起り、共鳴の低エネルギー側では断面積が小さくなり、逆に上側では大きくなる（図 1.8 参照）特徴がある。

この領域を越え中性子エネルギーが非常に高くなると、(1–2) 式に示したように中性子の波長が原子核の大きさに比べて短くなるために、原子核と相互作用する確率が減少するので、エネルギーが上がるに伴って断面積は小さくなる。しかし、核分裂連鎖反応に伴う中性子エネルギーは最大でも 10MeV 程度であるので、非常に高いエネルギーの挙動は原子炉解析では普通取り扱う必要はない。

1–5　原子炉の構成と分類

原子炉での中性子の挙動を定量的に取り扱う前に、原子炉の構成について概説しておく。原子炉の構成要素は、多くの型の原子炉について共通である。図 1.10 に原子炉の概念図を示す。

原子炉は、基本的に核分裂反応を起させる炉心とそれを取り囲む反射体から構成される。前節で述べたように、核分裂断面積は中性子エネルギーが低い方が大きいので、少ない核燃料物質で核分裂連鎖反応を起させるには、核分裂で生じた平均 2MeV の中性子のエネルギーを下げる（減速）必要がある。減速のためには、第 3 章で説明するように，中性子を質量数の小さくかつ吸収断面積の小さい原子核に衝突させる。このために使用される物質を減速材という。減速材には、主に軽水 (H_2O)、重水 (D_2O)、ベリリウム (Be)、黒鉛（C）などが用いられる。反射体の目的は炉心から漏れる中性子を炉心に追い返し、次節で述べる臨界量を節約することにある。1999 年 9 月の JCO ウラン加工工場における臨界事故において、臨界を止めるために、事故を起した沈殿槽の外側の冷却材の水を抜いて反射体効果を減らし、未臨界状態に導いたことはよく知られている。反射材には、原子炉から漏れやすい高いエネルギーの中性子を減速させてから炉心に追い返すため、減速材と同じ種類の物質が使われる。

原子炉で発生した熱は、炉心と外部の熱交換器の間を循環する冷却材によって取り除く。冷却材としてこれまでに軽水、重水、液体ナトリウム（ナトリウム・カリウム合金を含む)、鉛（鉛・ビスマス合金を含む)、ある種の有機材等の液体や、空気、CO_2、He 等の気体が用いられてきた。発電を行うには発生した熱を熱交換器で冷却材から水に移して水蒸気を作ることが必要である（ただし炉心で直接水蒸気を作ることも可能である)。

燃料と減速材（冷却材）を一様に混合して用いる原子炉 (均質炉) を作ることも可能であるが、普通，燃料と減速材、冷却材を分けて用いる（非均質炉)。これには、特に天然ウランや低濃縮ウランを燃料に用いる場合、燃料と減速材を非均質に配置することによって、燃料で発生した中性子をまず減速材に移し、減速中に中性子が ^{238}U に衝突して共鳴吸収される可能性を減らして，核分裂反応の維持のために中性子をより有効に用いる効果がある。

燃料と冷却材のほか、原子炉の炉心内には、燃料と冷却材を分離する被覆材、燃料の取り扱いを容易にするためのスペーサーなどの燃料集合体構成材料や燃料集合体の位置を固定するための炉心格子板などが必要となる。これらを合わせて構造材と呼ぶ。構造材としては中性子吸収断面積の小さいアルミニウム合金、ジルコニウム合金が主に使われるが強度と中性子吸収の兼ね合いからステンレス鋼が使われることもある。

さらに原子炉を制御するためには原子炉内の中性子数を増減させなくてはならない。そのためには普通、炉心に中性子を吸収しやすい物質（主に、ボロンやハフニウム等）を含む材料でできた制御棒を駆動装置につけて出し入れしている。

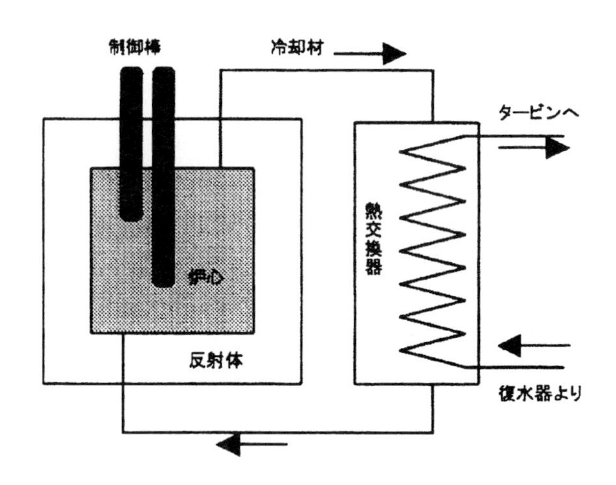

図 1.10 冷却系を含む原子炉の概念図

原子炉は、上記の構成要素から構成されているが、その機能、構造材料とその配置、使用目的等によって様々に分類できる。以下、その典型的な分類法をまとめておく。

1. 核分裂を起すエネルギーによる分類

   高速中性子炉（fast reactor）

   中速中性子炉（intermediate reactor）

   熱中性子炉（thermal reactor）

2. 核燃料による分類

   天然ウラン（^{235}U　0.7%）

   低濃縮ウラン（^{235}U　5%以下）

中濃縮ウラン（^{235}U　5〜約 20%）

高濃縮ウラン（^{235}U　約 20%以上）

プルトニウム

ウラン 233

3. 熱除去方法による分類

冷却材のみ

冷却材（減速材）と燃料の混合物質　（均質炉の場合）

減速材兼冷却材

4. 使用目的による分類

研究試験用

（船舶）推進用

熱源用

電力発生用

同位体製造用

5. 燃料と減速材の組み合わせによる分類

均質炉

非均質炉

6. 原子炉構造のための材料による分類

減速材

冷却材

構造材

反射体

遮蔽体

研究用の原子炉としては多種多様なものが考えられるが、今日、発電用に用いられているものは大半が低濃縮ウラン軽水減速冷却非均質炉である。

1–6　臨界状態と中性子経済

原子炉で核分裂連鎖反応が外部から中性子を供給することなしに、時間とともに増えも減りもせず一定に維持される状態を臨界（critical）という。したがって、まず第 1 に臨界状態を実現するための条件を調べることが必要である。それには、図 1.11 のように核分裂で生まれた中性子の一生を考えることが適当である。

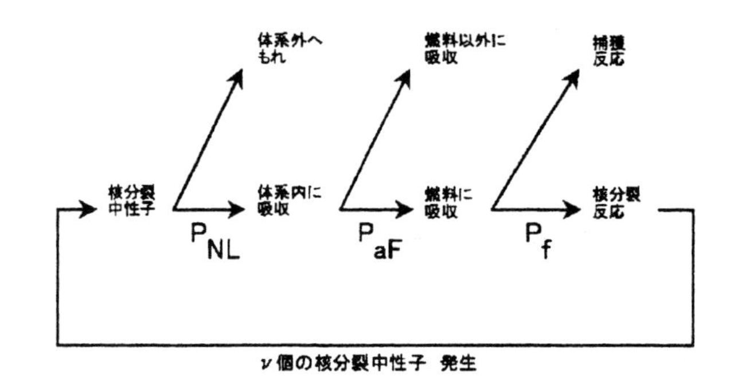

図 1.11 核分裂連鎖反応のサイクル

ある大きさの核燃料物質を含む体系を考え、その中での中性子の挙動に着目する。核分裂で生まれた中性子は体系から漏れるか体系内に止まるかのいずれかである。体系に止まる割合を P_{NL} と書く。体系に止まった中性子は燃料に吸収されるか燃料以外の材料に吸収されるかのいずれかである。吸収されるとした場合、それが燃料に吸収される割合を P_{aF} と書く。中性子が燃料に吸収されたとしても、それは核分裂を起すばかりでなく、核燃料物質に放射捕獲される場合がある。中性子が核燃料物質に吸収され、それが核分裂を起す割合を P_f と書く。その順にたどって、核分裂を起こすと中性子を ν 個発生することとなる。以下、同じ過程を繰り返す。

このような過程の一回り、すなわち核分裂で生まれた中性子が再び核分裂を起こして次の中性子を生み出すまでを世代という用語で表す。そして、世代間の中性子の数の比を k として、

$$k = \frac{\text{ある世代の中性子数}}{\text{一つ前の世代の中性子数}} \tag{1-31}$$

のように定義する。この k は、増倍率（multiplication factor）と呼ばれ、原子炉物理学でもっとも重要な量である。増倍率が 1 より小さい状態、すなわち $k < 1$ の状態を臨界未満（subcritical）、ちょうど 1 である状態、すなわち $k = 1$ の状態を臨界（critical）、1 より大きい状態、すなわち $k > 1$ の状態を臨界超過（supercritical）という。

増倍率 k は、先に定義した 3 つの量、P_{NL} P_{aF}、P_f および ν を用いると、明らかに

$$k = \nu P_f P_{aF} P_{NL} \tag{1-32}$$

と書くことができる。以下では、この増倍率をさらに定量的に表すことを考える。

(1)　熱中性子利用率

まず、上で述べた P_{aF} を考える。燃料のマクロ吸収断面積を Σ_a^F、燃料を含む炉のすべての物質のマクロ吸収断面積の和を Σ_a で表わすと、P_{aF} は両者の比、すなわち、

$$P_{aF} = \frac{\Sigma_a^F}{\Sigma_a} \tag{1-33}$$

と表される。ここで、Σ_a のように物質を指定する上添字（上の例では ^{F}）がない場合には、そのマクロ断面積が系内の全ての物質の和を表すこととする（非均質な構造の原子炉においてはマクロ断面積を空間的に平均して求めておくことが必要である）。

原子炉物理学の歴史の初期の頃は、ほとんどの核分裂が熱中性子によって起されることを考えていたので、原子炉物理学では通常，この量を熱中性子利用率（thermal utilization factor）と呼び、f という記号が用いられている。

$$f = P_{aF} \tag{1-34}$$

しかし、(1–33) 式の表現は、高速炉などすべての型の原子炉に対しても成り立つ、一般的なものであることに注意すべきである。

(2)　η(イータ)

次に P_f の定量化を考える。この P_f は、燃料に吸収されたときに核分裂を起す割合であるから、

$$P_f = \frac{\Sigma_f^F}{\Sigma_a^F} \left(= \frac{\sigma_f^F}{\sigma_a^F} \right) \tag{1-35}$$

と表すことができる。核分裂をすると平均 ν 個の中性子が放出されるので，核燃料により中性子が再生される割合を、記号 η を用いて次のように定義する。

$$\eta = \nu \frac{\sigma_f^F}{\sigma_a^F} = \nu P_f \tag{1-36}$$

時として、この値を再生率（reproduction factor）と呼ぶ。

(3)　無限増倍率

以上の 2 つの量を用いて、増倍率 k を書き直すと、

$$k = \eta f P_{NL} \tag{1-37}$$

と書ける。

ところで P_{NL} は原子炉の形にも依存するのでその計算は難しい。そのため、原子炉物理学では、まず

無限に大きい原子炉を考え、$P_{NL}=1$ とする。この場合の増倍率を無限増倍率 k_∞(infinite multiplication factor) という。

$$k_\infty = \eta f \tag{1-38}$$

P_{NL} は必ず 1 より小さい、すなわち $P_{NL}<1$ であるから、$k_\infty>1$ でない限り原子炉が臨界となることはない。

この k_∞ は、原子炉の大きさ・形状に無関係で、原子炉の構成材料の性質（および配列）のみによって決まる量であるので、原子炉解析で特に有用なパラメータである（ただし、炉心の大きさ・形状が変ると、中性子のエネルギー分布が変化するため、厳密には k_∞ も変化する。)。

(4)　高速中性子核分裂因子

低濃縮ウランを用いる軽水減速炉や天然ウランを用いた黒鉛減速炉等の熱中性子炉を考えるときには、この公式に 2 つの修正を加えなくてはならない。

まず、平均 2MeV というエネルギーを持ち放出される核分裂中性子によって ^{238}U などの核が核分裂することを考える必要がある。この核分裂は、その世代の中性子の数 (減速を始める前の中性子の数) を少し多くする。この効果を表す量を、高速中性子核分裂係数（fast fission factor）と呼び、次のように定義する。

$$\varepsilon = \frac{\text{高速および熱中性子核分裂による全核分裂中性子数}}{\text{熱中性子核分裂による核分裂中性子数}} \tag{1-39}$$

この量は 1 に近く、ほとんどの場合 $\varepsilon = 1.03$ から 1.15 の間にある。

(5)　共鳴を逃れる確率

次に中性子が核分裂中性子エネルギーから熱中性子エネルギーにまで減速される間に吸収されて失われることを考慮しなくてはならない。この吸収は、主に ^{238}U のような重い核種による共鳴吸収によるので、この係数を共鳴を逃れる確率（resonance escape probability）といい、p で表す。すなわち

$$p = \left(\begin{array}{c} \text{減速を始めた中性子のうち捕獲されずに} \\ \text{熱中性子領域まで減速される割合} \end{array} \right) \tag{1-40}$$

と定義される。 この量は、燃料と減速材の割合に大きく依存するとともに、非均質の場合には、その形状・配列に依存する。軽水減速炉の場合には、0.6～0.8 程度の値をとる。

(6)　4 因子公式と 6 因子公式

以上を総合すると、無限増倍率 k_∞ は

$$k_\infty = \varepsilon p \eta f \tag{1-41}$$

と書ける。この無限増倍率を表す式を4因子公式と呼んでいる。したがって、無限増倍率 k_∞ を求めるためには、以上の4つの因子をそれぞれ計算すればよいことになる。

さらに、中性子が漏れない確率 P_{NL} を、高速中性子の漏れない確率 P_{FNL} と熱中性子が漏れない確率 P_{TNL} に分け、(1–37) 式を用いて増倍率を次のように書き直すこともある。

$$k = k_\infty P_{NL} = \varepsilon p \eta f P_{FNL} P_{TNL} \tag{1–42}$$

これを6因子公式という。この k はまた実効増倍率 (effective multiplication factor) とも呼ばれる。

(7) 臨界量

$k_\infty > 1$ のとき、P_{NL} がある大きさになれば、$k = 1$ すなわち臨界状態を実現できる。P_{NL} は中性子の漏れない割合（生成中性子に対する）を表す量であるから、原子炉からの中性子の漏れの割合をうまく制御すること（通常は、極力小さくする）により、臨界状態を実現することができる。

ある体系の代表的な長さ（たとえば立方体の辺の長さ）を L とすると、中性子の漏れは体系の表面積すなわち L^2 に比例し、一方で、中性子の発生は体系の体積すなわち L^3 に比例するから、漏れの割合/発生の割合は $1/L$ に比例すると考えられる。

したがって、適切な L、そして P_{NL} を与えるような大きさを持つ原子炉を設計すれば、原子炉を臨界状態にすることができる。ちょうど $k = 1$ を実現するような L に対応する原子炉の体積を臨界体積 (critical volume) といい、臨界体積中にある核燃料物質の量を臨界質量または単に臨界量 (critical mass) という。中性子の漏れは体系の形によって違うので、同じ性質の材料を用いても立方体と円柱状の原子炉とでは臨界量は異なる。体系の形が球形の場合に同じ体積に対する漏れの割合が最も小さくなるので、球形炉心に対する臨界量が最小臨界量となる。

1–7 転換と増殖

遅い中性子で核分裂を起すのは天然ウランの僅か約0.7%しかない ^{235}U のみである。しかしこれまで学んだように，1個の中性子が燃料に吸収されると η 個の中性子が生まれる。そのうち1個の中性子は核分裂連鎖反応を維持するのに必要であるから、もし残りの $\eta - 1$ 個の中性子を ^{238}U や ^{232}Th に吸収させて熱中性子で核分裂を起す ^{239}Pu や ^{233}U を作れば、利用できる核燃料物質の量を飛躍的に増すことが期待できる。これを転換 (conversion) といい、現実に原子炉の中ではこの反応が起っている (^{238}U を中心に)。

さらに、$\eta - 1$ が1より大きいとき、すなわち η が2より大きいときには、核分裂性核種が1個消費されるのに対し、1個以上の核分裂性核種を作ることができるから、消費した核燃料物質以上の核燃料を得ることが可能となる。これを増殖 (breeding) と呼び、これを目指した原子炉の設計が進められている。

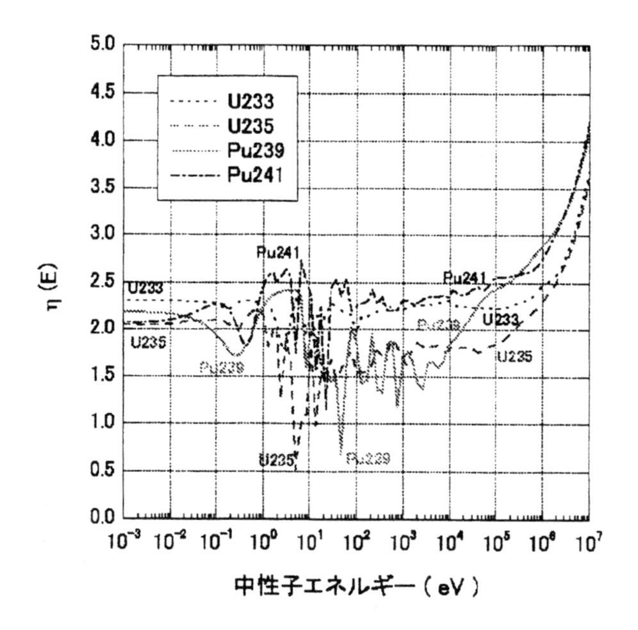

図 1.12 η の中性子エネルギーに対する変化

図 1.12 には、^{233}U (8) 、^{235}U、^{239}Pu、^{241}Pu の η を示す。この図からわかるように、熱中性子に対するηは、^{235}U や ^{239}Pu に対しては 2 をわずかに超える程度であり、さらにその上のエネルギーではηが 2 より遥かに小さくなる領域があるので、中性子の漏れや、構造材・冷却材への吸収を考えると増殖をさせることは難しい。

しかし、中性子のエネルギーが 100keV 以上になるとηはエネルギーとともに急激に大きくなっており、$\eta > 2$ の状態を比較的容易に実現できる可能性があることがわかる。特に ^{239}Pu はこの傾向が著しい。増殖を実現するためには原子炉の中性子エネルギーを 100keV より高く保つのが有望な手段である。この方法を用いて、$\eta > 2$ を実現することを狙った原子炉を高速増殖炉と呼んでいる。高速増殖炉では、中性子エネルギーを 100keV より高く保つために、中性子を減速させる材料を用いることはできない。このため、現在主に考えられている高速増殖炉では、冷却材としてナトリウムが用いられている。このナトリウムの使用のほか、高い中性子エネルギー領域で核分裂断面積が小さくなることと、^{238}U の非弾性散乱による減速を小さくするために，濃縮度の高い燃料を使う必要があり、このことから経済性の面で原子炉の単位体積当りの出力を高くすることが要請されるなど、高速増殖炉には熱中性子炉にない技術的な難しさがある

(8) ^{233}U の η は，熱中性子に対しても $\eta = 2.29$ で 2 よりかなり大きな値になっていること，さらに，共鳴領域でもあまり 2 より小さくなっていないことから，もし原子炉中の他の材料による吸収を十分減らすことができれば，熱中性子炉でも増殖を図ることができると考えられている。

。炉物理の面でも、高速炉の解析においては、この章で述べた議論を直接適用することはできない。通常、高速炉の解析は数値計算によって行われている。

第 2 章　中性子の空間的振舞い

原子炉物理学の役割は、中性子を含む体系が与えられたとき、ある時刻にその中の任意の点で、あるエネルギーを持って、ある方向に向って運動している中性子の密度を定めることである。この中性子密度から、単位時間にその点を通過する中性子数がわかり、それにマクロ断面積を掛けることによってその点での反応率が与えられる。たとえばそれが核分裂断面積であれば、熱計算に用いるべき熱出力が求められるし、(n, α) 断面積であれば原子炉材料の損傷に大きく影響する He ガスの生成量が求められる。当然、原子炉内の中性子数の生成と消滅のバランスから原子炉の臨界条件が求められる。

中性子密度はボルツマン（Boltzmann）の輸送方程式といわれるものに従う。ボルツマンの輸送方程式は 1870 年代にボルツマンが気体分子の速度の分布関数に対する正確な表現を得るために導入した基本方程式である。気体分子に対するボルツマン方程式は非線形の微積分方程式であるが、原子炉物理学が扱う範囲では中性子同士の衝突反応を考慮に入れる必要がなくなるため、方程式は線形となり扱いやすくなる。それでも、ボルツマン方程式は、時間 (t)、空間 (x, y, z)、エネルギー (E) または速さ (v)、中性子の運動方向 (θ, χ) という 7 つの独立変数を持つ微積分方程式なので、これをそのままの形で扱うことは解析的には不可能であり、数値解析を行う上でも困難である。

そこで、原子炉物理学では通常、これに拡散近似という近似を施して得られる方程式を取り扱う。拡散近似をして得られる方程式は、多くの場合、原子炉の中で生じている中性子の挙動を十分正確に記述することができ、これから原子炉の中で中性子の果たす役割についての基本的な理解が得られる。

第 2 章では、まず輸送方程式が中性子の数の保存を考えることにより容易に導出できること、および輸送方程式から拡散方程式を導く過程で施される近似について学ぶ。これにより、導かれた拡散方程式の限界や、拡散方程式の解を正確な解に近似するための補正について知ることができる。次に拡散方程式を解析的に解が得られる例に適用し、体系内の中性子束の空間分布について学ぶ。

2–1　中性子密度と中性子束

まず、中性子密度 $n(\mathbf{r},t)$ を次のように定義する。

$$n(\mathbf{r},t)dV = \text{時刻 } t \text{ において、位置 } \mathbf{r} \text{ のまわりの体積 } dV \text{ 内に存在する中性子数の期待値} \quad (2\text{–}1)$$

ここで、期待値という言葉が用いられているのは、中性子輸送理論が統計理論であることに由来しており、実際の中性子数 $n(\mathbf{r},t)$ は時間的に変動するが、原子炉物理学ではその平均値にのみ着目することを意味する。ついで、反応率密度 $R(\mathbf{r},t)$ を次のように定義する（簡単に反応率と言うことも多い）。

$$R(\mathbf{r},t)dV = (\text{時刻 } t \text{ において、位置 } \mathbf{r} \text{ のまわりの体積 } dV \text{ で起る単位時間当りの反応数 (相互作用数) の期待値}) \quad (2\text{–}2)$$

この反応率密度を定式化するため、原子炉内の中性子が全て同じ速さ $v(\mathrm{cm\cdot\ s^{-1}})$ を持っているとし、その場に断面積 $\sigma(\mathrm{cm^2})$ の原子核 N(個 $\cdot\mathrm{cm^{-3}}$) を含む物質があるとする。すると、単位時間に、単位表面積を通過する中性子の個数は中性子密度と中性子の速さの積、すなわち $n(\mathbf{r},t)v$ で与えられ、一方、物質のマクロ断面積 Σ は σ と N の積で与えられるから、反応率密度 $R(\mathbf{r},t)dV$ は、

$$R(\mathbf{r},t)dV = \Sigma(\mathbf{r})vn(\mathbf{r},t)dV \quad (2\text{–}3)$$

と書くことができる。たとえば、軽水 (H_2O) 中の熱中性子密度が 10^7(個 $\cdot\mathrm{cm^{-3}}$) であったとすると、熱中性子に対する H_2O のミクロ全断面積は 103(b) なので N=(1/18(g))×(0.6022×10^{24}(個))×(1.00(g$\cdot\mathrm{cm^{-3}}$)) = 0.0334×10^{24}(個 $\cdot\mathrm{cm^{-3}}$)、そして Σ=(0.0334×10^{24}(個 $\cdot\mathrm{cm^{-3}}$))×(103×10^{-24}(b))=3.44($\mathrm{cm^{-1}}$) であり、熱中性子の速さ v が 2.2×10^5($\mathrm{cm\cdot s^{-1}}$) であるので、反応率 R=7.57×10^{12}(個 $\cdot\mathrm{cm^{-3}\cdot s^{-1}}$) と求まる。

次に、この概念を中性子のエネルギーが変化する場合に対応できるよう、中性子密度の定義を拡張する。すなわち、

$$n(\mathbf{r},E,t)dVdE = (\text{時刻 } t \text{ において、位置 } \mathbf{r} \text{ のまわりの体積 } dV \text{ 内に存在してエネルギー } E \text{ のまわりのエネルギー幅 } dE \text{ 内にある中性子数の期待値}) \quad (2\text{–}4)$$

と定義する。「密度」という言葉が、空間のみならずエネルギーについても定義されていることに注意して欲しい。これを用いると反応率密度は、

$$R(\mathbf{r},E,t)dVdE = \Sigma(\mathbf{r},E)v(E)n(\mathbf{r},E,t)dVdE \quad (2\text{–}5)$$

と書ける。これらの表現に現れる中性子の速さと密度の積、$vn(=v(E)n(\mathbf{r},E,t))$ は中性子束（neutron flux）と呼ばれ、原子炉物理学で最も頻繁に用いられる。すなわち

$$\phi(\mathbf{r},E,t) = v(E)n(\mathbf{r},E,t) \quad (2\text{–}6)$$

単位は ϕ(個 $\cdot\mathrm{cm}^{-2}\cdot\mathrm{s}^{-1}$)=$v$(cm$\cdot$ s^{-1})n(個 $\cdot\mathrm{cm}^{-3}$) である。ただし、この中性子束[1] は、反応率を計算するために導入された数学的な量 (速さ・密度) あるいは原子炉物理学特有の道具と考えるべきであって、この中性子束を用いることによって反応率を

$$R(\mathbf{r},E,t)=\Sigma(\mathbf{r},E)\phi(\mathbf{r},E,t) \tag{2-7}$$

のように計算できる。　再び先の例をとると、中性子束 $\phi=vn=2.2\times10^{5}$(cm$\cdot$ s^{-1})$\times10^{7}$(個 cm^{-3})$=2.2\times10^{12}$(個 $\cdot\mathrm{cm}^{-2}\cdot\mathrm{s}^{-1}$)、そして反応率 $R=\Sigma\phi=3.44(\mathrm{cm}^{-1})\times2.2\times10^{12}$(個 $\cdot\mathrm{cm}^{-2}\cdot\mathrm{s}^{-1}$)$=7.57\times10^{12}$(個 $\cdot\mathrm{cm}^{-3}\cdot\mathrm{s}^{-1}$) と計算できる。

2–2　角中性子密度、角中性子束、角中性子流、角反応率密度

(1)　角中性子密度、角中性子束、角中性子流、角反応率密度の定義

前節で定義した中性子密度 $n(\mathbf{r},E,t)$ や中性子束 $\phi(\mathbf{r},E,t)$ を満たす正確な方程式は存在しない (拡散方程式など近似式は存在する)。正確な方程式を得るためには、これらの量をさらに一般化した量を定義しておく必要がある。

厳密な意味で、中性子密度を表すためには、位置 $\mathbf{r}(x,y,z)$、エネルギー E(または $v=\sqrt{2E/m}$)、中性子の観測時刻 t という変数のほかに、中性子の運動方向 $\mathbf{\Omega}=\mathbf{v}/|\mathbf{v}|$ を付け加える必要がある。(テキストによっては、はじめから速度ベクトル $\mathbf{v}$ を用いて $\phi(\mathbf{r},\mathbf{v},t)$ としているものもある)。この $\mathbf{\Omega}$ は単位ベクトル (すなわち $|\mathbf{\Omega}|=1$) であり、図 2.1 のように中性子の運動方向を表す空間における極座標 θ と χ をまとめて表すものである。

これを用いて、まず前節で定義した中性子数密度 $n(\mathbf{r},E,t)$ を拡張して、角中性子密度 (angular neutron density) を次のように定義する。

$$n(\mathbf{r},E,\mathbf{\Omega},t)dVdEd\mathbf{\Omega}=(\text{時刻 }t\text{ に、位置 }\mathbf{r}\text{ のまわりの体積 }dV\text{ 内に存在してエネルギー }E\text{ のまわりのエネルギー幅 }dE\text{ を持ち、}\mathbf{\Omega}\text{ のまわりの }d\mathbf{\Omega}\text{ に向かって運動している中性子数の期待値}) \tag{2-8}$$

これが最も一般的な中性子密度の定義であり、この角中性子密度に対して (厳密に) 正確な方程式、すなわち中性子輸送方程式が導かれる。

その準備として、中性子束の場合と同様に角中性子密度に速さ $v(=|\mathbf{v}|)$ を掛け、角中性子束 (angular

[1] 中性子束は、中性子流と同じ次元の量であることなどから混同しやすいので注意すること。中性子流は物理的に明確な量であってベクトル量であるのに対し、中性子束はいわば便宜的な量であってスカラー量である。

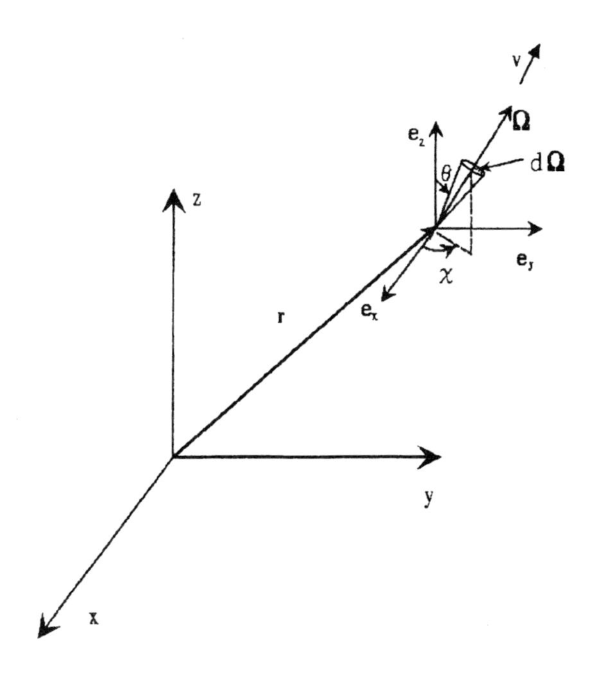

図 2.1 中性子の位置と進行方向

neutron flux) $\Phi(\mathbf{r},E,\boldsymbol{\Omega},t)$ を次のように定義する。

$$\Phi(\mathbf{r},E,\boldsymbol{\Omega},t)=v(E)n(\mathbf{r},E,\boldsymbol{\Omega},t) \tag{2-9}$$

さらに角中性子流 (angular neutron current) $\mathbf{j}(\mathbf{r},E,\boldsymbol{\Omega},t)$ というものを次のように定義する (角中性子流はベクトル量である)。

$$\mathbf{j}(\mathbf{r},E,\boldsymbol{\Omega},t)=v(E)\boldsymbol{\Omega}n(\mathbf{r},E,\boldsymbol{\Omega},t)=\boldsymbol{\Omega}\Phi(\mathbf{r},E,\boldsymbol{\Omega},t) \tag{2-10}$$

角中性子束と角中性子流の関係は、$\boldsymbol{\Omega}$ が単位ベクトルであること考えると (変数を除いて書く)、

$$|\mathbf{j}|=|\boldsymbol{\Omega}|\Phi=\Phi \tag{2-11}$$

である。すなわち角中性子束は角中性子流の大きさに他ならない。この中性子流を言葉で定義すると、

$\mathbf{j}(\mathbf{r},E,\boldsymbol{\Omega},t)d\mathbf{A}dEd\boldsymbol{\Omega}=$ 時刻 t に、エネルギー E のまわりのエネルギー幅 dE を持ち、方向$\boldsymbol{\Omega}$のまわりの $d\boldsymbol{\Omega}$に向かって運動している中性子が単位時間に面 $d\mathbf{A}$ を通過する期待値 (2-12)

となる。ここで、面要素 $d\mathbf{A}$ は、図 2.2 のように定義された位置 $\mathbf{r}$ にある微小な面であり、ベクトル $d\mathbf{A}$ はこの面に垂直な単位ベクトル $\mathbf{e}_s$ を用いて $d\mathbf{A} = \mathbf{e}_s \cdot dA$ で定義される。

さらに、反応率 $R(\mathbf{r}, E, t)$ も一般化して、角反応率密度あるいは角反応率 (angular interaction rate) $f(\mathbf{r}, E, \mathbf{\Omega}, t)$ を以下のように定義しておく。

$$f(\mathbf{r}, E, \mathbf{\Omega}, t) = \Sigma(\mathbf{r}, E)v(E)n(\mathbf{r}, E, \mathbf{\Omega}, t) = \Sigma(\mathbf{r}, E)\Phi(\mathbf{r}, E, \mathbf{\Omega}, t) \qquad (2\text{–}13)$$

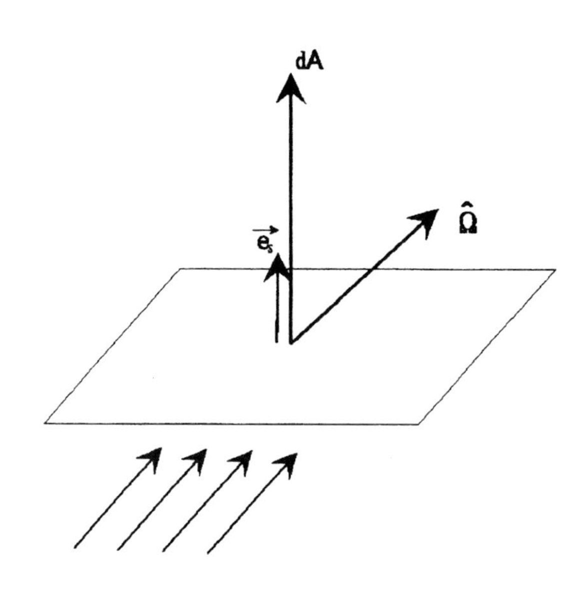

図 2.2 微小面積 dA への中性子入射の説明

(2) スカラー中性子密度、中性子束、中性子流

ここでは、角中性子密度、角中性子束、角中性子流と、先に定義した中性子密度、中性子束、中性子流の関係を明確にしておく。基本的には、ここで定義した角度に依存する量を全角度 (4π) について角度積分すると前節までに与えた量になる。

(a) 中性子密度

中性子密度の場合、角中性子密度を全角度 (4π) について角度積分すると、前節の中性子密度 $n(\mathbf{r}, E, t)$ が与えられる。

$$n(\mathbf{r},E,t)=\int_{4\pi}n(\mathbf{r},E,\mathbf{\Omega},t)d\mathbf{\Omega} \tag{2–14}$$

この $\mathbf{\Omega}$ に依存しない中性子密度を、スカラー中性子密度と呼ぶことがある。

原子炉について考えると、角中性子密度が等方的で角度に依存しないと仮定できる場合がある。この場合には、角中性子密度とスカラー中性子密度の関係は次のようになる。

$$n(\mathbf{r},E,\mathbf{\Omega},t)=\frac{1}{4\pi}n(\mathbf{r},E,t) \tag{2–15}$$

さらに、エネルギーに依存しない中性子密度も、エネルギーについて積分することにより定義できる。すなわち、

$$n(\mathbf{r},t)=\int_0^\infty n(\mathbf{r},E,t)dE=\int_0^\infty\int_{4\pi}n(\mathbf{r},E,\mathbf{\Omega},t)d\mathbf{\Omega}dE \tag{2–16}$$

(b) 中性子束

同様にして中性子束についても

$$\phi(\mathbf{r},E,t)=\int_{4\pi}\Phi(\mathbf{r},E,\mathbf{\Omega},t)d\mathbf{\Omega} \tag{2–17}$$

である。中性子密度と同様、中性子束についても $\mathbf{\Omega}$ に依存しない中性子束をスカラー中性子束と呼ぶことがある。また、エネルギー積分した中性子束も同様に次のように書ける。

$$\phi(\mathbf{r},t)=\int_0^\infty\phi(\mathbf{r},E,t)dE=\int_0^\infty\int_{4\pi}\Phi(\mathbf{r},E,\mathbf{\Omega},t)d\mathbf{\Omega}dE \tag{2–18}$$

(c) 中性子流

ついで、中性子流について見てみる。角中性子流 $\boldsymbol{j}(\mathbf{r},E,\mathbf{\Omega},t)$ に、前記と同様に、角度積分・エネルギー積分を施すことにより、中性子流 $\mathbf{J}(\mathbf{r},E,t)$ および $\mathbf{J}(\mathbf{r},t)$ を、

$$\mathbf{J}(\mathbf{r},E,t)=\int_{4\pi}\mathbf{j}(\mathbf{r},E,\mathbf{\Omega},t)d\mathbf{\Omega}=\int_{4\pi}\mathbf{\Omega}\Phi(\mathbf{r},E,\mathbf{\Omega},t)d\mathbf{\Omega} \tag{2–19}$$

$$\mathbf{J}(\mathbf{r},t)=\int_0^\infty\mathbf{J}(\mathbf{r},E,t)dE=\int_0^\infty\int_{4\pi}\mathbf{j}(\mathbf{r},E,\mathbf{\Omega},t)d\mathbf{\Omega}dE \tag{2–20}$$

のように書くことができる。上と同様に $\mathbf{\Omega}$ に依存しない中性子流をスカラー中性子流と呼ぶことがある。ここで導入した中性子流 $\mathbf{J}(\mathbf{r},E,t)$ ならびに $\mathbf{J}(\mathbf{r},t)$ が物理学で広く用いられている「束」の概念に対応す

るものである。以下中性子流について理解を得るため若干の説明を付す。

$\mathbf{J}(\mathbf{r},t)$ は、ある位置 $\mathbf{r}$ における微小な面 $d\mathbf{A}$ を考えたとき、

$$\mathbf{J}(\mathbf{r},t)\cdot d\mathbf{A} = \text{単位時間に面 } d\mathbf{A} \text{ を通過する正味の中性子数} \tag{2–21}$$

と理解できる。たとえば、$\mathbf{J}(\mathbf{r},t)$ の x 方向の成分 J_x を考える。θ_x を中性子の運動方向 $\mathbf{\Omega}$ と x 軸の間の角度とすると、J_x は上の定義式から（変数 E が入っても同様である）、

$$J_x(\mathbf{r},t) = \int_{4\pi} \mathbf{j}_x(\mathbf{r},\mathbf{\Omega},t)d\mathbf{\Omega} = \int_{4\pi} \mathbf{\Omega}_x \Phi(\mathbf{r},\mathbf{\Omega},t)d\mathbf{\Omega} = \int_{4\pi} \cos\theta_x \Phi(\mathbf{r},\mathbf{\Omega},t)d\mathbf{\Omega} = \int_{4\pi} n(\mathbf{r},\mathbf{\Omega},t)v\cos\theta_x d\mathbf{\Omega} \tag{2–22}$$

と計算できる（J_x はスカラー量）。この式に現れる $v\cos\theta_x$ は、図 2.3 に示す通り、yz 平面に単位底面を持ち、v という長さの傾斜した円柱の体積と考えられる。一方、この体系の中で v という速さをもち、$\mathbf{\Omega}$

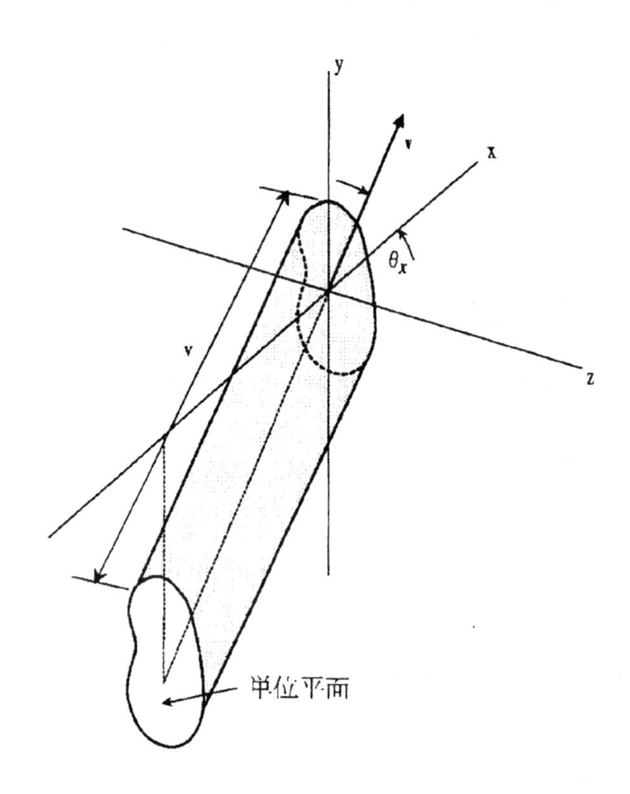

図 2.3 x 軸に垂直な単位平面を通過する中性子の流れ

のまわりの $d\mathbf{\Omega}$ という方向に向って運動している中性子の数は角中性子密度 $n(\mathbf{r},\mathbf{\Omega},t)$ で与えられるから、$n(\mathbf{r},\mathbf{\Omega},t)v\cos\theta_x$ は、yz 平面に単位底面を持ち、v という長さの傾斜した円柱の体積中にあって v という速さをもち、$\mathbf{\Omega}$ のまわりの $d\mathbf{\Omega}$ という方向に向って運動している中性子の数（単位時間当りの）を与える。

これらの中性子が、まさに、yz 面上の単位面積を通過する中性子であるから、上式内の被積分関数は yz 面上の単位面積を通過する中性子数（単位時間当りの）であり、そして、それを 4π 方向について積分して得られる $J_x(\mathbf{r},t)$ は、単位時間に x 軸に垂直な平面上の単位面積を通過する中性子の正味の数を与える。

これに関連して，原子炉物理学において、中性子流についてよく現れる量 J_+、J_- について触れておく。任意の平面に対して単位面積を単位時間に左から右に通過する中性子数を J_+、右から左に通過する中性子数を J_- と定義する（J_+、J_-はスカラー量)。すなわち、

$$J_+(\mathbf{r},t) = \int_0^\infty \int_{2\pi^+} \mathbf{e}_s \cdot \mathbf{j}(\mathbf{r},E,\boldsymbol{\Omega},t)d\boldsymbol{\Omega}dE \tag{2–23}$$

$$J_-(\mathbf{r},t) = \int_0^\infty \int_{2\pi^-} \mathbf{e}_s \cdot \mathbf{j}(\mathbf{r},E,\boldsymbol{\Omega},t)d\boldsymbol{\Omega}dE \tag{2–24}$$

ここで、$\mathbf{e}_s$ はその平面に垂直な単位ベクトル，$2\pi^+$ あるいは $2\pi^-$ は、その面に垂直な成分を持つ方向についての角度積分を、その正の方向 ($2\pi^+$) あるいは負の方向 ($2\pi^-$) についてそれぞれ行うことを示している。たとえば極座標を考えると、J_+ は χ については 0 から 2π まで、θ については 0 から $\pi/2$ まで行うことを意味し、J_- は χ については 0 から 2π だが、θ は $\pi/2$ から π まで行うことを意味する。この定義から、ある面を通過する正味の中性子数は、

$$\mathbf{e}_s \cdot \mathbf{J}(\mathbf{r},t) = J_+(\mathbf{r},t) - J_-(\mathbf{r},t) \tag{2–25}$$

で与えられる。

(d) 中性子束と中性子流の違い

なお、$\mathbf{J}(\mathbf{r},t)$ と $\phi(\mathbf{r},t)$ は明らかに違う量であることに注意して欲しい。両方とも次元は個 $\cdot\mathrm{cm}^{-2}\cdot\mathrm{s}^{-1}$ であるが、$\mathbf{J}(\mathbf{r},t)$ は中性子がある面を通過する「正味」の数を与えるものであり、$\phi(\mathbf{r},t)$ は同じ面を通過するすべての中性子の数を与えるものである（両者とも単位時間、単位面積当り)。以下、2 つの例を示しておく。

[例 1] ある面に対して垂直に中性子が左から右に 1000(個 $\cdot\mathrm{cm}^{-2}\cdot\mathrm{s}^{-1}$) の割合で、右から左に 1000(個 $\cdot\mathrm{cm}^{-2}\cdot\mathrm{s}^{-1}$) の割合で通過していたとする。この時、中性子束は 2000(個 $\cdot\mathrm{cm}^{-2}\cdot\mathrm{s}^{-1}$) となり、中性子流は 0 となる。両者は明らかに異なる。

[例 2] ある点を中性子が x 軸の負から正方向に（yz 平面に垂直に正に向かって）1000(個 $\cdot\mathrm{cm}^{-2}\cdot\mathrm{s}^{-1}$) の割合で、$y$ 軸の負から正の方向に (xz 平面に垂直に正に向かって)1000(個 $\cdot\mathrm{cm}^{-2}\cdot\mathrm{s}^{-1}$) の割合で通過する状況を考える。この時、原点における中性子束は 2000(個 $\cdot\mathrm{cm}^{-2}\cdot\mathrm{s}^{-1}$) となる。一方、中性子流は x 方向の中性子流と y 方向の中性子流のベクトルの和となるから $2\times1000\ \cos45^\circ = 1000\sqrt{2}$(個 $\cdot\mathrm{cm}^{-2}\cdot\mathrm{s}^{-1}$) 個となる。

中性子束と中性子流はやはり異なる。また、中性子流（ベクトル）は 45° 方向に値を取っているが、実際にはこの方向に向う中性子はない点にも注意すること。

2–3　中性子輸送方程式の導出

本節では、前節で定義した角中性子密度あるいは角中性子束に対する厳密に正しい方程式、中性子輸送方程式を導く。

まず、図 2-4 のようにある位置 $\mathbf{r}$ に存在する任意の体積 V の中で、あるエネルギー E を持ち、ある方向 $\mathbf{\Omega}$ に向って運動している中性子数の増減を考える。ある体積 V 内にあって E のまわりの dE というエネ

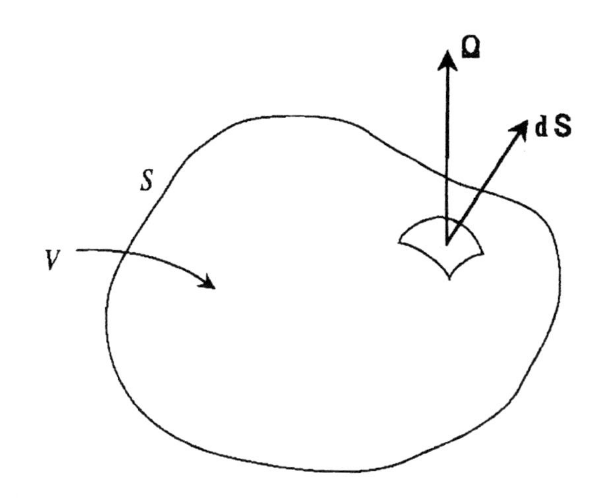

図 2.4 表面積 S を持つ体積 V の例

ルギーを持ち、$\mathbf{\Omega}$ のまわりの $d\mathbf{\Omega}$ という方向に向っている中性子の数は

$$\left(\int_V n(\mathbf{r}, E, \mathbf{\Omega}, t)dV\right) dEd\mathbf{\Omega} \tag{2–26}$$

である。この中性子の単位時間あたりの変化率は

$$\frac{\partial}{\partial t}\left(\int_V n(\mathbf{r}, E, \mathbf{\Omega}, t)dV\right) dEd\mathbf{\Omega} \tag{2–27}$$

で与えられる。体積 V が時間とともに変らないとすれば

$$\frac{\partial}{\partial t}\left(\int_V n(\mathbf{r}, E, \mathbf{\Omega}, t)dV\right) dEd\mathbf{\Omega} = \left(\int_V \frac{\partial n(\mathbf{r}, E, \mathbf{\Omega}, t)}{\partial t}dV\right) dEd\mathbf{\Omega} \tag{2–28}$$

とできる。

次に、中性子が V 内で生成したり、消滅したりする過程を考える。V 内で生成する機構としては、

① V 内にあるあらゆる中性子源（核分裂源や外部中性子源等）による中性子

② V の表面 S を通って V 内へ入ってくる中性子

③ それまでに E' というエネルギーを持ち $\mathbf{\Omega}'$ という方向へ運動していた中性子で、V 内での散乱反応により E というエネルギーを持ち $\mathbf{\Omega}$ という方向へ向かうこととなったもの

④ V の表面 S を通って漏れ出す中性子、

⑤ V 内で反応した中性子（ここで反応には、V での吸収のみならず散乱反応も含む。これは、散乱によってそれまで E というエネルギーを持ち、$\mathbf{\Omega}$ という方向に向いていた中性子が $E'(\neq E)$、$\mathbf{\Omega}'(\neq \mathbf{\Omega})$ となるという意味で中性子の損失になるからである。）

(2–28) 式と以上の項から

$$
\begin{aligned}
&(V\text{ 内における単位時間あたりの中性子数の変化})\\
&=\left(\int_V \frac{\partial n(\mathbf{r},E,\mathbf{\Omega},t)}{\partial t}dV\right)dEd\mathbf{\Omega}\\
&=(①+②+③)-(④+⑤)\\
&=(①+③-⑤)-(④-②)
\end{aligned}
\tag{2–29}
$$

となる。以下、上記の 5 項について定式化する。

(1)　中性子源①

$s(\mathbf{r},E,\mathbf{\Omega},t)$ を以下のように定義する。

$s(\mathbf{r},E,\mathbf{\Omega},t)dVdEd\mathbf{\Omega}=$ (位置 $\mathbf{r}$ のまわりの dV という体積の中にあって、E のまわりの dE というエネルギーを持ち、$\mathbf{\Omega}$のまわりの $d\mathbf{\Omega}$という方向に向う中性子の単位時間当りの発生数)　(2–30)

これを用いて中性子源項①は

$$
① = \left(\int_V s(\mathbf{r},E,\mathbf{\Omega},t)dV\right)dEd\mathbf{\Omega} \tag{2–31}
$$

で与えられる。

(2)　反応損失項⑤

中性子が位置 $\mathbf{r}$ で単位時間に起す反応数は、(2–13) 式の角反応率 $f(\mathbf{r}, E, \boldsymbol{\Omega}, t)$ で与えられるから、(2–13) 式において全断面積を考えて、全反応数を

$$f_t(\mathbf{r}, E, \boldsymbol{\Omega}, t) = \Sigma_t(\mathbf{r}, E)v(E)n(\mathbf{r}, E, \boldsymbol{\Omega}, t) \tag{2–32}$$

と書くと、V 内での単位時間の反応の数、すなわち反応損失項⑤は

$$⑤ = \left(\int_V \Sigma_t(\mathbf{r}, E)v(E)n(\mathbf{r}, E, \boldsymbol{\Omega}, t)dV\right) dEd\boldsymbol{\Omega} \tag{2–33}$$

となる。

(3)　散乱流入項③

この項は、中性子のエネルギー、運動方向の変化に関する項である。この項では、E' のまわりの dE' というエネルギーを持ち、$\boldsymbol{\Omega}'$ のまわりの $d\boldsymbol{\Omega}'$ という方向に向って運動していた中性子が、散乱反応を起すことによりエネルギーと方向を変えて、着目している E のまわりの dE というエネルギーを持って $\boldsymbol{\Omega}$ のまわりの $d\boldsymbol{\Omega}$ という方向へ向って運動する中性子となる現象を取り扱う。このような中性子の単位時間あたりの数は

$$\left(\int_V \Sigma_s(\mathbf{r}, E' \to E, \boldsymbol{\Omega}' \to \boldsymbol{\Omega})v'(E')n(\mathbf{r}, E', \boldsymbol{\Omega}', t)dV\right) dE'd\boldsymbol{\Omega}' \tag{2–34}$$

である。したがって、すべての E'、$\boldsymbol{\Omega}'$ からの寄与を考えると、体積 V 内に単位時間当り発生する中性子数、すなわち③は、

$$③ = \left(\int_V \int_{4\pi} \int_0^\infty \Sigma_s(\mathbf{r}, E' \to E, \boldsymbol{\Omega}' \to \boldsymbol{\Omega})v'(E)n(\mathbf{r}, E', \boldsymbol{\Omega}', t)dE'd\boldsymbol{\Omega}'dV\right) dEd\boldsymbol{\Omega} \tag{2–35}$$

となる。この③の項を散乱流入項 (inscattering の項) という。また、$\Sigma_s(\mathbf{r}, E' \to E, \boldsymbol{\Omega}' \to \boldsymbol{\Omega})$ を 2 重微分散乱断面積 (double differential scattering cross section) という。

(4)　空間的流入項②と流出 (漏れ) 項④

この二つの項は、中性子の空間的な移動による項である。この二つの項、すなわち体積 V へ流入する中性子数②と流出する (漏れる) 中性子数④は、両者の差 (④－②) が体積 V の表面 S を通る正味の中性子の数で与えられることに着目して定式化できる。エネルギー E を持ち $\boldsymbol{\Omega}$ の方向に向っている中性子が表面 S の面要素 $d\mathbf{S}$ を単位時間当りに通過する数は、(2–10) 式で定義された角中性子流そのものであり、

$$\mathbf{j}(\mathbf{r}, E, \boldsymbol{\Omega}, t)d\mathbf{S} = v(E)\boldsymbol{\Omega}n(\mathbf{r}, E, \boldsymbol{\Omega}, t)d\mathbf{S} \tag{2–36}$$

で与えられる。これを全表面領域 S について積分すると、体積 V からその表面 S を通って単位時間当り漏れるエネルギーがEのまわりの dEで$\mathbf{\Omega}$のまわりの $d\mathbf{\Omega}$へ向かう正味の中性子数、すなわち (④ − ②)は

$$(④ - ②) = \int_S v(E)\mathbf{\Omega} n(\mathbf{r}, E, \mathbf{\Omega}, t) d\mathbf{S}\ dEd\mathbf{\Omega} \tag{2–37}$$

となる。ガウスの定理

$$\int_S \mathbf{A}(\mathbf{r}) d\mathbf{S} = \int_V \nabla \mathbf{A}(\mathbf{r}) dV \tag{2–38}$$

を用いて面積積分を体積積分に書きかえると、

$$\int_S v(E)\mathbf{\Omega} n(\mathbf{r}, E, \mathbf{\Omega}, t) d\mathbf{S} = \int_V \nabla v(E)\mathbf{\Omega} n(\mathbf{r}, E, \mathbf{\Omega}, t) dV \tag{2–39}$$

となる[2]。さらに、$\mathbf{\Omega}$ は空間に依存しないので、

$$\nabla(v\mathbf{\Omega}) = v\mathbf{\Omega} \cdot \nabla \tag{2–40}$$

となり、これを用いて (2–39) 式を書き換えると、正味の中性子流、すなわち (④ − ②)は

$$(④ - ②) = \left(\int_V v(E)\mathbf{\Omega} \cdot \nabla n(\mathbf{r}, E, \mathbf{\Omega}, t) dV \right) dEd\mathbf{\Omega} \tag{2–41}$$

となる。

(5)　中性子輸送方程式

以上、定式化された各項を、(2–29) 式、すなわち

$$\int_V \frac{\partial n(\mathbf{r}, E, \mathbf{\Omega}, t)}{\partial t} dVdEd\mathbf{\Omega} - (① + ③ - ⑤) + (④ - ②) = 0 \tag{2–42}$$

に代入すると

$$\left(\int_V \left(\frac{\partial n}{\partial t} - \left(s + \int_{4\pi} \int_0^\infty \Sigma_s v' n dE' d\mathbf{\Omega}' - \Sigma_t v n \right) + (v\mathbf{\Omega} \cdot \nabla n) \right) dV \right) dEd\mathbf{\Omega} = 0 \tag{2–43}$$

となる。ここで、簡単のため、変数の表記を省略した。上式において、体積 V は任意に選んで良いから、積分がどのような V に対してもゼロであるためには、被積分関数がゼロでなくてはならない。すなわち

$$\frac{\partial n}{\partial t} + v\mathbf{\Omega} \cdot \nabla n + \Sigma_t v n = \int_{4\pi} \int_0^\infty \Sigma_s v' n dE' d\mathbf{\Omega}' + s \tag{2–44}$$

この方程式が中性子輸送方程式であり、$\mathbf{r}$ すなわち (x, y, z)、E、$\mathbf{\Omega}$ すなわち (θ, χ) および t の 7 つの独立変数を持つ未知の従属変数 $n(\mathbf{r}, E, \mathbf{\Omega}, t)$ に対する線形方程式であり、また角度とエネルギーについての積

[2] ∇ は、$\left(\frac{\partial}{\partial x}, \frac{\partial}{\partial y}, \frac{\partial}{\partial z}\right)$ で与えられる微分演算子で、ベクトルを与える。

分と、空間と時間についての微分を含む微積分方程式である。

中性子密度で書かれた方程式を角中性子束 $\Phi(\mathbf{r}, E, \boldsymbol{\Omega}, t)$ を用いて書き換えると

$$\frac{1}{v}\frac{\partial \Phi}{\partial t} + \boldsymbol{\Omega}\cdot\nabla\Phi + \Sigma_t\Phi = \int_{4\pi}\int_0^\infty \Sigma_s \Phi dE' d\boldsymbol{\Omega}' + s \tag{2–45}$$

なお、中性子源が核分裂中性子源のみであれば（これはある程度以上原子炉出力が高い場合はそう考えて良いが）、$\chi(E)$ を核分裂で発生する中性子のエネルギー分布、$\nu(E)$ を核分裂 1 個当りの発生中性子数として、s は、

$$s = s_f(\mathbf{r}, E, \boldsymbol{\Omega}, t) = \frac{\chi(E)}{4\pi}\int_{4\pi}\int_0^\infty \nu(E')\Sigma_f(E')\Phi(\mathbf{r}, E', \boldsymbol{\Omega}', t) dE' d\boldsymbol{\Omega}' \tag{2–46}$$

で与えられる。ただし、ここで、核分裂中性子はすべて等方的に放出されるものとし、また核分裂中性子が全て核分裂と同時に放出される（遅発中性子の存在を無視する）とした。

(6)　初期条件ならびに境界条件

中性子輸送方程式は、通常、有限な体系に対して、その中の全ての場所での断面積が位置とエネルギーの関数として与えられたときに、中性子密度を求めるのに用いられる。中性子輸送方程式の中に微分項があるため、この方程式は一般に無限個の解を持つので、物理的に妥当な解を求めるには初期条件と境界条件が必要である。

初期条件としては通常、すべての位置、エネルギーおよび方向に対して時刻 0 における角中性子密度 n_0 あるいは角中性子束 Φ_0 を指定する。すなわち

$$n(\mathbf{r}, E, \boldsymbol{\Omega}, 0) = n_0(\mathbf{r}, E, \boldsymbol{\Omega}) \quad \text{あるいは}$$

$$\Phi(\mathbf{r}, E, \boldsymbol{\Omega}, 0) = \Phi_0(\mathbf{r}, E, \boldsymbol{\Omega})$$

$$(\text{すべての } \mathbf{r}, E, \boldsymbol{\Omega} \text{に対して}) \tag{2–47}$$

一方、境界条件は問題に応じて適当なものが選ばれる。たとえば体系が図 2.5 に示すように、表面として凸面を持ち、その外が無限に広い真空である場合には、体系から漏れ出た中性子が再び体系に戻ってくることはないので、このような場合の境界条件は、

$$n(\mathbf{r}, E, \boldsymbol{\Omega}, t) = 0 \quad \text{あるいは}$$

$$\Phi(\mathbf{r}, E, \boldsymbol{\Omega}, t) = 0 \quad (\text{面 S 上のすべての点 } \mathbf{r} \text{ に対して、} \boldsymbol{\Omega}\cdot\mathbf{e}_s < 0 \text{ の場合}) \tag{2–48}$$

である。

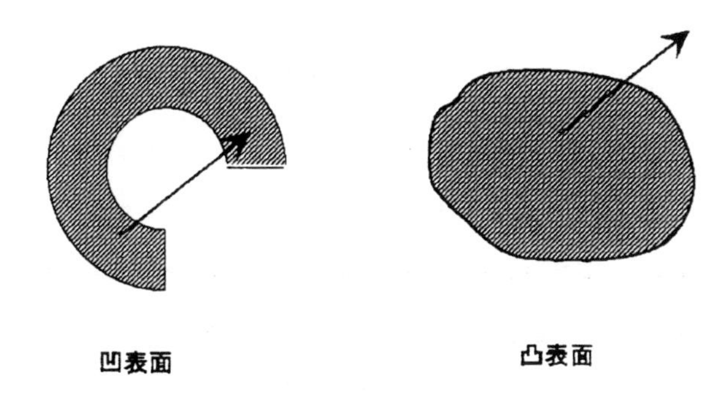

図 2.5 凹表面と凸表面の例

2–4　拡散方程式

原子炉の計算で、多くの場合必要となるのは (2–7) 式の核反応率

$$R(\mathbf{r},E,t)=\Sigma(E)\phi(\mathbf{r},E,t)$$

であり、これを求めるには角中性子束を角度について積分した（スカラー）中性子束 (2–17) 式

$$\phi(\mathbf{r},E,t)=\int_{4\pi}\Phi(\mathbf{r},E,\mathbf{\Omega},t)d\mathbf{\Omega}$$

があれば良い。本節では、近似を導入して、このスカラー中性子束が従う方程式を導出するとともに、近似の導入に起因する方程式の限界を明らかにする。

(1)　中性子連続の式

まず、輸送方程式 (2–45) を角度について積分すると（変数は $(\mathbf{r},E,\mathbf{\Omega},t)$）、

$$\underbrace{\int_{4\pi}\frac{1}{v}\frac{\partial\Phi}{\partial t}d\mathbf{\Omega}}_{①}+\underbrace{\int_{4\pi}\mathbf{\Omega}\cdot\nabla\Phi d\mathbf{\Omega}}_{②}+\underbrace{\int_{4\pi}\Sigma_t\Phi d\mathbf{\Omega}}_{③}=\underbrace{\int_{4\pi}\int_{4\pi}\int_0^\infty\Sigma_s\Phi dE'd\mathbf{\Omega}'d\mathbf{\Omega}}_{④}+\underbrace{\int_{4\pi}sd\mathbf{\Omega}}_{⑤} \tag{2–49}$$

となる。各項のうち、①、③を整理すると、次のようになる。

$$① = \int_{4\pi}\frac{1}{v}\frac{\partial\Phi}{\partial t}d\mathbf{\Omega}=\frac{1}{v}\int_{4\pi}\frac{\partial\Phi}{\partial t}d\mathbf{\Omega}=\frac{1}{v}\frac{\partial\phi(\mathbf{r},E,t)}{\partial t} \tag{2–50}$$

$$③ = \int_{4\pi}\Sigma_t\Phi d\mathbf{\Omega}=\Sigma_t\int_{4\pi}\Phi d\mathbf{\Omega}=\Sigma_t\phi(\mathbf{r},E,t) \tag{2–51}$$

⑤については、積分した中性子源を次のように定義する。

$$⑤ = \int_{4\pi} s d\mathbf{\Omega} \equiv s(\mathbf{r}, E, t) \tag{2–52}$$

ついで、④を整理する。原子炉内での中性子の挙動を扱う場合には、無秩序にあらゆる方向を向いている中性子が原子核と散乱反応すると考えられることから、2 重微分散乱断面積 $\Sigma_s(E' \to E, \mathbf{\Omega}' \to \mathbf{\Omega})$ は $\mathbf{\Omega}'$ あるいは $\mathbf{\Omega}$ 自身の方向に依存せず、両者 ($\mathbf{\Omega}'$と$\mathbf{\Omega}$) の間の散乱角 θ のみに依存すると考えてよい。したがって、$d\mathbf{\Omega} = sin\theta d\theta d\chi$ および $\mathbf{\Omega}'$ と $\mathbf{\Omega}$ の内積 $\mathbf{\Omega}' \cdot \mathbf{\Omega} = \mu_0 = cos\theta$ から、$d\mathbf{\Omega} = sin\theta d\theta d\chi = -d(cos\theta)d\chi = -d\mu_0 d\chi$ であることを用いると

$$\begin{aligned}
&\int_{4\pi} \Sigma_s(\mathbf{r}, E' \to E, \mathbf{\Omega}' \to \mathbf{\Omega}) d\mathbf{\Omega} \\
&= \int_0^{2\pi} \int_{-1}^{1} \Sigma_s(\mathbf{r}, E' \to E, \mu_0) d\mu_0 d\chi \\
&= \left(\int_0^{2\pi} d\chi \right) \cdot \left(\int_{-1}^{1} \Sigma_s(\mathbf{r}, E' \to E, \mu_0) d\mu_0 \right) \\
&= 2\pi \int_{-1}^{1} \Sigma_s(\mathbf{r}, E' \to E, \mu_0) d\mu_0 \equiv \Sigma_s(\mathbf{r}, E' \to E)
\end{aligned} \tag{2–53}$$

となる。したがって④は

$$\begin{aligned}
④ &= \int_{4\pi} \int_{4\pi} \int_0^{\infty} \Sigma_s(\mathbf{r}, E' \to E, \mathbf{\Omega}' \to \mathbf{\Omega}) \Phi(\mathbf{r}, E', \mathbf{\Omega}', t) dE' d\mathbf{\Omega}' d\mathbf{\Omega} \\
&= \int_0^{\infty} \int_{4\pi} \left(\int_{4\pi} \Sigma_s(\mathbf{r}, E' \to E, \mathbf{\Omega}' \to \mathbf{\Omega}) d\mathbf{\Omega} \right) \Phi(\mathbf{r}, E', \mathbf{\Omega}', t) d\mathbf{\Omega}' dE' \\
&= \int_0^{\infty} \int_{4\pi} \Sigma_s(\mathbf{r}, E' \to E) \Phi(\mathbf{r}, E', \mathbf{\Omega}', t) d\mathbf{\Omega}' dE' \\
&= \int_0^{\infty} \Sigma_s(\mathbf{r}, E' \to E) \left(\int_{4\pi} \Phi(\mathbf{r}, E', \mathbf{\Omega}', t) d\mathbf{\Omega}' \right) dE' \\
&= \int_0^{\infty} \Sigma_s(\mathbf{r}, E' \to E) \phi(\mathbf{r}, E', t) dE'
\end{aligned} \tag{2–54}$$

となる。最後に②は、(2–10) 式で定義した角中性子束と角中性子流の関係を用いて

$$② = \int_{4\pi} \mathbf{\Omega} \cdot \nabla \Phi d\mathbf{\Omega} = \nabla \int_{4\pi} \mathbf{\Omega} \Phi d\mathbf{\Omega} = \nabla \int_{4\pi} \mathbf{j} d\mathbf{\Omega} = \nabla \cdot \mathbf{J}(\mathbf{r}, E, t) \tag{2–55}$$

これらをまとめると (変数は $\mathbf{r}, E, t$)

$$\frac{1}{v}\frac{\partial \phi}{\partial t} + \nabla \cdot \mathbf{J} + \Sigma_t \phi = \int_0^{\infty} \Sigma_s \phi dE' + s \tag{2–56}$$

となる。この式を中性子連続の式という。この式はスカラー中性子束を変数とする方程式となっているが、この式の導出において従属変数 $\mathbf{\Omega}$ を除く過程でもう 1 つの未知関数 $\mathbf{J}$ を導入した（してしまった）。そのため、この式は正確な式であるものの、ϕ と $\mathbf{J}$ という 2 つの未知関数を含んだものとなった。ϕ と $\mathbf{J}$ は別の関数であり、両者を簡単に結びつけることはできないので、スカラー中性子束のみの正確な方程式を得

ることはできない。しかし、原子炉物理学では、以下に述べる近似（拡散近似と呼ぶ）を導入して、スカラー中性子束のみを変数とする方程式を得ている。

(2)　単速中性子輸送方程式

近似を導入する前に、式の取扱いを容易にする目的で輸送方程式からエネルギー依存性を除く。エネルギー依存性を除くために一般的に行われる方法は、エネルギーについて積分することである[3]。しかし、ここでは「散乱によりエネルギーが変化しない」という近似（単速近似と呼ぶ）を導入して、すなわち

$$\Sigma_s(E' \to E, \mathbf{\Omega}' \to \mathbf{\Omega})d\mathbf{\Omega} = \Sigma_s(E', \mathbf{\Omega}' \to \mathbf{\Omega})\delta(E' - E) \tag{2–57}$$

と置くことによりエネルギー変数を除く。ただし、$\delta(E' - E)$ は、任意の変数に対して

$$\int dx' f(x')\delta(x' - x) = f(x) \tag{2–58}$$

で定義される δ 関数である。この近似を用いると、中性子のエネルギー E は変化しないから、常にある決まったエネルギーとなる。これにより、輸送方程式 (2–45) から変数 E が除かれて

$$\begin{aligned}\frac{1}{v}\frac{\partial\Phi(\mathbf{r}, \mathbf{\Omega}, t)}{\partial t} &+ \mathbf{\Omega}\cdot\nabla\Phi(\mathbf{r}, \mathbf{\Omega}, t) + \Sigma_t(\mathbf{r})\Phi(\mathbf{r}, \mathbf{\Omega}, t) \\ &= \int_{4\pi} \Sigma_s(\mathbf{r}, \mathbf{\Omega}' \to \mathbf{\Omega})\Phi(\mathbf{r}, \mathbf{\Omega}', t)d\mathbf{\Omega}' + s(\mathbf{r}, \mathbf{\Omega}, t)\end{aligned} \tag{2–59}$$

となる（変数は $(\mathbf{r}, \mathbf{\Omega}, t)$）。この式では断面積を全て同一のエネルギー（速さ）で計算できるので、単速中性子輸送方程式という。

(2–59) 式を前節と同様の手順で、角度について積分して

$$\frac{1}{v}\frac{\partial\phi(\mathbf{r}, t)}{\partial t} + \nabla\mathbf{J}(\mathbf{r}, t) + \Sigma_t(\mathbf{r})\phi(\mathbf{r}, t) = \Sigma_s(\mathbf{r})\phi(\mathbf{r}, t) + s(\mathbf{r}, t) \tag{2–60}$$

が得られる（変数は $(\mathbf{r}, t)$）。この式は単速の中性子連続の式と呼ばれている。

(3)　フィックの法則と中性子拡散方程式

中性子連続の式 (2–60) 式からスカラー中性子束のみを変数とする方程式を得るため、「中性子流が中性子束の勾配に比例する」と仮定する。すなわち、

$$\mathbf{J}(\mathbf{r}, t) = -D(\mathbf{r})\nabla\phi(\mathbf{r}, t) \tag{2–61}$$

---

[3] 実際の原子炉計算では、エネルギー区間を区切ってそれぞれの区間内で積分して得られる多群輸送方程式が数値計算に用いられている。

このように流れが濃度（密度）の勾配に比例するという関係は物理学の他の分野でもしばしば現れる関係で、フィック（Fick）の法則と呼ばれる。原子炉物理学では、その比例定数 $D(\mathbf{r})$ を中性子拡散係数とよび、次の式で与えられることとなる（次節）。

$$D(\mathbf{r}) = \frac{1}{3\Sigma_{tr}(\mathbf{r})} = \frac{1}{3(\Sigma_t(\mathbf{r}) - \overline{\mu_o}\Sigma_s(\mathbf{r}))} \tag{2-62}$$

中性子流と中性子束の間の近似式、すなわちフィックの法則とその比例定数である拡散係数は、中性子輸送方程式に3つの近似を施すことにより導出することができる。次節にその詳細を述べる。

この中性子束と中性子流の関係を中性子の連続の式 (2–60) に代入すると、

$$\frac{1}{v}\frac{\partial \phi(\mathbf{r},t)}{\partial t} - \nabla D(\mathbf{r})\nabla\phi(\mathbf{r},t) + \Sigma_t\phi(\mathbf{r},t) = \Sigma_s(\mathbf{r})\phi(\mathbf{r},t) + s(\mathbf{r},t) \tag{2-63}$$

となる。この方程式が単速理論の中性子拡散方程式と呼ばれる中性子束のみを変数とする方程式である。この方程式を解くことにより中性子束が与えられ、原子炉についての基本的な量や性質を把握することができる。

(4)　フィックの法則の導出

ここでは、フィックの法則の導出とそのために導入した近似について解説する。

(a) 単速輸送方程式の変形

単速の輸送方程式 (2–59) 式からスタートする。はじめに、(2–59) 式を角度について積分して、

$$\frac{1}{v}\frac{\partial \phi(\mathbf{r},t)}{\partial t} + \nabla\mathbf{J}(\mathbf{r},t) + \Sigma_t(\mathbf{r})\phi(\mathbf{r},t) = \Sigma_s(\mathbf{r})\phi(\mathbf{r},t) + s(\mathbf{r},t) \tag{2-64}$$

とする。((2–60) 式と同一)。ただし $\Sigma_s(\mathbf{r})$ は、

$$\Sigma_s(\mathbf{r}) = \frac{1}{\phi(\mathbf{r},t)}\int_0^\infty \Sigma_s(\mathbf{r},E' \to E)\phi(\mathbf{r},E',t)dE' \tag{2-65}$$

で定められる。さらに、同じく (2–59) 式に $\mathbf{\Omega}$ を掛けてから角度について積分する。

$$\begin{aligned}\int_{4\pi}\mathbf{\Omega}\frac{1}{v}\frac{\partial \Phi(\mathbf{r},\mathbf{\Omega},t)}{\partial t}d\mathbf{\Omega} + \int_{4\pi}\mathbf{\Omega}\mathbf{\Omega}\cdot\nabla\Phi(\mathbf{r},\mathbf{\Omega},t)d\mathbf{\Omega} + \int_{4\pi}\mathbf{\Omega}\Sigma_t(\mathbf{r})\Phi(\mathbf{r},\mathbf{\Omega},t)d\mathbf{\Omega}\\ = \int_{4\pi}\mathbf{\Omega}\int_{4\pi}\Sigma_s(\mathbf{r},\mathbf{\Omega}' \to \mathbf{\Omega})\Phi(\mathbf{r},\mathbf{\Omega}',t)d\mathbf{\Omega}'d\mathbf{\Omega} + \int_{4\pi}\mathbf{\Omega}s(\mathbf{r},\mathbf{\Omega},t)d\mathbf{\Omega}\end{aligned} \tag{2-66}$$

とする。第1、2、3項は、それぞれ

$$\int_{4\pi}\mathbf{\Omega}\frac{1}{v}\frac{\partial \Phi(\mathbf{r},\mathbf{\Omega},t)}{\partial t}d\mathbf{\Omega} = \frac{1}{v}\frac{\partial}{\partial t}\int_{4\pi}\mathbf{\Omega}\Phi(\mathbf{r},\mathbf{\Omega},t)d\mathbf{\Omega} = \frac{1}{v}\frac{\partial \mathbf{J}(\mathbf{r},t)}{\partial t} \tag{2-67}$$

$$\int_{4\pi} \mathbf{\Omega}\mathbf{\Omega}\cdot\nabla\Phi(\mathbf{r},\mathbf{\Omega},t)d\mathbf{\Omega} = \nabla\int_{4\pi}(\mathbf{\Omega}\cdot\mathbf{\Omega})\Phi(\mathbf{r},\mathbf{\Omega},t)d\mathbf{\Omega} \tag{2–68}$$

$$\int_{4\pi} \mathbf{\Omega}\Sigma_t(\mathbf{r})\Phi(\mathbf{r},\mathbf{\Omega},t)d\mathbf{\Omega} = \Sigma_t\int_{4\pi}\mathbf{\Omega}\Phi(\mathbf{r},\mathbf{\Omega},t)d\mathbf{\Omega} = \Sigma_t\mathbf{J}(\mathbf{r},t) \tag{2–69}$$

とできる。また右辺第 2 項を、

$$\int_{4\pi} \mathbf{\Omega}s(\mathbf{r},\mathbf{\Omega},t)d\mathbf{\Omega} \equiv s_1(\mathbf{r},t) \tag{2–70}$$

と置く。以上を (2–66) 式に代入すると

$$\begin{aligned}&\frac{1}{v}\frac{\partial\mathbf{J}(\mathbf{r},t)}{\partial t} + \nabla\int_{4\pi}(\mathbf{\Omega}\cdot\mathbf{\Omega})\Phi(\mathbf{r},\mathbf{\Omega},t)d\mathbf{\Omega} + \Sigma_t\mathbf{J}(\mathbf{r},t)\\ &= \int_{4\pi}\mathbf{\Omega}\int_{4\pi}\Sigma_s(\mathbf{r},\mathbf{\Omega}'\to\mathbf{\Omega})\Phi(\mathbf{r},\mathbf{\Omega}',t)d\mathbf{\Omega}'d\mathbf{\Omega} + s_1(\mathbf{r},t)\end{aligned} \tag{2–71}$$

となる。

最後に、残る右辺第 1 項について考える。この項の中の散乱断面積 $\Sigma_s(\mathbf{r},\mathbf{\Omega}',\mathbf{\Omega})$ は、散乱角の余弦 $\mathbf{\Omega}'\cdot\mathbf{\Omega}$ にのみ依存すること、および $\mathbf{\Omega}$ が積分変数であることから、

$$\int_{4\pi}\mathbf{\Omega}\Sigma_s(\mathbf{r},\mathbf{\Omega}'\to\mathbf{\Omega})d\mathbf{\Omega} = \int_{4\pi}\mathbf{\Omega}\Sigma_s(\mathbf{r},\mathbf{\Omega}'\cdot\mathbf{\Omega})d\mathbf{\Omega} = A\mathbf{\Omega}' \tag{2–72}$$

とおくことができる[4]。そして (2–72) 式の両辺において、それぞれ $\mathbf{\Omega}'$ との内積をとると、右辺は

$$(\text{右辺})\quad \mathbf{\Omega}'\cdot A\mathbf{\Omega}' = A(\mathbf{\Omega}'\cdot\mathbf{\Omega}') = A \tag{2–73}$$

であり、左辺は

$$(\text{左辺})\quad \mathbf{\Omega}'\cdot\left(\int_{4\pi}\mathbf{\Omega}\Sigma_s(\mathbf{r},\mathbf{\Omega}'\cdot\mathbf{\Omega})d\mathbf{\Omega}\right) = \int_{4\pi}(\mathbf{\Omega}'\cdot\mathbf{\Omega})\Sigma_s(\mathbf{r},\mathbf{\Omega}'\cdot\mathbf{\Omega})d\mathbf{\Omega} \equiv \Sigma_{s1}(\mathbf{r}) \tag{2–74}$$

となるので、$A = \Sigma_{s1}(\mathbf{r})$ であって、これは散乱角の 1 次モーメントであることがわかる。これを用いると、右辺第 1 項は、

$$\begin{aligned}&\int_{4\pi}\mathbf{\Omega}\int_{4\pi}\Sigma_s(\mathbf{r},\mathbf{\Omega}'\to\mathbf{\Omega})\Phi(\mathbf{r},\mathbf{\Omega}',t)d\mathbf{\Omega}'d\mathbf{\Omega}\\ &= \int_{4\pi}\left[\int_{4\pi}\mathbf{\Omega}\Sigma_s(\mathbf{r},\mathbf{\Omega}'\cdot\mathbf{\Omega})d\mathbf{\Omega}\right]\Phi(\mathbf{r},\mathbf{\Omega}',t)d\mathbf{\Omega}' = \int_{4\pi}A\mathbf{\Omega}'\Phi(\mathbf{r},\mathbf{\Omega}',t)d\mathbf{\Omega}'\\ &= \int_{4\pi}\Sigma_{s1}(\mathbf{r})\mathbf{\Omega}'\Phi(\mathbf{r},\mathbf{\Omega}',t)d\mathbf{\Omega}' = \Sigma_{s1}(\mathbf{r})\int_{4\pi}\mathbf{\Omega}'\Phi(\mathbf{r},\mathbf{\Omega}',t)d\mathbf{\Omega}'\\ &= \Sigma_{s1}(\mathbf{r})\mathbf{J}(\mathbf{r},t)\end{aligned} \tag{2–75}$$

---

[4] Σ_s の 1 次の展開項のみをとり、高次の項を無視することにより、近似的にこのように置くことができる。

となる。したがって、(2–71) は

$$\frac{1}{v}\frac{\partial \mathbf{J}(\mathbf{r},t)}{\partial t}+\nabla\int_{4\pi}(\boldsymbol{\Omega}\cdot\boldsymbol{\Omega})\Phi(\mathbf{r},\boldsymbol{\Omega},t)d\boldsymbol{\Omega}+\Sigma_t\mathbf{J}(\mathbf{r},t)=\Sigma_{s1}(\mathbf{r})\mathbf{J}(\mathbf{r},t)+s_1(\mathbf{r},t) \tag{2–76}$$

となる。(ここで、中性子束を含む項が残っていることに注意)。Σ_{s1} は、(2–74) 式の通り、すなわち、散乱断面積 Σ_s に $\boldsymbol{\Omega}$ を乗じて角度について積分することにより求められ、

$$\Sigma_{s1}(\mathbf{r})=\int_{4\pi}(\boldsymbol{\Omega}'\cdot\boldsymbol{\Omega})\Sigma_s(\mathbf{r},\boldsymbol{\Omega}'\cdot\boldsymbol{\Omega})d\boldsymbol{\Omega}(\mathbf{r})=2\pi\int_{-1}^{1}(\boldsymbol{\Omega}'\cdot\boldsymbol{\Omega})\Sigma_s(\mathbf{r},\boldsymbol{\Omega}'\cdot\boldsymbol{\Omega})d\mu_0=\overline{\mu_0}\Sigma_s(\mathbf{r}) \tag{2–77}$$

である。ただし、この式中の $\overline{\mu_0}$ は散乱角の平均余弦で、

$$\overline{\mu_0}\equiv\langle\boldsymbol{\Omega}'\cdot\boldsymbol{\Omega}\rangle=\frac{1}{4\pi\Sigma_s}\int_{4\pi}\int_{4\pi}(\boldsymbol{\Omega}'\cdot\boldsymbol{\Omega})\Sigma_s(\boldsymbol{\Omega}'\cdot\boldsymbol{\Omega})d\boldsymbol{\Omega}'d\boldsymbol{\Omega}=\frac{2\pi}{\Sigma_s}\int_{-1}^{1}\mu_0\Sigma_s(\mu_0)d\mu_0 \tag{2–78}$$

で与えられる。

(b) フィックの法則

ここまでで単速中性子輸送方程式を角度について積分することにより中性子束と中性子流を変数とする方程式、すなわち (2–64) 式と (2–76) 式を得た。ここでは、これらより中性子流と中性子束の関係式 (すなわちフィックの法則) を得る。

このためにまず、角中性子束の角度依存性が弱く、角中性子束は角度について 2 次以上の項を無視でき 1 次式で展開できるものとする。この仮定を用いると、角中性子束はスカラー中性子束と中性子流の 2 つから次のように書ける。

$$\begin{aligned}&\Phi(\mathbf{r},\boldsymbol{\Omega},t)\\&=\frac{1}{4\pi}\left(\phi(\mathbf{r},t)+3\mathbf{J}(\mathbf{r},t)\cdot\boldsymbol{\Omega}\right)\\&=\frac{1}{4\pi}\left(\phi(\mathbf{r},t)+3(J_x(\mathbf{r},t)\Omega_x+J_y(\mathbf{r},t)\Omega_y+J_z(\mathbf{r},t)\Omega_z)\right)\end{aligned} \tag{2–79}$$

ここで、$\mathbf{J}\cdot\boldsymbol{\Omega}=J_x\Omega_x+J_y\Omega_y+J_z\Omega_z$ を用いた。そして、極座標を用いると、

$$\Omega_x=\sin\theta\cos\chi,\quad \Omega_y=\sin\theta\sin\chi,\quad \Omega_z=\cos\theta \tag{2–80}$$

であり、

$$\int_{4\pi}d\boldsymbol{\Omega}=2\pi\int_{-1}^{1}d\mu=4\pi \tag{2–81}$$

$$\int_{4\pi} \mathbf{\Omega} d\mathbf{\Omega} = \int_{4\pi} (\sin\theta \cdot \cos\chi + \sin\theta \cdot \sin\chi + \cos\theta) \sin\theta d\theta d\chi$$
$$= \underbrace{\int_{4\pi} (\sin\theta \cdot \cos\chi + \sin\theta \cdot \sin\chi) \sin\theta d\theta d\chi}_{=0} + \underbrace{\int_{4\pi} (\cos\theta) \sin\theta d\theta d\chi}_{=2\pi \int_0^\pi \cos\theta d(-\cos\theta)} \tag{2–82}$$
$$=2\pi \int_{-1}^{1} \mu d\mu = 0$$

なので、

$$\int_{4\pi} \Phi(\mathbf{r}, \mathbf{\Omega}, t) d\mathbf{\Omega} = \int_{4\pi} \frac{1}{4\pi} \left(\phi(\mathbf{r}, t) + 3\mathbf{J}(\mathbf{r}, t) \cdot \mathbf{\Omega}\right) d\mathbf{\Omega} = \phi(\mathbf{r}, t) \tag{2–83}$$

さらに、

$$\int_{4\pi} \Omega_i \Omega_j d\mathbf{\Omega} = \begin{cases} \dfrac{4\pi}{3} & i = j (i, j = x, y, z) \\ 0 & i \neq j \end{cases} \tag{2–84}$$

となる関係を用いると、

$$\int_{4\pi} \mathbf{\Omega} \Phi(\mathbf{r}, \mathbf{\Omega}, t) d\mathbf{\Omega} = \int_{4\pi} \frac{1}{4\pi} \mathbf{\Omega} \left(\phi(\mathbf{r}, t) + 3\mathbf{J}(\mathbf{r}, t) \cdot \mathbf{\Omega}\right) d\mathbf{\Omega} = \mathbf{J}(\mathbf{r}, t) \tag{2–85}$$

となる。(2–83) 式と (2–85) 式はそれぞれ中性子束と中性子流の定義 (2–17) 式と (2–19) 式に他ならない。さらに、

$$\int_{4\pi} \Omega_x^l \Omega_y^m \Omega_z^n d\mathbf{\Omega} = 0 \quad (l, m, n \text{ のいずれかが奇数のとき}) \tag{2–86}$$

を利用すると、次式のように書ける ($\mathbf{\Omega}$ の奇数個の積の積分が出てくる) ことから

$$\nabla \int_{4\pi} (\mathbf{\Omega} \cdot \mathbf{\Omega}) \Phi(\mathbf{r}, \mathbf{\Omega}, t) d\mathbf{\Omega} = \nabla \int_{4\pi} (\mathbf{\Omega} \cdot \mathbf{\Omega}) \left(\frac{1}{4\pi} \left(\phi(\mathbf{r}, t) + 3\mathbf{J}(\mathbf{r}, t) \cdot \mathbf{\Omega}\right) \right) d\mathbf{\Omega} = \frac{1}{3} \nabla \phi(\mathbf{r}, t) \tag{2–87}$$

となる。これを (2–76) 式に代入し、(2–64) 式と並べて書くと、

$$\frac{1}{v} \frac{\partial \phi(\mathbf{r}, t)}{\partial t} + \nabla \mathbf{J}(\mathbf{r}, t) + \Sigma_a(\mathbf{r}) \phi(\mathbf{r}, t) = s(\mathbf{r}, t) \tag{2–88}$$

$$\frac{1}{v} \frac{\partial \mathbf{J}(\mathbf{r}, t)}{\partial t} + \frac{1}{3} \nabla \phi(\mathbf{r}, t) + \Sigma_{tr} \mathbf{J}(\mathbf{r}, t) = s_1(\mathbf{r}, t) \tag{2–89}$$

となる。ただし、(2–64) 式で、マクロ吸収断面積 Σ_a

$$\Sigma_a(\mathbf{r}) = \Sigma_t(\mathbf{r}) - \Sigma_s(\mathbf{r}) \tag{2–90}$$

を用い、また (2–89) 式でマクロ輸送断面積 Σ_{tr} を

$$\Sigma_{tr}(\mathbf{r}) = \Sigma_t(\mathbf{r}) - \overline{\mu_0} \Sigma_s(\mathbf{r}) \tag{2–91}$$

と定義した。なお、マクロ輸送断面積 Σ_{tr} から、次式の通り、輸送の平均自由行程 λ_{tr} が定義できる。

$$\lambda_{tr} = \frac{1}{\Sigma_{tr}} = \frac{1}{(\Sigma_t - \overline{\mu_0}\Sigma_s)} = \frac{1}{(\Sigma_a + \Sigma_s(1 - \overline{\mu_0}))} \tag{2-92}$$

λ_{tr} は、中性子が原子核との散乱反応により散乱されるときの非等方性を考慮に入れた上で、中性子が始めに散乱反応した点から入射方向を忘れるまでの間に、入射方向に対して進んだ平均距離という意味を持つ。

ここで求めた二つの式 (2–88)、(2–89) に対して、さらに二つの近似を導入する。一つは、中性子源が等方的であると仮定する近似であり、もう一つは $(1/v)[\partial \mathbf{J}/\partial t]$ を無視するという近似である。

中性子源が等方的であると仮定すると、(2–89) 式において $s_1(\mathbf{r}, t) = 0$ とできる。この仮定は、核分裂反応からの中性子が殆どを占める原子炉においては概ね妥当である。

また、$(1/v)[\partial \mathbf{J}/\partial t]$ を無視する近似から、

$$\frac{1}{|\mathbf{J}|}\frac{\partial |\mathbf{J}|}{\partial t} \ll v\Sigma_t \tag{2-93}$$

とできる。これは中性子流の時間変化率が $v\Sigma_t = v/\lambda_t =$[単位時間あたりの反応回数] より遥かに小さいことを意味する。$v \sim 2.2 \times 10^5 \mathrm{cm}\cdot s^{-1}$、$\Sigma_t \sim 1\mathrm{cm}^{-1}$ とすると、$v\Sigma_t \geq 10^5 \mathrm{s}^{-1}$ となるので、通常この関係は成り立つ。

(2–89) 式に以上の近似を導入すると、

$$\frac{1}{3}\nabla\phi(\mathbf{r}, t) + \Sigma_{tr}\mathbf{J}(\mathbf{r}, t) = 0 \quad \text{すなわち}$$

$$\mathbf{J}(\mathbf{r}, t) = -\frac{1}{3\Sigma_{tr}}\nabla\phi(\mathbf{r}, t) \tag{2-94}$$

となり、中性子流と中性子束の勾配が比例するという式、すなわちフィックの法則が導かれる。

なお、上で求めた二つの式 (2–88) と (2–89) を P_1 方程式という場合がある。これは、1 次元の平板体系において、角中性子束をルジャンドル（Legendre）関数に展開して、その 0 次の項 (P_0項) と 1 次の項 (P_1項) を残した近似、すなわち

$$\Phi(x, \mu, t) = \phi(x, t) \cdot \frac{1}{2}P_0(\mu) + J(x, t) \cdot \frac{3}{2}P_1(\mu) \tag{2-95}$$

としたものに等価だからである。

(5)　拡散近似の限界

単速拡散方程式の導出の際に導入された近似を整理すると、

①　散乱によりエネルギーが変化しない（単速近似）

② 角中性子束が角度について 1 次式で表される（P_1 近似）

③ 中性子源が等方的である。

④ 中性子流の時間変化率が反応率より遙かに小さい、

の 4 つとなる。このうち、② ～ ④ を総じて通常、拡散近似と呼ぶ。

以下、これらの拡散近似が成り立つ条件について考えることにより、拡散方程式の限界を明らかにする。ただし、原子炉を想定してこれらの近似を考えるとき②以外はほぼ成立するので、以下で②についてのみ考える。

近似②は、角中性子束を中性子束と中性子流を用いて、(2–79) 式の通り、

$$\begin{aligned}\Phi(\mathbf{r},\boldsymbol{\Omega},t) &= \frac{1}{4\pi}\left(\phi(\mathbf{r},t) + 3\boldsymbol{\Omega}\cdot\mathbf{J}(\mathbf{r},t)\right)\\ &= \frac{1}{4\pi}\left(\phi(\mathbf{r},t) + 3(J_x(\mathbf{r},t)\Omega_x + J_y(\mathbf{r},t)\Omega_y + J_z(\mathbf{r},t)\Omega_z)\right)\end{aligned} \tag{2–96}$$

のように展開したことと等価である。ここで、$\mathbf{e}_x, \mathbf{e}_y, \mathbf{e}_z$ をそれぞれ x,y,z 方向の単位ベクトルとすると、$\Omega_x = \boldsymbol{\Omega}\cdot\mathbf{e}_x, \Omega_y = \boldsymbol{\Omega}\cdot\mathbf{e}_y, \Omega_z = \boldsymbol{\Omega}\cdot\mathbf{e}_z$ である。

一般の原子炉の内部において、この近似は良く成立する。$J_x = J_y = J_z = 0$ の場合、角中性子束は極座標で表すと図 2.6(a) のようになり、すべての方向を向く中性子束がみな等しい大きさを持つ。このようなことを等方的であると表現する。

しかし、原子炉の中に、中性子束が等方的から大きく外れる条件や場所がある。今、(2–96) 式の近似式

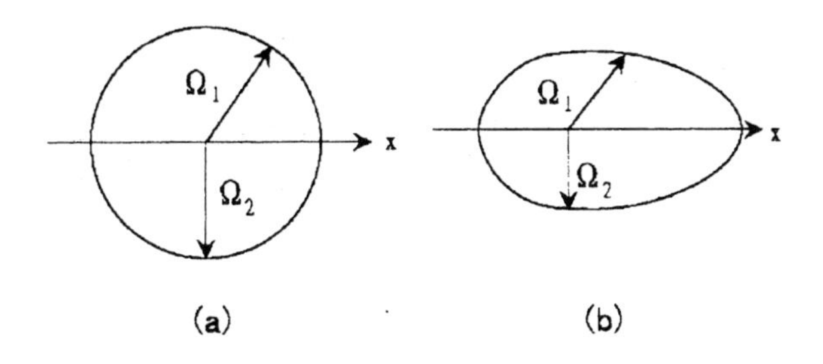

図 2.6 中性子束の極座標表示

において、$J_y = J_z = 0$ とし、$\phi(\mathbf{r},t)$ と $J_x(\mathbf{r},t)$ のみが値（正の値）を持つ場合を考える。このときには、角中性子束は x 方向に歪んだ形となり、x の正の方向へ向う成分のみが大きく、負の方向へ向かう成分が小さくなる。すなわち、極座標で書くと図 2.6(b) のようになる。そこで J_x が大きくなって $3J_x$ が ϕ より大きくなったとすると、x 軸の負の方向へ向う角中性子束が負の値となることとなり、これは物理的にあ

り得ない。すなわち、$3J_x$ は ϕ より小さくなくてはならない (J_y, J_z についても同様である)。したがって、上式のように角中性子束を 1 次式で展開する近似は、ある特定の方向へ向う中性子束が他の方向へ向かう中性子束に比べて著しく大きい場合（例えばビーム状の中性子束）には破綻をきたす。すなわち、フィックの法則は中性子束の角分布が、ある方向に対して非常に大きい場合には成り立たない。

このようなことは、

(i) 中性子源が局在しているとき、その中性子源近傍で、
(ii) 2 つの境界の左右で散乱断面積または吸収断面積が著しく異なる場合、
その境界近傍で

起る。

(ii) について考える。図 2.7 のように、ある境界の左側 (A) では散乱断面積が吸収断面積よりはるかに大きく $\Sigma_{sA} \gg \Sigma_{aA}$、境界の右側 (B) では逆に吸収断面積が散乱断面積よりはるかに大きい $\Sigma_{sB} \ll \Sigma_{aB}$ とする。すると、A での散乱により A から B には沢山の中性子が入ってくるに対し、B では殆どの中性子が吸収されてしまうために、B から A に向かう中性子はごく少ない。そのため、B 中では大部分の中性子が左から右に向って移動することとなり、B の内部で角中性子束は 1 方向に傾いたものとなる。また、B の中で中性子束は急激に減衰し、内部で中性子束の非等方性が回復することはない。これらのことから、A と B の境界周辺ならびに B の内部では、角中性子束は非常に大きく歪み、フィックの法則が成り立たなくなる。原子炉では、制御棒などの強い吸収体付近とその内部でこのような状況がおこる。

また、この図において、B が空気のようにほとんど断面積がゼロであるような場合を考える。このよう

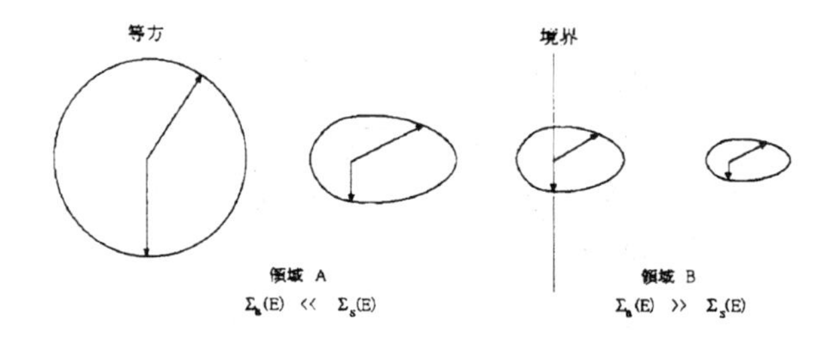

図 2.7 吸収の小さい領域と大きい領域の境界付近での中性子束の極座標表示

な場合にも、B→A という中性子が実際上存在しないため、同様に角中性子束に極端に大きな歪みが生じる。このような状況は原子炉の外側の境界近傍で起る。このような境界を真空境界と呼ぶ。真空境界においては、真空側（B 側）の内部では 1 方向に向かう角中性子束分布となる。左側（A 側）においても真空境界の近傍では A→B の中性子が B→A の中性子よりも遥かに多くなるため、フィックの法則が成立しなく

なる。ただし、境界近傍を除けば（おおよそ境界から平均自由行程にしてAの中に2~3行程入ったところより奥で）、散乱反応により中性子が等方的に散乱されるため、フィックの法則が成立し中性子束は(2–63)式で十分正しく表される。

まとめると、拡散近似、すなわちフィックの法則は、強い吸収体の付近、吸収体の内部、真空境界の付近、局所的な中性子源の近くを除けば成り立つと考えてよい。このような場合を除けば、拡散方程式は正しい中性子束を与え、原子炉の特性を理解するのに十分有用である。

2–5　中性子拡散理論の初期条件と境界条件

中性子拡散方程式は時間と空間の両方についての微分を含むので、初期条件と境界条件とが必要である。拡散方程式は輸送方程式から導かれたものであるから、先に述べた輸送理論の初期条件、境界条件から、拡散方程式の初期条件・境界条件を導くこととする。

(1)　初期条件

先に述べた輸送方程式に対する初期条件は(単速の場合には)

$$\Phi(\mathbf{r}, \mathbf{\Omega}, t) = \Phi_0(\mathbf{r}, \mathbf{\Omega}) \quad (\text{すべての } \mathbf{r}, \mathbf{\Omega} \text{に対して}) \tag{2–97}$$

である。これを角度について積分することにより、拡散方程式の初期条件

$$\phi(\mathbf{r}, 0) = \phi_0(\mathbf{r}) \quad (\text{すべての } \mathbf{r} \text{ に対して}) \tag{2–98}$$

が与えられる。

(2)　境界条件

ついで境界条件について考える。これには問題の物理的条件に応じていくつかのものが考えられる。

(a)　境界面における境界条件

異なる断面積を持つ2つの領域（AとB）が接している場合を考える。このとき正しい輸送理論の境界条件は、角中性子束が連続することから、

$$\Phi_A(\mathbf{r}_s, \mathbf{\Omega}, t) = \Phi_B(\mathbf{r}_s, \mathbf{\Omega}, t) \tag{2–99}$$

である。ただしΦ_Aを領域Aにおける角中性子束、Φ_Bを領域Bにおける角中性子束とし、$\mathbf{r}_s$を両者の境界面を表す位置ベクトルとする。この式は、境界において角中性子束が連続である、すなわちすべての方

向に対する角中性子束が連続であることを意味している。

ところが、拡散近似では角度の概念を取り去っているため、この境界条件を正確に表現できない。できることは角中性子束の角度に対するモーメント、すなわちスカラー中性子束と中性子流をそれぞれ連続とすることである。拡散方程式の境界面での境界条件は、(2–99) 式ならびに (2–99) 式に $\boldsymbol{\Omega}$ を掛けた式を角度について積分することにより与えられる。すなわち、

$$\int_{4\pi} \Phi_A(\mathbf{r}_s, \boldsymbol{\Omega}, t) d\boldsymbol{\Omega} = \int_{4\pi} \Phi_B(\mathbf{r}_s, \boldsymbol{\Omega}, t) d\boldsymbol{\Omega} \tag{2–100}$$

より

$$\phi_A(\mathbf{r}_s, t) = \phi_B(\mathbf{r}_s, t) \tag{2–101}$$

が、また

$$\int_{4\pi} \boldsymbol{\Omega}\Phi_A(\mathbf{r}, \boldsymbol{\Omega}, t) d\boldsymbol{\Omega} = \int_{4\pi} \boldsymbol{\Omega}\Phi_B(\mathbf{r}, \boldsymbol{\Omega}, t) d\boldsymbol{\Omega} \tag{2–102}$$

より

$$\mathbf{J}_A(\mathbf{r}_s, t) = \mathbf{J}_B(\mathbf{r}_s, t) \quad \text{あるいは} - D_A \nabla \phi_A(\mathbf{r}_s, t) = -D_B \nabla \phi_B(\mathbf{r}_s, t) \tag{2–103}$$

が与えられる。

なお、原子炉物理学でときどき現れる問題として、2つの境界の間に無限に薄い面中性子源 $S(t)$ が存在するという問題がある。このときの境界条件は、(2–101) および (2–103) 式を若干修正することにより得られる。

すなわち、

$$\Phi_A(\mathbf{r}_s, t) = \Phi_B(\mathbf{r}_s, t) \tag{2–104}$$

および

$$\mathbf{e}_s \cdot \mathbf{J}_A(\mathbf{r}_s, t) - \mathbf{e}_s \cdot \mathbf{J}_B(\mathbf{r}_s, t) = S(t) \quad \text{あるいは}$$

$$\mathbf{e}_s \cdot (-D_A \nabla \Phi_A(\mathbf{r}_s, t)) - \mathbf{e}_s \cdot (-\nabla D_B \Phi_B(\mathbf{r}_s, t)) = S(t) \tag{2–105}$$

の2式である。ここで、$\mathbf{e}_s$ は境界条件に垂直な方向の単位ベクトルである。

(b)　真空境界条件

先に述べた通り、輸送理論の真空境界条件 (単速の場合に対して) は、

$$\Phi(\mathbf{r}_s, \boldsymbol{\Omega}, t) = 0 \quad (\text{面}\ S\ \text{上ですべての点}\ \mathbf{r}_s \text{に対して、} \boldsymbol{\Omega} \cdot \mathbf{e}_s < \text{の場合}) \tag{2–106}$$

である。

拡散理論では、この条件も正しく表すことはできない。そこで、まず、これを積分の意味で満足させることを考える。すなわち、境界において内側へ向う部分中性子流がゼロであるとする。

$$\int_{2\pi^-} \mathbf{e}_s \cdot \boldsymbol{\Omega}\Phi(\mathbf{r}_s, \boldsymbol{\Omega}, t) d\boldsymbol{\Omega} = \int_{2\pi^-} \mathbf{e}_s \cdot \mathbf{J}(\mathbf{r}_s, \boldsymbol{\Omega}, t) d\boldsymbol{\Omega} \equiv J_-(\mathbf{r}_s, t) = 0 \tag{2–107}$$

ここで、$\boldsymbol{\Omega} \cdot d\mathbf{S} < 0$ に対応する立体角の部分を $2\pi^-$ で表現した。

しかし拡散近似では、J_+ および J_- に対する厳密な形を与えることができない。そこで、角中性子束に対して P_1 近似を用いる。境界条件導出においても、この近似をとることにより、部分中性子流 J_+ が

$$\begin{aligned}
J_+(\mathbf{r}_s, t) &= \int_{2\pi^+} \mathbf{e}_s \cdot \boldsymbol{\Omega}\Phi(\mathbf{r}_s, \boldsymbol{\Omega}, t) d\boldsymbol{\Omega} \\
&= \int_{2\pi^+} \frac{\cos\theta}{4\pi} \left(\phi(\mathbf{r}_s, t) + 3\boldsymbol{\Omega} \cdot \mathbf{J}(\mathbf{r}_s, t)\right) d\boldsymbol{\Omega} \\
&= \int_{2\pi} \int_0^{\pi/2} \frac{\cos\theta}{4\pi} \left(\phi(\mathbf{r}_s, t) + 3(J_x(\mathbf{r}_s, t)\Omega_x + J_y(\mathbf{r}_s, t)\Omega_y + J_z(\mathbf{r}_s, t)\Omega_z)\right) d\boldsymbol{\Omega} \\
&= \int_{2\pi} \int_0^{\pi/2} \frac{1}{4\pi} \begin{pmatrix} \phi(\mathbf{r}_s, t) + 3(J_x(\mathbf{r}_s, t)\sin\theta\cos\chi \\ + J_y(\mathbf{r}_s, t)\sin\theta\sin\chi + J_z(\mathbf{r}_s, t)\cos\theta) \end{pmatrix} \cos\theta\sin\theta d\theta d\chi \\
&= \frac{1}{2} \int_1^0 (-1) \left(\mu\phi(\mathbf{r}_s, t) + 3\mu^2 J_z(\mathbf{r}_s, t)\right) d\mu \\
&= \frac{1}{4}\phi(\mathbf{r}_s, t) + \frac{1}{2} J_z(\mathbf{r}_s, t)
\end{aligned} \tag{2–108}$$

のように与えられる。同様にして

$$J_-(\mathbf{r}_s, t) = \frac{1}{4}\phi(\mathbf{r}_s, t) - \frac{1}{2} J_z(\mathbf{r}_s, t) \tag{2–109}$$

すなわち

$$J_\pm(\mathbf{r}_s, t) = \frac{1}{4}\phi(\mathbf{r}_s, t) \mp \frac{D(\mathbf{r}_s)}{2} \mathbf{e}_s \cdot \nabla\phi(\mathbf{r}_s, t) \tag{2–110}$$

である。これを用いて、拡散近似による境界条件 $J_-(\mathbf{r}_s, t) = 0$ を定式化すると、拡散方程式の真空境界条件は

$$J_-(\mathbf{r}_s, t) = \frac{1}{4}\phi(\mathbf{r}_s, t) + \frac{D(\mathbf{r}_s)}{2} \mathbf{e}_s \cdot \nabla\phi(\mathbf{r}_s, t) = 0 \tag{2–111}$$

となる。

この境界条件を $x = x_s$ に境界を持つ1次元問題に適用してみる。簡単のため変数 t を除くと、

$$J_-(x_s) = \frac{1}{4}\phi(x_s) + \frac{D(x_s)}{2} \left.\frac{d\phi(x_s)}{dx}\right|_{x=x_s} = 0 \tag{2–112}$$

あるいは

$$\frac{1}{\phi(x_s)}\left.\frac{d\phi(x_s)}{dx}\right|_{x=x_s}=-\frac{1}{2D(x_s)} \tag{2–113}$$

この式は、$(1/2D)$ が境界での中性子束の勾配となることを意味しており、この勾配のまま、境界を越えて中性子束を外挿すると、

$$\tilde{x}_s=x_s+2D=x_s+\frac{2}{3}\lambda_{tr} \tag{2–114}$$

の点で、中性子束がゼロとなることを意味する。したがって、真空境界条件 $J_-(x_s)=0$ を

$$\phi(\tilde{x}_s)=0 \qquad (ただし、\tilde{x}_s=x_s+z_0) \tag{2–115}$$

と置きかえることができる。ここで与えられる x_s を外挿境界といい、z_0 を外挿 (補外) 距離という。z_0 の正しい値は輸送理論から得られ、平板体系に対しては

$$z_0=0.7104\lambda_{tr} \tag{2–116}$$

で与えられている（円柱状の原子炉や球形原子炉のような曲面境界に対しては、より複雑な表現（曲面の曲率に依存する式）となるが、同様に導きだされている）。しかし、P_1 近似による $0.6667\lambda_{tr}$ と正確な $0.7104\lambda_{tr}$ を用いたのときの外挿距離の差は、大きくない。例えば、平均自由行程 λ_{tr} として熱中性子炉の炉内での典型的な値である 1cm を考えると、$0.6667\lambda_{tr}$ と正確な $0.7104\lambda_{tr}$ の差は 0.04cm に過ぎない。また、同じく λ_{tr} を 1cm として、1m の半径を持つ原子炉を考えると、補外距離を考慮した場合としない場合の原子炉半径の差は 0.7cm 程度に過ぎない。この値は、原子炉の物理的な半径に比べて小さい。したがって外挿距離 z_0 の値にあまり神経質になる必要はない。

なお、拡散理論は真空境界の付近では成立しないことことから、拡散方程式によって計算される中性子束は、真空境界付近では正しくない。拡散方程式による中性子束を正確な分布（輸送方程式による分布）と比較すると、図 2.8 のようになる。なお、この図からも、拡散方程式は、境界から 2～3 平均自由行程以上離れたところで正しいと考えてよいことがわかる。

(3)　中性子束に対する一般的な数学的条件

厳密には境界条件でないが、拡散方程式の解が物理的に実現可能なものとなること、すなわち $\phi(\mathbf{r},t)$ は実数であって負ではなくかつ有限でなくてはならないことに注目することにより、方程式の解に対する数学的な条件を与えることができる。また、体系の幾何学的条件から対称性の条件が与えられる場合もある。なお、中性子源が特異点として存在するとき、その点で発散することは認めている。これらについては 2–6

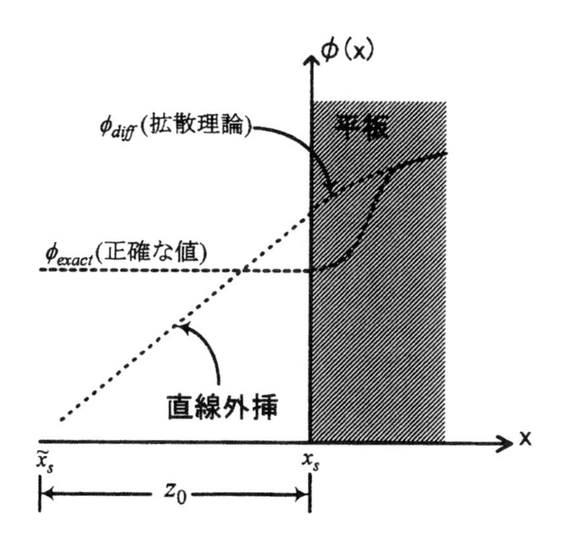

図 2.8 真空境界近くの正確な値と拡散近似による値の比較

節以降で具体的に示す。

以上で、拡散方程式および拡散理論の境界条件が与えられた。次節以降では拡散方程式を解析的に解くことにより、原子炉解析に必要な概念を具体的に学ぶこととする。

2–6 単速拡散方程式

2–6 節 ∼2–8 節では、前節までに導いた単速拡散方程式を簡単な幾何学的形状の体系に対して解いて、中性子束の空間分布を求める方法について解説する。また中性子束が定常状態となる条件について調べ、これにより原子炉の基本的な振舞いについての理解を図ることとする。現在原子炉の設計に日常的に使われている多群拡散理論は、単速拡散方程式から得られる解の精度を高めるためのものであり、原子炉の基本的な性質は単速拡散方程式を解くことによって理解できる。

改めてここまでに導いた単速拡散方程式の一般的な形[5] と初期条件、境界条件を示す。

$$\frac{1}{v}\frac{\partial\phi(\mathbf{r},t)}{\partial t} - \nabla D(\mathbf{r})\nabla\phi(\mathbf{r},t) + \Sigma_a(\mathbf{r})\phi(\mathbf{r},t) = s(\mathbf{r},t) \tag{2–117}$$

初期条件:すべての位置 $\mathbf{r}$ に対して

$$\phi(\mathbf{r},t) = \phi_0(\mathbf{r}) \tag{2–118}$$

[5] 2–4 節の単速拡散方程式の表記では、$\sum_t$,$\sum_s$ を用いていたが、ここでは、$\sum_a (= \sum_t - \sum_s)$ を用いている。

境界条件:(a)　自由表面 $\mathbf{r}_s$ において

$$\phi(\mathbf{r}_s, 0) = 0 \tag{2-119}$$

(b)　2 つの物質 A,B の境界 $\mathbf{r}_s$ において

$$\phi_A(\mathbf{r}_s, t) = \phi_B(\mathbf{r}_s, t) \tag{2-120}$$

$$\mathbf{J}_A(\mathbf{r}_s, t) = \mathbf{J}_B(\mathbf{r}_s, t) \quad \text{または} \quad -D_A \nabla \Phi_A(\mathbf{r}_s, t) = -D_B \nabla \Phi_B(\mathbf{r}_s, t) \tag{2-121}$$

(c)　局所的に存在する特異点を除いて

$$0 < \phi(\mathbf{r}, t) < \infty \tag{2-122}$$

原子炉物理学では、しばしば均質な（一様な）体系を問題とする。この場合、$D(\mathbf{r})$ と $\Sigma_a(\mathbf{r})$ が位置に依存しないので単に D と Σ_a と書くと、そのとき単速拡散方程式は

$$\frac{1}{v}\frac{\partial \phi(\mathbf{r}, t)}{\partial t} - D\nabla^2 \phi(\mathbf{r}, t) + \Sigma_a \phi(\mathbf{r}, t) = s(\mathbf{r}, t) \tag{2-123}$$

となる。ここで、∇^2 はラプラシアン (Laplacian) で、体系の形状により

$$(\text{直角座標系}) \quad \nabla^2 = \frac{\partial^2}{\partial x^2} + \frac{\partial^2}{\partial y^2} + \frac{\partial^2}{\partial z^2} \tag{2-124}$$

$$(\text{円柱座標系}) \quad \nabla^2 = \frac{1}{r}\frac{\partial}{\partial r}\left(r\frac{\partial}{\partial r}\right) + \frac{1}{r^2}\frac{\partial^2}{\partial \theta^2} + \frac{\partial^2}{\partial z^2} \tag{2-125}$$

$$(\text{球座標系}) \quad \nabla^2 = \frac{1}{r^2}\frac{\partial}{\partial r}\left(r^2\frac{\partial}{\partial r}\right) + \frac{1}{r^2 \sin\theta}\frac{\partial}{\partial \theta}\left(\sin\theta\frac{\partial}{\partial r}\right) + \frac{1}{r^2 \sin^2\theta}\frac{\partial^2}{\partial \chi^2} \tag{2-126}$$

である。

さらに、中性子束が時間に依存しないときには

$$-D\nabla^2 \phi(\mathbf{r}) + \Sigma_a \phi(\mathbf{r}) = s(\mathbf{r}) \tag{2-127}$$

となる。この方程式をヘルムホルツ（Helmholtz）方程式といい、物理数学でおなじみのものである。(2–127) 式を拡散係数 D で割って

$$\nabla^2 \phi(\mathbf{r}) - \frac{1}{L^2}\phi(\mathbf{r}) = -\frac{1}{D}s(\mathbf{r}) \tag{2-128}$$

と書くこととする。この式が、原子炉物理の中で、もっとも代表的な（単速の）拡散方程式の表記である。ここで

$$L = \sqrt{\frac{D}{\Sigma_a}} \tag{2-129}$$

であり、これを中性子拡散距離（neutron diffusion length）という。これは後に示すように、中性子源を出た中性子が平均的に吸収される位置までの距離の目安を与える。

2–7　非増倍体系での中性子拡散方程式

本節では、核分裂物質を含まない体系、すなわち非増倍体系の中での中性子拡散方程式の解法について解説する。非増倍体系においては中性子源の項が外部中性子源として与えられるので、その中性子源の与えられ方によって、拡散方程式の解法手順や結果として得られる中性子束を表す関数が異なることとなる。

定常状態の拡散方程式の解析的な解法は通常、次の手順により行うことができる。

1. 中性子源の存在により特異点となる所を除いた場所で成り立つ微分方程式を書く。
2. 一般解を求める。このとき、一般解には 2 つの任意定数が入る。
3. 中性子源の条件を定式化する。それを境界条件として（一般解に代入して）任意定数を求める。

以下、無限体系、有限体系および 2 領域体系における平面状および点状の中性子源の問題を上記手順にしたがって解く。

(1)　無限体系中の平面中性子源

最初に無限に広い体系について考える。まず、その中心に毎秒 S_0(個 $\cdot\mathrm{cm}^{-2}$) の割合で中性子を等方的に放出している無限に広い平板状中性子源がある場合を考える (図 2.9 参照)。この場合、中性子源を、

$$s(\mathbf{r}) = S_0\delta(x) \tag{2–130}$$

と書くことができ[(6)]、また、体系ならびに平面中性子源がともに無限に広いことから、中性子束を平面源からの距離 x のみの関数 $\phi(x)$ とすることができる。これらを用いると、拡散方程式 (2–128) は次の形となる。

$$\frac{d^2\phi(x)}{dx^2} - \frac{1}{L^2}\phi(x) = -\frac{S_0}{D}\delta(x) \tag{2–131}$$

中性子源の存在する位置 $x = 0$ を除くと、拡散方程式は

$$\frac{d^2\phi(x)}{dx^2} - \frac{1}{L^2}\phi(x) = 0 \qquad (x \neq 0) \tag{2–132}$$

となる。この方程式は容易に解け、一般解は 2 つの指数関数の和として、

$$\phi(x) = A\exp\left(-\frac{x}{L}\right) + C\exp\left(+\frac{x}{L}\right) \tag{2–133}$$

[(6)] $\delta(x)$ はデイラック (Dirac) の δ-関数である。

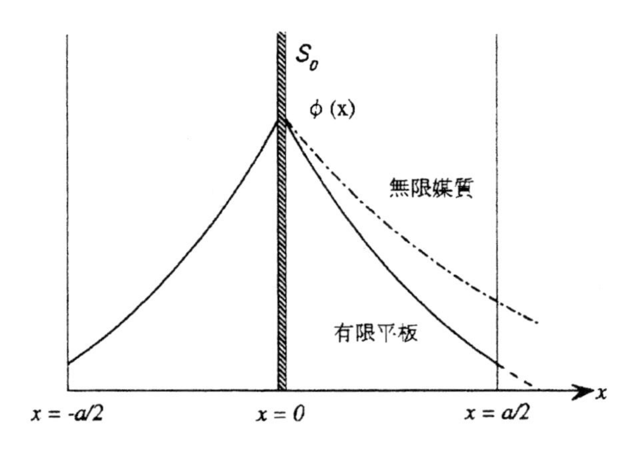

図 2.9 原点 $(x = 0)$ に平面状中性子源を持つ平板体系中の中性子分布

で与えられる。

次に、この二つの任意定数 A と C を定めるために境界条件を定式化する。ここでは、平面源による特異点を含む領域について、中性子源項を含む拡散方程式すなわち (2–131) 式を積分することにより境界条件を求める。(2–131) 式を特異点 $x = 0$ の左右の厚さ ϵ の微小区間 $[x = 0 - \epsilon \sim 0 + \epsilon]$ について積分する。

$$\int_{-\varepsilon}^{+\varepsilon}\left(\frac{d^2\phi(x)}{dx^2} - \frac{1}{L^2}\phi(x)\right)dx = \int_{-\varepsilon}^{+\varepsilon}\left(-\frac{S_0}{D}\delta(x)\right)dx \tag{2–134}$$

すなわち、

$$\left.\frac{d\phi(x)}{dx}\right|_{-\varepsilon}^{+\varepsilon} - \frac{1}{L^2}\int_{-\varepsilon}^{+\varepsilon}\phi(x)dx = -\frac{S_0}{D} \tag{2–135}$$

これを書き直して、

$$-D\left.\frac{d\phi(x)}{dx}\right|_{-\varepsilon}^{+\varepsilon} + \Sigma_a\int_{-\varepsilon}^{+\varepsilon}\phi(x)dx = S_0 \tag{2–136}$$

さらに、$\epsilon \to 0$ とすると、

$$-D\left.\frac{d\phi(x)}{dx}\right|_{+\varepsilon\to 0} + D\left.\frac{d\phi(x)}{dx}\right|_{-\varepsilon\to 0} = \lim_{+\varepsilon\to 0} J_x(x) - \lim_{-\varepsilon\to 0} J_x(x) = \lim_{x\to 0} J_x^+(x) - \lim_{x\to 0} J_x^-(x) = S_0 \tag{2–137}$$

となる。さらに、中性子源の幾何学的対称性により、

$$\lim_{x\to 0} J_x^+(x) = -\lim_{x\to 0} J_x^-(x)\left(\equiv \lim_{x\to 0} J_x(x)\right) \tag{2–138}$$

とできるから、平面源に対する境界条件は

$$(a)\quad \lim_{x\to 0} J_x(x) = \frac{S_0}{2} \tag{2–139}$$

となる。これは中性子源の片側における正味の中性子流が全中性子源強度の 1/2 であることを意味する。また、中性子束が体系内で有限であることから、もう 1 つの境界条件として

$$(b) \quad \lim_{x\to\infty} \phi(x) < \infty \tag{2–140}$$

が与えられる。

この二つの境界条件を用いて、一般解 (2–133) 式の 2 つの任意定数を決定する。今、この体系は $x=0$ について対称であるから、$x>0$ に限定して考える。すると、境界条件 (b) から

$$C = 0 \tag{2–141}$$

とできる。すなわち、中性子束は

$$\phi(x) = A\exp\left(-\frac{x}{L}\right) \tag{2–142}$$

となる。そして、境界条件 (a) から

$$\lim_{x\to 0} J_x(x) = \lim_{x\to 0}\left(-D\frac{d\phi(x)}{dx}\right) = \lim_{x\to 0}\left(-D\left(-\frac{A}{L}\exp\left(-\frac{x}{L}\right)\right)\right) = \frac{AD}{L} = \frac{S_0}{2} \tag{2–143}$$

すなわち

$$A = \frac{S_0 L}{2D} \tag{2–144}$$

となる。したがって、求める解は、$x>0$ において次のようになる。

$$\phi(x) = \frac{S_0 L}{2D}\exp\left(-\frac{x}{L}\right) \quad (x>0) \tag{2–145}$$

そして、対称性を考えると、$x<0$ においては

$$\phi(x) = \frac{S_0 L}{2D}\exp\left(+\frac{x}{L}\right) \quad (x<0) \tag{2–146}$$

これらをまとめることにより、無限体系中に平面源が存在するときの中性子束は、

$$\phi(x) = \frac{S_0 L}{2D}\exp\left(-\frac{|x|}{L}\right) \tag{2–147}$$

で与えられる。すなわち、このときの中性子束は、平面中性子源から遠ざかるにつれて、体系固有の拡散距離 L 毎に $1/e$ となる。また中性子束の大きさは線源の強さに比例する。すなわち線源の強さが 2 倍になれば 2 倍に、3 倍になれば 3 倍になる。これは中性子拡散方程式が線形であることから、重ね合わせの原理により予想される結果である。

(2)　無限体系中の点状中性子源

次に、点状中性子源について考える。前節と同じく無限に大きい体系の中に、S_0(個 $\cdot \mathrm{s}^{-1}$) の割合で中性子を等方的に放出する点状中性子源を考え、それが体系の中心 $r=0$ の位置に置かれているとする。中性子源が等方的なので中性子束に角度依存性はなく、極座標系を用いると拡散方程式は次の形に書ける。

$$\frac{1}{r^2}\frac{d}{dr}\left(r^2\frac{d\phi(r)}{dr}\right)-\frac{1}{L^2}\phi(r)=-\frac{S_0}{D}\delta(r) \tag{2–148}$$

中性子源を除く領域、すなわち $r>0$ においては

$$\frac{1}{r^2}\frac{d}{dr}\left(r^2\frac{d\phi(r)}{dr}\right)-\frac{1}{L^2}\phi(r)=0 \quad (r>0) \tag{2–149}$$

である。

極座標系における拡散方程式の場合、次のように変数変換をすると、容易に一般解が得られる形になる。

$$\phi(r)=\frac{1}{r}u(r) \tag{2–150}$$

(2–150) 式を微分すると

$$\frac{d\phi(r)}{dr}=\frac{1}{r^2}\left(r\frac{du(r)}{dr}-u(r)\right) \tag{2–151}$$

となり、これを (2–149) 式の第 1 項に代入すると (一部変数 (r) を除いて書く)

$$\frac{1}{r^2}\frac{d}{dr}\left(r^2\frac{d\phi(r)}{dr}\right)=\frac{1}{r^2}\frac{d}{dr}\left(r^2\frac{1}{r^2}\left(r\frac{du}{dr}-u\right)\right)=\frac{1}{r^2}\left(r\frac{d^2u}{dr^2}+\frac{du}{dr}-\frac{du}{dr}\right)=\frac{1}{r}\frac{d^2u(r)}{dr^2} \tag{2–152}$$

となる。これを用いると (2–149) 式は

$$\frac{d^2u(r)}{d^2r}-\frac{1}{L^2}u(r)=0 \tag{2–153}$$

となる。これは、前項の方程式 (2–132) と同じ形である。したがって、この方程式の解 $u(r)$ は

$$u(r)=A\exp\left(-\frac{r}{L}\right)+C\exp\left(+\frac{r}{L}\right) \tag{2–154}$$

であり、中性子束の一般解は、

$$\phi(r)=\frac{1}{r}\left(A\exp\left(-\frac{r}{L}\right)+C\exp\left(+\frac{r}{L}\right)\right) \tag{2–155}$$

となる。

境界条件は、中性子源から流れ出す中性子数が中性子源の強さに等しいことから、

$$(a)\qquad \lim_{r\to 0}4\pi r^2 J(r)=S_0 \tag{2–156}$$

となる。また、中性子束が体系内で有限であることから、もう1つの境界条件として

$$(b) \quad \lim_{r\to\infty} \phi(r) < \infty \tag{2-157}$$

が与えられる。境界条件 (b) により $C=0$ である。また境界条件 (a) により

$$\lim_{r\to 0} 4\pi r^2 J(r) = \lim_{r\to 0} 4\pi r^2 \left(-D\frac{d\phi(r)}{dr}\right) = \lim_{r\to 0} 4\pi r^2 \left(-DA\right)\left(-\frac{1}{r^2}\exp\left(-\frac{r}{L}\right) - \frac{1}{rL}\exp\left(-\frac{r}{L}\right)\right)$$
$$=4\pi DA \lim_{r\to 0}\left(\frac{r}{L}+1\right)\exp\left(-\frac{r}{L}\right) = 4\pi DA = S_0 \tag{2-158}$$

すなわち $A=\frac{S_0}{4\pi D}$ となる。したがって中性子束は次のように与えられる。

$$\phi(r) = \frac{S_0}{4\pi D}\frac{1}{r}\exp\left(-\frac{r}{L}\right) \tag{2-159}$$

この式を利用して中性子が発生した点から吸収される点までの距離（crow flight distance）の平均値を求めることを考える。点状中性子源から r の位置にある厚さ dr の球殻を考える。この体積は $4\pi r^2 dr$ である。中性子束が $\phi(r)$ という点での単位体積当りの中性子吸収率は $\Sigma_a\phi(r)$ であるから、r と $r+dr$ との間の球殻中で吸収される中性子吸収率は

$$\left(4\pi r^2 dr\right)\Sigma_a\phi(r) = \left(4\pi r^2 dr\right)\Sigma_a\frac{S_0}{4\pi D}\frac{1}{r}\exp\left(-\frac{r}{L}\right) = \frac{S_0}{L^2}r\exp\left(-\frac{r}{L}\right)dr \tag{2-160}$$

である。したがって、中性子が dr 内で吸収される確率 $p(r)$ は、上式を S_0 で割ることで与えられ、

$$p(r)dr = \frac{1}{S_0}\frac{S_0}{L^2}r\exp\left(-\frac{r}{L}\right)dr = \frac{1}{L^2}r\exp\left(-\frac{r}{L}\right)dr \tag{2-161}$$

となる。よって、中性子が発生した点から吸収される点までの距離の2乗平均の値は

$$\langle r^2\rangle = \frac{\int_0^\infty r^2 p(r)dr}{\int_0^\infty p(r)dr} = \frac{\int_0^\infty r^3\exp\left(-\frac{r}{L}\right)dr}{\int_0^\infty r\exp\left(-\frac{r}{L}\right)dr} = \frac{6L^4}{L^2} = 6L^2 \tag{2-162}$$

となる[(7)]。したがって、拡散距離 L は、中性子が中性子源から吸収される点までに飛行する直線距離の2乗の平均値の平方根の $1/\sqrt{6}$ と考えることができる。なお、この $<r^2>$ は中性子が生まれた点から吸収される点までの直線距離であり、中性子が吸収されるまでに飛行する距離ではない。たとえば、ベリリウムの場合、熱中性子の拡散距離は18cmであり、$<r^2>=\sqrt{6}L=44$cmとなる。一方、ベリリウム中での熱中性子の平均自由行程は1.15cm、吸収されるまでの中性子の平均散乱回数は700回であるので、吸収されるまでに走る平均距離は $700\times 1.15=805$cmとなり、両者は大幅に異なる。

---

(7) 積分公式 $\left(\int_0^\infty x^n\exp\left(-\frac{x}{L}\right)dx = n!L^{n+1}\right)$ を用いた

(3)　有限厚さの無限平板体系

ついで、x 方向の厚さが有限の非増倍体系の中に（残りの 2 方向には無限に広いものとする）S_0(個$\cdot$cm^{-2}s^{-1}) の中性子を等方的に放出する平面状中性子源がある場合を考える。体系の厚さを a とし、その外側は真空であるとする。この場合の拡散方程式は、

$$\frac{d^2\phi(x)}{dx^2} - \frac{1}{L^2}\phi(x) = -\frac{S_0}{D}\delta(x) \tag{2–163}$$

であり、中性子源の存在する位置 $x = 0$ を除くと、

$$\frac{d^2\phi(x)}{dx^2} - \frac{1}{L^2}\phi(x) = 0 \qquad (x \neq 0) \tag{2–164}$$

となる。そして、この式の一般解は (2–133) と同じく

$$\phi(x) = A\exp\left(-\frac{x}{L}\right) + C\exp\left(+\frac{x}{L}\right) \tag{2–165}$$

で与えられる。また、平面状中性子源から導かれる一つの境界条件も同じである。すなわち、$J_x^+ = J_x^-$ とできるから、平面源に対する境界条件は

$$(a) \qquad \lim_{x\to 0} J_x(x) = \lim_{x\to 0}\left(-D\frac{d\phi(x)}{dx}\right) = \frac{S_0}{2} \tag{2–166}$$

である。しかし、有限体系のもう 1 つの境界条件は、第 2–5 節 (b) で述べた、「外挿境界において中性子束がゼロ」となる。すなわち、

$$(b) \qquad \phi\left(\pm\frac{\tilde{a}}{2}\right) = 0 \tag{2–167}$$

である。ただし $\tilde{a}$ は $\left(\frac{a}{2} + z_0\right)$ で定義され、ここで z_0 は外挿 (補外) 距離である。

境界条件 (b) から、$x > 0$ について考えると

$$\phi\left(+\frac{\tilde{a}}{2}\right) = 0 = A\exp\left(-\frac{\tilde{a}}{2L}\right) + C\exp\left(+\frac{\tilde{a}}{2L}\right) \tag{2–168}$$

したがって

$$C = -A\exp\left(-\frac{\tilde{a}}{L}\right) \tag{2–169}$$

となり、

$$\phi(x) = A\exp\left(-\frac{x}{L}\right) - A\exp\left(-\frac{\tilde{a}}{L}\right)\exp\left(+\frac{x}{L}\right) \tag{2–170}$$

である。さらに、境界条件 (a) から、

$$\lim_{x\to 0}\left(-D\frac{d\phi}{dx}\right)=\lim_{x\to 0}\left(-D\frac{d}{dx}\left(A\exp\left(-\frac{x}{L}\right)-A\exp\left(-\frac{\tilde{a}}{L}\right)\exp\left(+\frac{x}{L}\right)\right)\right)$$
$$=\lim_{x\to 0}\left(\frac{DA}{L}\left(\exp\left(-\frac{x}{L}\right)+\exp\left(-\frac{\tilde{a}}{L}\right)\exp\left(+\frac{x}{L}\right)\right)\right)=\frac{DA}{L}\left(1+\exp\left(-\frac{\tilde{a}}{L}\right)\right)=\frac{S_0}{2} \tag{2–171}$$

したがって、

$$A=\frac{S_0 L}{2D\left(1+\exp\left(-\frac{\tilde{a}}{L}\right)\right)} \tag{2–172}$$

よって、解は

$$\begin{aligned}\phi(x)=&\frac{S_0L}{2D}\frac{\left(\exp\left(-\frac{x}{L}\right)-\exp\left(-\frac{\tilde{a}}{L}\right)\exp\left(+\frac{x}{L}\right)\right)}{\left(1+\exp\left(-\frac{\tilde{a}}{L}\right)\right)}\\=&\frac{S_0L}{2D}\frac{\left(\exp\left(\frac{\tilde{a}}{2L}\right)\exp\left(-\frac{x}{L}\right)-\exp\left(-\frac{\tilde{a}}{2L}\right)\exp\left(+\frac{x}{L}\right)\right)}{\left(\exp\left(\frac{\tilde{a}}{2L}\right)+\exp\left(-\frac{\tilde{a}}{2L}\right)\right)}\\=&\frac{S_0L}{2D}\frac{\left(\exp\left(+\frac{\tilde{a}-2x}{2L}\right)-\exp\left(-\frac{\tilde{a}-2x}{2L}\right)\right)}{\left(\exp\left(+\frac{\tilde{a}}{2L}\right)+\exp\left(-\frac{\tilde{a}}{2L}\right)\right)}\\=&\frac{S_0L}{2D}\frac{\sinh(\frac{\tilde{a}-2x}{2L})}{\cosh(\frac{\tilde{a}}{2L})}\end{aligned} \tag{2–173}$$

そして、x=0 についての対称性を用いると、求めるべき中性子束は最終的に

$$\phi(x)=\frac{S_0L}{2D}\frac{\sinh\left(\frac{\tilde{a}-2|x|}{2L}\right)}{\cosh\left(\frac{\tilde{a}}{2L}\right)} \tag{2–174}$$

となる。図 2.10 に、さまざまな $\tilde{a}/L$（図では単に a）に対する $\phi(x)/S_0$ の値を、無限体系の場合と比較して示す。この図は、黒鉛体系の典型的な拡散距離 $L=59$cm、拡散係数 $D=0.92$cm を持つ体系に対するものである。この図から無限体系と有限体系の中性子束減衰の違いがわかる。またこの図から、$\tilde{a}/L$=3 以上の場合、すなわち体系厚さの 1/2 が拡散距離の 3 倍以上ある場合の有限体系の中性子束は、無限体系に対するものとほぼ同じとなることがわかる（境界付近を除いて）。したがって、そのような場合、有限体系に対する中性子束を無限体系の中性子束で代用することも可能である（境界付近から $2L$ 以内の境界付近を除いて）。

(4)　2 領域の平板状体系の中性子束

ついで、異なる物質で構成される 2 つの領域からなる体系を考える。内側には x 方向の厚さが a である領域 1、外側には厚さが無限大である領域 2 を考える。両領域とも、x 以外の方向には無限に広いものとする。また、領域 1 の中心には平面状中性子源が存在するものとする。

一般に多領域の問題を扱うときには、はじめに各々の領域を独立に考え、前記の手順と同じく拡散方程

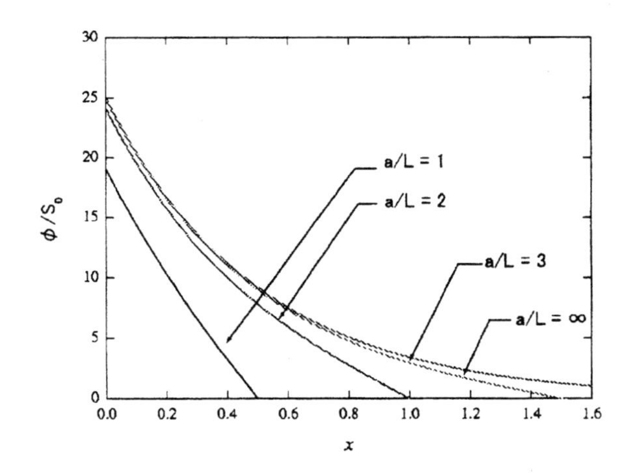

図 2.10 様々な厚さの体系中での中性子束分布

式を解き、そしてそれぞれの中性子束ならびに中性子流を境界条件を用いて結合させる（等しいと置く）方法を取る。前項までと同じく、領域 1 における拡散方程式は、中性子源の存在する位置 $x=0$ を除いて

$$\frac{d^2\phi_1(x)}{dx^2}-\frac{1}{L_1^2}\phi(x)=0 \quad (0<x\leqq\frac{a}{2}) \tag{2-175}$$

となる。そして、領域 2 についても、同じ形で

$$\frac{d^2\phi_2(x)}{dx^2}-\frac{1}{L_2^2}\phi(x)=0 \quad (\frac{a}{2}\leqq x<\infty) \tag{2-176}$$

と書ける。ここで、$L_1=\sqrt{D_1/\sum_{a1}}$、$L_2=\sqrt{D_2/\sum_{a2}}$ はそれぞれの領域の拡散距離を表す。なお、ここで考える体系は x 方向について対称であることから、$0<x<\infty$ に限定して議論を進める。

ついで、一般解を求める。前節では、はじめに指数関数の和として中性子束を与えたが、前項の最終的な中性子束の式からわかる通り、有限の体系における中性子束は cosh 関数と sinh 関数の和として表すと、以後の取り扱いがより簡単になる。したがって、領域 1 での一般解は

$$\phi_1(x)=A_1\cosh\left(\frac{x}{L_1}\right)+C_1\sinh\left(\frac{x}{L_1}\right) \tag{2-177}$$

であり、領域 2 については体系が無限なので

$$\phi_2(x)=A_2\exp\left(-\frac{x}{L_2}\right)+C_2\exp\left(\frac{x}{L_2}\right) \tag{2-178}$$

とする。境界条件は、中性子源の条件ならびに無限体系で中性子束が有限であるということから、

$$(a) \qquad \lim_{x\to 0} J_{x1}(x)=\lim_{x\to 0}\left(-D_1\frac{d\phi_1(x)}{dx}\right)=\frac{S_0}{2} \tag{2-179}$$

$$(b) \qquad \lim_{x\to\infty}\phi_2(x)<\infty \tag{2-180}$$

となり、さらに領域1と2の境界における中性子束と中性子流が等しいとすることから、

$$(c) \quad \phi_1\left(\frac{a}{2}\right) = \phi_2\left(\frac{a}{2}\right) \tag{2–181}$$

$$(d) \quad J_{x1}\left(\frac{a}{2}\right) = J_{x2}\left(\frac{a}{2}\right) \text{つまり} -D_1\frac{d\phi_1(x)}{dx}\bigg|_{x=\frac{a}{2}} = -D_2\frac{d\phi_2(x)}{dx}\bigg|_{x=\frac{a}{2}} \tag{2–182}$$

となる。境界条件 (b) より $C_2 = 0$ である。境界条件 (a) より、

$$\lim_{x\to 0}\left(-D_1\left(\frac{A_1}{L_1}\sinh\left(\frac{x}{L_1}\right) + \frac{C_1}{L_1}\cosh\left(\frac{x}{L_1}\right)\right)\right) = \frac{S_0}{2} \tag{2–183}$$

したがって、$C_1 = -\frac{S_0L_1}{2D_1}$ である。さらに、境界条件 (c) に C_1、C_2 を代入して

$$A_1\cosh\left(\frac{a}{2L_1}\right) - \frac{S_0L_1}{2D_1}\sinh\left(\frac{a}{2L_1}\right) = A_2\exp\left(-\frac{a}{2L_2}\right) \tag{2–184}$$

境界条件 (d) より、

$$-\frac{D_1}{L_1}\left(A_1\sinh\left(\frac{a}{2L_1}\right) - \frac{S_0L_1}{2D_1}\cosh\left(\frac{a}{2L_1}\right)\right) = \frac{D_2}{L_2}A_2\exp\left(-\frac{a}{2L_2}\right) \tag{2–185}$$

この2式から A_1、A_2 を求めると、

$$A_1 = \frac{S_0L_1}{2D_1}\frac{D_1L_2\cosh\left(\frac{a}{2L_1}\right) + D_2L_1\sinh\left(\frac{a}{2L_1}\right)}{D_2L_1\cosh\left(\frac{a}{2L_1}\right) + D_1L_2\sinh\left(\frac{a}{2L_1}\right)} \tag{2–186}$$

$$A_2 = \frac{S_0L_1L_2}{2}\frac{\exp\left(\frac{a}{2L_2}\right)}{D_2L_1\cosh\left(\frac{a}{2L_1}\right) + D_1L_2\sinh\left(\frac{a}{2L_1}\right)} \tag{2–187}$$

となる。ただし、$\cosh^2 x + \sinh^2 x = 1$ を用いた。この解の形を図2.11に示す。この図から2つの物質の境界で、中性子束は連続だが、その微係数は不連続であることがわかる。これは、中性子流が連続であることから、拡散係数が異なる2つの領域における境界での微係数が不連続となるためである。さらに、領域1の中の中性子束について、外側の領域2がなく真空である場合（図では裸の平板。点線）と領域2が存在する場合（図では反射体付き平板。実線）を比べると、領域2が外側にあるケースでは中性子束の減衰がより緩やかになっている。これは、体系から外に漏れた中性子の一部が外側の物質の散乱によって内側の領域へと戻されるためである。このように中性子の漏れを減らすために用いる物質を反射体（reflector）という。反射体には、散乱断面積が大きく吸収断面積の小さい物質が良い。

(5)　アルベドまたは反射係数

本節の最後に、2つの領域間の中性子の流れに関して、原子炉物理学において重要なアルベド（または反射係数）について述べておく。

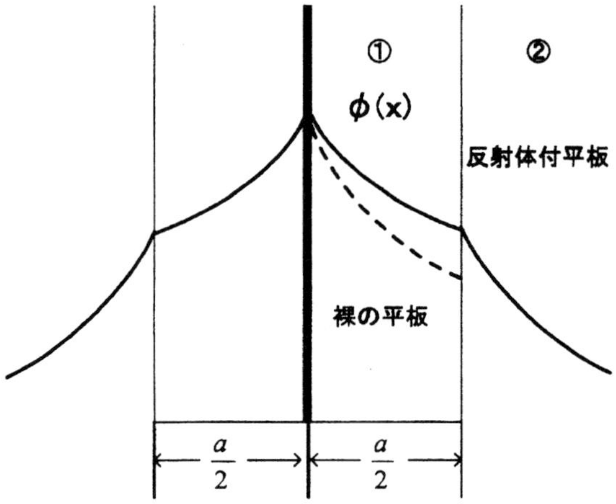

図 2.11 裸の平板内と反射体付平板内の中性子束分布

今、2 種類の拡散物質 A と B が接していて、A には中性子源があり、B には中性子源がないとする。このとき、中性子の多くは $A \to B$ へ流れ、その一部が B から A に戻る（反射する）。このような状況において、領域 B から見たときの中性子の流れに着目して、$A \to B$ へ流れ込みを J_{in}、$B \to A$ の戻り (反射) を J_{out} とすると、β を次のように定義して、

$$\beta = \frac{J_{out}}{J_{in}} \tag{2-188}$$

これをアルベドまたは反射係数（厳密には、領域 B の A に対するアルベド）と呼ぶ。

例として、図 2.12 のように、平板状の中性子源を含む媒質（例えば炉心。ここでは領域 A に対応）に対して、a（外挿距離を含む）の厚さを持った反射体（領域 B）を考える。この場合の反射体領域での拡散方程式は

$$\frac{d^2\phi(x)}{dx^2} - \frac{1}{L^2}\phi(x) = 0 \quad (\text{反射体領域、すなわち} \ 0 < x < a) \tag{2-189}$$

となる[8]。一般解は、反射体領域の厚さが有限だから、

$$\phi(x) = A\cosh\left(\frac{x}{L}\right) + C\sinh\left(\frac{x}{L}\right) \tag{2-190}$$

であり、境界条件の 1 つは反射体の外側境界で $\phi(a) = 0$ である。この境界条件から

$$\phi(a) = A\cosh\left(\frac{a}{L}\right) + C\sinh\left(\frac{a}{L}\right) = 0 \ \text{すなわち} \ C = -A\frac{\cosh\left(\frac{a}{L}\right)}{\sinh\left(\frac{a}{L}\right)} \tag{2-191}$$

---

[8] なお、反射体の領域区間が $0 < x < a$ となっていることに注意。これは話の都合上 $x = 0$ に境界を置いたためである。

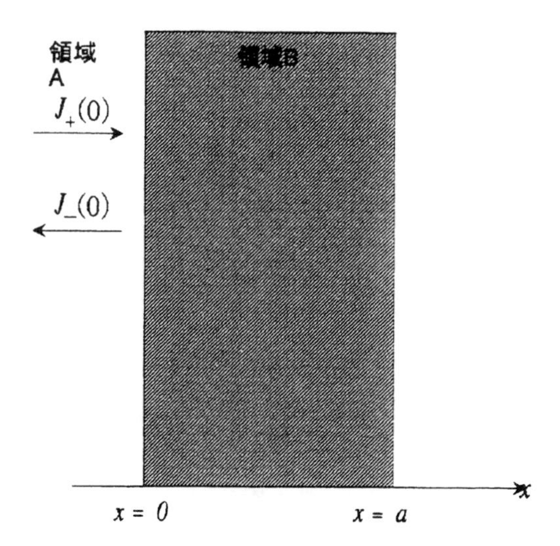

図 2.12 アルベドの説明図

したがって

$$\begin{aligned}\phi(x) =&A\left(\cosh\left(\frac{x}{L}\right) - \frac{\cosh\left(\frac{a}{L}\right)}{\sinh\left(\frac{a}{L}\right)}\sinh\left(\frac{x}{L}\right)\right)\\=&A\frac{1}{\sinh\left(\frac{a}{L}\right)}\left(\sinh\left(\frac{a}{L}\right)\cosh\left(\frac{x}{L}\right) - \cosh\left(\frac{a}{L}\right)\sinh\left(\frac{x}{L}\right)\right)\\=&A'\sinh\left(\frac{a-x}{L}\right)\end{aligned} \tag{2–192}$$

そして

$$\frac{d\phi(x)}{dx} = -\frac{A'}{L}\cosh\left(\frac{a-x}{L}\right) \tag{2–193}$$

となる。さらに、J_{in} ならびに J_{out} は、すでに 2–5 節で求めた J_+ ならびに J_- に対応させることができるから (2–110 式)、

$$J_{in} = J_+ = \frac{1}{4}\phi(x) + \frac{1}{2}J_x(x) = \frac{1}{4}\phi(x) - \frac{D}{2}\frac{d\phi(x)}{dx} \tag{2–194}$$

$$J_{out} = J_- = \frac{1}{4}\phi(x) - \frac{1}{2}J_x(x) = \frac{1}{4}\phi(x) + \frac{D}{2}\frac{d\phi(x)}{dx} \tag{2–195}$$

となり、アルベド β は

$$\begin{aligned}\beta =&\frac{J_{out}}{J_{in}} = \frac{J_-}{J_+} = \frac{\frac{1}{4}A'\sinh\left(\frac{a}{L}\right) - \frac{D}{2}A'\frac{1}{L}\cosh\left(\frac{a}{L}\right)}{\frac{1}{4}A'\sinh\left(\frac{a}{L}\right) + \frac{D}{2}A'\frac{1}{L}\cosh\left(\frac{a}{L}\right)}\\=&\frac{1 - \frac{2D}{L}\coth\left(\frac{a}{L}\right)}{1 + \frac{2D}{L}\coth\left(\frac{a}{L}\right)}\end{aligned} \tag{2–196}$$

となる。このアルベドの変化を、平板の厚さに対して示したのが図 2.13 である。反射体の薄いとき、中性

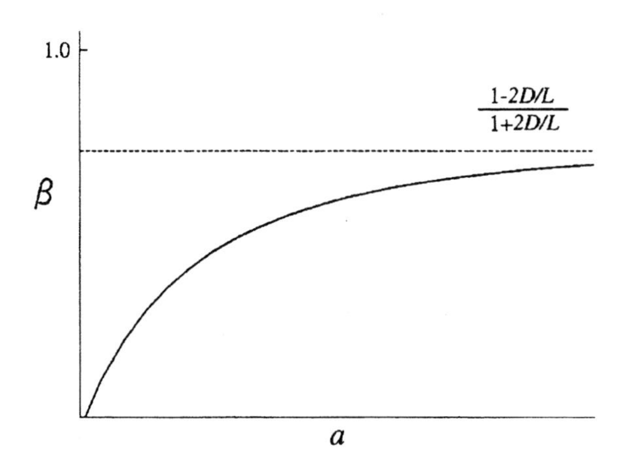

図 2.13 平板厚さに対するアルベドの変化

子が殆ど反射されないためアルベドの値は小さい。反射体が厚くなるとアルベドの値は極限値に漸近し、やがてアルベドは厚さ a に依存せず、その物質の D と L のみによって決まる一定値となる。すなわち、

$$\beta \to \beta_\infty = \frac{1 - \frac{2D}{L}}{1 + \frac{2D}{L}} \tag{2–197}$$

このアルベドを用いて反射体表面すなわち炉心端 (例えば、図 2.12 の $x = 0$ の点) の境界条件を定めることができる。アルベドは定義式から

$$\beta = \frac{J_-}{J_+} = \frac{\frac{1}{4}\phi(x) - \frac{D}{2}\frac{d\phi(x)}{dx}}{\frac{1}{4}\phi(x) + \frac{D}{2}\frac{d\phi(x)}{dx}} \tag{2–198}$$

と書けるから、これを変形すると

$$\frac{1}{\phi(x)} D \frac{d\phi(x)}{dx}\bigg|_{boundary} = \frac{1}{2}\left(\frac{1-\beta}{1+\beta}\right) \tag{2–199}$$

が得られる。この式はアルベドによって境界条件を与える式である。この式を用いればアルベドからすぐに境界条件が求まり、反射体中の中性子束を求めることなしに炉心の方程式を解くことができることになる。これは、数値計算における計算量を著しく減らすことにつながり、多次元体系の場合、特に有用である。さらに、特に十分厚い反射体があるような場合には、アルベドが厚さに依存せず反射体の D と L のみによって求められるので (2–199) 式は極めて有用といえる。

2–8　増倍体系に対する中性子拡散方程式

次に核分裂物質を含む均質な体系、すなわち増倍体系に対する単速拡散方程式について考える。この場合、中性子源の項は

$$S_f = \nu\Sigma_f\phi(\mathbf{r}, t) \tag{2–200}$$

となるので、解くべき単速の時間依存拡散方程式は次のようになる。

$$\frac{1}{v}\frac{\partial\phi(\mathbf{r}, t)}{\partial t} - D\nabla^2\phi(\mathbf{r}, t) + \Sigma_a\phi(\mathbf{r}, t) = \nu\Sigma_f\phi(\mathbf{r}, t) \tag{2–201}$$

ただし、ここで核分裂中性子はすべて核分裂と同時に発生する即発中性子のみであるとし、遅発中性子の存在を無視した。また外部中性子源は核分裂源の大きさに比し小さいとして無視した。

本節では、はじめに平板状の原子炉（1 方向に有限の厚さを持ち、他方向については無限大）に対して、単速の時間依存拡散方程式 (2–201) 式を解き、原子炉内の中性子束の時間的な振舞いを明らかにした後、中性子束が時間的に変化しない（一定となる）条件、すなわち原子炉が臨界となる条件を求める。その後、平板以外の原子炉（球状、円形状）ならびに反射体付きの原子炉に対する臨界条件を導出する。

(1)　無限平面状原子炉に対する時間依存拡散方程式

幾何形状として平板を選べば、単速拡散方程式が最も簡単な形となることから、x 方向の厚さが a（外挿距離を含む）の平板状の原子炉を考える (図 2.14)。他方向には、無限に広いとする。なお、この x 方向の中性子束分布は、後述する通常の円柱形原子炉における高さ方向の解となることに注意すること。

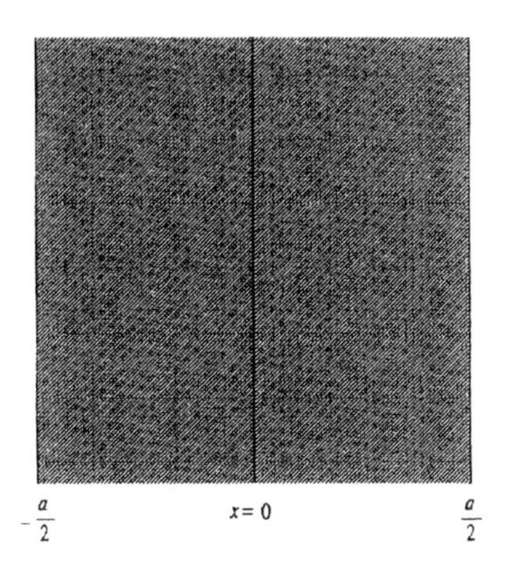

図 2.14 厚さ a の平板状原子炉

このときの拡散方程式は次の通りである。

$$\frac{1}{v}\frac{\partial\phi(x,t)}{\partial t} - D\frac{\partial^2\phi(x,t)}{\partial x^2} + \Sigma_a\phi(x,t) = \nu\Sigma_f\phi(x,t) \tag{2–202}$$

また、初期中性子束の対称性を仮定すると、初期条件、境界条件は以下のようになる。

$$\text{初期条件}:\phi(x,0) = \phi_0(x) = \phi_0(-x) \tag{2–203}$$

$$\text{境界条件}:\phi\left(\frac{a}{2},t\right) = \phi\left(-\frac{a}{2},t\right) = 0 \tag{2–204}$$

このように初期の ϕ を対称とすると、その後の全ての時刻で ϕ は対称となり、問題の解法が容易となる。

位置ならびに時間の2つの変数の微分方程式を解く方法の一つに、求めるべき解が両変数に対して独立に変化すると仮定する方法がある。この方法を変数分離法という。ここでは、この方法により解を求める。

まず中性子束に対して次の形を仮定する。

$$\phi(x,t) = \Psi(x)T(t) \tag{2–205}$$

これを拡散方程式に代入し、さらに両辺を $\Psi(x)T(t)$ で割れば、

$$\frac{1}{T(t)}\frac{dT(t)}{dt} = \frac{v}{\Psi(x)}\left(D\frac{d^2\Psi(x)}{dx^2} + (\nu\Sigma_f - \Sigma_a)\Psi(x)\right) \tag{2–206}$$

となる。左辺は t のみの関数、右辺は x のみの関数であり、それらがそれぞれ独立なのでこれを

$$\frac{1}{T(t)}\frac{dT(t)}{dt} = \frac{v}{\Psi(x)}\left(D\frac{d^2\Psi(x)}{dx^2} + (\nu\Sigma_f - \Sigma_a)\Psi(x)\right) = (\text{定数}) \equiv -\lambda \tag{2–207}$$

と置く。すると、拡散方程式は、時間ならびに位置それぞれについての常微分方程式になる。

$$\frac{dT(t)}{dt} = -\lambda T(t) \tag{2–208}$$

$$D\frac{d^2\Psi(x)}{dx^2} + (\nu\Sigma_f - \Sigma_a)\Psi(x) = -\frac{\lambda}{v}\Psi(x) \tag{2–209}$$

微分方程式 (2–208) は、簡単に解けて、

$$T(t) = T(0)\exp(-\lambda t) \tag{2–210}$$

となる。ただし $T(0)$ は初期条件から決まる定数である。次いで、微分方程式 (2–209) を解く。そのために (2–209) 式を次のように書き直す。

$$\frac{d^2\Psi(x)}{dx^2} + \frac{1}{D}\left(\frac{\lambda}{v} + (\nu\Sigma_f - \Sigma_a)\right)\Psi(x) = 0 \tag{2–211}$$

一般に、上式のような微分方程式の解は直交関数系の展開した形で表せる。上の方程式の場合には、直交関数系として三角関数を取るのが便利である。このことを念頭において、次の微分方程式とその一般解を考える。

$$\frac{d^2\psi_n(x)}{dx^2} + B_n^2\psi_n(x) = 0 \tag{2–212}$$

この方程式の一般解は、

$$\psi_n(x) = A_n\cos(B_n x) + C_n\sin(B_n x) \tag{2–213}$$

であり、また、この式に対応した境界条件を、

$$\psi_n\left(\frac{a}{2}\right) = \psi_n\left(-\frac{a}{2}\right) = 0 \tag{2–214}$$

とする。解の対称性により、$C_n = 0$ であり、また境界条件から

$$\psi_n\left(\frac{a}{2}\right) = A_n\cos\left(B_n\frac{a}{2}\right) = 0 \tag{2–215}$$

すなわち

$$B_n\frac{a}{2} = \frac{\pi}{2}, \frac{3\pi}{2}, \frac{5\pi}{2}, \cdots\cdots = \frac{n}{2}\pi \quad (n = 1, 3, 5, \cdots) \tag{2–216}$$

したがって

$$B_n = \frac{n\pi}{a} \quad (n = 1, 3, 5, \cdots\cdot) \equiv B_n \tag{2–217}$$

となる。上からわかる通り、境界条件を満足させる B_n は一義的に決まらず、奇数の n に対するすべての B、すなわち B_n(n：奇数) すべてが境界条件を満足させることとなる。この B_n を用いて (2–212) 式の解は、すべての B_n の重ね合わせで与えられることとなる。すなわち、

$$\psi_n(x) = \sum_{n=\text{奇数}} A'_n\cos(B_n x) \tag{2–218}$$

となる。ここに現れた $\psi_n(x)$ および B_n は、それぞれ固有関数 (eigenfunction)、固有値 (eigenvalue) と呼ばれ、(2–212) 式のような微分方程式を与える問題を固有値問題という。

そして、(2–211) 式の解は (2–212) 式の形との比較から、

$$B_n^2 = \frac{1}{D}\left(\frac{\lambda_n}{v} + (\nu\Sigma_f - \Sigma_a)\right) \tag{2–219}$$

すなわち B_n を上のように置くと、(2–211) 式と (2–212) 式は同じ方程式となるから、B_n から λ_n を与える式が

$$\lambda_n = v\Sigma_a + vDB_n^2 - v\nu\Sigma_f \tag{2–220}$$

と得られる。λ_n がこの値を取るとき、(2–211) 式は境界条件を満たし、その解は有意なものとなる。この λ_n を時間固有値（time eigenvalue）という。これらを用いると中性子束 $\phi(x,t)$ が次のように与えられる。

$$\phi(x,t) = \sum_{n=\text{奇数}} A_n \exp(-\lambda_n t)\cos(B_n x)$$

$$\text{ここで、} n = 1,3,5,\cdots\cdots \text{に対して} \tag{2–221}$$

$$\lambda_n \equiv v\Sigma_a + vDB_n^2 - v\nu\Sigma_f \quad \text{および} \quad B_n = \frac{n\pi}{a}$$

最後に、残る未知数である A_n を初期条件 (2–203) 式、すなわち、

$$\phi(x,0) = \phi_0(x) = \sum_{n=\text{奇数}} A_n \cos(B_n x) = \sum_{n=\text{奇数}} A_n \cos\left(\frac{n\pi}{a}x\right) \tag{2–222}$$

に対して、cos 関数の直交関係[9] を用いて決定する。すなわち、上式の両辺に $\cos(\frac{m\pi}{a}x)$ を掛けて $-a/2$ から $a/2$ まで積分すると A_n は

$$A_n = \frac{2}{a}\int_{-a/2}^{a/2} \phi_0(x)\cos\left(\frac{n\pi}{a}x\right)dx \tag{2–223}$$

と求められる。これを用いると最終的に中性子束は

$$\phi(x,t) = \sum_{n=\text{奇数}} \left(\frac{2}{a}\int_{-a/2}^{a/2} \phi_0(x')\cos\left(\frac{n\pi}{a}x'\right)dx'\right)\exp(-\lambda_n t)\cos(B_n x)$$

$$\text{ここで } n = 1,3,5,\cdots \text{に対して}$$

$$\lambda_n \equiv v\Sigma_a + vDB_n^2 - v\nu\Sigma_f \quad \text{ただし} \quad B_n = \frac{n\pi}{a} \tag{2–224}$$

で与えられる。

残念ながらこの式で与えられた中性子束の一般的な解（任意の時間に対して成立する）は、結果的に多くの n の重ね合せが必要となり、単純な解としては得られなかった。このため、次項では、中性子束の時間的な変化を、変化を与えた時刻から長時間経過した後に限ったときについて検討する。

(2)　中性子束の長時間経過後の振舞い

(2–224) 式で与えられる時間変化をする中性子束における B_n と λ_n の関係を考えて見る。B_n の定義式 ($B_n = \frac{n\pi}{a}$) から $B_1 < B_3 < B_5 < \cdots\cdots < B_n < \cdots\cdots$ であること、ならびに λ_n の定義 ($\lambda_n \equiv v\Sigma_a + vDB_n^2 - v\nu\Sigma_f$) から、$\lambda_1 < \lambda_3 < \lambda_5 < \cdots\cdots < \lambda_n \cdots\cdots$ となることがわかる。このような λ の大小関係から、中性子束の時間変化 $\exp(-\lambda_n t)$ を考えると、長時間経過後の中性子束は、もっとも小さ

[9] $\cos(\frac{n\pi}{a}x)\cos(\frac{m\pi}{a}x)$ の $-a/2$ から $a/2$ まで積分は、$n = m$ 以外のときははゼロ、また $n = m$ のときは $a/2$ となる。

な λ_1 による時間変化、$\exp(-\lambda_1 t)$ の項によって支配されることがわかる。すなわち十分時間が経過した後の中性子束は

$$\phi(x,t) = A_1 \exp(-\lambda_1 t)\cos(B_1 x) \tag{2–225}$$

の形で振舞う[10]。すなわち長時間経過後の中性子束は、一定の中性子束分布 (形) を保ったまま、$\exp(-\lambda_1 t)$ に従って時間的に変化することになる。この $n = 1$ に対応する分布形、すなわ $\cos(B_1 x)$ を基本モード (fundamental mode) という。さらに原子炉物理学で、この基本モードを与える B_n^2 の $n = 1$ に対する値 B_1^2 を幾何学的バックリング (geometrical buckling) B_g^2 と名づけている。すなわち、今の場合

$$B_1^2 = \left(\frac{\pi}{a}\right)^2 \equiv B_g^2 \tag{2–226}$$

である (ここで、a には外挿距離を含む)。

形状が与えられた原子炉 (ここでは、外挿距離を含んだ厚さ a) においては、長時間経過後の中性子束分布は必ず、この幾何学的バックリングで決まる基本モードの中性子束分布、すなわち $\cos(B_g x)$ となる。なお、ここまでの議論は中性子束の空間分布 (の形) が一定となることのみに注目しており、中性子束 (の大きさ) の時間的な変化にはまったく触れてはいないことに注意すること。

なお、バックリングという用語は以下の理由で用いられている。すなわち、(2–225) 式において ϕ を 2 階微分すると

$$\frac{d^2\phi(x,t)}{dx^2} = -B_1^2 A_1 \exp(-\lambda_1 t)\cos(B_1 x) \tag{2–227}$$

となることから

$$\frac{1}{\phi(x,t)}\frac{d^2\phi(x,t)}{dx^2} = -B_1^2 \tag{2–228}$$

とできる。これから、B_1^2 は、

$$B_1^2 = -\frac{1}{\phi(x,t)}\frac{d^2\phi(x,t)}{dx^2} \tag{2–229}$$

と表せる。この式の右辺は中性子束 ϕ の曲率を与える式であることから、この B_1^2 をバックリング (Buckling、わん曲) という言葉で表現するようになった。B_n^2 が大きいほど中性子流 $J(= -D(d\phi/dt))$ が大きくなる。つまり、B_n^2 が大きいモードほど中性子の漏れが大きく、そのため長時間経過すると、中性子束は最小曲率のモードに落ち着くと考えられる。

---

[10] 物理的に意味のある中性子束が存在するためには、$\phi_0(x)$ が平板の中で正でなくてはならないから当然 $A_1 > 0$ である。
その A_1 すなわち基本モードの係数は (2–223) 式により次式で与えられ
$A_1 = \frac{2}{a}\int_{-a/2}^{a/2}\phi_0(x)\cos(B_1 x)dx = \frac{2}{a}\int_{-a/2}^{a/2}\phi_0(x)\cos(\frac{\pi}{a}x)dx$ となる。

(3)　臨界条件

本項では、長時間経過して基本モードが成立している原子炉について、中性子束が時間的に変化しない条件を検討して、原子炉が臨界となる条件、つまり臨界条件（criticality condition）を導く。

時間依存拡散方程式の解 (2–221) 式を書き直すと

$$\phi(x,t) = A_1 \exp(-\lambda_1 t)\cos(B_1 x) + \sum_{n>1,\ 奇数} A_n \exp(-\lambda_n t)\cos(B_n x) \tag{2–230}$$

となる。この式において、前節で示した通り $n>1$ の項は早く減衰し[11]、$n=1$ の項のみが残るので、中性子束は、バックリング B_1^2 で決まる基本モードの中性子束分布を持つ式

$$\phi(x,t) = A_1 \exp(-\lambda_1 t)\cos(B_1 x) \tag{2–231}$$

で表すことができる。そして、前項の議論から、基本モードについて $B_1^2 = B_g^2$ であるので、B_1 を B_g で置きかえることにより、中性子束は

$$\phi(x,t) = A_1 \exp(-\lambda_1 t)\cos(B_g x) \tag{2–232}$$

と書ける。

この式をもとに、中性子束が時間に依存せず一定となる条件を考えると、$\lambda_1 = 0$、すなわち、

$$v\left(\Sigma_a - \nu\Sigma_f\right) + vDB_g^2 = 0 \tag{2–233}$$

となる必要があることがわかる。これを書き直すと、

$$B_g^2 = \frac{(\nu\Sigma_f - \Sigma_a)}{D} \tag{2–234}$$

となる。この条件が満たされると、中性子束は、空間的には基本モード分布が形成され、時間的に変化せず一定となる。すなわち、原子炉が臨界となる。ここで、上式の右辺は原子炉の材料のみによって定まる量であるので、これを

$$B_m^2 \equiv \frac{(\nu\Sigma_f - \Sigma_a)}{D} \tag{2–235}$$

と書き、材料バックリング（material buckling）と呼ぶ。これを用いると、原子炉が臨界となる条件、すなわち臨界条件は、

$$B_m^2 = B_g^2 \tag{2–236}$$

---

[11] 例えば、$\lambda_1 = 0$ の場合を考え、$n = 3$ について考えてみる。中性子速度 $v \sim 2.2\times10^5\mathrm{cm\cdot s^{-1}}$、拡散係数 $D \sim 1\mathrm{cm}$、体系の厚さ $a = 100\mathrm{cm}$ で、$\sum_a \sim \nu\sum_f$ であると仮定すると、$\lambda_3 = vDB_3^2 = (2.2\times10^5)\cdot1\cdot(3\pi/100)^2 \sim 2\times10^3 s^{-1}$ となるので、3 次の項はミリ秒のオーダー（時定数 $\sim 5\times10^{-4}\mathrm{s}$）で速やかに減衰することがわかる。

となる。その時の中性子束分布は、このバックリングで決まる基本モード分布である。すなわち、

$$\phi(x,t) \Rightarrow A_1 \cos(B_m x) = A_1 \cos(B_g x) \tag{2–237}$$

となる。また、臨界条件を、厚さ a（外挿距離を含む）の平板原子炉について書くと

$$\frac{(\nu\Sigma_f - \Sigma_a)}{D} = \left(\frac{\pi}{a}\right)^2 \tag{2–238}$$

となる。原子炉を臨界とするためには、原子炉の大きさ (B_g^2) を調整するか、あるいは原子炉の構成材料 (B_m^2) を変化させるかして、両者を等しくすればよい。たとえば、核燃料の濃度を増せば、$\nu\Sigma_f$ が大きくなり B_m^2 が大きくなる。また原子炉の大きさ a を大きくすれば B_g^2 が小さくなる。これらはいずれも臨界未満の原子炉を臨界に近付ける方法である。

なお、2 つのバックリングが等しくないときについて触れておく。(2–224) 式において $n=1$ としたとき、（ここでは単に λ と書く）

$$\lambda = vD\left(B_g^2 - \frac{(\nu\Sigma_f - \Sigma_a)}{D}\right) \propto \left(B_g^2 - B_m^2\right) \tag{2–239}$$

からわかるように、

$$\begin{aligned}
&B_g^2 > B_m^2 \Rightarrow \lambda > 0 \Rightarrow \phi \text{が} \exp(-\lambda t) \text{ で減少} \Rightarrow \text{臨界未満} \\
&B_g^2 = B_m^2 \Rightarrow \lambda = 0 \Rightarrow \phi \text{が} \exp(-\lambda t) = 0 \text{ で一定} \Rightarrow \text{臨界} \\
&B_g^2 < B_m^2 \Rightarrow \lambda < 0 \Rightarrow \phi \text{が} \exp(-\lambda t) \text{ で増加} \Rightarrow \text{臨界超過 (超過臨界)}
\end{aligned} \tag{2–240}$$

である。

(4)　増倍率による臨界条件

次に第 1 章で導入した増倍率 k と今考えた B_g^2 の関係を考える。(2–224) 式の n=1 に対する λ を書き直すと、

$$\begin{aligned}
\lambda_1 &= v(\Sigma_a - \nu\Sigma_f) + vDB_g^2 = v\Sigma_a\left(\frac{D}{\Sigma_a}B_g^2 + 1 - \frac{\nu\Sigma_f}{\Sigma_a}\right) \\
&= \overbrace{(v\Sigma_a)}^{①}\overbrace{(1 + L^2B_g^2)}^{②}\left(1 - \frac{\overbrace{\dfrac{\nu\Sigma_f}{\Sigma_a}}^{③}}{1 + L^2B_g^2}\right)
\end{aligned} \tag{2–241}$$

となる。この式の各項を整理する。

a. $1/v$ は単位距離（例えば 1cm）進むのに要する時間であり、$1/\Sigma_a = \lambda_a$ が中性子が吸収されるまでに進む平均距離であることから、$1/v\Sigma_a$ は吸収されまでに要する平均的な時間 (≡ 平均中性子寿命)、すなわち

$$\frac{1}{v\Sigma_a} = \frac{\lambda_a}{v} = (\text{無限体系での中性子吸収までの平均時間}) \equiv \text{平均中性子寿命} \tag{2-242}$$

b. $\nu\Sigma_f/\Sigma_a$ は 2 つに分離することによって

$$\frac{\nu\Sigma_f}{\Sigma_a} = \left(\frac{\nu\Sigma_f^{Fuel}}{\Sigma_a^{Fuel}}\right)\left(\frac{\Sigma_a^{Fuel}}{\Sigma_a}\right) = \eta f = k_\infty \tag{2-243}$$

c. 次に $1/(1+L^2B_g^2)$ という項の物理的意味を考える。原子炉内での中性子の吸収率は

$$(\text{吸収率}) = \int_V \Sigma_a \phi dV = \Sigma_a \int_V \phi dV \tag{2-244}$$

原子炉からの中性子の漏れの率は、ガウスの定理とフィックの法則、およびバックリングの式 $(\nabla^2\phi + B^2\phi = 0)$ を用いて

$$(\text{漏れの率}) = \int_S \mathbf{J}\cdot d\mathbf{S} = \int_V \nabla\mathbf{J}dV = -D\int_V \nabla^2\phi dV = DB^2\int_V \phi dV \tag{2-245}$$

であるから、

$$\begin{aligned}(\text{漏れない率}) = P_{NL} &= \frac{(\text{吸収率})}{(\text{吸収率}) + (\text{漏れ率})} \\ &= \frac{\Sigma_a \int_V \phi dV}{\Sigma_a \int_V \phi dV + DB^2 \int_V \phi dV} = \frac{1}{1 + \frac{D}{\Sigma_a}B^2} = \frac{1}{1+L^2B^2}\end{aligned} \tag{2-246}$$

とできるので、

$$\frac{1}{1+L^2B^2} = P_{NL} \tag{2-247}$$

であることがわかる。

これらを用いると (2-241) 式は

$$\lambda_1 = \overbrace{(v\Sigma_a)}^{①}\overbrace{\left(1+L^2B_g^2\right)}^{②}\left(1 - \frac{\overbrace{\frac{\nu\Sigma_f}{\Sigma_B}}^{③}}{1+L^2B_g^2}\right) = \frac{1}{(\text{無限体系での中性子寿命})}\frac{1}{P_{NL}}(1 - k_\infty P_{NL}) \tag{2-248}$$

となる。さらに、(無限体系内での中性子寿命)$\times P_{NL}$=(有限体系での中性子寿命)≡ l と書けるので、

$$\lambda_1 = \frac{(1-k_\infty P_{NL})}{l} = \frac{(1-k)}{l} \tag{2-249}$$

である。ここで (無限体系での増倍率) $\times P_{NL}$ = (有限体系での増倍率)、すなわち $k_\infty P_{NL} = k$ であることを用いた。これと前項の臨界条件 $\lambda_1 = 0$ および $B_m^2 = B_g^2$ を考えると、増倍率を用いた臨界条件は、

$$k = k_\infty P_{NL} = \frac{k_\infty}{1 + L^2 B_g^2} = 1 \tag{2-250}$$

となる。

(5) 一般的な裸の原子炉に対する臨界条件

ここまでは、平板原子炉をベースに臨界条件を考えてきたが、これを他の形状の原子炉に拡張する。ここでは、原子炉の組成が均質で、反射体のついていない場合 (裸の原子炉という) について検討し、次項で反射体付きの原子炉に対する議論を行う。

一般に、原子炉が臨界であれば、形状によらず中性子束は次の拡散方程式を満たす (臨界を仮定するので、時間項はなくなる)。

$$-D\nabla^2\phi(\mathbf{r}) + \Sigma_a\phi(\mathbf{r}) = \nu\Sigma_f\phi(\mathbf{r}) \tag{2-251}$$

これをさらに変形する。上式の両辺を D で割り、$L^2 = D/\Sigma_a$、$\nu\Sigma_f/\Sigma_a = k_\infty$ を用いると

$$\nabla^2\phi(\mathbf{r}) + \frac{k_\infty - 1}{L^2}\phi(\mathbf{r}) = 0 \tag{2-252}$$

となる。そしてバックリングを単に B^2 と書くと、

$$\frac{k_\infty - 1}{L^2} = B^2 \tag{2-253}$$

となるので、これを上式に代入すると

$$\nabla^2\phi(\mathbf{r}) + B^2\phi(\mathbf{r}) = 0 \tag{2-254}$$

となる。境界条件は、

$$\phi(\mathbf{r}_a) = 0\,(\mathbf{r}_a : \text{外挿境界}) \tag{2-255}$$

である。この拡散方程式は、ある特定の原子炉の組成と原子炉の大きさの組合せで、原子炉が臨界となっているときにだけ解を持つ。その解である中性子束は、前節の議論から推測されるように、最低次の固有値 B_1^2 すなわち B_g^2 に対応する固有関数となる。以下、(a) 球状炉心、(b) 円柱状炉心ならびに (c) 一般的な形状の炉心の順に説明する。

(a) 球形炉心

球形炉心はあまり実例はないが、球は表面積に対する体積の割合が最も大きく、したがって中性子の漏れが最小となり、最小臨界量を与えるので重要である。ここでは、中性子束に角度依存性はないとして考える。球の半径を外挿距離を含めて R とする。

極座標系で、半径のみの関数に対するラプラシアンは

$$\nabla^2 = \frac{1}{r^2}\frac{d}{dr}\left(r^2\frac{d}{dr}\right) \tag{2-256}$$

なので、$\phi(r) = u/r$ と置くことにより一般解が求められる。すなわち

$$\phi(r) = \frac{1}{r}\left(A\sin(B_n r) + C\cos(B_n r)\right) \tag{2-257}$$

となる。境界条件は、$\phi(R) = 0$ である。

$r \to 0$ で $\phi(r) < \infty$ のためには $C = 0$ でなくてはならない。一方、境界条件 $\phi(R) = 0$ を満足するためには、前項と同じ議論により $B_n = n\pi/R \quad (n = 1, 2, 3,\cdots)$ となり、このうち最低次の固有値が幾何学的バックリングを与える。すなわち

$$B_g^2 = \left(\frac{\pi}{R}\right)^2 \tag{2-258}$$

そして解は

$$\phi(r) = A\frac{1}{r}\sin(\frac{\pi r}{R}) \tag{2-259}$$

である。臨界条件は $B_g^2 = B_m^2$ から

$$\frac{k_\infty - 1}{L^2} = \left(\frac{\pi}{R}\right)^2 \tag{2-260}$$

となる。k_∞、L が与えられれば、これを解いて臨界となる R を定めることができ、逆に R が決まれば、組成に関わる k_∞ 等が定められる。

なお係数 A は、拡散方程式が線形方程式であるため、一つに決めることができない[12]。通常、原子炉の出力を与えることによりその A を決める。たとえば原子炉出力を $P(W)$ とし、核分裂数からワット数 (W) への換算係数を w_f と置くと

$$P = \int_0^R w_f\Sigma_f\phi(r)dV = \int_0^R 4\pi r^2 w_f\Sigma_f\frac{A}{r}\sin\left(\frac{\pi r}{R}\right)dr = 4w_f\Sigma_f AR^2 \tag{2-261}$$

により

$$A = \frac{P}{4w_f\Sigma_f R^2} \tag{2-262}$$

と定められる。

---

[12] すなわち、ある関数がこの方程式の解であれば、それを定数倍したものもまた解となるからである。

(b) 円柱形の原子炉

次に原子炉の最も普通の形である円柱形の場合を考える。ここでは、中性子束が r と z のみの関数である場合を考える。この場合のラプラシアンは

$$\nabla^2 = \frac{1}{r}\frac{\partial}{\partial r}\left(r\frac{\partial}{\partial r}\right) + \frac{\partial^2}{\partial z^2} \tag{2-263}$$

であるから、中性子束 $\phi(r,z)$ の満たすべき方程式は

$$-D\left[\frac{1}{r}\frac{\partial}{\partial r}\left(r\frac{\partial\phi(r,z)}{\partial r}\right) + \frac{\partial^2\phi(r,z)}{\partial z^2}\right] + \Sigma_a\phi(r,z) = \nu\Sigma_f\phi(r,z) \tag{2-264}$$

である。前項までと同じく、両辺を Σ_a で割り、$L^2 = D/\Sigma_a$、$k_\infty = \nu\Sigma_f/\Sigma_a$ を用い、また $\phi(r,z) = \rho(r)Z(z)$ と変数分離をし、(2–264) 式に代入してさらに両辺を $\rho(r)Z(z)$ で割ると、

$$\frac{1}{\rho(r)}\left(\frac{\partial^2\rho(r)}{\partial r^2} + \frac{1}{r}\frac{\partial\rho(r)}{\partial r}\right) + \frac{1}{Z(z)}\frac{\partial^2 Z(z)}{\partial z^2} + \frac{k_\infty - 1}{L^2} = 0 \tag{2-265}$$

境界条件は外挿距離を含んだ原子炉の高さを H、半径を R として、

$$\begin{aligned}\phi(R,z) &= 0\\ \phi\left(r, \pm\frac{H}{2}\right) &= 0\end{aligned} \tag{2-266}$$

である。(2–265) 式の第 1 項、第 2 項はそれぞれ r, z のみの関数なので、これを次のように置く。

$$\frac{d^2\rho(r)}{dr^2} + \frac{1}{r}\frac{d\rho(r)}{dr} + \alpha^2\rho(r) = 0 \tag{2-267}$$

$$\frac{d^2 Z(z)}{dz^2} + \gamma^2 Z(z) = 0 \tag{2-268}$$

ただし、

$$\alpha^2 + \gamma^2 = B^2 \tag{2-269}$$

z 方向の方程式は、無限平板に対して解いた方程式 (2–212) と同じなので、その解と固有値は

$$Z_n(z) = \cos(\gamma_n z) \tag{2-270}$$

$$\text{ただし}\quad \gamma_n^2 = \left(\frac{n\pi}{H}\right)^2 \qquad n = \text{奇数} \tag{2-271}$$

となる。

一方、r 方向の方程式は、ベッセル（Bessel）の微分方程式

$$\frac{d^2y}{dx^2} + \frac{1}{x}\frac{dy}{dx} + (\alpha^2 - \frac{n^2}{x^2})y = 0 \tag{2-272}$$

で $n=0$ とした場合と同じ形なので、解はゼロ次のベッセル関数 J_0 と Y_0 を用いて、

$$\rho(r) = AJ_0(\alpha r) + CY_0(\alpha r) \tag{2–273}$$

となる。これらのゼロ次のベッセル関数の形を図 2.15 に示す。$Y_0(\alpha r)$ は $r\to 0$ で $-\infty$ となるので、$C=0$

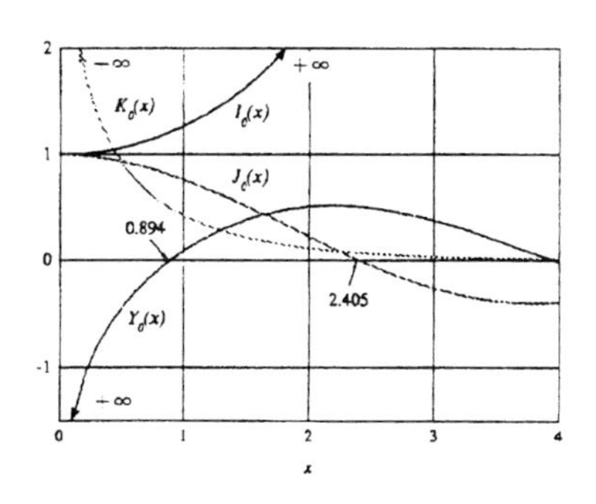

図 2.15 ゼロ次のベッセル関数を変形ベッセル関数

でなくてはならない。また $r=R$ での境界条件を用いると、

$$\rho(R) = AJ_0(\alpha R) = 0 \tag{2–274}$$

より、$\alpha R = \nu_n$(ν_nは J_0のゼロ点) となる。J_0 の最初のゼロ点は $\nu_0 = 2.405\cdots$ である。　したがって半径方向の方程式の解と固有値は

$$\rho_(r) = AJ_0\left(\alpha_n r\right) \tag{2–275}$$

$$\alpha_n^2 = \left(\frac{\nu_n}{R}\right)^2 \quad (n=0,1,2,3,) \tag{2–276}$$

となる。幾何学的バックリングは B^2 の最小の値なので、

$$B_g^2 = \left(\frac{\nu_0}{R}\right)^2 + \left(\frac{\pi}{H}\right)^2$$
$$\text{または}\quad B_g^2 = \left(\frac{2.405}{R}\right)^2 + \left(\frac{\pi}{H}\right)^2 \tag{2–277}$$

であり、中性子束は

$$\phi(r,z) = AJ_0\left(\frac{\nu_0 r}{R}\right)\cos\left(\frac{\pi z}{H}\right) \tag{2–278}$$

となる。規格化因子 A は原子力出力を $P(W)$ とすると

$$\begin{aligned} P &= \int_V w_f\Sigma_f\phi(r,z)dV = w_f\Sigma_f 2\pi A\int_0^R rJ_0\left(\frac{\nu_0 r}{R}\right)\int_{-H/2}^{H/2}\cos\left(\frac{\pi z}{H}\right)drdz \\ &= 4w_f\Sigma_f AV\frac{J_1(\nu_0)}{\pi\nu_0} \end{aligned} \tag{2–279}$$

より、

$$A = \frac{3.63P}{w_f \Sigma_f V} \quad \text{ただし } V = \pi R^2 H \tag{2–280}$$

となる。なお、この導出にあたっては、公式 $\int J_0(r)dr = rJ_1(r)$ と $J_1(2.405) = 0.52$ を用いた。

裸の原子炉のまとめ

表 2.1 に、臨界状態にある裸の原子炉の中性子束分布と幾何学的バックリングを示す。臨界条件は、それぞれの幾何形状に対応する B_g^2 に対して $\frac{k_\infty}{1+L^2B_g^2} = 1$ となる原子炉の大きさを求めることによって与えられる。

表 2.1 代表的な形状における幾何学的バックリングと中性子束分布

形状	外挿寸法	中性子束 ϕ/ϕ_{max}	幾何学的バックリング (B_g^2)
平板	厚さ H'	$\cos(\frac{\pi z}{H'})$	$(\pi/H')^2$
球	半径 R'	$\frac{\sin(\pi r/R')}{(\pi r/R')}$	$(\pi/R')^2$
直方体	巾 a, 長さ b, 高さ c	$\cos(\frac{\pi x}{a})\cos(\frac{\pi y}{b})\cos(\frac{\pi z}{c})$	$(\frac{\pi}{a})^2 + (\frac{\pi}{b})^2 + (\frac{\pi}{c})^2$
立方体	辺 S'	$\cos(\frac{\pi x}{S'})\cos(\frac{\pi y}{S'})\cos(\frac{\pi z}{S'})$	$3(\pi/S')^2$
有限円柱	半径 R',高さ H'	$J_0(\frac{\alpha_0 r}{R'})\cos(\frac{\pi z}{H'})$	$(\alpha_0/R')^2 + (\pi/H')^2$

(6)　反射体付き原子炉

原子炉は一般に多領域から成っている。たとえばほとんどの原子炉は核燃料を含む炉心の外に、中性子の漏れを減らすための反射体を有する。また、中性子束を平坦化する目的で炉心内を多層としてそれぞれの層に異なる組成（たとえば濃縮度）の物質を配置することもある。したがって多領域の問題を扱うことが必要となる。その最も簡単な例として厚さ a の無限平板状の原子炉の両側を厚さ b(外挿距離を含む) の反射体が囲んでいる場合を考える。炉心を添字 C で、反射体を添字 R で示すこととする。

このような場合、臨界状態での中性子束は次の拡散方程式を満たす。

$$\text{炉心：}\ -D_C\frac{d^2\phi_C(x)}{dx^2}+(\Sigma_{aC}-\nu\Sigma_{fC})\,\phi_C(x)=0\qquad\left(0\leqq|x|\leqq\frac{a}{2}\right)\tag{2-281}$$

$$\text{または}\quad \frac{d^2\phi_C(x)}{dx^2}+B_C^2\phi_C(x)=0,\tag{2-282}$$

$$\text{ただし}\quad B_C^2=\frac{(\nu\Sigma_{fC}-\Sigma_{aC})}{D_C}\qquad\left(0\leqq|x|\leqq\frac{a}{2}\right)$$

$$\text{反射体：}\ -D_R\frac{d^2\phi_R(x)}{dx^2}+\Sigma_{aR}\phi_R(x)=0\qquad\left(\frac{a}{2}\leqq|x|\leqq\frac{a}{2}+b\right)\tag{2-283}$$

$$\text{または}\quad \frac{d^2\phi_R(x)}{dx^2}-\frac{1}{L_R^2}\phi_R(x)=0,\tag{2-284}$$

$$\text{ただし}\quad L_R^2=\frac{D_R}{\Sigma_{aR}}\qquad\left(\frac{a}{2}\leqq|x|\leqq\frac{a}{2}+b\right)$$

境界条件は

$$(a)\quad \phi_C\left(\frac{a}{2}\right)=\phi_R\left(\frac{a}{2}\right)\quad \text{中性子束の連続}\tag{2-285}$$

$$(b)\quad J_C\left(\frac{a}{2}\right)=J_R\left(\frac{a}{2}\right)\quad \text{中性子流の連続}\tag{2-286}$$

$$(c)\quad J_C(0)=0\quad \text{対称の条件}\tag{2-287}$$

$$(d)\quad \phi_R\left(\frac{a}{2}+b\right)=0\quad \text{外挿境界}\tag{2-288}$$

である。炉の対称性により $x>0$ の領域について考える。この場合も解は、臨界となる炉心（および反射体）の組成と寸法の、ある特定の組み合わせに対してのみ存在する。

炉心における一般解は (c) の条件から $\sin(B_c x)$ の項が消えるので、

$$\phi_C(x)=A_C\cos(B_C x)\tag{2-289}$$

となる。反射体における一般解は

$$\phi_R(x)=A_R\cosh\left(\frac{x}{L_R}\right)+C_R\sinh\left(\frac{x}{L_R}\right)\tag{2-290}$$

この式に (d) の境界条件を代入して C_R を消去すれば

$$\begin{aligned}\phi_R(x)&=A_R\frac{1}{\sinh\left(\frac{\frac{a}{2}+b}{L_R}\right)}\left(\sinh\left(\frac{\frac{a}{2}+b}{L_R}\right)\cosh\left(\frac{x}{L_R}\right)-\cosh\left(\frac{\frac{a}{2}+b}{L_R}\right)\sinh\left(\frac{x}{L_R}\right)\right)\\&=A_R'\sinh\left(\frac{\frac{a}{2}+b-x}{L_R}\right)\end{aligned}\tag{2-291}$$

境界条件 (a) により

$$A_C\cos\left(B_C\frac{a}{2}\right)=A_R'\sinh\left(\frac{b}{L_R}\right)\tag{2-292}$$

境界条件 (b) により

$$D_C B_C A_C \sin\left(B_C \frac{a}{2}\right) = A_R' \frac{D_R}{L_R} \cosh\left(\frac{b}{L_R}\right) \tag{2-293}$$

(2–293) 式を (2–292) 式で割ると

$$D_C B_C \tan\left(B_C \frac{a}{2}\right) = \frac{D_R}{L_R} \coth\left(\frac{b}{L_R}\right) \tag{2-294}$$

この式が原子炉を臨界とするために原子炉の組成から決まる量 (D_C、B_C、D_R、B_R) と原子炉の寸法 (a、b) の関係を示している。すなわち炉心ならびに反射体の拡散方程式 (2–281) と (2–283) に解があるためには (2–294) 式の関係が満たされなくてはならない。この (2–294) 式が、反射体付き原子炉に対する臨界条件である。たとえば反射体の材料 (D_R、L_R) と厚さ (b) が与えられたとする。すると、炉心の材料が与えられ B_C^2 の値が決まれば、(2–294) 式を解くことにより、臨界厚さ a が求められる。逆に、炉心部の厚さ a が与えられれば同じく B_C が計算される。しかし、(2–294) 式は超越方程式のため、この解を求めるには数値計算あるいはグラフによる解法が必要となる。グラフによる解を求めるための図を図 2.16 に示す。

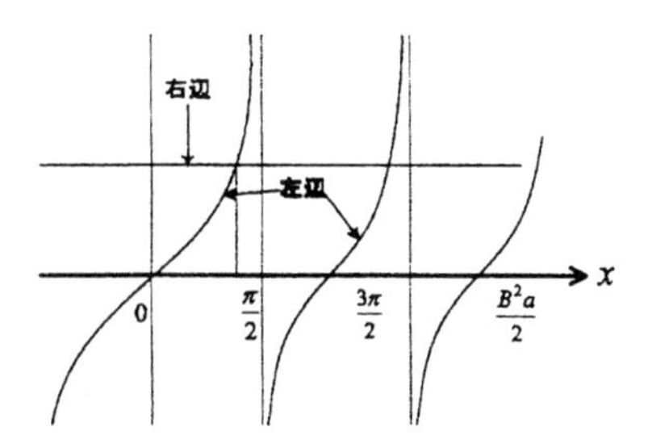

図 2.16 反射体付き原子炉の図による解法

この図は、(2–294) 式の両辺に $\frac{a}{2D_c}$ を掛けて、

$$B_C \frac{a}{2} \tan\left(B_C \frac{a}{2}\right) = \frac{D_R a}{2 D_C L_R} \coth\left(\frac{b}{L_R}\right) \tag{2-295}$$

と変形し、さらに、$B_c(\frac{a}{2}) \equiv x$ としたときの関係式が

$$x \tan(x) = \frac{D_R a}{2 D_C L_R} \coth\left(\frac{b}{L_R}\right) \tag{2-296}$$

となることを念頭において、$x \tan(x)$ を x に対してプロットしたものである。この超越方程式の解を求めるには、右辺の値を計算しそれに見合う x の値を図から読み取り、$x = B_c(\frac{a}{2})$ により B_c を求めればよい。

これより、臨界バックリング B_c^2 が得られる。

このグラフから次のことがわかる。反射体を付けたときの臨界バックリングは $B_c(\frac{a}{2}) < \frac{\pi}{2}$ より、変形して $B_c^2 < (\frac{\pi}{a})^2$ となる。これを、裸の原子炉の場合すなわち $B_c^2 = (\frac{\pi}{a})^2$ と比べると、反射体によって系を臨界にするのに必要な原子炉の厚さ a がやや小さくなることがわかる。この差が反射体の効果を表している。この裸の原子炉と反射体付原子炉の炉心厚さの差の 1/2 を、反射体節約（reflector saving）δ と呼ぶ。すなわち、

$$\delta \equiv \frac{a(\text{裸}) - a(\text{反射体付き})}{2} \tag{2-297}$$

である。これを先の臨界条件の式 (2–294) に代入すると

$$D_C B_C \tan\left(B_C \frac{a(\text{裸}) - 2\delta}{2}\right) = \frac{D_R}{L_R}\coth\left(\frac{b}{L_R}\right) \tag{2-298}$$

となる。一方、裸の原子炉に対しては $B_c\frac{a(\text{裸})}{2} = \frac{\pi}{2}$ なので、これを上式に代入すると、

$$D_C B_C \cot(B_C\delta) = \frac{D_R}{L_R}\coth\left(\frac{b}{L_R}\right) \tag{2-299}$$

すなわち

$$\frac{D_C B_C}{\tan(B_C\delta)} = \frac{\frac{D_R}{L_R}}{\tanh\left(\frac{b}{L_R}\right)} \tag{2-300}$$

これより、

$$\delta = \frac{1}{B_C}\arctan\left(\frac{D_C B_C L_R}{D_R}\tanh\left(\frac{b}{L_R}\right)\right) \tag{2-301}$$

となる。この式により、炉心、反射体の組成が与えられたときの反射体節約が得られる。

通常の原子炉の場合は、より簡単にできる。(2–299) 式において、非常に小型の場合を除くと B_C の値は小さく、$B_C\delta \ll 1$ とできるので、$\tan B_C\delta = B_C\delta$ として良く、(2–300) 式より

$$\frac{D_C B_C}{B_C\delta} = \frac{D_C}{\delta} = \frac{\frac{D_R}{L_R}}{\tanh\left(\frac{b}{L_R}\right)} \tag{2-302}$$

とできるので、反射体節約は、

$$\delta = \frac{D_C L_R}{D_R}\tanh\left(\frac{b}{L_R}\right) \tag{2-303}$$

となる。したがって、もし反射体が薄ければ $\tanh(b/L_R) \sim b/L_R$ となり、$\delta \sim (D_C/D_R)b$ とできるので反射体節約は反射体の厚さに比例する。一方、反射体の厚さが厚い場合、$\tanh(b/L_R) \sim 1$ となるので、$\delta \sim (D_C/D_R)L_R$ という一定値になり、これが最大の反射体節約を与える。なお、実際には体系から漏れた高

速中性子が反射体で減速熱化されるため、反射体がある程度以上厚い場合、熱中性子束は反射体内でピークを作る。しかし、このことは単速中性子の取り扱いでは得られない。

次章では、このような点を含めて、原子炉内（反射体を含む）での中性子のエネルギーの面での振舞いについて解説する。

第 3 章　中性子束のエネルギー分布

この章では、原子炉内で形成される中性子束のエネルギー分布に関する問題を扱う。そのためにまず、中性子の弾性散乱による減速を考える。次に弾性散乱による減速の結果、原子炉内で形成される中性子スペクトルを与える式を導く。その後、中性子の減速過程で中性子スペクトルに大きな影響を与える共鳴吸収に関連した事項について述べる。最後に熱中性子エネルギースペクトルについて説明する。

3–1　弾性散乱による中性子の減速

第 1 章で述べたように、^{235}U 等の核燃料物質の断面積は、熱エネルギー領域において MeV エネルギー領域よりも 2 桁以上も大きいので、核分裂連鎖反応を起すには低いエネルギーの中性子の方が有利である。核分裂で生まれる中性子のエネルギーは平均 2MeV 程度と高いため、このエネルギーを下げる必要がある。中性子は電荷を持たないため、飛行中にエネルギーを失うことがない。中性子のエネルギーを下げるためには、中性子を原子核と衝突させ散乱反応を起すことが唯一の手段となる。中性子の散乱反応には弾性散乱と非弾性散乱の 2 種類がある。非弾性散乱は 1 度の散乱で大きくエネルギーを下げることができるが、しきい値[1] が存在し、それよりも高いエネルギー（例えば ^{238}U では 44keV、^{12}C では 4.8MeV）でなければ起らない。このため、原子核と弾性散乱反応を起させることが、中性子のエネルギーを下げる実質的に唯一の手段となる。中性子のエネルギーを下げることを、原子炉物理では「減速」と呼ぶ。この節では、まず、この中性子の減速について説明する。

(1)　弾性散乱による中性子の減速

弾性散乱反応においては、反応前後の運動エネルギーの保存則、運動量の保存則が成り立つ。この性質を利用して、中性子と原子核の弾性散乱反応前後における中性子と原子核それぞれのエネルギー変化、方向変化を定量的に記述することにより、中性子の減速する過程を定量的に説明する。なお、減速過程においては、中性子の運動速度が原子核の運動速度（熱振動等あるいは冷却材などの流れなど）に比べて格段に大きいため、実質的に原子核が停止していると仮定できる[2] 。

---

[1] 第 1 章 1-2 節を参照のこと

[2] 原子核の共鳴構造によるドップラー効果以外。ドップラー効果については 3–3 節で説明する。

力学的に原子核と中性子の反応を記述する系としては、実験室系（我々が通常考える系。ここでは原子核が停止した状態を基準とする系）と重心系 (原子核・中性子の運動の重心に乗った系) の 2 種類がある。我々が問題とする中性子のエネルギーは実験室系におけるエネルギーであるから、実験室系での記述が必須である。しかし、運動エネルギー・運動量の保存則が成立する反応を扱うには重心系によって記述する方が都合が良い。このため、原子炉物理では通常、両系での記述定式化を行う。以下、実験室系に L、重心系に C という添字をつける。2 つの系での反応の様子を図 3.1 に示す。中性子の質量を m、原子核の質

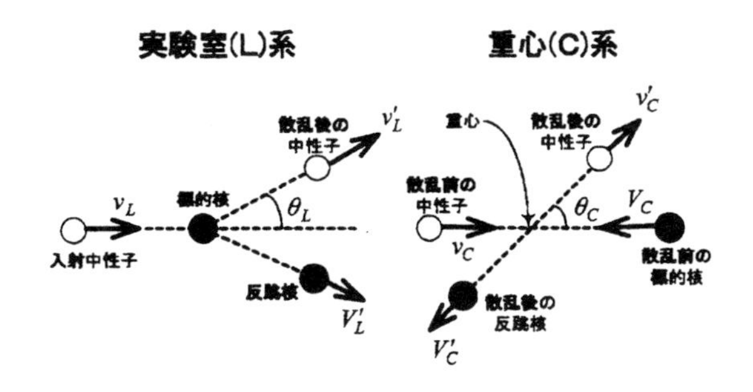

図 3.1 実験室系 (L) と重心系 (C) での中性子の散乱

量を M、質量数を $A(A \sim \frac{M}{m})$ とする。

A.　速さ

中性子の速さを実験室系では v_L、重心系では v_C、原子核の速さを実験室系では V_L(ここでは、$V_L = 0$)、重心系では V_C とし、また、重心の速さを v_{CM} とする。重心の速さは、実験室系において、

$$(m + M)\, v_{CM} = mv_L + MV_L = mv_L \qquad v_{CM} = \frac{m}{m+M} v_L \left(= \frac{1}{1+A} v_L \right) \tag{3–1}$$

と表せる。この重心の速さを用いると、実験室系での速さから重心系での速さを求めることができる。すなわち、中性子については

$$v_C = v_L - v_{CM} = v_L - \frac{m}{m+M} v_L = \frac{M}{m+M} v_L \left(= \frac{A}{1+A} v_L \right) \tag{3–2}$$

であり、原子核の速さは、実験室系での速さがゼロ ($V_L = 0$) であることから、重心の速さと等しくなり、

$$V_C = -v_{CM} = -\frac{m}{m+M} v_L \left(= -\frac{1}{1+A} v_L \right) \tag{3–3}$$

と表せる。

B.　運動エネルギー

中性子の運動エネルギーと原子核の運動エネルギーの和で与えられる全運動エネルギーを、実験室系と重心系でそれぞれ E_L、E_C と書くとすると、

$$E_L = \frac{1}{2}mv_L^2 + \frac{1}{2}MV_L^2 = \frac{1}{2}mv_L^2 \tag{3-4}$$

$$\begin{aligned} E_C &= \frac{1}{2}mv_C^2 + \frac{1}{2}MV_C^2 = \frac{1}{2}m\left(\frac{M}{m+M}v_L\right)^2 + \frac{1}{2}M\left(-\frac{m}{m+M}v_L\right)^2 \\ &= \frac{1}{2}\frac{Mm\,(M+m)}{(m+M)^2}v_L^2 = \frac{1}{2}\frac{Mm}{(m+M)}v_L^2 = \frac{1}{2}\frac{1}{\left(\frac{1}{m}+\frac{1}{M}\right)}v_L^2 \\ &= \frac{1}{2}\mu v_L^2 \end{aligned} \tag{3-5}$$

と表せる。ただし、ここで、μ は、

$$\mu = \frac{1}{\left(\frac{1}{m}+\frac{1}{M}\right)},\ \text{すなわち}\frac{1}{\mu} = \frac{1}{m} + \frac{1}{M} \tag{3-6}$$

で与えられ、これを**換算質量**（reduced mass）と呼ぶ。重心系と実験室系の全運動エネルギーの関係は、

$$E_C = \frac{M}{(m+M)}E_L = \frac{A}{(1+A)}E_L \tag{3-7}$$

となる。両者の差、$E_L - E_C (= \frac{1}{1+A}E_L)$ は重心自身の運動エネルギーである。

C.　運動量

中性子と原子核の運動量の和で与えられる全運動量を、実験室系に対して p_L と書くと、p_L は $V_L = 0$ であることを利用して

$$p_L = mv_L + MV_L = mv_L \tag{3-8}$$

となる。一方、重心系での全運動量 p_C は、(3–2) 式、(3–3) 式から

$$p_C = mv_C + MV_C = m\frac{M}{m+M}v_L - M\frac{m}{m+M}v_L = 0 \tag{3-9}$$

となり、この式、すなわち、$mv_C + MV_C = 0$ から

$$V_C = -\frac{m}{M}v_C \tag{3-10}$$

と書ける。なお、当然のことであるが (3–9) 式から、重心系での全運動量はゼロであることがわかる。

D. 運動量保存則

以上の値を用い、反応前後の運動量について考える。弾性散乱をした後の量を $'$ を用いて表記し、重心系での中性子と原子核の速さをそれぞれ v'_C、V'_C とすると、反応後の全運動量 p'_C は、

$$p'_C = mv'_C + MV'_C \tag{3–11}$$

と表されるから、運動量保存則 $p'_C = p_C(=0)$ を用いると

$$mv'_C + MV'_C = 0,\text{すなわち } V'_C = -\frac{m}{M}v'_C \tag{3–12}$$

と書ける。

E. エネルギー保存則

一方、重心系における弾性散乱反応後の全運動エネルギー E'_C は、

$$E'_C = \frac{1}{2}mv'^2_C + \frac{1}{2}MV'^2_C \tag{3–13}$$

と書け、またエネルギー保存則 $E'_C = E_C$ を用いることにより

$$E'_C = \frac{1}{2}mv'^2_C + \frac{1}{2}MV'^2_C = E_C = \frac{1}{2}mv^2_C + \frac{1}{2}MV^2_C \tag{3–14}$$

となる。これに (3–10) 式と (3–12) 式を代入すると

$$\frac{1}{2}mv'^2_C + \frac{1}{2}M\left(-\frac{m}{M}v'_C\right)^2 = \frac{1}{2}mv^2_C + \frac{1}{2}M\left(-\frac{m}{M}v_C\right)^2 \tag{3–15}$$

$$\frac{1}{2}m\left(1+\frac{m}{M}\right)v'^2_C = \frac{1}{2}m\left(1+\frac{m}{M}\right)v^2_C \tag{3–16}$$

これより

$$v'_C = v_C \quad \text{および} \quad V'_C = V_C \tag{3–17}$$

となる。すなわち、重心系では弾性散乱反応の前後で、中性子、原子核ともに、速さは変化せずにその方向のみが変わることがわかる。

F. 弾性散乱反応後の中性子エネルギー

以上からわかる通り、重心系においては、弾性散乱によって中性子のエネルギーは変らない。しかし、実際の体系（実験室系）においては、中性子のエネルギーは変化する。このような系による違いを定量的に

見るためには、両系での散乱前後の方向変化について取り扱う必要がある。

入射方向と散乱後の運動方向の間の角度（散乱角と呼ぶ）を実験室系において θ_L、重心系で θ_C とする。両者の関係は図 3.2 に示す通りとなる（この図中の矢印は、運動の速さとその方向を表すベクトルである）。これに余弦定理をあてはめ、(3–1) 式、(3–2) 式および (3–17) 式を用いると

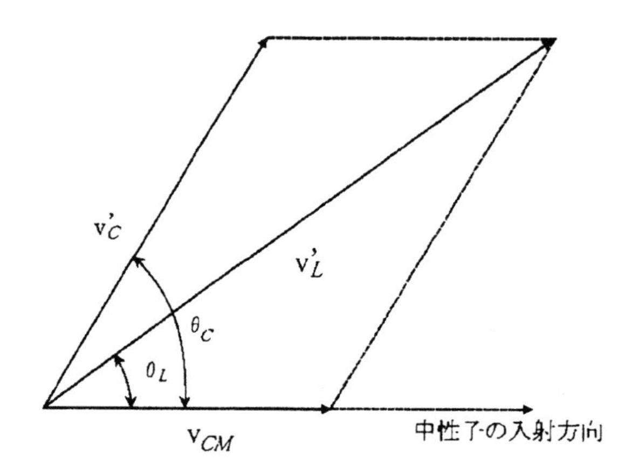

図 3.2 重心系から実験室系への変換

$$
\begin{aligned}
v_L'^2 &= v_C'^2 + v_{CM}^2 + 2v_C' v_{CM} \cos\theta_C \\
&= \left(\frac{A}{A+1}v_L\right)^2 + \left(\frac{1}{A+1}v_L\right)^2 + 2\left(\frac{A}{A+1}v_L\right)\left(\frac{1}{A+1}v_L\right)\cos\theta_C \\
&= \frac{\left(A^2 + 2A\cos\theta_C + 1\right)}{(A+1)^2} v_L^2
\end{aligned}
\tag{3–18}
$$

が得られる。したがって実験室系における弾性散乱前後のエネルギーの比は

$$
\frac{E_L'}{E_L} = \frac{v_L'^2}{v_L^2} = \frac{\left(A^2 + 2A\cos\theta_C + 1\right)}{(A+1)^2} \tag{3–19}
$$

となる。この式において、

$$
\begin{aligned}
&A^2 + 2A\cos\theta_C + 1\\
=&\frac{1}{2}\left(A^2 + 2A\cos\theta_C + 1 + A^2 + 2A\cos\theta_C + 1\right)\\
=&\frac{1}{2}\left(\left(A^2 + 2A + 1\right) + \left(A^2 - 2A + 1\right) + 2A\cos\theta_C + 2A\cos\theta_C\right)\\
=&\frac{1}{2}\left(\left(\left(A^2 + 2A + 1\right) + \left(A^2 - 2A + 1\right)\right) + \left(\left(A^2 + 2A + 1\right) - \left(A^2 - 2A + 1\right)\right)\cos\theta_C\right)\\
=&\frac{1}{2}\left(\left((A+1)^2 + (A-1)^2\right) + \left((A+1)^2 - (A-1)^2\right)\cos\theta_C\right)\\
=&\frac{1}{2}(A+1)^2\left(\left(1 + \frac{(A-1)^2}{(A+1)^2}\right) + \left(1 - \frac{(A-1)^2}{(A+1)^2}\right)\cos\theta_C\right)
\end{aligned}
\tag{3-20}
$$

と変形できるから、次式で定義される α、すなわち

$$\alpha = \left(\frac{A-1}{A+1}\right)^2 \tag{3-21}$$

を用いると、さらに簡単な表現が得られる。

$$E'_L = \frac{1}{2}\left((1+\alpha) + (1-\alpha)\cos\theta_C\right)E_L \tag{3-22}$$

入射中性子エネルギーを E_i、弾性散乱後の中性子エネルギーを E_f という表記に書き直すと、実験室系における弾性散乱前後の中性子エネルギーの関係は次のように与えられる。

$$E_f = \frac{1}{2}\left((1+\alpha) + (1-\alpha)\cos\theta_C\right)E_i \tag{3-23}$$

この式から、$\theta_C = 0$ のときには $E_f = E_i$ であり、すなわち衝突によりエネルギー損失がないことがわかる。逆に、$\theta_C = \pi$ においては、弾性散乱後のエネルギーが最小の値である

$$E_f = \alpha E_i \tag{3-24}$$

を取る。中性子が弾性散乱により失うエネルギーの最大値を ΔE と書くと、

$$\Delta E = E_i - \alpha E_i \tag{3-25}$$

であり、最大損失割合は

$$\frac{\Delta E}{E_i} = 1 - \alpha \tag{3-26}$$

となる。この式からエネルギー損失を大きくする（減速する）には、α の小さい物質、すなわち、質量数 A の小さい物質が有利であることがわかる。特に、$A = 1$ である水素の場合は $\alpha = 0$ であり、$\frac{\Delta E}{E_i} = 1$ となることから、一回の弾性散乱で中性子のエネルギーをゼロにまですることが可能であることがわかる。

G.　重心系と実験系での散乱角の関係

重心系と実験系での散乱角の関係を明らかにしておく。図 3.2 の両系での散乱角度に着目すると、

$$v'_L \sin\theta_L = v'_C \sin\theta_C \tag{3–27}$$

$$v'_L \cos\theta_L = v_{CM} + v'_C \cos\theta_C \tag{3–28}$$

と表すことができる。(3–27) 式に、(3–2) 式の v_C と (3–17) 式の $v'_C = v_C$ の関係を使うと

$$v'_L \sin\theta_L = v'_C \sin\theta_C = \frac{A}{A+1} v_L \sin\theta_C \tag{3–29}$$

となり、同じく (3–28) 式に、(3–1) 式、(3–2) 式および (3–17) 式を使うと

$$v'_L \cos\theta_L = v_{CM} + v'_C \cos\theta_C = \frac{1}{A+1} v_L + \frac{A}{A+1} v_L \cos\theta_C \tag{3–30}$$

とできる。さらに、(3–29) 式を (3–30) 式で割ると次の式が得られる。

$$\tan\theta_L = \frac{v'_C \sin\theta_C}{v_{CM} + v'_C \cos\theta_C} = \frac{A \sin\theta_C}{1 + A\cos\theta_C} \tag{3–31}$$

重心系と実験室系での散乱角の関係がこの式により与えられる。

(2)　重心系等方散乱による中性子の減速

A.　重心系等方の仮定

(3–23) 式によって中性子エネルギー変化と散乱角 θ_C の関係が与えられた。したがって、散乱角が与えられれば、この式から散乱後の中性子エネルギーが一意的に求められる。しかし、原子炉体系内のように数多くの中性子に対する散乱後の挙動を考える場合には、個々の中性子に関する挙動よりむしろ平均的な中性子の挙動を知ることが重要である。これを求めるには、中性子の弾性散乱の角度に関する散乱確率（散乱確率の角度依存性あるいは弾性散乱角度微分断面積などと表現される場合もある）を知る必要がある。

散乱確率の角度依存性は個々の原子核の特性に依存するとともに、中性子エネルギーが高くなると（数 MeV を越えるエネルギー領域では）ほぼすべての核が強い前方性（より多くの中性子が小さな角度に散乱される）を持つようになる。しかし、原子炉内に存在する中性子の主たるエネルギー範囲では散乱確率が大きな角度依存性を持つことはない。このことから、原子炉の解析においては、重心系において等方散乱、すなわち、重心系で $\cos\theta_C$ が -1 から $+1$ までの値を等しい確率で持つという近似が取られる。（実際上、この近似の精度は十分高い。）

B.　弾性散乱反応後の平均エネルギーと散乱確率分布関数

以下、重心系等方散乱を仮定したときの散乱後の中性子エネルギーと角度について考える。まず、散乱後のエネルギーについて考える。(3–23) 式からわかるように弾性散乱による中性子のエネルギー損失と散乱角の間には 1:1 の関係があるので、入射中性子エネルギー E_i、弾性散乱後の中性子エネルギー E_f において、

$$p(E_i \to E_f)dE_f = -p(\theta_C)d\theta_C \tag{3–32}$$

と書くことができる。この式の左辺の $p(E_i \to E_f)$ を散乱確率分布関数という。この式の右辺のマイナス符号は散乱角が大きくなるとエネルギーが下がるとことを意味している。(3–23) 式より

$$\frac{dE_f}{d\theta_C} = -\frac{1}{2}(1-\alpha)E_i \sin\theta_C \tag{3–33}$$

である。また図 3.3 に示す立体角の説明図からわかるように、重心系で等方散乱された中性子が角 θ_C のま

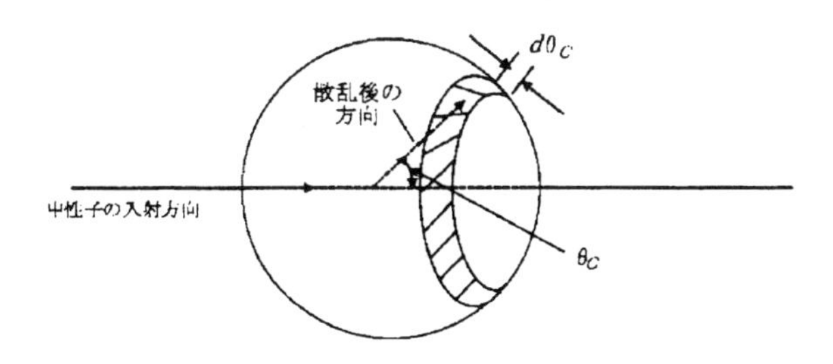

図 3.3 単位球の表面を通過する散乱中性子

わりの $d\theta_C$ に散乱される確率 $p(\theta_C)$ は

$$p(\theta_C)d\theta_C = \frac{1}{4\pi}2\pi\sin\theta_C d\theta_C = \frac{1}{2}\sin\theta_C d\theta_C \tag{3–34}$$

なので、

$$p(E_i \to E_f) = -p(\theta_C)\frac{d\theta_C}{dE_f} = -\left(\frac{1}{2}\sin\theta_C\right)\frac{1}{\left(-\frac{1}{2}(1-\alpha)E_i\sin\theta_C\right)} = \frac{1}{(1-\alpha)E_i} \tag{3–35}$$

となる。したがって、散乱確率分布関数は、

$$p(E_i \to E_f) = \begin{cases} \dfrac{1}{(1-\alpha)E_i} & \alpha E_i \leqq E_f \leqq E_i \\ 0 & (\text{それ以外}) \end{cases} \tag{3–36}$$

となる。すなわち E_i から E_f に散乱される確率は、α（散乱原子核の質量数 A で決まる）と初期エネルギー E_i のみによって決定され、終状態のエネルギー E_f に依存しない。

上式を用いると、弾性散乱後の中性子の平均エネルギー $\overline{E_f}$ が求められる。すなわち、

$$\begin{aligned}\overline{E_f} &= \int_{\alpha E_i}^{E_i} E_f p(E_i \to E_f) dE_f = \frac{1}{(1-\alpha)E_i}\left[\frac{1}{2}E_f^2\right]_{\alpha E_i}^{E_i} \\ &= \frac{1}{(1-\alpha)E_i}\frac{1}{2}(E_i^2 - \alpha^2 E_i^2) = \frac{(1+\alpha)}{2}E_i\end{aligned} \tag{3-37}$$

となる。また衝突ごとに失う平均のエネルギー $\overline{\Delta E}$ は、

$$\overline{\Delta E} = E_i - \overline{E_f} = E_i - \frac{(1+\alpha)}{2}E_i = \frac{(1-\alpha)}{2}E_i \tag{3-38}$$

で与えられる。これらの式から、弾性散乱による中性子のエネルギー減速の平均値が与えられ、原子炉を構成する物質による中性子の減速の挙動が理解できる。

C. 平均余弦

ついで、散乱反応による平均的な散乱角度について考える。まず、実験室系での $\cos\theta_L$ と重心系の $\cos\theta_C$ の関係そのものを定式化する。この関係は図 3.2 および (3–1) 式、(3–2) 式、(3–18) 式から、

$$\cos\theta_L = \frac{v_{CM} + v'_C \cos\theta_C}{v'_L} = \frac{\left(\frac{1}{A+1}v_L\right) + \left(\frac{A}{A+1}v_L\right)\cos\theta_C}{\frac{\sqrt{A^2+2A\cos\theta_C+1}}{(A+1)}v_L} = \frac{1 + A\cos\theta_C}{\sqrt{A^2 + 2A\cos\theta_C + 1}} \tag{3-39}$$

となる。この式に、重心系等方の仮定を用いると、実験室系での散乱角の余弦の平均（平均余弦 $\overline{\mu_0}$）を求めることができる。すなわち、

$$\begin{aligned}\overline{\cos\theta_L} = \overline{\mu_0} &= \frac{\int_{4\pi}\cos\theta_L d\Omega}{\int_{4\pi} d\Omega} = \frac{2\pi\int_0^\pi \cos\theta_L \sin\theta_C d\theta_C}{4\pi} \\ &= \frac{1}{2}\int_0^\pi \cos\theta_L \sin\theta_C d\theta_C = \frac{1}{2}\int_0^\pi \frac{1 + A\cos\theta_C}{\sqrt{A^2 + 2A\cos\theta_C + 1}}\sin\theta_C d\theta_C\end{aligned} \tag{3-40}$$

と書くことができる。この積分は面倒だが解析的に実行できて、重心系等方という仮定の下での平均余弦は、下記のような極めて簡単な式で表すことができる。

$$\overline{\cos\theta_L} = \overline{\mu_0} = \frac{2}{3A} \tag{3-41}$$

この式から、実験室系における散乱角の余弦の平均値 $\overline{\mu_0}$ は A が大きいほど小さくなり、ウラン等の大きな質量数の原子核の場合、実質的に $\overline{\mu_0} = 0$ となり、実験室系で中性子は、平均的に 90° 方向に散乱されることがわかる（平均散乱角 $\overline{\theta_L} \cong 90°$）。一方、$A$=1(水素) の場合は、常に $\cos\theta_L > 0$ となる ((3–39) 式により) ので、中性子は前方のみに散乱される。水素に対する平均余弦は 0.667、すなわち平均として 48.2° 方向への散乱される（平均散乱角 $\overline{\theta_L} \cong 48.2°$）。

3–2　無限体系中での中性子の減速

本節では、前節で明らかにした中性子の減速の理論を用いて、減速体系中の中性子束 $\phi(\mathbf{r},E)$ を定める方法について解説する。ここではおおよそ 1eV 以上の領域[3] を対象とすることとなる。

まず、無限に大きい均質な体系中に中性子源が一様に分布している場合を考える。この場合は、中性子束は全空間で一定（中性子流が常にゼロ）となり、第 2 章で導出した中性子連続の式 (2–56) 式において $\frac{1}{v}\frac{\partial\phi}{\partial t}$ および $\nabla\cdot\mathbf{J}$ の 2 項がゼロとなるので、求めるべき中性子束を支配する式は、

$$\Sigma_t(E)\phi(E)=\int_0^\infty \Sigma_s(E'\to E)\phi(E')dE'+s(E) \tag{3–42}$$

となる（変数 $\mathbf{r},t$ が除ける）。この方程式のことを、無限体系の減速（またはスペクトル）方程式という。無限に大きい体系という仮定は、ごく小型の原子炉を除けば中性子の漏れが中性子のエネルギー分布に与える影響は大きくないので妥当である。この式の中の $\Sigma_s(E'\to E)$ は、(3–36) 式において初期エネルギーを E'、終状態エネルギーを E と記号の書き換えを行なうと

$$\Sigma_s(E'\to E)=\begin{cases}\dfrac{\Sigma_s(E')}{(1-\alpha)E'} & E<E'<\dfrac{E}{\alpha}\\[2ex] 0 & \text{それ以外}\end{cases} \tag{3–43}$$

と書ける。ここで、$\Sigma_s(E')$ は初期エネルギー E' における散乱断面積であり、$\Sigma_s(E'\to E)$ を終状態エネルギー E の全エネルギー区間について積分したものである。さらに、$\Sigma_t(E)$ を $\Sigma_s(E)+\Sigma_a(E)$ と書き換えて

$$(\Sigma_s(E)+\Sigma_a(E))\,\phi(E)=\int_0^\infty \frac{\Sigma_s(E')}{(1-\alpha)E'}\phi(E')dE'+s(E) \tag{3–44}$$

としておく。

以下、この式を解いて $\phi(E)$ を求める。解法は、$A=1$ の場合と $A>1$ の場合の二つに分けて説明する。まず、解析的にそして容易に解が得られる、無限に広い水素 $(A=1)$ 体系中での減速について考える。なお、この無限体系内には、エネルギー E_0 に s_0 個 $\cdot\mathrm{cm}^{-3}\mathrm{s}^{-1}$ という強さの中性子を等方的に放出する中性子源があるものとする[4]。

---

[3] 中性子のエネルギーが約 1eV 以下となると、中性子が熱運動している核との衝突によりエネルギーを得たり、核でなく固体中の原子や原子の集合体である分子と衝突して原子や分子の振動や回転を起したりあるいは分子の結合を切ったりして減速する場合がでてくる。このようなエネルギー領域での中性子と核の相互作用を扱う分野を「熱化理論」(thermalization) といい、3–7 節で説明する。

[4] 以下、解法にあたっては、中性子源から発生するエネルギー E_0 から大きく離れたエネルギー領域について考えるものとする。すなわち、$E\ll E_0$(E_0 近くでは、局所的な振舞いが現れるため、ここでの議論が直接成り立たない場合もあるため)

(1)　水素体系中での減速

A.　吸収がない場合

まず吸収のない場合を考える。水素については熱中性子に対して散乱断面積に対する吸収断面積の割合 (Σ_a^H/Σ_s^H) が 0.014 程度であること、水素の吸収と散乱の断面積の関係[5] から、この仮定は十分妥当となる。この場合、(3–44) 式は極めて簡単な式になる。

$$\Sigma_s(E)\phi(E) = \int_E^\infty \frac{\Sigma_s(E')\phi(E')}{E'}dE' + s(E) \tag{3–45}$$

さらに、

$$F(E) = \Sigma_s(E)\phi(E) \tag{3–46}$$

で定義される $F(E)$ を導入する。この $F(E)$ を衝突密度（collision　density）と呼ぶ。この式からわかるように、$F(E)$ は単位体積・単位時間あたりの全散乱反応数を与える。なお、この項で考えているのは吸収のないケースであるので、衝突密度は (3–46) 式の通り、中性子束と散乱断面積の積で与えられるが、一般的な衝突密度は全断面積との積、すなわち $F(E) = \Sigma_t(E)\phi(E)$ で定義されることに注意すること (後述。例えば (3–61) 式)。したがって、一般の $F(E)$ は、単位体積・単位時間あたりの全反応数を与えるものである。(3–46) 式を用いて、(3–44) 式を書き直すと、

$$F(E) = \int_E^\infty \frac{F(E')}{E'}dE' + s(E) \tag{3–47}$$

と書ける。この式に、先に述べた中性子源の条件（無限体系内においてエネルギー E_0 の中性子が s_0 個 $cm^{-3}\cdot s^{-1}$、等方的に放出される）を導入すると、

$$F(E) = \int_E^{E_0} \frac{F(E')}{E'}dE' + s_0\delta(E - E_0) \tag{3–48}$$

と書ける。

この (3–48) 式は、解析的に直接解が得られる。この式の一般解を

$$F(E) = F_C(E) + C\delta(E - E_0) \tag{3–49}$$

---

[5] 水素の吸収断面積は $1/v$ 特性をもち、エネルギー増加に伴って急速に小さくなるのに対し、散乱断面積はエネルギーについて一定の値を保つ。

と置く。この式の第 2 項は中性子源が特異点となることに伴う項（C は未知の定数）である。第 1 項 $F_C(E)$ は $F(E)$ の非特異点項である。この式を (3–48) 式に代入すると

$$\begin{aligned} &F_C(E) + C\delta(E - E_0) \\ &= \int_E^{E_0} \frac{F_C(E') + C\delta(E' - E_0)}{E'} dE' + s_0\delta(E - E_0) \\ &= \int_E^{E_0} \frac{F_C(E')}{E'} dE' + \frac{C}{E_0} + s_0\delta(E - E_0) \end{aligned} \tag{3–50}$$

となる。この式の両辺の特異解の $\delta(E - E_0)$ の部分は等しくならなければならないから $C = s_0$ となり、結果として

$$F_C(E) = \int_E^{E_0} \frac{F_C(E')}{E'} dE' + \frac{s_0}{E_0} \tag{3–51}$$

となる。これをエネルギーについて微分すると

$$\frac{dF_C(E)}{dE} = -\frac{F_C(E)}{E}, \text{すなわち} \frac{dF_C(E)}{F_C(E)} = -\frac{dE}{E} \tag{3–52}$$

となる。そして、この式の両辺を積分すれば[(6)]

$$\ln(F_C(E)) + C_1' = -\ln(E) + C_2' \quad \text{これより} \quad \ln(F_C(E)) = \ln\left(\frac{C'}{E}\right) \tag{3–53}$$

よって

$$F_C(E) = \frac{C'}{E} \tag{3–54}$$

となる。(3–51) 式において $E = E_0$ で $F_C(E_0) = \frac{s_0}{E_0}$ となることから $C' = s_0$ でなくてはならない。したがって

$$F_C(E) = \frac{s_0}{E} \tag{3–55}$$

以上のことから、衝突密度ならびに中性子束は

$$F(E) = F_C(E) + s_0\delta(E - E_0) = s_0\left(\frac{1}{E} + \delta(E - E_0)\right) \tag{3–56}$$

$$\phi(E) = \frac{F(E)}{\Sigma_s(E)} = \frac{1}{\Sigma_s(E)}(F_C(E) + s_0\delta(E - E_0)) = \frac{s_0}{\Sigma_s(E)}\left(\frac{1}{E} + \delta(E - E_0)\right) \tag{3–57}$$

で与えられる。この式が水素体系中での中性子束のエネルギースペクトルを与える。

一般的に、減速材に用いられる物質では散乱断面積のエネルギー依存性が小さいので、中性子源のエネルギー E_0 より下の中性子束は $1/E$ に比例する。すなわち、

$$\phi(E) \propto \frac{1}{E} \tag{3–58}$$

---

(6) $\ln y(x)$ の微分は $\frac{1}{y(x)}$ すなわち $\frac{d\ln y(x)}{dy(x)} = \frac{1}{y(x)}$ である。これから $\frac{dy(x)}{y(x)} = d\ln y(x)$ とでき、そして $d\ln y(x)$ を積分すると $\int d\ln(y(x)) = \ln(y(x)) + C$ である。

なお、中性子源が単一エネルギーでなく、あるエネルギー分布 $s(E)$ を持つ場合について、中性子束を与える式を次に示す。

$$\phi(E) = \frac{\int_E^\infty s(E')dE'}{E\Sigma_s(E)} + \frac{s(E)}{\Sigma_s(E)} \tag{3–59}$$

原子炉の場合には、$s(E)$ が核分裂スペクトル $\chi(E)$ によって与えられるので、100keV 以上の高エネルギー領域の中性子束は、上式の第 2 項によって支配され核分裂スペクトルに比例したスペクトル ($\phi(E) \propto \chi(E)$) に、$E <$100keV 以下では $s(E) \doteqdot 0$ で $\int_E^\infty \chi(E)dE =$ 定数となるので、中性子スペクトルは $1/E$ に比例したスペクトル (上式の第 1 項によって支配され、$\phi(E) \propto 1/E$) になる。

B.　吸収がある場合

次に、水素減速材中に、^{238}U のような、あるエネルギーで大きな吸収断面積を持つ吸収性の原子核 (吸収核) がある場合を考える[(7)]。吸収核の中性子散乱断面積はゼロでなく吸収核による散乱も起る。しかし、吸収核は水素に比べて十分重く「無限に重い」と仮定できるため、吸収核との散乱では中性子のエネルギーは変化しないとして、実質的に吸収核の散乱を無視できる (中性子のエネルギー変化を考える上では)。すなわち、水素のみが散乱し、吸収核のみが中性子を吸収するものとする。

この場合の中性子減速方程式は、(3–44) 式において吸収項を入れた

$$(\Sigma_a(E) + \Sigma_s(E))\,\phi(E) = \Sigma_t(E)\phi(E) = \int_E^\infty \frac{\Sigma_s(E')\phi(E')}{E'}dE' + s_0\delta(E - E_0) \tag{3–60}$$

となる。ここで、一般解を (3–48) 式と同様に

$$\begin{aligned} F(E) =& F_C(E) + C\delta(E - E_0) \\ \Sigma_t(E) =& \Sigma_a(E) + \Sigma_s(E) \\ F(E) =& \Sigma_t(E)\phi(E) \end{aligned} \tag{3–61}$$

と置いて求める。中性子源による特異点の項については、前節と同じ議論で、$C = s_0$ である。一方、$F_C(E)$ は、(3–60) 式において右辺を $\Sigma_t(E)$ で割った式を考えることにより、さきの議論とまったく同じようにして

$$F_C(E) = \int_E^{E_0} \frac{\Sigma_s(E')}{\Sigma_t(E')}\frac{F_C(E')}{E'}dE' + \frac{\Sigma_s(E_0)}{\Sigma_t(E_0)}\frac{s_0}{E_0} \tag{3–62}$$

---

(7) 水素自身による吸収は無視することは前項と同じであるので注意すること (実際、吸収体に比べて水素の吸収断面積は十分小さいので)。

が得られる。これを微分し、

$$\frac{dF_C(E)}{dE} = -\frac{\Sigma_s(E)}{\Sigma_t(E)}\frac{F_C(E)}{E} = -\frac{\Sigma_t(E)-\Sigma_a(E)}{\Sigma_t(E)}\frac{F_C(E)}{E} = -\frac{F_C(E)}{E} + \frac{\Sigma_a(E)}{\Sigma_t(E)}\frac{F_C(E)}{E} \tag{3–63}$$

さらに変形し、

$$\frac{dF_C(E)}{F_C(E)} = -\frac{dE}{E} + \frac{\Sigma_a(E)}{\Sigma_t(E)}\frac{dE}{E} \tag{3–64}$$

これを積分すると

$$\ln(F_C(E))\,|_E^{E_0} = -\ln(E)\,|_E^{E_0} + \int_E^{E_0}\frac{\Sigma_a(E')}{\Sigma_t(E')}\frac{dE'}{E'} + C \tag{3–65}$$

すなわち

$$\frac{E_0F_C(E_0)}{EF_C(E)} = C'\exp\left(\int_E^{E_0}\frac{\Sigma_a(E')}{\Sigma_t(E')}\frac{dE'}{E'}\right) \tag{3–66}$$

となり、$F_C(E)$ が

$$F_C(E) = C''\frac{E_0F_C(E_0)}{E}\exp\left(-\int_E^{E_0}\frac{\Sigma_a(E')}{\Sigma_t(E')}\frac{dE'}{E'}\right) \tag{3–67}$$

で与えられる。さらに、$E = E_0$ のときの (3–62) と (3–67) 式から、それぞれ

$$F_C(E_0) = \frac{\Sigma_s(E_0)}{\Sigma_t(E_0)}\frac{s_0}{E_0} \tag{3–68}$$

および

$$F_C(E_0) = C''F_C(E_0)\ \text{すなわち}\ C'' = 1 \tag{3–69}$$

となることから、これらを (3–67) 式へ代入すると

$$F_C(E) = \frac{\Sigma_s(E_0)}{\Sigma_t(E_0)}\frac{s_0}{E}\exp\left(-\int_E^{E_0}\frac{\Sigma_a(E')}{\Sigma_t(E')}\frac{dE'}{E'}\right) \tag{3–70}$$

となる。この式で $\Sigma_a(E) = 0$ であれば $F_C(E) = s_0/E$ となり前項の結果と一致する。

この $F_C(E)$ から、$F(E)$ および $\phi(E)$ は次のように書ける。

$$F(E) = \frac{\Sigma_s(E_0)}{\Sigma_t(E_0)}\frac{s_0}{E}\exp\left(-\int_E^{E_0}\frac{\Sigma_a(E')}{\Sigma_t(E')}\frac{dE'}{E'}\right) + s_0\delta(E-E_0) \tag{3–71}$$

$$\phi(E) = \frac{s_0}{\Sigma_t(E)}\left(\frac{\Sigma_s(E_0)}{\Sigma_t(E_0)}\frac{1}{E}\exp\left(-\int_E^{E_0}\frac{\Sigma_a(E')}{\Sigma_t(E')}\frac{dE'}{E'}\right) + \delta(E-E_0)\right) \tag{3–72}$$

この式が、中性子が吸収体を含む水素減速材中で減速される際に作られる中性子束のエネルギースペクトルを与える。

(2)　減速理論に用いられる用語

$A > 1$ に対する解析を行う前に、本節では、減速の理論によく現われ、その解析を容易にするために有用な用語を定義する。

A.　減速密度

まず、単位時間、単位体積あたりにエネルギー E' のまわりの dE' で衝突した中性子がエネルギー E を通って減速する数を考える。このような中性子の数は、散乱するエネルギー E' について E 以上、すなわち E から ∞ まで、散乱後のエネルギー E'' については E 以下、すなわち 0 から E まで積分することによって得られる。すなわち、

$$\int_E^\infty \left(\int_0^E \Sigma_s(\mathbf{r}, E' \to E'')\phi(\mathbf{r}, E')dE'' \right) dE' \tag{3–73}$$

で与えられる。減速理論においては、この量を「減速密度」(slowing down density)$q(E)$ という用語を用いて表し、

$q(\mathbf{r}, E) =$ 位置 $\mathbf{r}$ のまわりの単位体積内で単位時間にエネルギー E を通って減速する中性子数　(3–74)

と定義する。すなわち、

$$q(\mathbf{r}, E) = \int_E^\infty \left(\int_0^E \Sigma_s(\mathbf{r}, E' \to E'')\phi(\mathbf{r}, E')dE'' \right) dE' \tag{3–75}$$

この定義を用いて、無限の水素減速材体系中での減速密度を計算する。以下では、簡単のため、位置の変数を除く。(3–43) 式で $A = 1(\alpha = 0)$ とした場合の散乱断面積および (3–57) 式で与えられた中性子束を (3–75) 式に代入して、

$$\begin{aligned}
q(E) &= \int_E^\infty \left(\int_0^E \Sigma_s(E' \to E'')\phi(E')dE'' \right) dE' \\
&= \int_E^\infty \left(\int_0^E \frac{\Sigma_s(E')}{E'} \frac{1}{\Sigma_s(E')} \left(Fc(E') + s_0\delta(E' - E_0)\right) dE'' \right) dE' \\
&= \int_E^\infty \left(\int_0^E \frac{1}{E'} \left(Fc(E') + s_0\delta(E' - E_0)\right) dE'' \right) dE' \\
&= \left(\int_0^E dE'' \right) \int_E^\infty \frac{1}{E'} \left(Fc(E') + s_0\delta(E' - E_0)\right) dE' \\
&= E \int_E^\infty \frac{1}{E'} \left(Fc(E') + s_0\delta(E' - E_0)\right) dE' = E \left(\int_E^\infty \frac{Fc(E')}{E'} dE' + \frac{s_0}{E_0} \right)
\end{aligned} \tag{3–76}$$

となり、(3–51) 式を用いると

$$q(E) = EFc(E) \tag{3-77}$$

が得られる。

上式において、吸収がない場合には、(3–55) 式で与えられた $F_C(E)$ を代入することにより

$$q(E) = E\frac{s_0}{E} = s_0 \tag{3-78}$$

となる。この結果は、減速密度が定数で中性子源の強さと等しくなることを意味している。これは、吸収のない無限体系においては、吸収も、漏れもないから、すべての中性子がエネルギー E を通って減速されるという当然の結果を表している。

B.　吸収を逃れる確率 (共鳴を逃れる確率)

前節で定義した減速密度から、減速中に吸収されない (吸収を逃れる) 確率を定式化できる。この確率は、4 因子公式に現れた共鳴を逃れる確率そのものであり、原子炉物理では非常に重要なものである。

前節で与えられた減速密度の (3–77) 式に、吸収がある場合の $F_C(E)$、(3–70) 式を代入することにより

$$q(E) = EF_C(E) = \frac{\Sigma_s(E_0)}{\Sigma_t(E_0)} s_0 \exp\left(-\int_E^{E_0} \frac{\Sigma_a(E')}{\Sigma_t(E')}\frac{dE'}{E'}\right) \tag{3-79}$$

が得られる。この式において、$E = E_0$ の場合を考えると

$$q(E_0) = \frac{\Sigma_s(E_0)}{\Sigma_t(E_0)} s_0 \exp\left(-\int_{E_0}^{E_0} \frac{\Sigma_a(E')}{\Sigma_t(E')}\frac{dE'}{E'}\right) = \frac{\Sigma_s(E_0)}{\Sigma_t(E_0)} s_0 \equiv q_0 \tag{3-80}$$

となる。この q_0 は、中性子源から出た s_0 個 $\cdot \mathrm{cm}^{-3} \cdot \mathrm{s}^{-1}$ の中性子のうち、エネルギー E_0 で散乱して (吸収されずに) 減速して行く数であり、一方 $q(E)$ は、単位体積・単位時間当りエネルギー E を通って減速する中性子の数 (吸収されていない数) だから、吸収を逃れる確率は

$$p(E) = \frac{q(E)}{q_0} = \text{源中性子が } E_0 \text{ から } E \text{ 以下へ減速する間に吸収されない確率} \tag{3-81}$$

となる。これから共鳴を逃れる確率 $p(E)$ は次式で表され

$$p(E) = \frac{q(E)}{q_0} = \exp\left(-\int_E^{E_0} \frac{\Sigma_a(E')}{\Sigma_t(E')}\frac{dE'}{E'}\right) \tag{3-82}$$

さらに、(3–72) 式で与えられる中性子束 $\phi(E)$ は、$p(E)$ を用いて

$$\phi(E) = \frac{s_0}{\Sigma_t(E)}\left(\frac{\Sigma_s(E_0)}{\Sigma_t(E_0)}\frac{1}{E}p(E) + \delta(E - E_0)\right) \tag{3-83}$$

と表すことができる。$\Sigma_t(E)$、$\Sigma_s(E)$ の具体的な関数形が与えられた場合、この式によって、吸収がある場合の中性子束のエネルギースペクトルが計算できる。

C.　エネルギー減少率の対数平均 ξ　(average logarithmic energy decrement)

ここでは、エネルギーの変化量に関する用語を定義する。(3–23) 式からわかるように、中性子は散乱を受ける毎に、もとのエネルギーのある割合を失う。中性子の減速を考えるためには、散乱前後のエネルギーの比 (E_i/E_f) に関した用語を定義する。原子炉物理学では、散乱前後のエネルギーの対数 $\ln(E_i/E_f)$ に着目し、この量の平均値をエネルギー減少率の対数平均と呼び、ξ という記号で表す。以下、この ξ を定式化する。

重心系等方散乱、すなわち $\cos\theta_C$ が -1 から $+1$ までの間の値を等しい確率で取る場合、

$$
\begin{aligned}
\xi =& \overline{ln\left(\frac{E_i}{E_f}\right)} \\
=& \frac{\int_{-1}^{+1}\ln\left(\frac{E_i}{E_f}\right)d(\cos\theta_C)}{\int_{-1}^{+1}d(\cos\theta_C)} \\
=& \frac{1}{2}\int_{-1}^{+1}\ln\left(\frac{1}{2}\left((1+\alpha)+(1-\alpha)\cos\theta_C\right)\right)d(\cos\theta_C) \\
=& -\frac{1}{2}\int_{-1}^{+1}\ln\left(\frac{1}{2}\left((1+\alpha)+(1-\alpha)\,\mu\right)\right)d\mu
\end{aligned}
\tag{3–84}
$$

となる。ここで、(3–23) 式ならびに $\mu\equiv\cos\theta_C$ を用いた。さらに、$x\equiv\frac{1}{2}((1+\alpha)+(1-\alpha)\mu)$ と置き、$\frac{dx}{d\mu}=\frac{(1-\alpha)}{2}$ と $\int\ln(x)dx=x\ln(x)-x$ という関係を使うと

$$
\begin{aligned}
\xi =& -\frac{1}{2}\int_{-1}^{+1}\ln\left(\frac{1}{2}\left((1+\alpha)+(1-\alpha)\,\mu\right)\right)d\mu \\
=& -\frac{1}{2}\int_{\alpha}^{1}\ln(x)\,\frac{2}{(1-\alpha)}dx = -\frac{1}{(1-\alpha)}\int_{\alpha}^{1}\ln(x)\,dx \\
=& -\frac{1}{(1-\alpha)}\left(x\ln(x)-x\right)\Big|_{\alpha}^{1} = \frac{1}{1-\alpha}\left[(\alpha\ln\alpha-\alpha)-(-1)\right] \\
=& 1+\frac{\alpha\ln(\alpha)}{(1-\alpha)} = 1+\frac{(A-1)^2}{2A}\ln\left(\frac{A-1}{A+1}\right) \\
=& 1-\frac{(A-1)^2}{2A}\ln\left(\frac{A+1}{A-1}\right)
\end{aligned}
\tag{3–85}
$$

となる。(3–85) 式で、A が大きいとき以下のような式が導ける。

$$
\begin{aligned}
\xi &= 1+\frac{(A-1)^2}{2A}\ln\frac{A-1}{A+1} = 1+\frac{(A-1)^2}{2A}\ln\left(1-\frac{2}{A+1}\right) \\
&\fallingdotseq 1+\frac{(A-1)^2}{2A}\left(-\frac{2}{A+1}-\frac{1}{2}\cdot\frac{4}{(A+1)^2}-\frac{1}{3}\cdot\frac{8}{(A+1)^3}\right) \\
&= 1-\frac{(A-1)^2}{A(A+1)}-\frac{(A-1)^2}{A(A+1)^2}-\frac{4(A-1)^2}{3A(A+1)^3} = \frac{3A-1}{A(A+1)}-\left(\frac{A-1}{A+1}\right)^2\left(\frac{1}{A}+\frac{4}{3A(A+1)}\right) \\
&= \frac{3A-1}{A(A+1)}-\left(1-\frac{2}{A+1}\right)^2\left(\frac{1}{A}+\frac{4}{3A(A+1)}\right) \fallingdotseq \frac{3A-1}{A(A+1)}-\left(1-\frac{4}{A+1}\right)\left(\frac{1}{A}+\frac{4}{3A(A+1)}\right) \\
&\fallingdotseq \frac{3A-1}{A(A+1)}-\frac{1}{A}+\frac{1}{A}\cdot\frac{4}{A+1}-\frac{4}{3A(A+1)} = \frac{3A-1-A-1+4}{A(A+1)}-\frac{4}{3A(A+1)} \\
&= \frac{2}{A}-\frac{4}{3A(A+1)} = \frac{6A+6-4}{3A(A+1)} = \frac{2(3A+1)}{3A(A+1)} \fallingdotseq \frac{2}{A+2/3}
\end{aligned}
\tag{3–86}
$$

この近似式は A が 12 程度以上から、よい近似となる。ここでは、$\ln(1+z) \cong z - \frac{1}{2}z^2 + \frac{1}{3}z^3$ という展開を使用し、また 2 個所で、次数の高い A の項を無視している。

この ξ の値は、重心系で等方散乱という場合、入射中性子エネルギーに無関係に質量数のみで決まることを示している。中性子が平均的に失うエネルギーの割合は、核の質量数 A が大きくなるほど小さくなる。ξ の値を以下に述べる標準状態の減速材密度に対する減速パラメータの値とともに表 3.1 に示す。

表 3.1 代表的な減速材の減速パラメータ

減速材	A	α	ξ	衝突回数 †	$\xi\Sigma_s^{\dagger\dagger}$	$\xi\Sigma_s/\Sigma_a$
H	1	0	1	14	-	-
D	2	0.111	0.725	20	-	-
H_2O	-	-	0.920	16	1.350	71
D_2O	-	-	0.509	29	0.176	5,670
He	4	0.360	0.425	43	1.6×10^{-5}	83
Be	9	0.640	0.209	69	0.158	143
C	12	0.716	0.158	91	0.060	192
^{238}U	238	0.983	0.008	1,730	0.003	0.0092

† 2MeV から 1eV までの衝突回数、†† $[cm^{-1}]$

なお、減速材物質が化 (混) 合物である場合には平均の $\bar{\xi}$ は、散乱断面積と原子数密度 (すなわち、個々の核のマクロ断面積に対応) で重み付けて得られる。すなわち

$$\bar{\xi} = \frac{\sum_i \sigma_i N_i \xi_i}{\sum_i \sigma_i N_i} \tag{3–87}$$

で与えられる。たとえば H_2O の場合は

$$\bar{\xi}_{H_2O} = \frac{2\sigma_H\xi_H + \sigma_O\xi_O}{2\sigma_H + \sigma_O} = 0.924 \tag{3–88}$$

となる。

D.　減速能と減速比

減速材としての性質は ξ が大きいほど良いが、中性子の減速には同時にマクロ散乱断面積 Σ_s が大きいこと (散乱の回数を大きくできること) が必要である。そのため $\xi\Sigma_s$ という量を定義して「減速能」(moderating power) と呼ぶ。すなわち、

$$減速能 = \xi\Sigma_s \tag{3–89}$$

しかし、もしその物質の Σ_a が大きいとすると、中性子がその核との衝突により散乱されずに吸収されてしまう可能性が高くなる。そこで減速材の性能を表す量として $\xi\Sigma_s/\Sigma_a$ という量を定義してこれを「減速比」(moderating ratio) という。

$$減速比 = \frac{\xi\Sigma_s}{\Sigma_a} \tag{3-90}$$

すなわち、この値が大きいほど良い減速材であるといえる。表 3.1 からわかる通り、減速比が最も大きい物質は D_2O で、Be、C がこれに次ぐ。軽水 (H_2O) は Σ_a が大きいため、必ずしも良い減速材とはいえない。

E.　レサージ

これまでに述べたように、中性子が衝突毎に失うエネルギーは、もとの中性子エネルギーのある割合なので、エネルギー E を用いるより、次の式で定義される量、レサージ (lethargy)u を用いて中性子の減速の様子を表すと便利なことが多い。

$$u = \ln\left(\frac{E_0}{E}\right) \tag{3-91}$$

この式の中の E_0 の取り方はまったく任意であるが、核分裂中性子が実際上ゼロとなる 10MeV と取るのが普通である。このレサージを用いると

$$E = E_0 \exp(-u) \tag{3-92}$$

となる。

なお、表 3.1 には、核分裂で生ずる代表的なエネルギーである 2MeV のエネルギーを持つ中性子が、減速によってそのレサージを、中性子エネルギーが 1eV に相当するレサージまで増加するのに必要な衝突回数も示している[8]

F.　レサージ単位の衝突密度

レサージを用いて吸収のない水素体系に対する衝突密度 ((3–55) 式再掲)

$$F_C(E) = \frac{s_0}{E} \tag{3-93}$$

を書き直す。まず、変数にかかわらず、対応する E および u における衝突密度は等しくなければならないので、

$$F_C(E)dE = -F_C(u)du \tag{3-94}$$

[8] $2.0MeV$ に対応するレサージから、$1eV$ までに対応するレサージまで増加するのに必要な散乱回数は
散乱回数=$\ln\frac{2\times10^6}{1}/\xi = 14.5/\xi$ で与えられる。

でなくてはならない。ここで、マイナス記号はエネルギーが下がるとレサージが大きくなることに対応する。レサージの定義式 (3–91) 式を E について微分すれば

$$\frac{du}{dE} = -\frac{1}{E} \tag{3–95}$$

なので、

$$F_C(u) = -F_C(E)\frac{dE}{du} = EF_C(E) \tag{3–96}$$

これに (3–93) 式を代入することにより

$$F_C(u) = s_0 \tag{3–97}$$

となる。これが、レサージ単位の衝突密度である。

G.　レサージ単位の散乱確率分布関数

また弾性散乱確率分布についても、同様に

$$p(u' \to u)du = -p(E' \to E)dE \tag{3–98}$$

とならなければならない。これに (3–36)、(3–95) 式を用いると

$$\begin{aligned} p(u' \to u) &= -\,p(E' \to E)\frac{dE}{du} = Ep(E' \to E) = \frac{E}{(1-\alpha)\,E'} = \frac{1}{(1-\alpha)}\frac{1}{\frac{E_0}{E}}\frac{E_0}{E'} \\ &= \frac{1}{(1-\alpha)}\frac{1}{\exp{(u)}}\exp{(u')} = \frac{1}{(1-\alpha)}\exp{(u'-u)} \end{aligned} \tag{3–99}$$

となる。また、初期エネルギー E' に関して、$E < E' < E/a$ というエネルギー範囲は、$E_0/E > E_0/E' > aE_0/E$、よって $u > u' > u + \ln(a)$ すなわち、レサージ単位の散乱確率分布関数は、

$$p(u' \to u) = \begin{cases} \dfrac{1}{(1-\alpha)}\exp{(u'-u)} & u > u' > u - \ln\left(\dfrac{1}{\alpha}\right) \\ 0 & \text{それ以外} \end{cases} \tag{3–100}$$

である。

(3)　$A > 1$ の体系中での減速

次に $A > 1$ の任意の無限に大きい体系中で弾性散乱により中性子が減速される場合を取り上げる。

A.　吸収のない場合

まず吸収のない場合を考える。体系内にはエネルギー E_0 の中性子を s_0個$\cdot$ cm$^{-3}\cdot$ s^{-1} 発生する中性子源が存在するものとする。(3–44) 式に与えられた減速方程式から、$A > 1$ に対する式を書き下すと、次の通りとなる。

$$\Sigma_s(E)\phi(E) = \int_E^{E_0} \frac{\Sigma_s(E')}{(1-\alpha)\,E'}\phi(E')dE' + \frac{s_0\delta(E_0 - E)}{(1-\alpha)\,E} \qquad \alpha E_0 < E' < E_0 \tag{3–101}$$

$$\Sigma_s(E)\phi(E) = \int_E^{E/\alpha} \frac{\Sigma_s(E')}{(1-\alpha)\,E'}\phi(E')dE' \qquad E < E' < \alpha E_0 \tag{3–102}$$

である。前と同じく、$F(E) = \Sigma_s(E)\phi(E)$ と書き、(3–102) を E について微分すると

$$\frac{dF}{dE} = \frac{1}{(1-\alpha)\,E}\left(F\left(\frac{E}{\alpha}\right) - F(E)\right) \tag{3–103}$$

となる。この方程式は微分差分方程式 (differential-difference-equation) と呼ばれ、$F(E/\alpha)$ という項があるため、これを解くには特別の解法が必要である。そして、$F(E)$ は中性子が n 回の衝突で減速できる最低のエネルギーに対応する $\alpha^n E_0$ で不連続、あるいは微分が不連続となるのでこの解法は複雑となる。

実際 (3–101)、(3–102) 式をレサージについて書き直した方程式は、

$$F(u) = \frac{1}{(1-\alpha)}\int_0^u F(u')e^{u'-u}du' + \frac{s_0}{(1-\alpha)}e^{-u}, \qquad 0 < u < \ln(1/\alpha) \tag{3–104}$$

$$F(u) = \frac{1}{(1-\alpha)}\int_{u-\ln(1/\alpha)}^u F(u')e^{u'-u}du', \qquad u - \ln(1/\alpha) < u' < u \tag{3–105}$$

となる。この方程式の解に対する $(1-\alpha)F(u)$ は、エネルギー E_0 に単位の中性子源があるとして、図 3.4 に示すようになる。これをプラチェック (Placzeck) 関数という。これからわかる通り、$A = 1$ の水素に対しては全ての u に対して $F(u) = 1$ となる。その他の減速材については $\alpha^n E_0$ で $F(u)$ もしくはその微係数が不連続となっている。図からわかる通り、中性子源のエネルギーから離れ、その影響がなくなると、$(1-\alpha)F(u)$ は一定値に近付く。

最終的に、$A > 1$ の原子核の体系内での中性子の減速による衝突密度ならびに中性子束は

$$F(u) = \frac{s_0}{\xi} \quad \text{または} \quad \phi(u) = \frac{s_0}{\xi\Sigma_s} \tag{3–106}$$

で与えられる。これをエネルギー変数で表すと

$$\phi(E) = \frac{s_0}{E\xi\Sigma_s(E)} \tag{3–107}$$

となる。水素減速材の場合との違いは $A > 1$ の体系では分母に衝突ごとの平均レサージの増加 ξ が掛けられていることだけである。ただし、中性子源あるいは強い吸収 (これは負の中性子源に相当する) のすぐ下

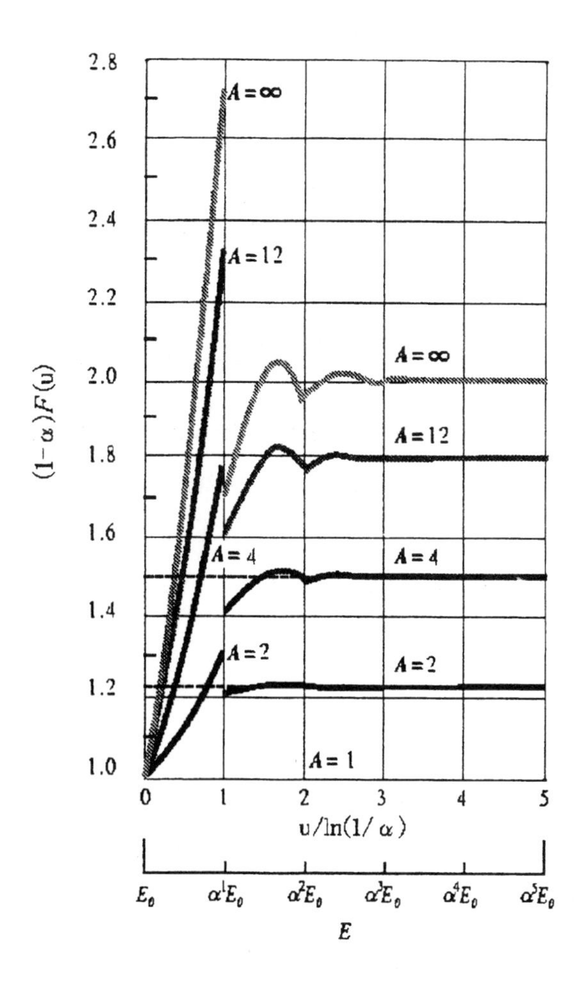

図 3.4 代表的な減速材の単位レサジー当りの衝突密度 (Weinberg,A.M.,Wigner,E.P.: The Physical Theory of Neutron Chain Reactors", Univ. of Chicago Press,(1958) より)

のエネルギー領域では、図 3.4 に示されるような不連続の振舞いを示す。なお、H_2O のような化 (混) 合物中での中性子減速では (3–87) 式で定義された $\bar{\xi}$ を用いて

$$\phi(E) = \frac{s_0}{E\bar{\xi}\Sigma_s(E)} \tag{3–108}$$

となる。

B.　吸収のある場合

(3–102) 式に吸収を導入すると

$$(\Sigma_a(E) + \Sigma_s(E))\,\phi(E) = \int_E^{E/\alpha} \frac{\Sigma_s(E')}{(1-\alpha)\,E'}\phi(E')dE' + s(E) \tag{3–109}$$

あるいは

$$F(E) = \int_E^{E/\alpha} \frac{\Sigma_s(E')}{\Sigma_t(E')}\frac{F(E')}{(1-\alpha)\,E'}dE' + s(E) \tag{3–110}$$

となる。この式は $[\Sigma_s(E)/\Sigma_t(E)]$ という因子があるため、断面積の形が特別な形のときにのみ、巧妙な近似を用いて解を求めることができるが、それ以外のときには解析解を得ることはできない。

以上で減速についての解説を終り、次節では実際に吸収の殆どが共鳴吸収によって生ずることから、まず共鳴断面積を定式化し、その後共鳴吸収について説明することとする。

3–3　共鳴断面積

前節まで中性子の「減速」について学習した。3–3〜3–6 節では、その減速中に起る「共鳴による中性子吸収」について詳しく述べる。これは原子炉の中性子エネルギー分布を決定付ける重要な現象である。

まず共鳴断面積を表す式を導入し、その後吸収原子核の熱運動の影響（ドップラー効果）、そして共鳴による中性子吸収量の順に説明する。原子炉で核分裂反応により発生した中性子のうちかなりの部分が、2MeV 程度の核分裂エネルギーから 1eV 以下の熱エネルギーまで減速される間に吸収される。この吸収は、原子炉を構成するすべての核により起るが、実際上は、ほとんど ^{238}U や ^{232}Th のような重くて非熱核分裂性の原子核（核分裂親物質）によって起る。これらの核による吸収は、主に（多数の鋭い）共鳴において起るため、共鳴吸収と呼ばれる。熱中性子炉における共鳴吸収[9] は、比較的低いエネルギー（keV〜eV）領域の、エネルギー的に 1 本 1 本が良く分離された共鳴によって生ずる。これらの共鳴吸収は、単に

---

[9] 高速炉での共鳴吸収は主に、個々の共鳴がエネルギー的に分離されておらず、多くの共鳴が重なり合っている共鳴（非分離共鳴：Unresolved Resonance）によって起る。したがって、これについては本講座より面倒な取扱いが必要となる。
Nicholson, R.B and Fischer, E.A. : "The Doppler Effect in Fast Reactors" Advances in Nuclear Science and Engineering, Vol.4, P.P110〜191, Academic Press (1968).

原子炉の増倍率や中性子エネルギー分布に影響するだけでなく、^{239}Pu や ^{233}U の生成を通じて[10] 燃料の燃焼や増殖性能、さらに、原子炉の制御特性[11] にも影響を与える。本章では、このような良く分離されている共鳴（分離共鳴：Resolved Resonance）による中性子吸収について学ぶ。

3–3 節では、この分離共鳴の断面積に対する最も基本的な式であるブライト・ウイグナー（Breit-Wigner）の一準位公式をまず導入する。そして、この共鳴断面積に対する吸収原子核の熱運動に伴う影響について説明する。この現象は、原子炉物理学においてドップラー（Doppler）効果という名で呼ばれ、原子炉の急激な出力上昇の際に中性子吸収を増加させ原子炉の増倍率を低下させる性質を与え、原子炉の自己制御性の根幹をなす重要なものである。

(1)　ブライト・ウイグナーの公式

第 1 章で述べた通り、共鳴という現象は、中性子のエネルギーが複合核の励起準位エネルギーと一致したところで核反応が起りやすくなることに起因する (第 1 章の図 1.8 参照)。一つ一つの共鳴は、その励起準位のエネルギーによって決まるエネルギー（共鳴エネルギー）とその励起準位のエネルギー幅によって決まる共鳴のエネルギー幅（共鳴巾）によって特徴付けられる。その共鳴エネルギーを E_0 [12]、共鳴幅を Γ、そして重心系での中性子エネルギーを E_C と書くと (詳しくは下記の定義を参照すること)、その共鳴によって複合核が作られる断面積、すなわち複合核生成断面積 $\sigma_{CN}(E_C)$ は、大まかに次の式で表せる（他の共鳴からエネルギー的に大きく離れていると仮定できる共鳴に対して）。

$$\sigma_{CN}(E_C) \propto \frac{1}{(E_C - E_0)^2 + \frac{\Gamma^2}{4}} \tag{3–111}$$

さらに、生成された複合核が特定の崩壊をする確率を、例えば、γ 線を放出して壊れる確率を Γ_γ/Γ のように書くと（下記説明参照）、例えば、捕獲反応（(n,γ) 反応）に対する共鳴断面積 $\sigma_\gamma(E_C)$ は、両者の積で、すなわち

$$\sigma_\gamma(E_C) \propto \sigma_{CN}(E_C)\frac{\Gamma_\gamma}{\Gamma} \tag{3–112}$$

で与えられることになる。さらに、上式において

$$y = \frac{2}{\Gamma}(E_C - E_0) \tag{3–113}$$

を導入することによって、

$$\sigma_\gamma(E_C) = \sigma_0\sqrt{\frac{E_0}{E_C}}\frac{1}{(1+y^2)}\frac{\Gamma_\gamma}{\Gamma} \tag{3–114}$$

---

[10] 第 1 章 2-(3) 項参照

[11] 本章で後述するドップラー効果を通して大きく影響する。他に遅発中性子割合や中性子寿命への影響もある。

[12] 次項の共鳴吸収の説明では、共鳴エネルギーの変数として E_0 でなく E_r を用いていることに注意すること。

と表せる。この公式をブライト・ウイグナーの一準位公式という。この式の各因子や変数の意味は次の通りである。

E_C：重心系での全運動エネルギー、すなわち中性子と原子核が重心に対して持つ運動エネルギーの和。この運動エネルギーが核反応に寄与するエネルギーとなることから、核反応断面積はこの E_C に依存する形、すなわち、$\sigma(E_C)$ となる。E_C を一般的な形で表わすと、実験室系での中性子と原子核の相対速度 v_r と換算質量を用いて、

$$E_C = \frac{1}{2}\mu v_r^2 \tag{3–115}$$

と表せる[13]。この式は、原子核が運動している場合にも当然成立する。なお、①中性子エネルギーが高く原子核が停止しているとみなせて実験室系での中性子の速度が相対速度と等しいとおけ、さらに、②原子核が重いとみなせて換算質量を1に等しいとおける場合には、E_C は、

$$E_C \fallingdotseq E \tag{3–116}$$

すなわち、通常の（実験室系での）中性子エネルギー E に等しいとできる。

E_0：共鳴エネルギー、すなわち、共鳴に対応する複合核の励起準位のエネルギー。

σ_0：共鳴エネルギーピークにおける断面積値で、次式により与えられる。

$$\sigma_0 = 4\pi ƛ_0^2 \frac{\Gamma_n}{\Gamma} g = 2.608 \times 10^6 g \left(\frac{A+1}{A}\right)^2 \frac{1}{E_0}\frac{\Gamma_n}{\Gamma} \tag{3–117}$$

ここで、$ƛ_0$ は中性子エネルギー E_0 に対応する換算中性子波長であり、また $ƛ_0 = \lambda_0/2\pi$ [14]。

$$g = \frac{2J+1}{2(2I+1)} \tag{3–118}$$

---

[13] 3–1 の「弾性散乱反応による中性子の減速」に従って、中性子の質量を m、原子核の質量を M、中性子の速さを実験室系で v_L、重心系で v_C、原子核の速さを実験室系で V_L、重心系で V_C とし、また、重心の速さを v_{CM} とすると、重心系での全運動エネルギー E_C は、第3章 (3–2) 式 (v_C)、(3–3) 式 (V_C) から、

$$\begin{aligned}E_C &= \frac{1}{2}mv_C^2 + \frac{1}{2}MV_C^2 \\ &= \frac{1}{2}m\left(\frac{M}{m+M}\right)^2 (v_L - V_L)^2 + \frac{1}{2}M\left(\frac{m}{m+M}\right)^2 (v_L - V_L)^2 \\ &= \frac{1}{2}\frac{Mm\,(m+M)}{(m+M)^2}(v_L - V_L)^2 = \frac{1}{2}\frac{Mm}{(m+M)}(v_L - V_L)^2 = \frac{1}{2}\mu\,(v_L - V_L)^2 \\ &= \frac{1}{2}\mu v_r^2\end{aligned}$$

で与えられる (3–5 式)。μ は換算質量であり、すなわち、

$$\mu = \frac{Mm}{(m+M)} = \frac{1}{\left(\frac{1}{m} + \frac{1}{M}\right)}$$

(第3章 (3–6 式))

また、v_r は実験室系での中性子と原子核の相対速度で、すなわち、$v_r = v_L - V_L$(ただし $V_L = 0$) である。

[14] 中性子波長 λ_0 については、第1章の (1–2) 式参照。

はスピン統計因子と呼ばれ、核のスピン I と全スピン J により計算される[15]。

Γ：共鳴幅。共鳴の部分幅と区別するため、共鳴の全幅と呼ばれることが多い。通常、この幅は、共鳴の半値幅（共鳴ピーク高さ σ_0 の半分の高さのところにおける幅）で定義される。

Γ_γ：共鳴の部分幅の一つで、γ 幅（放射幅）と呼ばれる。部分幅（ここでは Γ_γ）は、Γ_γ/Γ が全反応に対して捕獲反応を起す確率と等しくなるように決められる。これと同様に、核分裂反応断面積の表記に対しては、核分裂幅 Γ_f が用いられ、共鳴核分裂断面積は次のように書ける。

$$\sigma_f\left(E_C\right)=\sigma_0\left(\frac{\Gamma_f}{\Gamma}\right)\sqrt{\frac{E_0}{E_C}}\frac{1}{\left(1+y^2\right)} \tag{3–119}$$

$\Gamma_n(E_0)$：共鳴の部分幅の一つで、中性子幅と呼ばれる。この中性子幅は他の部分幅とは異なり、幅が中性子の速さ、すなわち中性子エネルギーの平方根 $\sqrt{E}$ に比例する。したがって、

$$\Gamma_n\left(E_0\right)=\Gamma_n^0\sqrt{E_0} \tag{3–120}$$

なお、共鳴散乱反応の場合には、ポテンシャル散乱反応（第1章1–2節参照）が存在することから、断面積の表記が、他の反応と大きく異なり、次式のようになる。

$$\sigma_s\left(E_C\right)=\sigma_0\left(\frac{\Gamma_n\left(E_0\right)}{\Gamma}\right)\sqrt{\frac{E_0}{E_C}}\frac{1}{\left(1+y^2\right)}+\sigma_0\frac{2R}{\lambda\!\!\!^{-}_0}\frac{y}{\left(1+y^2\right)}+4\pi R^2 \tag{3–121}$$

ここで、R は原子核の半径[16]である。この式のうち、第1項が共鳴散乱自身を表す項で、先の $\sigma_\gamma(E_0)$ と同じ共鳴断面積の式の形となっている。一方、第3項がポテンシャル散乱を表す項であり、第2項は両者（ポテンシャル散乱と共鳴散乱）の干渉を表す項である。

(2)　ドップラー効果

前節までの減速の理論では、原子核が静止しているとして、そこに中性子が入射することを前提にしていた。しかし、実際には原子核は静止しておらず、熱運動をしている。このため、厳密には先の前提は成り立たない。しかし、実際上、原子炉内で現れる数100K程度の温度における原子核の熱運動のエネルギーは、減速中の中性子のエネルギーに比べて非常に小さいことから、先の前提は実質的に十分正しいといえる。

しかしながら、この小さな原子核の熱運動エネルギーも共鳴を考える上では、無視できなくなる。これ

---

[15] 例えば、^{235}U に中性子が吸収される場合を考えると、中性子のスピンは1/2、核のスピンは $7/2^-$ なので、例えば 3^- というレベルは $g=((2\times3)+1)/2[2\times(7/2)+1]=7/16$ の割合で生じ、4^- というレベルは $g=(2\times4+1)/2[2\times(7/2)+1]=9/16$ の割合で生ずることを示す。^{238}U の場合は、核のスピンが0であるので1/2のレベルしか生ぜず、常に $g=1$ となる。

[16] 原子核の半径は、ポテンシャル散乱断面積が $4\pi R^2$ と等しくなるように決められる。

は、共鳴幅が非常に小さいためである（多くの場合 0.01eV のオーダー）。例えば 600K（約 327 ℃）の温度の物質を考える。この温度での熱運動エネルギーは約 0.05eV である。さらに、この物質を構成する原子核が、10eV のところに、共鳴エネルギー幅として典型的な値である 0.03eV の幅を持つ共鳴を持つとする（^{238}U の 6.7eV の共鳴の共鳴幅は 0.027eV）。このような物質に 10eV の中性子が入射するとすると、原子核の 600K での熱運動により、核反応に寄与する運動エネルギー（前節の E_C）が 9.95eV（中性子の運動方向に対して原子核が正反対に遠ざかる場合）～10.05eV（真正面から近づく場合）の間に分布することになるため、かなりの数の中性子が共鳴の幅（9.97eV～10.03eV）を外れることとなる。

このように、原子核の熱運動は共鳴における中性子の反応率に大きな影響を有する。このため、原子炉物理学では、先に導入したブライト・ウイグナーの一準位公式に、原子核の熱運動（マックスウエル（Maxwell）分布に従う熱運動）を考慮することにより、原子核の温度依存の形の共鳴断面積の定式化を行っている。これにより、原子核が静止しているとする、先の減速の理論のまま、原子核が熱運動しているときの反応率を保存できるようになる。

以下、原子核の温度依存の形の共鳴断面積の定式化を行う。はじめに、温度 T に対応して、実験室系において速度 $\mathbf{V}$（ベクトル）(17) で熱運動している原子核を考える。この原子核の速度分布を

$$N(\mathbf{V})\,d\mathbf{V} = \text{速度 } \mathbf{V} \text{ のまわりで微小速度 } d\mathbf{V} \text{ 内に存在する原子核の単位体積当りの数} \tag{3-122}$$

と定義する。この分布は、全原子核数 N に規格化されているとする。すなわち、

$$N = \int N(\mathbf{V})d\mathbf{V} \tag{3-123}$$

とする。一方、このような原子核で構成される物質に、実験室系において一定の速度 $\mathbf{v}$（ベクトル）を持つ中性子が入射することを考える（一方向からのビーム状の中性子を考えるものに相当）。すなわち、この中性子の速度 $\mathbf{v}$ は、$\mathbf{v} = v\mathbf{e}$（$\mathbf{e}$ はある方向の単位ベクトル）および $|\mathbf{v}| = \mathbf{v}$ であるとする。また、単位体積当りの中性子数を n と書く。このとき、原子核の単位時間単位体積当りの反応率は、原子核と中性子の反応断面積 $\sigma(E_c)$（前節 E_c の項参照）と原子核との相対速度 $v_r = |\mathbf{v} - \mathbf{V}|$ を用いて、

$$R = \int n v_r \sigma\left(E_C\right) N\left(\mathbf{V}\right) d\mathbf{V} = n \int v_r \sigma\left(E_C\right) N\left(\mathbf{V}\right) d\mathbf{V} \tag{3-124}$$

と書くことができる。この反応率が、通常の反応率の式（すなわち、$n\sigma vN$。ここで、v が実験室系の速度であることに注意）において保存されるように平均断面積 $\bar{\sigma}$ を定義する。すなわち、

$$R = n \int v_r \sigma\left(E_C\right) N\left(\mathbf{V}\right) d\mathbf{V} = n\bar{\sigma}vN \tag{3-125}$$

---

(17) 原子核に対しては大文字で表記。中性子に対して小文字で表記

とおくと、

$$\overline{\sigma} = \frac{1}{vN}\int v_r \sigma\left(E_C\right) N\left(\mathbf{V}\right) d\mathbf{V} \tag{3–126}$$

とできる。この式で与えられる平均断面積が、原子核が熱運動しているときの反応率を、通常の解析上で（原子核が静止している状態での）保存する断面積で、ここで求めようとしているものである。上式の積分は、原子核の実験室系での速度（ベクトル）$\mathbf{V}$ を $(V_X、V_Y、V_Z)$ として書き直すと

$$\overline{\sigma} = \frac{1}{vN}\int v_r \sigma\left(E_C\right) N\left(V_X, V_Y, V_Z\right) dV_X dV_Y dV_Z \tag{3–127}$$

となる。本章では、入射する中性子の方向 $\mathbf{v}$（ベクトル）を Z 方向に取ってこの積分を考える。このように取ると、中性子の運動方向に対する原子核の速度は図 3.5 の通りに V_Z を持つこととなる。まずこの積分

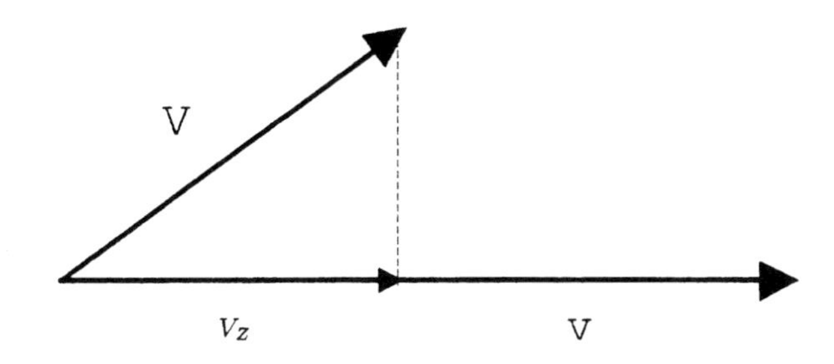

図 3.5 V_Z の定義を示す図

中にある E_C と v_r について検討して、(3–127) 式の積分を簡単化する。E_C は、

$$E_C = \frac{1}{2}\mu v_r^2 = \frac{1}{2}\mu\left|\mathbf{v}-\mathbf{V}\right|^2 = \frac{1}{2}\mu v^2 + \frac{1}{2}\mu V^2 - \mu\mathbf{v}\mathbf{V} = \frac{M}{m+M}E + \frac{m}{m+M}E_A - \mu\mathbf{v}\mathbf{V} \tag{3–128}$$

とでき[18]、中性子の運動方向を Z に取ったこと、および、ドップラー効果が重要な意味を持つのが主に重い核の共鳴においてであることから $\frac{M}{m+M} \cong 1$ および $\frac{m}{m+M} \cong 0$ と近似できることを用い、さらに $E = \frac{1}{2}mv^2$ であるから

$$E_C \doteqdot E - \mu\sqrt{\frac{2E}{m}}V_Z \tag{3–129}$$

---

[18] p.118 の注釈 * における表記で説明すると、

$$\begin{aligned} E_C &= \frac{1}{2}\frac{Mm}{(m+M)}v_L^2 + \frac{1}{2}\frac{Mm}{(m+M)}V_L^2 - \mu v_L V_L = \frac{M}{(m+M)}\frac{1}{2}mv_L^2 + \frac{m}{(m+M)}\frac{1}{2}MV_L^2 - \mu v_L V_L \\ &= \frac{M}{(m+M)}E_L + \frac{m}{(m+M)}E_L^A - \mu v_L V_L \end{aligned}$$

ここで、E_L は実験室系での中性子の運動エネルギー、E_L^A は実験室系での原子核の運動エネルギーである。

と書ける[19]　。すなわち、E_C は V_Z のみの関数となることがわかる[20]　。そして、E_c が V_Z のみの関数となることおよび $v_r = \sqrt{2E_C/\mu}$ の関係から、v_r も V_Z のみに依存する関数となることがわかる。これらを利用すると (3–127) 式は次のように、簡単化される。

$$\overline{\sigma} = \frac{1}{vN}\int v_r\sigma\left(E_C\right)\left(\int\int N\left(V_X, V_Y, V_Z\right)dV_X dV_Y\right)dV_Z \tag{3–130}$$

ついでこの式に、原子核のマックスウェル熱運動を考慮する。マックスウェル熱運動の速度分布則は

$$N\left(\mathbf{V}\right) = NM\left(\mathbf{V}, T\right) = N\left(\frac{M}{2\pi kT}\right)^{\frac{3}{2}}\exp\left(-\frac{M\mathbf{V}^2}{2kT}\right) \tag{3–131}$$

と書ける。ここで、T は温度 (K)、$M(\mathbf{V}、\mathbf{T})$ はマックスウェルの分布式、M は原子核の質量、k はボルツマン定数である。この式を (3–130) 式に代入して V_X と V_Y についての積分を実行すると[21]

$$\overline{\sigma} = \left(\frac{1}{vN}\int v_r\sigma\left(E_C\right)N\left(V_Z\right)dV_Z\right)\times\left(\frac{M}{2\pi kT}\right)^{1/2} \tag{3–132}$$

とでき、さらにこの式に、マックスウエル分布 (3–131) 式とブライトーウイグナーの公式 (捕獲反応に対して (3–114) 式) を代入すると、

---

(19) 前注釈に続いて

$$E_C = \frac{M}{(m+M)}E_L + \frac{m}{(m+M)}E_L^A - \mu v_L V_L = 1\times E_L + 0\times E_L^A - \mu v_L V_L = E_L - \mu v_L V_L = E_L - \mu\sqrt{\frac{2E_L}{m}}V_L$$

(20) $\frac{m}{m+M} \cong 0$ の近似により、原子核の運動エネルギーの項が消えたため、V_X と V_Y の依存部分がなくなった。

(21) マックスウェル分布を仮定すると V_X と V_Y の積分は、それぞれ定数 $(\frac{M}{2\pi kT})^{-1/2}$ となるので、(3–130) 式の積分は次のように与えられる。すなわち、

$$\iint N\left(V_X, V_Y, V_Z\right)dV_X dV_Y = \left(\frac{M}{2\pi kT}\right)^{-1}\int N\left(V_Z\right)dV$$

平均断面積 $\overline{\sigma}_\gamma$ は[22]

$$\overline{\sigma}_\gamma = \sigma_0 \frac{\Gamma_\gamma}{\Gamma}\sqrt{\frac{E_0}{E}}\sqrt{\frac{M}{2\pi kT}}\int_{-\infty}^{\infty}\exp\left(-\frac{MV_Z^2}{2kT}\right)\frac{1}{(1+y^2)}dV_Z \tag{3–133}$$

と求められる。そして、これに以下で定義する関数 $\psi(\zeta,x)$ を用いると、

$$\overline{\sigma}_\gamma(E,T) = \sigma_0 \frac{\Gamma_\gamma}{\Gamma}\sqrt{\frac{E_0}{E}}\psi(\zeta,x) \tag{3–134}$$

と書き直すことができる。この式は、非常に低いエネルギー領域を除けば $E_0/E \cong 1$ と近似できることから、さらに簡単化した次の式が得られる。

$$\overline{\sigma}_\gamma(E,T) = \sigma_0 \frac{\Gamma_\gamma}{\Gamma}\psi(\zeta,x) \tag{3–135}$$

これら、(3–134) 式あるいは (3–135) 式が、ここで求めていた媒質温度（すなわち吸収原子核の温度）と中性子エネルギーを変数とする共鳴断面積の式である。これらの式の各項は、以下の通りである。

$$\psi(\zeta,x) = \frac{\zeta}{2\sqrt{\pi}}\int_{-\infty}^{\infty}\frac{\exp\left(-\frac{\zeta^2}{4}(x-y)^2\right)}{(1+y^2)}dy \tag{3–136}$$

$$x = \frac{2}{\Gamma}(E-E_0) \tag{3–137}$$

$$y = \frac{2}{\Gamma}(E_C-E_0) \tag{3–138}$$

$$\Gamma_D = \sqrt{\frac{4E_0kT}{A}}\text{（ドップラー幅と呼ばれている）} \tag{3–139}$$

$$\zeta = \frac{\Gamma}{\Gamma_D} \tag{3–140}$$

共鳴断面積の形を種々の温度に対してプロットすると図 3.6 のようになる。すなわち、温度が上がると共鳴が拡がってそのピークの高さが下がる。これを「ドップラー拡がり」という。なお、以上導出した式にはいくつかの近似がなされている。このため、最近ではより正確な式[23] が用いられることが多い。

(22) 相対速度と実験室系での速度の近似式が次のように与えられる。

$$\frac{v_r}{v} = \sqrt{\frac{2E_C}{\mu}}\Big/\sqrt{\frac{2E}{m}} = \sqrt{\frac{m}{\mu}\frac{E_C}{E}} = \sqrt{\frac{(m+M)}{M}\frac{E_C}{E}} \doteqdot \sqrt{\frac{E_C}{E}}$$

これを利用して、マックスウェル分布とブライト・ウイグナーの公式から平均断面積を求めると、

$$\begin{aligned}
\overline{\sigma} &= \left(\frac{1}{vN}\int v_r\sigma_0\sqrt{\frac{E_0}{E_C}}\frac{1}{(1+y^2)}\frac{\Gamma_\gamma}{\Gamma}N\left(\frac{M}{2\pi kT}\right)^{\frac{3}{2}}\exp\left(-\frac{MV_Z^2}{2kT}\right)dV_Z\right)\times\left(\frac{M}{2\pi kT}\right)^{-1}\\
&= \frac{v_r}{v}\sigma_0\sqrt{\frac{E_0}{E_C}}\frac{\Gamma_\gamma}{\Gamma}\left(\frac{M}{2\pi kT}\right)^{\frac{1}{2}}\int v_r\frac{1}{(1+y^2)}\exp\left(-\frac{MV_Z^2}{2kT}\right)dV_Z\\
&= \sqrt{\frac{E_C}{E}}\sigma_0\sqrt{\frac{E_0}{E_C}}\frac{\Gamma_\gamma}{\Gamma}\left(\frac{M}{2\pi kT}\right)^{\frac{1}{2}}\int\frac{1}{(1+y^2)}\exp\left(-\frac{MV_Z^2}{2kT}\right)dV_Z = \sigma_0\frac{\Gamma_\gamma}{\Gamma}\sqrt{\frac{E_0}{E}}\left(\frac{M}{2\pi kT}\right)^{\frac{1}{2}}\int\frac{1}{(1+y^2)}\exp\left(-\frac{MV_Z^2}{2kT}\right)dV_Z
\end{aligned}$$

(23) この場合 $\frac{m}{m+M} \doteqdot \frac{m}{M}$ とする以外の近似を行わない。(Murray,R.L:*Nucl.Sci.Eng.*, 26, 362(1974))

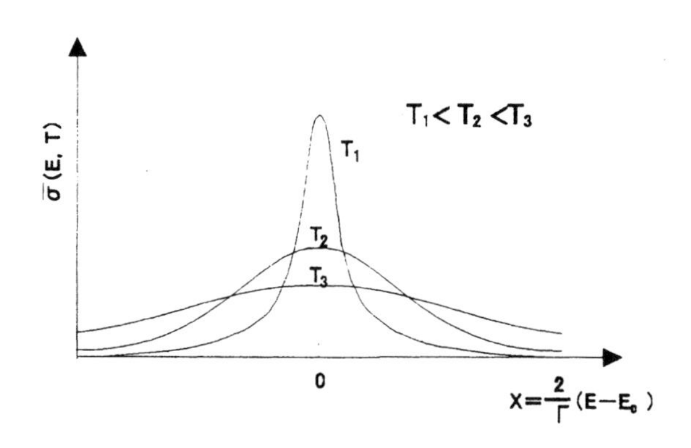

図 3.6 温度上昇に対する共鳴のドップラー拡がりの様子

3–4　無限に重い吸収体を含む水素体系中での共鳴を逃れる確率

本節では、前節で導出した共鳴断面積を用いて、いくつかの体系内での共鳴を逃れる確率を定式化する。まずはじめに、無限に広い水素体系中に、無限に重い原子核の吸収体が一様に分布している場合を考える。この場合の共鳴を逃れる確率ならびに中性子エネルギースペクトルは、3-2 節で述べた通り、中性子減速方程式の解から導かれ[24]、中性子源のエネルギー領域を除いて、

$$p(E) = \exp\left(-\int_E^{E_0} \frac{\Sigma_\gamma(E')}{\Sigma_t(E')}\frac{1}{E'}dE'\right) \tag{3-141}$$

$$\phi(E) = \frac{s_0}{\Sigma_t(E)}\frac{\Sigma_s(E_0)}{\Sigma_t(E_0)}\frac{1}{E}p(E) \tag{3-142}$$

で与えられる。

この式から、エネルギー E_r [25] に存在する一つの共鳴に対する共鳴を逃れる確率 p_{E_r} の計算を行う。いま考えている体系では、水素 (添え字 H で表す) の吸収と無限に重い吸収体 (添え字 A で表す) による散乱が無視できる (すなわち、$N_H\sigma_s^H \gg N_A\sigma_s^A$ および $N_H\sigma_\gamma^H \ll N_A\sigma_\gamma^A$) としているので、

$$p_{E_r} = \exp\left(-\int_{E_r} \frac{\Sigma_\gamma(E')}{\Sigma_t(E')}\frac{1}{E'}dE'\right) = \exp\left(-\int_{E_r} \frac{N_A\sigma_\gamma^A(E')}{N_H\sigma_s^H(E') + N_A\sigma_\gamma^A(E')}\frac{1}{E'}dE'\right) \tag{3-143}$$

とできる。ここで、$\int_{E_r}$ は共鳴エネルギー E_r の共鳴に対する積分を表すものとする。この式に、前節のブライト・ウイグナーの式 (3-135) を代入すれば、共鳴を逃れる確率を定式化できる。以下、2 つのケースに分けて説明する。

---

[24] 3-2 節の (3-82) および (3-83) 式で与えられる。ただし、中性子源のエネルギー領域を除いているため、式の形は 3-2 節のものとは異なる。また、吸収反応を表す添字も a から γ に変更している。

[25] 前節の E_0 と同じ。本節から E_r を用いる。

(1) 無限希釈

まず、共鳴のエネルギー幅の範囲内で散乱は水素のみで起ると考える。このような仮定は、吸収体の濃度が極めて薄くて、吸収体の存在が中性子スペクトルの形を乱さない、すなわち吸収体の吸収ならびに散乱反応が中性子のエネルギースペクトルにまったく影響を与えないことを意味する。これを無限希釈（infinite dilution）という。このような仮定が成り立つとき、共鳴を逃れる確率の計算においては、式中の分母において水素の散乱項のみを考えればよく ($N_A\sigma_\gamma^A \cong 0$ とすることができ)、また積分範囲が十分小さいことから断面積を一定と近似できる（$\sigma_s^H(E') = \sigma_s^H$ = 一定 と置く)。これらから E_r に存在する共鳴によって中性子が吸収されない確率 (E_r に存在する共鳴を逃れる確率 p_{E_r}) は

$$p_{E_r} = \exp\left(-\int_{E_r} \frac{N_A\sigma_\gamma^A(E')}{N_H\sigma_s^H(E') + N_A\sigma_\gamma^A(E')}\frac{1}{E'}dE'\right) \doteqdot \exp\left(-\frac{N_A}{N_H\sigma_s^H}\int_{E_r}\sigma_\gamma^A(E')\frac{1}{E'}dE'\right) \tag{3–144}$$

となり、さらに、同じく積分範囲が狭いことから積分中の E' を共鳴エネルギー E_r で置き換えることができる ($\frac{1}{E'} = \frac{1}{E_r}$ = 一定と仮定できる) ので

$$p_{E_r} = \exp\left(-\frac{N_A}{N_H\sigma_s^H}\int_{E_r}\sigma_\gamma^A(E')\frac{1}{E'}dE'\right) = \exp\left(-\frac{N_A}{N_H\sigma_s^H}\frac{1}{E_r}\int_{E_r}\sigma_\gamma^A(E')dE'\right) \tag{3–145}$$

とできる。さらに、積分範囲について、共鳴のエネルギー範囲以外では断面積がほとんどゼロで、その寄与はごく小さいと考えられるので積分区間を $-\infty$ から $+\infty$ とし、さらに、(3–137) 式から

$$dx = \frac{2}{\Gamma}dE \text{ すなわち } dE = \frac{\Gamma}{2}dx \tag{3–146}$$

とできることを用いて、(3–145) 式の積分項を変形すると、

$$\begin{aligned}\frac{1}{E_r}\int_{Er}\sigma_\gamma^A(E')dE' &= \frac{1}{E_r}\int_{-\infty}^{+\infty}\sigma_\gamma^A(E')dE' = \frac{1}{E_r}\int_{-\infty}^{+\infty}\sigma_0\frac{\Gamma_\gamma}{\Gamma}\psi(\zeta,x)\frac{\Gamma}{2}dx \\ &= \sigma_0\frac{\Gamma_\gamma}{2E_r}\int_{-\infty}^{+\infty}\psi(\zeta,x)dx = \sigma_0\frac{\Gamma_\gamma}{2E_r}\pi\end{aligned} \tag{3–147}$$

となる。ここで、

$$\int_{-\infty}^{+\infty}\psi(\zeta,x)\,dx = \pi \tag{3–148}$$

を用いた[26]。以上から、無限希釈の場合の p_{E_r} を $p_{E_r}^\infty$ と書くと

$$p_{E_r}^\infty = \exp\left(-\frac{N_A}{N_H\sigma_s^H}\sigma_0\frac{\Gamma_\gamma}{2E_r}\pi\right) = \exp\left(-\frac{\pi N_A\sigma_0\Gamma_\gamma}{2N_H\sigma_s^H E_r}\right) \tag{3–149}$$

---

(26) $\int_{-\infty}^{+\infty}\psi(\zeta,x)dx = \int_{-\infty}^{+\infty}\frac{\zeta}{2\sqrt{\pi}}\int_{-\infty}^{+\infty}\exp\left(-\frac{\zeta^2}{4}(x-y)^2\right)\frac{1}{(1+y^2)}dydx$

において、$(x-y)\frac{\zeta}{2} = t$ とおくと、$dx = \frac{2}{\zeta}dt$ となるので、

$\int_{-\infty}^{+\infty}\frac{\zeta}{2\sqrt{\pi}}\int_{-\infty}^{+\infty}\exp\left(-\frac{\zeta^2}{4}(x-y)^2\right)\frac{1}{(1+y^2)}dydx = \int_{-\infty}^{+\infty}\frac{\zeta}{2\sqrt{\pi}}\int_{-\infty}^{+\infty}\exp\left(-t^2\right)\frac{2}{\zeta}dt\frac{1}{(1+y^2)}dy$

$= \frac{1}{\sqrt{\pi}}\int_{-\infty}^{+\infty}\left(\int_{-\infty}^{+\infty}\exp\left(-t^2\right)dt\right)\frac{1}{(1+y^2)}dy = \frac{1}{\sqrt{\pi}}\int_{-\infty}^{+\infty}\sqrt{\pi}\frac{1}{(1+y^2)}dy = \int_{-\infty}^{+\infty}\frac{1}{(1+y^2)}dy = \tan^{-1}y\Big|_{-\infty}^{+\infty} = \pi$

となる。

この式は、無限希釈としたときの、ある一つの共鳴による共鳴吸収（中性子吸収量）を考える上でもっとも基本的な式となる。例えば、この式から、水減速炉では、減速材の温度反応度係数が負となる性質があることを知ることができる。すなわち、原子炉の出力が増したとしよう。原子炉の出力増加は、減速材（水）温度の上昇そして水の密度の低下をもたらす。この減速材の密度の低下（N_H の減少）は、共鳴を逃れる確率 p を小さくするから、中性子吸収量の増加、そして増倍率の低下につながることとなる。すなわち、共鳴の吸収効果は、出力上昇時に増倍率を下げる働きをする。この負の反応度係数は、水減速炉に出力増加時の自己制御性を与える重要なものである。なお $\sigma_\gamma^A(E)$ は温度依存性を持つが、(3–149) 式でわかる通り、無限希釈の $p_{E_r}^\infty$ には温度依存性がないことに注意すること。これは中性子束が共鳴によって乱されることはないという仮定をしたから当然のことである。

(2)　有限希釈

次に有限希釈の場合について考える。このとき

$$p_{E_r} = \exp\left(-\int_{E_r} \frac{N_A\sigma_\gamma^A(E')}{N_H\sigma_s^H(E') + N_A\sigma_\gamma^A(E')}\frac{1}{E'}dE'\right) = \exp\left(-\int_{E_r} \frac{N_A\sigma_0\frac{\Gamma_\gamma}{\Gamma}\psi(\zeta,x)}{N_H\sigma_s^H + N_A\sigma_0\frac{\Gamma_\gamma}{\Gamma}\psi(\zeta,x)}\frac{1}{E'}dE'\right) \quad (3\text{–}150)$$

において、共鳴内で E' を共鳴エネルギー E_r で置きかえ、また $dE = \frac{\Gamma}{2}dx$ から

$$\begin{aligned} p_{E_r} &= \exp\left(-\int_{E_r} \frac{N_A\sigma_0\frac{\Gamma_\gamma}{\Gamma}\psi(\zeta,x)}{N_H\sigma_s^H + N_A\sigma_0\frac{\Gamma_\gamma}{\Gamma}\psi(\zeta,x)}\frac{1}{E'}dE'\right) = \exp\left(-\frac{1}{E_r}\int_{-\infty}^{+\infty} \frac{N_A\sigma_0\frac{\Gamma_\gamma}{\Gamma}\psi(\zeta,x)}{N_H\sigma_s^H + N_A\sigma_0\frac{\Gamma_\gamma}{\Gamma}\psi(\zeta,x)}\frac{\Gamma}{2}dx\right) \\ &= \exp\left(-\frac{\Gamma}{E_r}\int_{-\infty}^{+\infty}\frac{1}{2}\frac{\psi(\zeta,x)}{\frac{N_H\sigma_s^H\Gamma}{N_A\sigma_0\Gamma_\gamma} + \psi(\zeta,x)}dx\right) \equiv \exp\left(-\frac{\Gamma}{E_r}J(\zeta,\beta)\right) \end{aligned} \quad (3\text{–}151)$$

となる。ただし、$J(\zeta,\beta)$ と β は次式で与えられる。

$$J(\zeta,\beta) = \int_0^{+\infty} \frac{\psi(\zeta,x)}{\beta + \psi(\zeta,x)}dx \quad (3\text{–}152)$$

$$\beta = \frac{N_H\sigma_s^H\Gamma}{N_A\sigma_0\Gamma_\gamma} \quad (3\text{–}153)$$

図 3.7 に $J(\zeta,\beta)$ の値が ζ をパラメータとしてプロットされている。この図から p の温度依存性が考察される。すなわち、温度 T が上がると、(3–139) 式 $\Gamma_D = \sqrt{\frac{4E_0kT}{A}}$ さらに (3–140) 式 $\zeta = \frac{\Gamma}{\Gamma_D}$ により ζ が小さくなり、図 3.7 から $J(\zeta,\beta)$ が大きくなることがわかる。$J(\zeta,\beta)$ の増加は、(3–151) 式から、p を低下させる。すなわち、原子核の温度の増加とともに共鳴吸収が増加することとなる。前項に示したと同じく原子核の共鳴断面積の温度依存性（ドップラー拡がり）により、p の低下、そして負の反応度効果（増倍率を減少）がもたらされることとなる。そして、この効果により、原子炉の出力上昇時に負の反応度効果

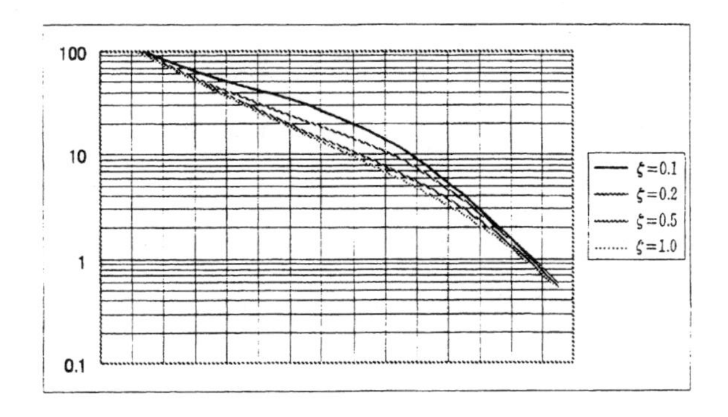

図 3.7 関数 $J(\zeta,\beta)$(Dresner,L.:— Resonance Absorption in Nuclear Reactors",Pergamon Press,(1960) より)

が与えられることとなる。このドップラー効果は、反応度の温度係数で最も重要なものである。

ドップラー効果について、図 3.8 を用いて別の面から説明を加えておく。図 3.8 は、共鳴エネルギー E_r

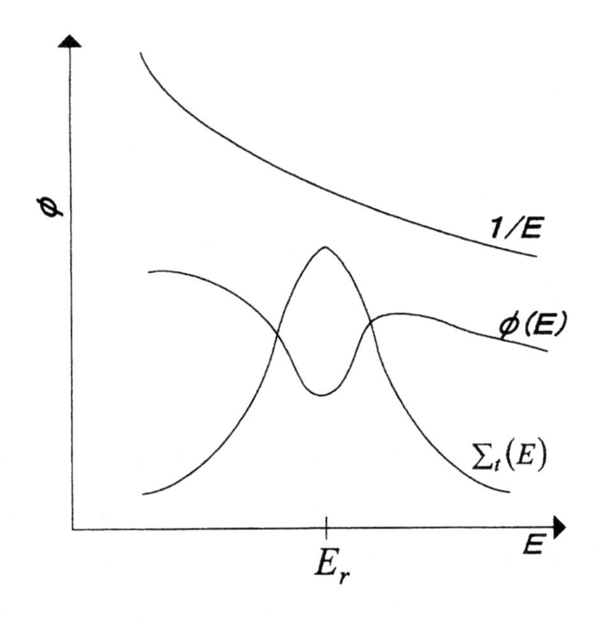

図 3.8 共鳴の近くの中性子の窪み

のまわりの共鳴断面積の値、ならびに共鳴が存在しない（あるいは無限希釈時）の中性子束の減速中のスペクトルである $1/E$ スペクトルと大きな共鳴が存在するときの中性子束スペクトル $\phi(E)$ を図示している。大きな共鳴が存在するとき、$\phi(E)$ は共鳴断面積が大きいほど小さくなり、全体的に共鳴エネルギー E_r を底とした窪んだ形となる。このような窪みが生じることを、共鳴の自己遮蔽効果（self-shielding）という。

特にここでは、エネルギースペクトル上での挙動に関してなので、エネルギー自己遮蔽効果といわれる。このような状況のとき、原子核の温度が上がったとしよう。温度が上がると、共鳴が拡がる。共鳴が拡がると、共鳴のピーク付近で断面積は小さくなる。しかし、断面積が十分大きな共鳴においては、共鳴ピーク断面積が小さくなったとしても、共鳴に入ってきた中性子はすべて吸収されるため、ドップラー拡がりによって吸収される中性子の数が減ることはない。これに対し、ドップラー拡がりによって断面積が増加する共鳴の裾の部分では、もともと共鳴物質による断面積が小さいため、これが増加したとしたとしてもあまり大きな値となることはなく、自己遮蔽は起らないため[27]、断面積の上昇に見合っただけ中性子の吸収数が増えることとなる。両者の効果を総合して全体的に見ると、原子核温度の上昇による共鳴の拡がりの結果、裾の部分で中性子吸収が増え（ピーク部の吸収量は変化せず)、共鳴全体としての中性子吸収が増し、そして共鳴を逃れる確率が低下することとなる。以上が、ドップラー効果の定性的な説明として良く用いられている。

なお、無限希釈の場合には、(3–149) 式からわかる通り、温度上昇時にも中性子吸収量が変化せず、共鳴を逃れる確率も温度に依存せず一定となる（ドップラー効果が働かない)。これは、無限希釈の場合、断面積自体は温度依存性を持つものの（ドップラー拡がりは起るが)、中性子束がその共鳴によって乱されることはないから、中性子束スペクトルに変化は起らない（無限希釈時には自己遮蔽効果がもともとないから変化しようがない)。また一方で、(3–148) で示した通り、ドップラー拡がりでは共鳴の下の断面積が保存されることから、中性子束と断面積の積で与えられる共鳴吸収量が変化することはない。結果として、共鳴を逃れる確率も温度に依存せず一定となる。

3–5　共鳴積分

前節では、2 つの仮定、すなわち①減速材として水素のみを、②吸収体としては無限に重い原子核を考えて、共鳴を逃れる確率を定式化した。ここでは、吸収体（A と表す）と減速材（M と表す。水素以外も考える）が均一に混合されている無限に大きな体系を考えて、共鳴による中性子吸収の挙動を一般化する。その一般化の結果、共鳴積分という概念が導入され、共鳴を逃れる確率（さらには群定数）の定式化がなされることとなる。

今エネルギー E_0 に s_0 個 $\cdot\mathrm{cm}^{-3}\cdot\mathrm{s}^{-1}$ の中性子を放出する中性子源があるとする[28]。この場合、エネル

---

[27] 共鳴物質（(A) の断面積が大きくない領域（裾の部分)）では、全断面積 Σ_t が減速材の散乱断面積で支配されるため、共鳴物質（A）の断面積が多少大きくなっても全断面積はほとんど変化せず、

$$\phi(E) = \frac{s_0}{\xi\Sigma_t E}$$

で決まる。すなわちその部分の中性子束が変化 (低下) することはない

[28] 簡単のために、このように仮定するが、連続エネルギー中性子源においても同様の順で定式化できる

ギー E_0 から E までの間で中性子が吸収される数 (単位時間、単位体積当りの吸収の数) は、中性子束スペクトル $\phi(E)$ と吸収断面積 $\sum_a(E)$ を用いて、

$$(\text{中性子吸収量}) = \int_E^{E_0} \Sigma_a(E')\phi(E')\,dE' \tag{3–154}$$

と表せ、さらに、エネルギー E_0 から E までの間にあるすべての共鳴を逃れる確率は

$$p(E) = \frac{s_0 - (\text{中性子吸収量})}{s_0} = \frac{s_0 - \int_E^{E_0} \Sigma_a(E')\phi(E')\,dE'}{s_0} = 1 - \frac{\int_E^{E_0} \Sigma_a(E')\phi(E')\,dE'}{s_0} \tag{3–155}$$

となる。この式は正確であり、$\phi(E)$ がわかればこの積分が計算できる。しかし、数多くの共鳴が存在する中で $\phi(E)$ を解析的に求めるのは困難であり、近似が必要となる。

そこで、図 3.9 に示すように共鳴が十分離れており、吸収がすべてそういう他の共鳴から離れた (孤立した) 共鳴によって起ると考える。この場合、$\phi(E)$ は大まかに、3–2 節で議論した「体系内に吸収がある場

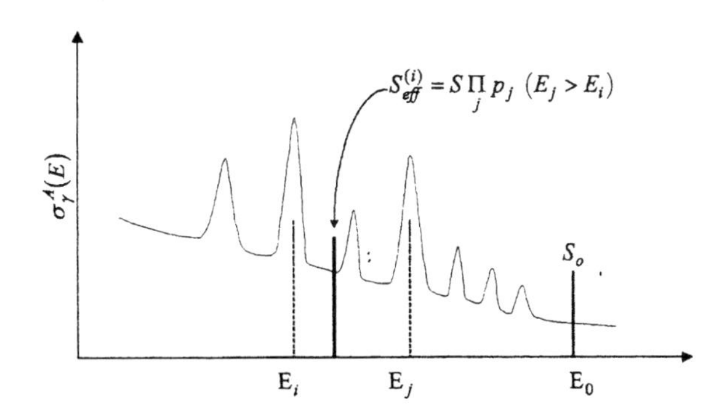

図 3.9 よく分離された共鳴に対する実効中性子源

合の、質量数が 1 より大きい物質による減速」における中性子束スペクトル（$\phi_{asym}(E)$ と書く）で近似できる。そのスペクトルは、3–2 節の (3–108) 式で与えられ、

$$\phi(E) \doteqdot \frac{s_0}{\bar{\xi}\Sigma_s E} \equiv \phi_{asym}(E) \tag{3–156}$$

である。ここで平均の $\bar{\xi}$ は同じく 3–2 節の (3–87) 式に従って、

$$\bar{\xi} = \frac{\xi_A \Sigma_s^A + \xi_M \Sigma_s^M}{\Sigma_s^A + \Sigma_s^M} \tag{3–157}$$

で与えられる[29]。これを前提にすると、中性子源からの中性子エネルギー E_0 から下の方に数えて i 番目にある共鳴の共鳴エネルギー E_i における中性子束は、エネルギー E_i における実効的な中性子源を s_{eff}^i と

[29] なお、減速効果の主体となる減速材の散乱断面積は通常、広いエネルギー範囲で一定であるので、減速材、吸収体ともにその散乱断面積はエネルギーに依存せず、一定であるとした。

おくと[30]。

$$\phi(E_i) = \frac{s^i_{eff}}{\bar{\xi}\Sigma_s E} \tag{3–158}$$

さらに i 番目の共鳴を逃れる確率 p_i が (3–155) 式と同様の考えで

$$p_i = 1 - \frac{1}{s^i_{eff}} \int_{共鳴\ i} \Sigma_a(E')\phi(E')\,dE' \tag{3–159}$$

となるので、(3–158) 式の中性子スペクトルと $\Sigma_a(E') = N_A\sigma_\gamma^A(E')$ を用いて、p_i を

$$p_i = 1 - \frac{1}{s^i_{eff}} \int_{共鳴\ i} N_A\sigma_\gamma^A(E')\frac{s^i_{eff}}{\bar{\xi}\Sigma_s E'}dE' = 1 - \frac{N_A}{\bar{\xi}\Sigma_s}\int_{共鳴\ i}\frac{\sigma_\gamma^A(E')}{E'}dE' \tag{3–160}$$

とすることができる。ここまで、中性子スペクトルが $1/E$ の形であると仮定して p_i の式を定式化した。

以下では、さらに近似を導入して、共鳴積分という概念を導入し、p_i に対する有用かつ簡便な式を得る。導入する近似は、1 本 1 本の共鳴の p_i(共鳴を逃れる確率) はすべて 1 に近いと仮定することである。すなわち、

$$1 - p_i \ll 1 \tag{3–161}$$

であるとする。このようにすると、

$$\exp(-(1-p_i)) \doteqdot 1 - (1-p_i) \doteqdot p_i \tag{3–162}$$

が成り立つので、p_i を

$$\begin{aligned} p_i &= \exp(-(1-p_i)) = \exp\left(-\left(1 - \left(1 - \frac{N_A}{\bar{\xi}\Sigma_s}\int_{共鳴\ i}\frac{\sigma_\gamma^A(E')}{E'}dE'\right)\right)\right) \\ &= \exp\left(-\frac{N_A}{\bar{\xi}\Sigma_s}\int_{共鳴\ i}\frac{\sigma_\gamma^A(E')}{E'}dE'\right) \end{aligned} \tag{3–163}$$

すなわち

$$p_i = \exp\left(-\frac{N_A}{\bar{\xi}\Sigma_s}I_i\right) \tag{3–164}$$

と表現することができる。ここで、I_i は、i 番目の共鳴に対する（実効）共鳴積分（(effective) resonance integral）と呼ばれ、次式で定義される。

$$I_i = \int_{共鳴\ i}\frac{\sigma_\gamma^A(E')}{E'}dE' \tag{3–165}$$

---

[30] 実効的な中性子源 s^i_{eff} は、強度 s_0 の中性子源から出た中性子が吸収されないで i 番目の共鳴まで減速された中性子数として与えられ、強度 s_0 に i 番目より上にあるすべての共鳴を逃れる確率 $p_j(j = 1,\cdots,i-1)$ を掛けたものとなる。すなわち

$$s^i_{eff} = s_0\prod_{j=1}^{i-1}p_j$$

共鳴積分は、中性子束スペクトルが $1/E$ の形をしているときの共鳴吸収量のエネルギー積分である。したがって、この共鳴積分 ((3–165) 式) は、無限希釈の共鳴積分 I_∞ と呼ばれ、共鳴の特性を示すきわめて重要な量である。また、この I_∞ は吸収体の性質のみで決まる量であり、減速材の性質に依存しない。

そして、このように定式化された p_i を用いると、一連の共鳴に対する共鳴を逃れる確率 p は、それらの積として与えられ、すなわち、

$$p = \prod_i p_i \tag{3–166}$$

であることから、(3–166) 式から一連の共鳴すべてを逃れる確率 p が[31]、

$$p = \prod_i \exp\left(-\frac{N_A}{\xi\Sigma_s}I_i\right) = \exp\left(-\frac{N_A}{\xi\Sigma_s}\sum_i I_i\right) \tag{3–167}$$

で求められる。

さらに、この I_i を用いると、エネルギー群（g 群）に対する平均断面積（いわゆる、群定数）を、このエネルギー範囲に含まれるすべての共鳴の共鳴積分 I_i の和として、次式のように得ることができる (Δu_g は g 群のレサジー幅)。

$$\Sigma_{ag} = \frac{N_A \sum_{i\in g} I_i}{\Delta u_g} \tag{3–168}$$

現在の炉物理解析では共鳴を逃れる確率を直接使うことは少なく、群定数が用いられることが多いが、このときでも共鳴積分はきわめて重要な概念であるといえる。

3–6　共鳴積分の近似計算

前節では共鳴積分という概念を導入して、共鳴を逃れる確率を (3–164) あるいは式 (3–167) 式で示したように定式化した。前節で導入した共鳴積分は $1/E$ スペクトルを仮定したときの、すなわち無限希釈時の共鳴積分であった。本節では、吸収体での吸収を考慮したとき（すなわち有限希釈時）の共鳴積分を定式化する。厳密に共鳴積分を得るためには、減速方程式まで立ちかえって、新たに中性子束を定める必要がある。しかし、3–2 節の減速方程式においても述べたように、吸収体での吸収を考慮した場合の中性子束の導出は容易ではなく、少なくとも解析的な式を得るのは不可能である。そこで、本節では原子炉物理学の中で良く行われる 2 つの近似を紹介する。一つが NR（Narrow Resonance）近似で、もう一つが NRIM

(31)

$$\prod_i \exp(-aX_i) = \prod_i \exp(-a)\exp(X_i) = \exp(-a)\prod_i \exp(X_i) = \exp(-a)\exp\left(\sum_i X_i\right) = \exp\left(-a\sum_i X_i\right)$$

(Narrow Resonance Infinite Mass) 近似（または、WR（Wide Resonance）近似）である。[32]

以下、これらの近似を簡単に説明する[33] が、その前に、共鳴の実用幅（practical width）Γ_{prac} を、吸収体の共鳴断面積が、ポテンシャル散乱断面積よりも大きくなるエネルギー範囲として定義しておく。この幅は、共鳴が実際に中性子吸収に影響するエネルギー幅という意味を持つ。この実用幅は、共鳴断面積をブライト・ウイグナーの式で与え、全幅 Γ、ピーク（マクロ）断面積 $\Sigma_0 (= \sigma_0 \times$（原子数密度））、ポテンシャル散乱断面積 Σ_p を用いて定式化すると

$$\Gamma_{prac} = \Gamma\sqrt{\frac{\Sigma_0}{\Sigma_p} - 1} \doteqdot \Gamma\sqrt{\frac{\Sigma_0}{\Sigma_p}} \tag{3-169}$$

と与えられる[34]。

(1) NR 近似

NR 近似は、一口でいえば共鳴の幅が狭く、共鳴の積分エネルギー範囲に入ってきた中性子が、吸収されずに散乱されるとき、すべての中性子が共鳴エネルギー範囲の下に散乱されると近似することである。すなわち、中性子が散乱後に再び同じ共鳴の積分エネルギー範囲に留まることはない。この積分エネルギー範囲内での中性子の吸収のみを考慮する。

先の共鳴の実用幅を考え、エネルギー E の中性子が吸収体原子核と散乱で失う平均のエネルギー $\overline{\Delta E_A}$(3–1 節の (3–37) 式) が実用幅より十分大きい場合、すなわち、

$$\overline{\Delta E}_A = \frac{1-\alpha_A}{2}E \gg \Gamma_{prac} \tag{3-170}$$

が成り立つ場合には、減速方程式（3・44）において $s(E)=0$ とし、積分を減速材と燃料に対するものに分け、それぞれの積分内で $\phi(E')\sim 1/E'$ とおくことによりポテンシャル散乱断面積 Σ_p、あるいは減速材の散乱断面積 Σ_s^M と吸収体のポテンシャル散乱断面積 Σ_p^A を用いて

$$\Sigma_t(E)\phi(E) = \frac{\Sigma_p}{E} = \frac{\Sigma_s^M + \Sigma_p^A}{E} \tag{3-171}$$

---

[32] その両者を混合した形の中間共鳴近似（Intermediate Resonance Approximate）もあるが、ここでは説明を省略する

[33] 各断面積の関係を整理しておく。(E) の変数がないものは、エネルギー依存でないとして扱っている (良い)。

吸収体の共鳴断面積=吸収体の共鳴吸収断面積 ($\Sigma_a^A(E)$) +吸収体の共鳴散乱断面積 ($\Sigma_{s,res}^A(E)$)

吸収体の散乱断面積($\Sigma_s^A(E)) = (\Sigma_{s,res}^A(E))$ +吸収体のポテンシャル散乱断面積 (Σ_p^A)

吸収体の全断面積($\Sigma_t^A(E)) = \Sigma_a^A(E) + \Sigma_s^A(E)$

減速材の全断面積($\Sigma_t^M(E)$)=減速材の散乱断面積 (Σ_s^M)

ポテンシャル散乱断面積($\Sigma_p) = \Sigma_s^M$ (減速材の散乱断面積)+$\sum_p^A$ (吸収体のポテンシャル散乱断面積)

全断面積($\Sigma_t(E)$)=吸収体も全断面積 ($\Sigma_t^A(E)$)+減速材の全断面積 ($\sum_t^M(E)$)

[34] たとえば ^{238}U の 6.7eV にある共鳴を考えると、この共鳴については $\Gamma \cong 0.027eV, \sigma_0 \cong 21,000barn, \sigma_p \cong 10barn$ である。また、H の場合は、$\sigma_p \cong 20barn$ である。したがって、U:H の原子核比を 1:1 とすると、$\Gamma_{prac} \cong 0.027\sqrt{\frac{21.000}{10+20}} \cong 0.72eV$ となる。これは共鳴の全幅 Γ より、27 倍も大きい。この例から、共鳴の実用幅の概念の重要さがわかる。

とできて、これから、

$$\phi_{NR}(E) = \frac{\Sigma_s^M + \Sigma_p^A}{\Sigma_t(E)E} \tag{3–172}$$

と書くことができる。これから NR 近似における共鳴積分は

$$I_{NR} = \int_{\text{共鳴}} \sigma_\gamma^A(E)\,\phi_{NR}(E)\,dE = \int_{\text{共鳴}} \sigma_\gamma^A(E)\,\frac{\left(\Sigma_s^M + \Sigma_p^A\right)}{\Sigma_t(E)}\frac{1}{E}dE \tag{3–173}$$

と書ける。この後の計算は、水素の場合と同様に、$\Sigma_t(E)$ にドップラー拡がりを考慮した断面積を代入することによって行える。なお、この NR 近似は $\frac{(1-\alpha_A)}{2}E$ という量がエネルギーが低くなると小さくなり、結果的に (3–170) 式が満たされなくなるので、低エネルギーの共鳴に対しては適切でなくなる。すなわち、NR 近似は、高いエネルギー領域の共鳴に対してよい近似法となる。

(2)　NRIM 近似（または WR 近似）

もう一つの極限として、共鳴の実用幅が中性子が吸収体原子核との衝突によって失うエネルギーよりはるかに大きい場合を考える。すなわち

$$\overline{\Delta E}_A = \frac{1}{2}(1-\alpha_A)\,E \ll \Gamma_{prac} \tag{3–174}$$

とする。これは、吸収体原子核との散乱により中性子が失う平均エネルギーが小さいので、散乱ではエネルギーを失わない（すなわち、吸収体原子核の質量が無限大）とする近似で、中性子エネルギーが低い場合に妥当な近似となる。この意味で IM（Infinite Mass）近似である。これに対し、減速材との散乱反応では、失う平均エネルギーが実用幅 Γ_{prac} よりはるかに大きいことを仮定する。すなわち、減速材との散乱では NR 近似を仮定する。このように近似すると中性子束は、全断面積 $\Sigma_t(E)$ と吸収体の散乱断面積 $\Sigma_s^A(E)$ および減速材の全断面積 Σ_s^M を用いて、

$$\phi_{NRIM}(E) = \frac{\Sigma_s^M}{\left(\Sigma_t(E) - \Sigma_s^A(E)\right)E} \tag{3–175}$$

と書くことができ、これを用いると NRIM 近似における共鳴積分は

$$I_{NRIM} = \int_{\text{共鳴}} \sigma_\gamma^A(E)\,\phi_{NRIM}(E)\,dE = \int_{\text{共鳴}} \sigma_\gamma^A(E)\,\frac{\Sigma_s^M}{\Sigma_t(E) - \Sigma_s^A(E)}\frac{1}{E}dE \tag{3–176}$$

と表すことができる。この式、すなわち NRIM 近似による共鳴積分を、NR 近似による共鳴積分の式 (3–173) と比較すると、共鳴積分の分母の全断面積から吸収体の散乱断面積 $\Sigma_s^A(E)$ が引いてあるかどうかであることが分かる（現実的な条件では $\Sigma_p^A \ll \Sigma_s^M$ が成り立つから、分子における違い、すなわち吸収体のポテンシャル散乱断面積 Σ_p^A の有無はほとんど影響しない）。

なお、NR 近似にせよ、NRIM 近似にせよ、前節で得た共鳴積分に比べて小さな値となることが、(3–165) 式との比較からわかる。これは、共鳴の自己遮蔽効果によるものであるとして説明できる。

これより先に進むには、水素減速材の場合と同様に、共鳴積分にドップラー拡がりを考慮した断面積を代入し、(3–152) 式の J 関数を用いた表現を得ることとなるが、ここではこれ以上触れない。

3–7　熱中性子スペクトル

本節では、減速によって約 1eV 以下のエネルギーとなった中性子の振舞いについて解説する。ここで、取り扱う現象は、軽水減速炉等の熱中性子炉において重要なものである。

中性子のエネルギーが約 1eV 以下となると、体系中の原子核を、もはや自由な粒子として扱うことができなくなる。原子核と同程度の熱エネルギーを持つ中性子は、原子核によって散乱されるときに、エネルギーを失うのみならず、エネルギーを得ることがありうる。これは、先に議論したドップラー効果と同じように、原子核の熱運動に起因した現象である。ドップラー効果は共鳴と関連して（共鳴のエネルギー幅が小さいことに起因して）大きな影響を持つが、ここでの原子核の熱運動の影響は中性子のエネルギー自身が原子核と同じ程度になることに起因する。

このほか、原子の化学結合に起因する種々の効果、例えば、散乱反応時の原子核の質量が実効的に大きくなること（原子核が他の原子核に束縛されているため）や、複数個の原子核から構成される分子の運動に起因する効果、例えば、分子内の種々の振動、回転あるいは並進モードの励起などが、中性子エネルギー、中性子束スペクトルに大きく影響する。以上の現象を総称して熱化（thermalization）というが本書では触れない。以下、本書では、熱化の中で最も主要な現象である原子核の熱運動に起因する現象のみを解説する。

(1)　原子核の熱運動による上方散乱

体系 (媒質) の温度を T、ボルツマン定数を k とするとき、中性子エネルギー E が 0 ～ 約 $5kT$ の範囲のエネルギーを熱領域と呼ぶ。この上限のエネルギーを E_m とする。この領域での中性子散乱では、エネルギーの高い原子核によって中性子がエネルギーを得る、すなわち散乱中性子のエネルギー上昇（上方散乱）が起り得る。この上方散乱は当然、散乱後の中性子エネルギー分布（スペクトル）、すなわち散乱の分布関数に影響を与える。

単原子水素（自由状態（free）の水素原子のガス）が温度 T の熱平衡状態にある（すなわち、マックスウエル分布をしている）とき、中性子の散乱反応前のエネルギーを E_i、散乱反応後のエネルギーを E_f と

すると、散乱確率分布 $P(E_i \to E_f)$ は、

$$P(E_i \to E_f) = \frac{1}{E_i} \times \begin{cases} erf\left(\sqrt{\dfrac{E_f}{kT}}\right) & E_i > E_f \\ \exp\left(\dfrac{(E_i - E_f)}{kT}\right) erf\left(\sqrt{\dfrac{E_i}{kT}}\right) & E_i < E_f \end{cases} \tag{3–177}$$

と書くことができる。ここで、$erf(x)$ は誤差関数である[35]。そして、散乱断面積 $\sigma_s(E_i \to E_f)$ は

$$\sigma_s(E_i \to E_f) = \frac{\sigma_s^H}{E_i} \times \begin{cases} erf\left(\sqrt{\dfrac{E_f}{kT}}\right) & E_i > E_f \\ \exp\left(\dfrac{(E_i - E_f)}{kT}\right) erf\left(\sqrt{\dfrac{E_i}{kT}}\right) & E_i < E_f \end{cases} \tag{3–178}$$

と書ける。ここで、σ_s^H は自由状態 (free) の水素原子の散乱断面積である。

図 3.10 に[36]、散乱確率分布 $P(E_i \to E_f)$ を E_f/E_i の関数として、3 つの散乱前の中性子エネルギーに対して示す。この図から中性子のエネルギーが低く、$E_i \sim kT$（典型的な軽水減速炉の温度（数 100 ℃）を

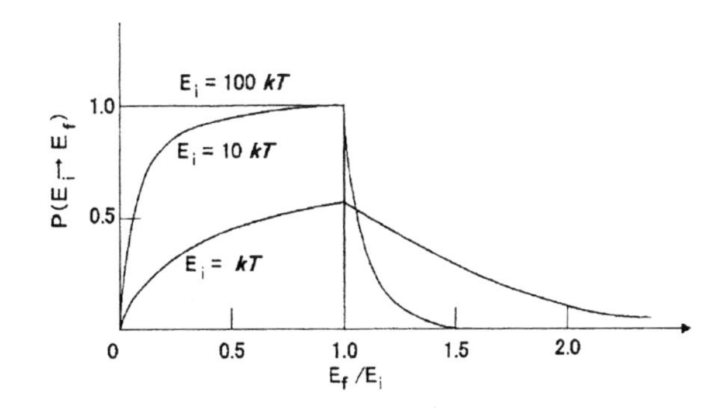

図 3.10 温度 T の水素ガスによる中性子の散乱確率分布 $P(E_i \to E_f)$

考えると、大まかに 0.05eV 程度の中性子エネルギー）のときは $E_f/E_i > 1$ の領域に大きな分布を持っており、散乱後の中性子エネルギー E_f が散乱前のエネルギー E_i より大きくなる確率がかなり高いことがわかる。これに対し、$E_i \sim 10kT$（同じく 0.5eV 程度）では上方散乱する確率がずっと小さくなり、$E_i \sim 100kT$（同じく 5eV 程度）では上方散乱はなく、$\Sigma_s(E_i \to E_f)$ が矩形分布となっていることがわかる。

ただし、現実には単原子の水素というような仮想的な状態は存在せず、散乱の分布関数は図 3.10 よりはるかに複雑となる。その場合には、散乱角度を μ_0 として、微分散乱断面積 $\sigma_s(E_i \to E_f, \mu_0)$ を、

$$\sigma_s(E_i \to E_f, \mu_0) = \frac{1}{4\pi kT}\sqrt{\frac{E_f}{E_i}} \exp\left(-\frac{\beta}{2}\right) \sigma_b S(\alpha, \beta) \tag{3–179}$$

---

[35] たとえば、Bell and Glasstone: " Nuclear Reactor Theory"、333〜337(1970) を参照。

[36] K.H.Beckurts & K.Wirts,Neutron Physics,springer Verlag(1964) に基づく

という形で表すのが一般的である。ここで、σ_b は束縛原子の断面積、α と β は散乱による中性子の運動量とエネルギー変化によって決まる量で、次のように定義される。

$$\alpha = \frac{E_i - E_f - 2\mu_0\sqrt{E_i E_f}}{kT} \tag{3–180}$$

$$\beta = \frac{(E_i - E_f)}{kT} \tag{3–181}$$

上式の $S(\alpha,\beta)$ は、散乱体の構造や力学的状態に複雑に依存する量であり、散乱法則（scattering law）と呼ばれる。そして、軽水、重水、黒鉛、ベリリウム、パラフィンなどの多くの減速材に対して評価されており、炉物理計算コードライブラリに内蔵されている。

以下の節では $S(\alpha、\beta)$ や散乱断面積には直接触れずに、熱中性子の上限エネルギー E_m 以下のエネルギー領域 (おおよそ $0 \sim 5kT$ における中性子スペクトル $\phi(E)$ に限定して解説する。

(2)　熱平衡時の中性子スペクトル

吸収のない無限に大きな体系において温度 $T(K)$ の熱平衡状態にある中性子は、次のマックスウエル分布 $M(E)$ に従うことがわかっている[37]。

$$M(E) \propto \sqrt{E}\exp\left(-\frac{E}{kT}\right) \tag{3–182}$$

すなわち、先の原子核の熱運動に対するマックスウエルの速度分布則は

$$M(\mathbf{V})\,dv = \left(\frac{m}{2\pi kT}\right)^{\frac{3}{2}}\exp\left(-\frac{m\mathbf{V}^2}{2kT}\right)dv \tag{3–183}$$

であったが、速度の向きにかまわず、中性子の速度が v と $v+dv$ の間にある確率は m を中性子の質量として

$$M(v^2)4\pi v^2 dv = \left(\frac{m}{2\pi kT}\right)^{\frac{3}{2}}\exp\left(-\frac{mv^2}{2kT}\right)4\pi v^2 dv \tag{3–184}$$

---

[37] 温度 T の媒質の中で中性子がマックスウェル分布に従うことは、次の詳細つりあいの原理（principle of detailed balance）を利用することによって導かれる（吸収も中性子源もなくかつ大きさが無限である体系に対して)。

$v'\Sigma_s(E' \to E)\,M(E') = v\Sigma_s(E \to E')\,M(E)$

ここで、E' および E は散乱前および散乱後の中性子エネルギー、$\Sigma_s(E' \to E)$ は微分散乱断面積である。なお、上記の釣り合いの原理自体は散乱媒質に対する統計力学の法則から導かれる。

と表される[38]。$M(v^2)\cdot 4\pi v^2$ をあらためて $M(v)$ と書き、また、$E=\frac{1}{2}mv^2$、$\frac{dE}{dv}=mv=\sqrt{2mE}$ を用いて速度変数をエネルギー変数に置き換えると、

$$\begin{aligned} M(E) &= M(v)\frac{dv}{dE} = 4\pi v^2 (\frac{m}{2\pi kT})^{3/2} \exp^{-\frac{mv^2}{2kT}} (\frac{dv}{dE}) \\ &= 4\pi (\frac{m}{2\pi kT})^{3/2} (\frac{2E}{m}) \sqrt{1/2mE} \cdot \exp^{-\frac{E}{kT}} \\ &= 2\pi (\frac{1}{\pi kT})^{3/2} \sqrt{E} \exp^{-\frac{E}{kT}} \end{aligned} \tag{3–185}$$

となる。体系中の中性子数を n_0 とすると最終的に温度 T で熱平衡となった中性子に対するマックスウエル分布が

$$M(E) = \frac{2\pi}{(\pi kT)^{3/2}} \sqrt{E} \exp^{-\frac{E}{kT}} \tag{3–186}$$

と与えられる。この式から、中性子束スペクトルは、

$$\phi(E) = \phi_M(E) = vn_0 M(E) = \frac{2\pi n_0}{(\pi kT)^{3/2}} \sqrt{\frac{2}{m}} E \exp\left(-\frac{E}{kT}\right) \tag{3–187}$$

と求まる（$v=\sqrt{2E/m}$ を利用）。ここで、n_0 は、媒質中での中性子数密度（cm^{-3}）である。ここで求まった $\phi_M(E)$ は、熱領域において最終的に減速材原子核と熱平衡状態となった中性子束であり、熱領域の中性子束スペルトルの式の中で、もっとも簡単でそして基本的な表現といえる（このスペクトルが媒質の温度 T のみに比例し、減速原子核の性質によらないということに注意）。

この $\phi_M(E)$ において、$\phi_M(E)$ が最大値を取るエネルギーを E_T で表し、最確エネルギー（most probable energy）と呼ぶ。これは、

$$\frac{d\phi_M(E)}{dE} = \frac{2\pi n_0}{(\pi kT)^{3/2}} \sqrt{\frac{2}{m}} \left(\exp\left(-\frac{E}{kT}\right) - \frac{E}{kT}\exp\left(-\frac{E}{kT}\right)\right) = 0 \tag{3–188}$$

より

$$E_T = kT \tag{3–189}$$

と与えられる。$k=1.38\times10^{-23}(J/K)=8.617\times10^{-5}(eV/K)$ を用いると、

$$E_T = 8.617\times10^{-5}T(eV) \tag{3–190}$$

また、$E_T=\frac{1}{2}mv_T^2$ を用いて、

$$v_T = \sqrt{\frac{2kT}{m}} = 1.284\times10^4\sqrt{T}(cm\cdot s^{-1}) \tag{3–191}$$

となる[39]。これらから、$T=293.15K$ とすると、$E_T=0.0253$(eV)、そして $v_T=2.19\times10^5$(cm·s^{-1})、また原子炉の温度を典型的な軽水炉の値である $T=590K$ とすると、$E_T=0.0508$(eV)、そして $v_T=3.12\times10^5$(cm·s^{-1}) となる。

(38) 石黒　浩三他編 :“ 物理学要項集 ”,p.213, 朝倉書店（昭和 49 年）

(39) この速度は、最確エネルギーに対応する速度であり、マックスウェルの速度分布上での最確速度とは異なることに注意すること。

(3)　非平衡熱中性子スペクトル

吸収や漏れ、あるいは減速中性子源が存在するとき、熱中性子スペクトルはマックスウェル分布の中性子スペクトル $\phi_M(E)$ からずれる。これを定量的に求めることは大変難しいが、定性的には次のように変化する。

(A).　吸収硬化

まず、体系内に吸収がある場合を考える。低エネルギーの吸収断面積は、一般に $1/v$ 特性を持つことから、低エネルギーの中性子ほど媒質に多く吸収されることとなる。この結果、熱中性子スペクトルは低エネルギー側ほど大きく削られ、熱中性子束の形が全体として高エネルギー側にシフトした形になる。これを吸収硬化（absorption hardening）と呼んでいる。図 3.11 [40] に軽水 (H_2O) 減速材体系内に $1/v$ 吸収物質が存在する混合媒質中での熱中性子束スペクトルを、吸収のない場合のマックスウエル中性子束 $\phi_M(E)$ と比較して示す。この例では 0.15eV 付近までの低エネルギー部分の分布はマックスウェル分布と似た形を

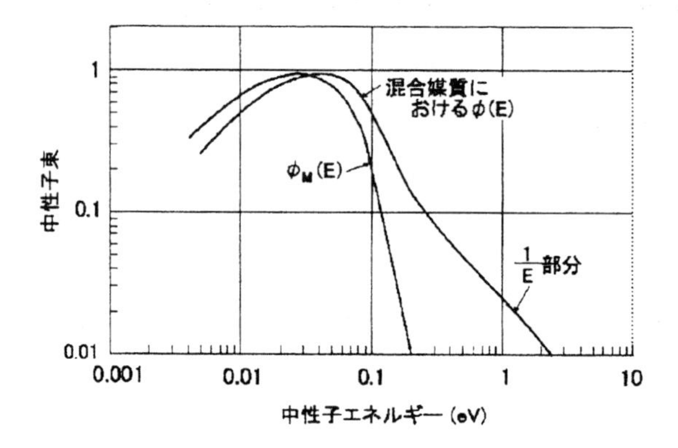

図 3.11 軽水 H_2O と $1/v$ 吸収物質の混合媒質における低エネルギー中性子スペクトル、およびマックスウェル分布中性子スペクトル

していることがわかる。このように吸収がある場合の $\phi(E)$ は、厳密にはマックスウエル分布ではないが、吸収硬化のために全体として高エネルギー側にずれたマックスウェル分布をしていると仮定できる。

---

[40] R.R.Coveyou,R.K.Osborn,J.Nucl.Energy,133(1956) に基づく

(B). 拡散冷却

次に、体系が有限であるときを考える。ここで、まず、この場合のエネルギーに依存する中性子束 $\phi(\mathbf{r}, E)$ を

$$\phi(\mathbf{r}, E) = \phi(E)\,\psi(\mathbf{r}) \tag{3–192}$$

と分離できるとする。さらに、中性子束の空間分布 $\phi(\mathbf{r})$ が固有関数の基本モードで書けるとする。すなわち

$$\left(\nabla^2 + B_g^2\right)\psi(\mathbf{r}) = 0 \tag{3–193}$$

を満たすとする。さらに、中性子密度についても、中性子束と同じく、次のように書けるとする。

$$n(\mathbf{r}, E) = n(E)\,\psi(\mathbf{r}) \tag{3–194}$$

以上のような表記の下、微小エネルギー幅 dE 中にある中性子が体系から漏れる割合を、拡散近似を用いて表わすと

$$(\text{単位時間に } dE \text{ において体系から漏れる中性子数}) = D(E)\,B_g^2\phi(E)\left(\int_{Volume}\psi(\mathbf{r})dV\right)dE \tag{3–195}$$

であり ($D(E)$ は拡散係数、$B_g^2(E)$ は幾何学的バックリング)、一方、微小エネルギー幅 dE 中にある体系内の中性子の総数は、

$$(dE \text{ にある中性子の体系内での総数}) = n(E)\left(\int_{Volume}\psi(\mathbf{r})dV\right)dE \tag{3–196}$$

であるから、単位時間に dE 内から漏れる確率は、上記の 2 式の比で

$$(\text{単位時間に } dE \text{ において体系から漏れる確率}) = \frac{D(E)\,B_g^2\phi(E)}{n(E)} = D(E)\,B_g^2 v(E) \tag{3–197}$$

となる。ここで、$v(E)$ は中性子の速さである。

この式から、中性子の速さ（エネルギー）が増すとともに、体系から中性子の漏れる確率が増すことがわかる。このことは、有限の体系ではエネルギーの高い中性子ほど体系から漏れやすく、有限体系における熱平衡スペクトルが、無限体系のスペクトルよりも低いエネルギーのほうへシフトしたスペクトルになることを意味している。この効果を、拡散冷却（diffusion cooling）という。ただし、実際問題としては、ごく小型の体系以外ではこの拡散冷却による歪みを考慮する必要はない。

3–8　実効中性子温度モデル

前節の議論から、吸収のある体系では、吸収硬化により、媒体の温度 T でのマックスウェル分布とは異なるものの（拡散冷却は通常無視できる）、熱中性子スペクトルはおおよそマックスウェル分布で表わせる

ことが示された。ここでは、吸収硬化した後の実際の分布を極力再現するマックスウェル分布と、そのマックウェル分布の温度について考える。以下、この温度を実効中性子温度 (effective neutron temperature)T_n と呼ぶ。T_n は T と等しくない ($T_n \neq T$)。T_n を用いたときのマックスウェル分布を、(3–187) 式から定数部を ϕ_{th} とおいて

$$\phi_M(E) = \phi_{th} \frac{E}{(kT_n)^2} \exp\left(-\frac{E}{kT_n}\right) \tag{3–198}$$

と書く。ϕ_{th} は、エネルギーに依存した中性子束を熱領域で積分した全熱中性子束に相当し、通常単に、熱中性子束と呼ばれる。

(1)　熱中性子束

中性子温度を議論する前に、熱中性子束 ϕ_{th} を定義しておく。さきの (3–187) 式を積分して、

$$\phi_{th} = \int_0^{E_m} \phi(E)\,dE \fallingdotseq \int_0^{\infty} \frac{2\pi n_0}{(\pi kT_n)^{3/2}} \sqrt{\frac{2}{m}} E \exp\left(-\frac{E}{kT_n}\right) dE \tag{3–199}$$

から[41]、$\frac{E}{kT_n} \equiv t$ とおき、$\frac{dE}{dt} = kT_n$ を用いて

$$\begin{aligned}
\phi_{th} &= \int_0^{\infty} \frac{2\pi n_0}{(\pi kT_n)^{3/2}} \sqrt{\frac{2}{m}} tkT_n \exp(-t) kT_n dt = \frac{2\pi n_0}{(\pi kT_n)^{3/2}} \sqrt{\frac{2}{m}} \int_0^{\infty} (kT_n)^2 t \exp(-t) dt \\
&= 2n_0 \left(\frac{kT_n}{\pi}\right)^{\frac{1}{2}} \left(\frac{2}{m}\right)^{\frac{1}{2}} \int_0^{\infty} t \exp(-t) dt \\
&= 2n_0 \left(\frac{kT_n}{\pi}\right)^{\frac{1}{2}} \left(\frac{2}{m}\right)^{\frac{1}{2}} \left([-t\exp(-t)]_0^{\infty} + \int_0^{\infty} \exp(-t)\,dt \right) \\
&= 2n_0 \left(\frac{kT_n}{\pi}\right)^{\frac{1}{2}} \left(\frac{2}{m}\right)^{\frac{1}{2}} = n_0 \left(\frac{8kT_n}{\pi m}\right)^{\frac{1}{2}} = n_0 \left(\frac{2}{\sqrt{\pi}}\right) \left(\frac{2kT_n}{m}\right)^{\frac{1}{2}}
\end{aligned} \tag{3–200}$$

である。そして、$kT_n = E_T = \frac{1}{2} m v_T^2$ とすると、熱中性子束（熱領域で積分した全熱中性子束）は、

$$\phi_{th} = n_0 \left(\frac{2}{\sqrt{\pi}}\right) \left(\frac{2kT_n}{m}\right)^{\frac{1}{2}} = n_0 \left(\frac{2}{\sqrt{\pi}}\right) \left(\frac{2E_T}{m}\right)^{\frac{1}{2}} = n_0 \left(\frac{2}{\sqrt{\pi}}\right) v_T = 1.128 n_0 v_T \tag{3–201}$$

となる。ここで、E_T は、吸収硬化後の中性子スペクトル（実際のスペクトル）に対するマックスウェル分布の温度 T_n に対応するエネルギーであり、v_T は、その温度 T_n に対する速度である。

この (3–201) 式により熱中性子束が与えられる。なお、この熱中性子束は、$v_T \propto \sqrt{T_n}$（v_T が温度 T_n の平方根に比例する）であることから、温度の平方根に比例して増加することがわかる。すなわち中性子密度が一定でも温度が上昇すれば、熱中性子束は増加する。

---

[41] 積分範囲に注意。マックスウェル分布は $5kT_n$ 以上で急激に減少するので、積分の上限を ∞ とした。

(2) 中性子温度

小さい熱中性子炉以外では吸収硬化のみが大きな影響を持つことから（拡散冷却の影響は小さい)、実効中性子温度 T_n を次のように定義することが多い。

$$T_n = T\left(1 + A\Gamma\right) \tag{3–202}$$

ここで、Γ には幾つかの表し方があるが、例えば

$$\Gamma = \frac{\Sigma_a(kT)}{\xi\Sigma_s} \tag{3–203}$$

と表され、T は減速材の温度（すなわち、中性子の漏れ・吸収がない場合の中性子のマックスウェル温度)、A は無次元の量であって対象とする体系のスペクトル測定から実験的に定められる量である。A はおおよそ 1.2〜1.8 の間の値を取る。Γ は減速比の逆数を含み、熱中性子領域での吸収と散乱の目安を表す量と考えられる。

しかし、実際には、この実効中性子温度モデルは近似モデルであり、吸収が大きくなるほど近似の程度は悪くなる。さらに、実験的あるいは経験的に決定すべきパラメータを持っていることもあり、今日では、この実効中性子温度モデルを原子炉解析に用いることは稀である。

(3) 高エネルギー部を加えた改良

なお、上記のモデルにさらに改良を加えたモデルがある。これは、上記のマックスウェル分布のみで実際の中性子束を近似する方法では、高エネルギー部での $1/E$ 挙動を表すことができない (図 3.11 参照) ことに着目して、高エネルギーの減速に対応する項を付け加えるモデルである。このモデルでは、実効中性子温度のマックスウエル分布に、$1/E$ スペクトルを付け加えた次式が用いられる。

$$\phi\left(E\right) = \phi_M\left(E, T_n\right) + \lambda\Delta\left(\frac{E}{kT_n}\right)\frac{1}{E} \tag{3–204}$$

ここで、$\Delta(\frac{E}{kT_n})$ は結合関数（joining function）といわれる量で図 3.12[42] に示す関数である。また λ は規格化因子で、

$$\lambda = \phi_{th}\,\frac{\sqrt{\pi}}{2}\frac{\Gamma}{1-\Gamma} \tag{3–205}$$

で与えられる。

---

[42] J.J.Duderstadt & L.J.Hamilton:参考文献 (1),p.382 による。

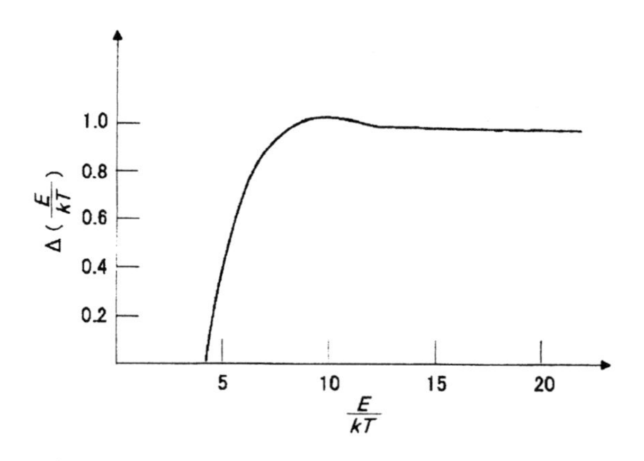

図 **3.12** 結合係数 $\Delta(E/kT)$

(4)　熱領域での反応率および平均断面積

ここでは、実効中性子温度モデル（$1/E$ スペクトルを付け加える前の (3–198) 式）を用いて、熱領域の反応率の計算をする方法について解説する。

熱領域における反応率 R_a は、次式にように表される。

$$R_a = \int_0^{E_m} \Sigma_a(E,T)\,\phi_M(E,T_n)\,dE \tag{3–206}$$

これからわかる通り、反応率は炉心の温度 T（実際には熱領域での反応率に直接あらはにには関係はしないが）と中性子温度 T_n の両方に依存する。ほとんどの吸収断面積は低エネルギーで $1/v$ の挙動を示すことから、以下 $1/v$ 吸収体について考える。$1/v$ 吸収体では、一般に断面積は

$$\Sigma_a(E) = \frac{\Sigma_{a,0}}{v} \tag{3–207}$$

と書ける。ここで、$\Sigma_{a,0}$ は、基準とするエネルギー E_0(速さ v_0) での吸収断面積 $\Sigma_a(E_0)(=\Sigma_{a,0}/v_0)$ から

$$\Sigma_{a,0} = v_0\Sigma_a(E_0) \tag{3–208}$$

と定義されるものとする。これを用いると

$$\Sigma_a(E,T) = \frac{\Sigma_{a,0}}{v} = \Sigma_a(E_0)\frac{v_0}{v} \tag{3–209}$$

と表すことができる。この場合の熱領域での吸収反応率は、(3–198) と (3–201) 式から積分範囲の上限を ∞ とし、規格化されたマックスウェル分布 $M(E,T_n)$ を導入して

$$R_a = \int_0^\infty \Sigma_a(E,T)\, v n_0 M(E,T_n)\, dE = \int_0^\infty \left(\Sigma_a(E_0)\frac{v_0}{v}\right) v n_0 M(E,T_n)\, dE$$
$$= \Sigma_a(E_0)\, n_0 v_0 \int_0^\infty M(E,T_n)\, dE = \Sigma_a(E_0)\, n_0 v_0 \tag{3–210}$$

となり、$\phi_0 = n_0 v_0$ を用いると

$$R_a = \Sigma_a(E_0)\,\phi_0 \tag{3–211}$$

と書ける。この式は、反応率が、熱領域内のすべての中性子が基準のエネルギー E_0 を持つと考えたときの中性子束 ϕ_0 と、基準温度における断面積との積で与えられることを意味している。この式は、極めて簡単に熱領域の反応率を評価できることから、定性的（あるいは簡易的な）な議論や評価などにおいては非常に有用である (なお、この手法を非 $1/v$ 吸収体にも拡張する手法も考えられているが、ここでは詳しく触れない[43])。

基準となる中性子エネルギーとしては、ほぼ室温である環境温度 20.46 ℃で熱平衡にある中性子のエネルギーが用いられている。これは、断面積の測定がおおむね室温において行われていることに由来する。そして、その中性子断面積が熱中性子断面積として表あるいは核断面積ライブラリ等に与えられている。具体的な基準エネルギーは 0.0253eV、中性子の速さは 2200m·s^{-1} である。このため、中性子束 ϕ_0 は 2200m·s^{-1} の中性子束と呼ばれることが多い。

この 2200m·s^{-1} 中性子束と熱中性子束 ϕ_{th} との関係は次の通りである。すなわち、(3–201) 式において、

$$\phi_{th} = n_0\left(\frac{2}{\sqrt{\pi}}\right) v_T = n_0 v_0 \left(\frac{2}{\sqrt{\pi}}\right)\left(\frac{T_n}{T_0}\right)^{\frac{1}{2}} = \left(\frac{2}{\sqrt{\pi}}\right)\left(\frac{T_n}{T_0}\right)^{\frac{1}{2}} \phi_0 \tag{3–212}$$

である。さらに、$1/v$ 吸収体の熱領域におけるマックスウェル分布の中性子束で平均した中性子断面積（熱中性子群定数）$\Sigma_{a,th}$ も定義できる。上での議論から、$\Sigma_{a,th}\phi_{th} = \Sigma_a(E_0)\phi_0$ であるはずだから

$$\Sigma_{a,th} = \frac{1}{\phi_{th}}\Sigma_a(E_0)\,\phi_0 = \left(\frac{\sqrt{\pi}}{2}\right)\left(\frac{T_0}{T_n}\right)^{\frac{1}{2}} \Sigma_a(E_0) \tag{3–213}$$

となる。すなわち、これを用いると、熱中性子束 ϕ_{th}(2,200m·s^{-1} 中性子束ではない) から、(3–211) 式と同じように吸収反応率が、

$$R_a = \Sigma_{a,th}\phi_{th} \tag{3–214}$$

---

[43] 非 $1/v$ 吸収体にも拡張して、非 $1/v$ 吸収体の熱中性子群定数を

$\Sigma_a = \left(\frac{2}{\sqrt{\pi}}\right) g_a(T_n) \left(\frac{T_n}{T}\right)^{\frac{1}{2}} \Sigma_a(E_0)$

のように表すこととがある。$g_a(T_n)$ のことを非 $1/v$ 因子、または Westcott の g-factor といい、今までに多くの核種について表が作成されている。しかしながら、この方法は今日の定量的な解析評価においては殆ど使われることがない。

のように計算できる。

以上で、中性子束の空間的、エネルギー的分布に関する説明を一通り終わった。次章では、原子炉の時間特性に関する議論に話題を移すこととする。

第 4 章　原子炉の動特性と制御

前章まで、中性子の空間的な挙動とエネルギー的な挙動について学んできた。本章では、中性子の時間的な挙動に関連する項目について解説する。まず、原子炉の運転を行う上で必ず理解しておかなければならない原子炉の動特性についてに学ぶ。はじめに、原子炉運転における遅発中性子の重要性を、その後それを考慮した中性子動特性方程式の導出とその解法について説明する。その後で、原子炉の制御について考える上で重要となる反応度フィードバック因子について、主に温度反応度係数を中心に説明する。ついで、原子炉をシステムとして考え、その動特性応答と安定性解析について学ぶ。その後、核分裂生成物が原子炉運転に与える影響および核燃料物質の燃焼による消滅や生成の解析法について説明する。

4–1　遅発中性子の重要性

(1)　遅発中性子の生成過程

1–3 節で説明した通り、核分裂反応後に 2 ないし 3 個の中性子が放出される（^{235}U の場合平均 2.4 個）。この中性子の大部分は核分裂反応直後に放出されるが、これとは別に、ごくわずかな割合の中性子（^{235}U の場合 0.65%[1]）が、数秒程度の時間遅れを持って放出される。核分裂直後（10^{-14} 秒程度）に放出される中性子が核分裂片から直接放出されるのに対し、時間遅れを持って放出される中性子はそれとは異なる過程で放出される。この時間遅れを持った中性子の放出過程を、以下、具体的な例を取って説明する。

核分裂に伴って作られる数多くの核分裂生成物の内の一つに、^{87}Br がある。この核は、約 55 秒の半減期で β^- 壊変して励起状態の ^{87}Kr*[2] に壊変する。壊変によって作られた励起状態の核は、通常、γ 壊変して基底状態の核となるが、

(1)^{87}Kr は、魔法の数 50 より 1 個多い 51 個の中性子を持つため、51 番目の中性子の結合エネルギーが非常に小さくなること[3]

---

(1) 熱中性子に対する値。

(2) *は励起状態であることを表す。

(3) 一般に、魔法の数より 1 個（あるいは 2 個）多い粒子をもつ核では、その粒子の結合エネルギーは非常に小さくなる。^{87}Kr の場合には、最後の中性子に対して 5.5MeV（Table of Isotope, 8th Ed. より）となるが、これは質量数が 80 から 90 程度の核の平均の中性子結合エネルギーが 8.7MeV 程度である (第 1 章の図 1.1 参照) ことと比較すれば、^{87}Kr の結合エネルギーが非常に小さいことがわかる。

(2)^{87}Br からの β^- 壊変による ^{87}Kr* は、上記の結合エネルギーより高い励起状態になる場合があること (図 4.1)

(3) 高い励起状態の ^{87}Kr* に対して、γ 幅（Γ_γ）より中性子幅（Γ_n）が大きいので、一部の ^{87}Kr* は、γ 壊変をせずに、中性子を放出する壊変を起す[4]。すなわち、

$$^{87}Br \xrightarrow{\beta^-,55s} {^{87}Kr^*} \begin{cases} \xrightarrow{\text{中性子放出}} {^{86}Kr} \\ \text{または} \\ \xrightarrow{\gamma\text{壊変}} {^{87}Kr} \end{cases} \tag{4-1}$$

このような過程による中性子放出は、この過程全体が実質的に親核の ^{87}Br の半減期 55 秒で支配されるため、中性子放出があたかも、核分裂発生後に 55 秒の半減期を持って起るように見える。このような過程によって、時間遅れを持って放出される中性子を遅発中性子と呼び、また、^{87}Br のように、核分裂反応で生成され、その後中性子放出を伴う壊変をする原子核を、先行核（precursor）と呼ぶ。現在までに、45 種類以上の先行核が知られている[5]。遅発中性子のエネルギーは、図 4.1 に示すように、^{87}Kr* の励起準位エ

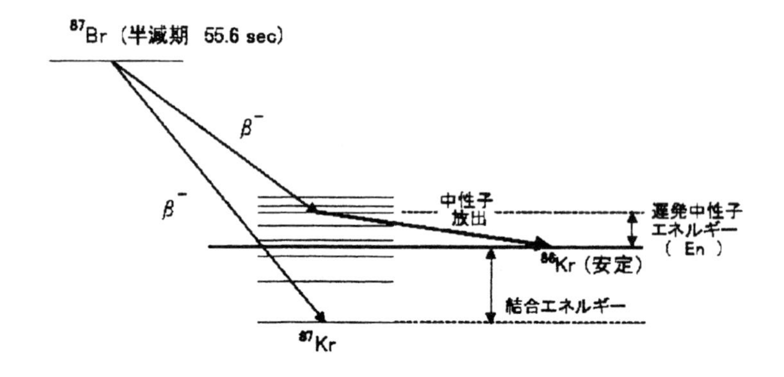

図 4.1 遅発中性子の発生過程（先行核 ^{87}Br の例）

ネルギーと中性子結合エネルギーの差に相当するエネルギー（図中の E_n）で与えられるが、実際には多くの励起準位から遅発中性子の放出が起るので、遅発中性子のエネルギーは広いエネルギー範囲にわたって分布することとなる。平均的に見ると、^{87}Br の場合、遅発中性子のエネルギーは約 200keV 程度であり、他の先行核でも数百 keV 程度の値を取る。このような遅発中性子の平均エネルギーは、即発中性子の平均エネルギー約 2MeV よりずっと小さい。

---

[4] ^{87}Br からの壊変において、中性子を放出する割合は約 2.6%であり、残り 97.4%は γ 線を放出する（Table of Isotope, 8th Ed. より）。

[5] Y.Ronen(ed.):CRC Handbook of Nuclear Reactors , Vol. II ,P259,CRC Press (1986)

(2)　遅発中性子データ

45以上のもの先行核をそのまま取り扱うのは煩雑なので、現在の原子炉物理学では、先行核を表4.1に示すように6つの組にまとめている。第1組は、先に述べた ^{87}Br（半減期55.6秒）のみ、第2組は主と

表 4.1 遅発中性子の先行核の核種の組分け * と半減期 **

組	先行核	半減期 (s)
1	^{87}Br	55.6
2	^{137}I	24.5
	^{88}Br	16.5
	^{134}Sb,^{136}Te,^{141}Cs	
3	^{138}I	6.49
	^{89}Br	4.40
	^{84}As,^{87}Se,^{92}Rb,^{93}Rb,^{147}La	
4	^{139}I	2.29
	^{90}Br	1.92
	Ga,As,Se,Br,Kr,Rb,Y, In,Sb,Te,I,Xe,Cs	
5	Ga,As,Se,Br,Kr,Sr,Y, In,Sn,Sb,I,Xe,Cs,Ba	(～0.5)
6	Ga,Se,Br,Kr,Rb,In,Cs	(～0.2)

*:組分けは Keepin, G. R. :“ *Physics of Nuclear Kinetics* ”, Addison-Wesley,（1965）および Rudstam, G.:*Nucl. Sci. Eng.*, **80**, 233～255（1982）を参考にした。

**:半減期:*Table of Isotope*,（8th Ed.）

して ^{137}I（半減期24.5秒）と ^{88}Br（半減期16.5秒）の2つの核から成る。他の組は、より多くの先行核から構成される。

表4.2には、熱中性子および高速中性子に対する ^{233}U、^{235}U、^{239}Pu、^{241}Pu、^{242m}Am の核分裂に伴う発生中性子数（ν）および遅発中性子数 (ν_d) と、その比で与えられる遅発中性子割合 $\beta(=\nu_d/\nu)$ を示している。同表には高速中性子に対して核分裂を起す ^{232}Th、^{238}U、^{237}Np、^{240}Pu、^{242}Pu、^{241}Am、^{243}Am に対する同様の値も記している。さらに、表4.3には、^{233}U、^{235}U、^{239}Pu、^{241}Pu および ^{232}Th、^{238}U、^{240}Pu、^{242}Pu の1から6組の遅発中性子の平均壊変定数 λ_i、生成割合 β_i、および β_i と全遅発中性子割合 β との比である a_i（$=\beta_i/\beta$）[6] を示す。

---

[6] 1核分裂当りの発生する全中性子数 (ν) に対する遅発中性子数（ν_d）の割合を、全遅発中性子割合と呼び、β（$=\nu_d/\nu$）で表す。また、同じく1核分裂当りに発生する全中性子数に対する i 組（i=1, 6）の遅発中性子数（$\nu_{d,i}$）の割合を i 組の遅発中性子割合と呼び、$\beta_i=\nu_{d,i}/\nu$）で表す。1から6組についての β_i の和は β に等しい（$\beta=\sum_{i=1}^{6}\beta_i$）。さらに a_i は、全遅発中性子割合 β に対する i 組の遅発中性子割合 β_i の比 $a_i=\beta_i/\beta$ で定義される。従って、1から6組についての a_i の和は、1に等しくなる（$\sum_{i=1}^{6}a_i=\sum_{i=1}^{6}\frac{\beta_i}{\beta}=\frac{1}{\beta}\sum_{i=1}^{6}\beta_i=1$）。

表 4.2 ν, ν_d および $\beta(=\nu_d/\nu)$　　(出典:JENDL3.2)

		ν	ν_d	β
^{233}U	Thermal (0.0253eV)	2.493	0.00670	0.00269
	Fast (2.0MeV)	2.700	0.00714	0.00264
^{235}U	Thermal (0.0253eV)	2.439	0.01600	0.00656
	Fast (2.0MeV)	2.664	0.01672	0.00628
^{239}Pu	Thermal (0.0253eV)	2.884	0.00622	0.00216
	Fast (2.0MeV)	3.153	0.00647	0.00205
^{241}Pu	Thermal (0.0253eV)	2.931	0.01600	0.00546
	Fast (2.0MeV)	3.230	0.01600	0.00495
^{242m}Am	Thermal (0.0253eV)	3.275	0.00650	0.00199
	Fast (2.0MeV)	3.619	0.00650	0.00180
^{232}Th	Fast (2.0MeV)	2.203	0.05310	0.02411
^{238}U	Fast (2.0MeV)	2.631	0.04810	0.01828
^{237}Np	Fast (2.0MeV)	2.823	0.01220	0.00432
^{240}Pu	Fast (2.0MeV)	3.084	0.00911	0.00295
^{242}Pu	Fast (2.0MeV)	3.203	0.01830	0.00571
^{241}Am	Fast (2.0MeV)	3.524	0.00450	0.00128
^{243}Am	Fast (2.0MeV)	3.530	0.00950	0.00269

表 4.2 から、β は ^{232}Th の 0.024 から ^{239}Pu の 0.0020 までの間に大きく拡がっていることがわかる。これは、核分裂生成物の生成分布が核分裂する核の種類によって大きく異なるため、遅発中性子先行核の生成割合も、核分裂核種によって大きく変化するためである。表 4.3 に示した通り、これと同じ理由から各組の平均崩壊定数や発生割合 a_i にも、核分裂する核種によりかなりの違いを生じる。なお、^{239}Pu およびマイナーアクチニドの ^{237}Np、^{241}Am、^{242m}Am、^{243}Am では、β が非常に小さいことに注意すべきである。これらの核に対しては、次節以降に述べる動特性の挙動が、他に比べて厳しくなる。

一方、入射中性子のエネルギーに対する依存性は、表 4.2 と表 4.3 の熱および高速中性子入射時の遅発中性子データの比較からわかるように、あまり大きくない。特に表 4.2 に示されているように、β は、入射中性子のエネルギーにほとんど依存しない。また、表 4.3 の各組毎の割合 $a_i=\beta_i/\beta$ も、核種や中性子エネルギーにあまりよらず、ほぼ一定となっている。

表 4.3 $\lambda_i, a_i(=\beta_i/\beta)$　(出典: L. Tomlinson*;JENDL3.2 もこれに準拠)

	Thermal Fission		Fast Fission			Fast Fission	
	λ_i	a_i	λ_i	a_i		λ_i	a_i
^{233}U	1.26E-02**	8.60E-02	1.26E-02	8.60E-02	^{232}Th	1.24E-02	3.40E-02
	3.37E-02	2.99E-01	3.34E-02	2.74E-01		3.34E-02	1.50E-01
	1.39E-01	2.52E-01	1.31E-01	2.27E-01		1.21E-01	1.55E-01
	3.25E-01	2.78E-01	3.02E-01	3.17E-01		3.21E-01	4.46E-01
	1.13E+00	1.50E-02	1.27E+00	7.30E-02		1.21E+00	1.72E-01
	2.50E+00	3.40E-02	3.13E+00	2.30E-02		3.29E+00	4.30E-02
^{235}U	1.24E-02	3.30E-02	1.27E-02	3.80E-02	^{238}U	1.32E-02	1.30E-02
	3.05E-02	2.19E-01	3.17E-02	2.13E-01		3.21E-02	1.37E-01
	1.11E-01	1.96E-01	1.15E-01	1.88E-01		1.39E-01	1.62E-01
	3.01E-01	3.95E-01	3.11E-01	4.07E-01		3.58E-01	3.88E-01
	1.14E+00	1.15E-01	1.40E+00	1.28E-01		1.41E+00	2.25E-01
	3.01E+00	4.20E-02	3.87E+00	2.60E-02		4.02E+00	7.50E-02
^{239}Pu	1.28E-02	3.50E-02	1.29E-02	3.80E-02	^{240}Pu	1.29E-02	2.80E-02
	3.01E-02	2.98E-01	3.11E-02	2.80E-01		3.13E-02	2.73E-01
	1.24E-01	2.11E-01	1.34E-01	2.16E-01		1.35E-01	1.92E-01
	3.25E-01	3.26E-01	3.31E-01	3.28E-01		3.33E-01	3.50E-01
	1.12E+00	8.60E-02	1.26E+00	1.03E-01		1.36E+00	1.28E-01
	2.69E+00	4.40E-02	3.21E+00	3.50E-02		4.04E+00	2.90E-02
^{241}Pu	1.28E-02	1.00E-02	1.28E-02	1.00E-02	^{242}Pu	1.29E-02	4.00E-03
	2.99E-02	2.29E-01	2.99E-02	2.29E-01		2.95E-02	1.95E-01
	1.24E-01	1.73E-01	1.24E-01	1.73E-01		1.31E-01	1.62E-01
	3.52E-01	3.90E-01	3.52E-01	3.90E-01		3.38E-01	4.11E-01
	1.61E+00	1.82E-01	1.61E+00	1.82E-01		1.39E+00	2.18E-01
	3.47E+00	1.60E-02	3.47E+00	1.60E-02		3.65E+00	1.00E-02

*:Tomlinson, L.:Delayed Neutrons Fission : A compilation and evaluation of experimental data, *AERE-R*6993, (1972) .

**:1.26E-02=1.26×10^{-2}

(3) 遅発中性子の原子炉動特性に対する効果

無限平板状で外挿距離を含んで厚さ a の原子炉に対する時間依存拡散方程式について、2–8 節で解説した[7] 。結果的に、平板状原子炉の時間 (t) ならびに空間 (x) を変数とした中性子束は、(2–221) 式で与えられる。すなわち、

$$\phi\left(x,t\right)=A_1\exp\left(-\lambda_1 t\right)\cos\left(B_1 x\right)+\sum_{n=3,5,\ldots}A_n\exp\left(-\lambda_n t\right)\cos\left(B_n x\right) \tag{4–2}$$

であり、さらに、t が十分大きい（十分時間が経過した）ときの中性子束は上式の第 1 項のみで表すことができ、n=1 に対するバックリング B_1^2 が幾何学的バックリング B_g^2 と呼ばれていることから

$$\phi(x,t)=A_1\exp(-\lambda_1 t)\cos(B_g x) \tag{4–3}$$

ここで、

$$\lambda_1=v\Sigma_a+vDB_g^2-v\nu\Sigma_f \tag{4–4}$$

$$B_g^2=\left(\frac{\pi}{a}\right)^2 \tag{4–5}$$

となる。時間変化部分のみを取り出すと、中性子束は、

$$\phi(t)=A_0\exp\left(-\lambda_1 t\right) \tag{4–6}$$

で表すことができる（ここで、A_0 は定数）。

そして、λ_1 については、同じく 2–8 節での臨界条件の検討から、増倍率 k と平均中性子寿命 ℓ を用いると、(2–249) 式の通り、

$$\lambda_1=\frac{(1-k)}{\ell} \tag{4–7}$$

の形で表すことができることから、(4–6) 式は

$$\phi(t)=A_0\exp\left(-\frac{(1-k)}{\ell}t\right) \tag{4–8}$$

と書ける。しばしばこれを

$$\phi(t)=A_0\exp\left(t/T\right) \tag{4–9}$$

---

[7] 以下、本章で扱う記号で特に注釈していないものは、第 2 章に準じて使用している。主だったものは、ϕ は中性子束、n は中性子数密度、Σ_a は吸収断面積、Σ_f は核分裂断面積、ν は核分裂あたりの中性子発生数、B^2 はバックリング、D は拡散係数、v は速度。

ここで、

$$T = \frac{\ell}{(k-1)} \tag{4–10}$$

と書き、Tを原子炉のペリオド（原子炉時定数）と呼ぶ。このTは、原子炉出力がe倍となるまでの時間を意味している。

この中性子束の時間変化の式をもとに、原子炉の動特性挙動に関して簡単な検討を行ってみる。はじめに、ある原子炉が臨界状態にある場合を考える。このとき、$k = 1$ であり、(4–10) 式から $T = \infty$、すなわち (4–9) 式で、$\phi(t)$ は時間に依存しない一定の値をとる。この臨界の原子炉において、何らかの原因で、増倍率 k が 0.1%増加して、$k = 1.001$ になったとする。ℓ として熱中性子炉の典型的な値である 10^{-4} 秒を仮定すると、$T = 10^{-4}/(1.001-1) = 0.1$ となるから、1秒後の原子炉の出力は、(4–9) 式より,

$$\frac{\phi(1)}{\phi(0)} = \exp(1/0.1) = \exp(10) = 22,026 \tag{4–11}$$

となる。すなわち、原子炉出力が1秒後に2万倍以上になることがわかる。我々が製作可能な機械的な装置では、信号を受けてから装置が働くまでに通常1秒程度の時間が必要であり、原子炉が1秒間に2万倍もの出力上昇を起すとすれば、その原子炉を制御することはできない。

しかし、遅発中性子を考えると、この状況は全く変る。遅発中性子のそれぞれの組の平均寿命を τ_i $(= 1/\lambda_i)$ [8] とし、これまで ℓ と書いてきた中性子寿命を ℓ_p と書き直して即発中性子寿命と呼ぶとすると、遅発中性子を含む全中性子の平均寿命 ℓ は、$(1-\beta)$ 分が ℓ_p で、残りの β 分が崩壊までの時間 τ_i と ℓ_p の和で与えられる寿命を持つので、

$$\ell = \ell_p(1-\beta) + \sum_{i=1}^{6}(\tau_i + \ell_p)\beta_i \doteqdot \ell_p(1-\beta) + \sum_{i=1}^{6}\tau_i\beta_i \doteqdot \sum_{i=1}^{6}\tau_i\beta_i \tag{4–12}$$

と書くことができる[9]。β_i、λ_i として表4.2に示した ^{235}U の値を用いると、$\sum_{i=1}^{6}\tau_i\beta_i = 0.085$ となるので、上式に代入すると、先の例と同じく k が 1.000 から 1.001 に変ったとき、ペリオドは $T = 0.085/(1.001 - 1.000) = +85$ 秒となる。このペリオドを用いて、先と同じく1秒後の原子炉の出力を (4–9) 式から計算すると

$$\frac{\phi(1)}{\phi(0)} = \exp(1/85) = \exp(0.0117) = 1.012 \tag{4–13}$$

となり、1秒後の原子炉出力は高々1.2%上昇するのみであることがわかる。また、このペリオドにおける原子炉出力が2倍となるまでの時間は、約60秒（=85秒 × ln（2））となる。この程度の時間変化は、我々の

---

(8) この λ_i は崩壊定数であり、(4–7) 式等の λ_1 とは異なるものであることに注意。

(9) ℓ_p は 10^{-4} 秒程度であるのに対して、τ_i の最大値は第1組（半減期 55s、λ_i=0.693/55=80）の $\tau_1 = 1/\lambda_1$ =1/80=0.012 程度であるので、すべての i に対して $\tau_i + \ell_p \sim \tau_i$ とできる。同じく、ℓ_p（$1-\beta$）もまた無視できる。

機械的装置で十分制御可能である。この例から、遅発中性子の有無が原子炉の時間変化を決定付けること、すなわち遅発中性子が原子炉にとって不可欠なものであることが理解できる。ただし、後述するように k が $1+\beta$ を超えると遅発中性子がなくても臨界となる、すなわち即発中性子のみで臨界超過となるので、原子炉の振舞いは上述した即発中性子寿命によって左右されることとなり、我々の制御が及ばなくなる。

4–2　1 点炉動特性方程式

(1)　1 点炉動特性方程式の導出

本節では、原子炉の動特性において決定的な因子である遅発中性子を正しく考慮するため、時間依存拡散方程式に遅発中性子の効果を取り入れる。前述した遅発中性子の発生過程からわかるように、遅発中性子を考慮するためには先行核の存在を明確に記述する必要がある。そして、先行核の生成率、先行核の壊変に伴う中性子発生率を定式化することが必要である。

この目的で、原子炉物理学では、先行核濃度 $C_i(\mathbf{r},t)$ [10] を次のように定義する。

$$C_i\left(\mathbf{r},t\right) \equiv \left(\begin{array}{l}\text{位置 } \mathbf{r} \text{ のまわりで遅発中性子を放出して壊変する先行核} \\ \text{(第 } i \text{ 組) の単位体積当りの数の期待値}\end{array}\right) \qquad (4\text{–}14)$$

この C_i を用いると、単位時間単位体積当りの先行核の壊変数（の期待値）は、先行核の数 C_i と壊変定数 λ_i の積で与えられるので、$\lambda_i C_i$ と書くことができる。一方、単位時間単位体積当りに生成する遅発中性子先行核の数（の期待値）は、核分裂率 $\Sigma_f\phi$ に全中性子発生数 ν と遅発中性子割合 β_i [11] を乗じて与えられるので、$\beta_i\nu\Sigma_f\phi$ と書ける。これらを用いると、C_i のバランス (釣り合い) の式は

$$\frac{\partial C_i\left(\mathbf{r},t\right)}{\partial t} = -\underbrace{\lambda_i C_i\left(\mathbf{r},t\right)}_{\substack{\text{先行核の壊変数}\\ \text{=遅発中性子発生数}}} + \underbrace{\beta_i\nu\Sigma_f\phi\left(\mathbf{r},t\right)}_{\substack{\text{核分裂による先}\\ \text{行核の生成数}}} \qquad (i = 1 \sim 6) \qquad (4\text{–}15)$$

と書ける。そして、時間依存拡散方程式の中の中性子源項は、次の 2 つの項からなるので、

$$\left(\begin{array}{c}\text{単位体積・単位時間あたりの}\\ \text{遅発中性子を考慮したときの中性子発生数}\end{array}\right) = \underbrace{\left(1-\beta\right)\nu\Sigma_f\phi\left(\mathbf{r},t\right)}_{\text{即発中性子発生数}} + \underbrace{\sum_{i=1}^{6}\lambda_i C_i\left(\mathbf{r},t\right)}_{\substack{\text{先行核壊変による}\\ \text{遅発中性子発生数}}} \qquad (4\text{–}16)$$

時間依存拡散方程式は次のようになる。

$$\frac{1}{v}\frac{\partial\phi\left(\mathbf{r},t\right)}{\partial t} = D\nabla^2\phi\left(\mathbf{r},t\right) - \Sigma_a\phi\left(\mathbf{r},t\right) + \left(1-\beta\right)\nu\Sigma_f\phi\left(\mathbf{r},t\right) + \sum_{i=1}^{6}\lambda_i C_i\left(\mathbf{r},t\right) \qquad (4\text{–}17)$$

---

[10] ただし、先行核が全て中性子を放出するわけではないので、上の C_i は先行核濃度そのものではなく、遅発中性子の放出割合を乗じた値であることに注意すること。

[11] この項における β_i および β は即発中性子と遅発中性子のエネルギーが違うため，原子炉からのもれの割合が違うことおよび遅発中性子を 6 種に縮約するときに複数の核種の核分裂の効果を考える必要があるため，一般に物理的な β_i とは若干異なる値を持つ

この (4–15) 式ならびに (4–17) 式が、遅発中性子を考慮した動特性方程式の原型である。

以下、これらの式を変形して、より扱いやすい形にする。その目的のため、ここでは中性子束と先行核濃度がともに、時間と空間について分離可能であり、かつ先行核濃度と中性子束が同一の空間分布を持つと仮定する。すなわち

$$\phi(\mathbf{r},t) = vn(t)\,\varphi_1(\mathbf{r}) \tag{4–18}$$

$$C_i(\mathbf{r},t) = C_i(t)\,\varphi_1(\mathbf{r}) \tag{4–19}$$

そして、遅発中性子先行核濃度と中性子束の空間分布である $\varphi_1(\mathbf{r})$ は、次の方程式を満たすものとする。

$$\nabla^2\varphi_1(\mathbf{r}) + B_g^2\varphi_1(\mathbf{r}) = 0 \tag{4–20}$$

これらを (4–17) と (4–15) 式に代入して、共通項である $\varphi_1(\mathbf{r})$ を消去すると、

$$\frac{dn(t)}{dt} = -\left[DB_g^2 + \Sigma_a - (1-\beta)\,\nu\Sigma_f\right]vn(t) + \sum_{i=1}^{6}\lambda_i C_i(t) \tag{4–21}$$

$$\frac{dC_i(t)}{dt} = \beta_i\nu\Sigma_f vn(t) - \lambda_i C_i(t) \qquad (i = 1 \sim 6) \tag{4–22}$$

が得られる。そして、2-8 節に示した通り、

$$k_\infty = \frac{\nu\Sigma_f}{\Sigma_a} \qquad (\text{無限増倍率：(2–243) 式}) \tag{4–23}$$

$$L^2 = \frac{D}{\Sigma_a} \qquad (\text{拡散面積：(2 − 129) 式}) \tag{4–24}$$

$$k = \frac{k_\infty}{1 + L^2B_g^2} \qquad (\text{実効増倍率：(2–250) 式}) \tag{4–25}$$

$$\ell = \frac{1}{v\Sigma_a\left(1 + L^2B_g^2\right)} \qquad (\text{有限体系の中性子寿命：(2–242) 式および (2–246) 式}) \tag{4–26}$$

を用いると、(4–21) 式中の右辺第 1 項は、

$$\begin{aligned}&\left[DB_g^2 + \Sigma_a - (1-\beta)\,\nu\Sigma_f\right]v = v\Sigma_a\left[\tfrac{D}{\Sigma_a}B_g^2 + 1 - (1-\beta)\,\tfrac{\nu\Sigma_f}{\Sigma_a}\right] = v\Sigma_a\left[1 + L^2B_g^2 - (1-\beta)\,k_\infty\right]\\ &= v\Sigma_a\left(1 + L^2B_g^2\right)\left[1 - \tfrac{(1-\beta)k_\infty}{1+L^2B_g^2}\right] = \tfrac{[1-(1-\beta)k]}{\ell}\end{aligned} \tag{4–27}$$

さらに、(4–22) 式中の右辺第 1 項は、

$$\beta_i\nu\Sigma_f v = \beta_i\Sigma_a\frac{\nu\Sigma_f}{\Sigma_a}v = \beta_i v\Sigma_a\left(1 + L^2B_g^2\right)\frac{\nu\Sigma_f}{\Sigma_a}\frac{1}{\left(1 + L^2B_g^2\right)} = \beta_i\frac{k}{\ell} \tag{4–28}$$

となることを用いると、(4–21) 式、(4–22) 式は

$$\frac{dn(t)}{dt} = \frac{(k(1-\beta)-1)}{\ell} n(t) + \sum_{i=1}^{6} \lambda_i C_i(t) \tag{4–29}$$

$$\frac{dC_i(t)}{dt} = \frac{k}{\ell}\beta_i n(t) - \lambda_i C_i(t) \qquad (i = 1 \sim 6) \tag{4–30}$$

となる。

この (4–29) 式と (4–30) 式は 7 元の連立微分方程式であり、原子炉内で中性子束の空間分布が変化しないと仮定したときの、原子炉の動特性を支配する方程式である。原子炉物理学では通常、これを 1 点炉動特性方程式と呼んでいる。

さらに、反応度という概念を持ち込み、この方程式を変形する。反応度（reactivity）ρ は、次の式で実効増倍率と関係付けられ量で、基本的に実効増倍率が 1 からどれだけずれているかを表す量である。

$$\rho = \frac{(k-1)}{k} \tag{4–31}$$

この反応度を、時間依存性がある一般的な形として（すなわち ρ の時間変数を明記して）、先の (4–29) 式と (4–30) 式に代入すると[12]、

$$\frac{dn(t)}{dt} = \frac{\rho(t)-\beta}{\Lambda} n(t) + \sum_{i=1}^{6} \lambda_i C_i(t) \tag{4–32}$$

$$\frac{dC_i(t)}{dt} = \frac{\beta_i}{\Lambda} n(t) - \lambda_i C_i(t) \qquad (i = 1 \sim 6) \tag{4–33}$$

となる。ここで Λ は、中性子寿命 ℓ を実効増倍率で割った量で、中性子世代時間（generation time）と呼ばれる。すなわち、

$$\Lambda = \frac{\ell}{k} \tag{4–34}$$

この (4–32) 式と (4–33) 式は、(4–29) 式と (4–30) 式と同じ内容をもつが、この方が簡潔なので、以後これらの式を用いて話を進める。

なお、上記の通り、ここでは 1 点炉動特性方程式を中性子密度に対して書いているが、$\phi = nv$ なので n を ϕ に置きかえると中性子束に対する式となるし、$P = \gamma \Sigma_f \phi$（γ は核分裂数を熱出力に換算する係数）なので n を P に置きかえると出力に対する式とすることは容易にできる。

次項では、この 1 点炉動特性方程式を解き、原子炉の動特性応答について学ぶ。

---

[12] (4–29) 式の右辺第 1 項は、中性子世代時間（generation time）$\Lambda = l/k$ を用いると、$\frac{[k(1-\beta)-1]}{\ell} = \frac{(k-1-k\beta)}{\ell} = \frac{\left(\frac{k-1}{k} - \frac{k\beta}{k}\right)}{\frac{\ell}{k}} = \frac{(\rho-\beta)}{\Lambda}$

(2)　1 点炉動特性方程式の解法と反応度方程式

本節では、最も基本的なケースとして、$t = 0$ まで臨界状態で一定の出力で運転している原子炉を考える。そして、その原子炉に時刻 $t = 0$ で反応度が挿入された場合の、原子炉の出力変化応答を 1 点炉動特性方程式（(4–32) 式と (4–33) 式）を解いて検討する。このような反応度挿入を、ステップ状の反応度挿入と呼ぶ。t=0 に投入される反応度を ρ_0 とすると、ステップ状挿入反応度 ρ(t) は、

$$\rho(t) = \begin{cases} 0 & t < 0 \\ \rho_0 & t \geq 0 \end{cases} \tag{4–35}$$

と書ける。このようなケースに対する一点炉動特性方程式の解法はいくつかあるが、ここでは中性子密度ならびに 6 つの遅発中性子先行核密度に、次の形の解を仮定して解く方法を示す。

$$n(t) = A\exp(\omega t) \tag{4–36}$$

$$C_i(t) = C_i \exp(\omega t) \qquad (i = 1 \sim 6) \tag{4–37}$$

ここで、A、C_i は定数とし、ω とともに決定すべきパラメータである。これらを (4–32) 式と (4–33) 式に代入して、exp(ωt) を消去すると

$$A\omega = A\frac{(\rho_0 - \beta)}{\Lambda} + \sum_{i=1}^{6} \lambda_i C_i \tag{4–38}$$

$$C_i\omega = \frac{\beta_i}{\Lambda}A - \lambda_i C_i \qquad (i = 1 \sim 6) \tag{4–39}$$

が得られる。(4–39) 式より

$$C_i = \frac{\beta_i}{\Lambda(\omega + \lambda_i)}A \tag{1-39'}$$

となるから、これを (4–38) 式に代入し、A を消去し、さらに整理すると[13]、

$$\rho_0 = \omega\Lambda + \sum_{i=1}^{6} \frac{\omega\beta_i}{\omega + \lambda_i} \tag{4–40}$$

が得られる。この式は、遅発中性子を 6 組（i=6）とすると 7 次の代数方程式であり、この式から任意の ρ_0 に対して 7 つの根、すなわち 7 つの ω が与えられる。そして、この 7 つの ω_j（$j = 1$〜7）を用いて、求めるべき中性子密度の時間変化は、

$$n(t) = \sum_{j=1}^{7} A_j \exp(\omega_j t) \tag{4–41}$$

---

[13] $C_i = \frac{\beta_i}{\Lambda(\omega+\lambda_i)}A$ を（6.38）式に代入すると、A が消去された形で $\omega = \frac{(\rho_0-\beta)}{\Lambda} + \sum_{i=1}^{6} \lambda_i \frac{\beta_i}{\Lambda(\omega+\lambda_i)}$ となる。これを、整理すると、$\Lambda\omega = (\rho_0 - \beta) + \sum_{i=1}^{6} \frac{\lambda_i\beta_i}{(\omega+\lambda_i)}$ となり、さらに、$\rho_0 = \omega\Lambda - \sum_{i=1}^{6} \frac{\lambda_i\beta_i}{\omega+\lambda_i} + \beta = \omega\Lambda - \sum_{i=1}^{6} \frac{\lambda_i\beta_i}{\omega+\lambda_i} + \sum_{i=1}^{6} \frac{(\omega+\lambda_i)\beta_i}{\omega+\lambda_i} = \omega\Lambda + \sum_{i=1}^{6} \frac{\omega\beta_i}{\omega+\lambda_i}$

で一般的に与えられることとなる。(4–40) 式は中性子密度の時間変化（(4–41) 式）を決定する ω を与える式であり、原子炉物理学では反応度方程式と呼ばれる。また、この (4–40) 式の ω を $1/T$ とおいて、書き換えた式

$$\rho_0 = \frac{\Lambda}{T} + \sum_{i=1}^{6} \frac{\beta_i}{1 + \lambda_i T} \tag{4–42}$$

を逆時間方程式 (Inhour equation) という。一般に Λ は小さいので T がよほど短くない限り Λ/T の項は第 2 項に比し無視でき、

$$\rho_0 = \sum_{i=1}^{6} \frac{\beta_i}{1 + \lambda_i T} \tag{4–43}$$

と近似できる。

なお、(4–29) 式と (4–30) 式から出発すると、反応度方程式は、(4–40) 式の代りに

$$\rho_0 = \frac{\omega \ell}{(1 + \omega \ell)} + \frac{1}{(1 + \omega \ell)} \sum_{i=1}^{6} \frac{\omega \beta_i}{\omega + \lambda_i} \tag{4–44}$$

という形が与えられる（他の教科書ではこの式が良く見られる）。この式は、(4–40) 式中の Λ の代りに、ℓ を用いて表わした反応度方程式[14] であり、本質はまったく同じである。

これらの反応度方程式から ω を求める方法を、模式的に図 4.2 に図示する。この図において、挿入反応度で決まる値（ρ_0）に相当する横線と図中の 7 つの曲線との交点から、7 つの ω_j が求められる。この図は、簡単な反応度挿入時の ω について、中性子密度の時間変化を定性的に考察するのに有効である。次項のはじめにその一例を示す。

以上、ステップ状の反応度挿入を例にして、動特性方程式の解法について解説した。結果的には、反応度がステップ状に挿入されるような簡単な場合においても、解析的に中性子密度の時間変化を求めることができないことがわかった。反応度が時間に依存して変る場合には問題が非線形となり、動特性方程式の解析的な解法は不可能である。このため、現在の原子炉物理学では、この反応度方程式から中性子密度の時間変化を解析することはなく、数値的に、直接動特性方程式を解く手法が取られる。

(3)　特別な場合の反応度方程式の解

本項では、特別な例における反応度方程式とその解法について解説する。ここで扱う各項目は、原子炉の動特性の定性的な理解や検討に非常に有効である。

---

[14] (4–34) 式 ($\Lambda = l/k$) ならびに (4–31) 式 ($\rho = (k-1)/k$, すなわち $k = 1/(1-\rho)$) から、$\Lambda = l/k = l(1-\rho)$ なので、(4–40) 式 ($\rho_0 = \omega\Lambda + \sum_{i=1}^{6} \frac{\omega\beta_i}{\omega+\lambda_i}$) に代入すると（ここでは ρ を ρ_0 として）、$\rho_0 = \omega\ell(1-\rho_0) + \sum_{i=1}^{6} \frac{\omega\beta_i}{\omega+\lambda_i}$ から $\rho_0(1+\omega\ell) = \omega\ell + \sum_{i=1}^{6} \frac{\omega\beta_i}{\omega+\lambda_i}$ となり、$\rho_0 = \frac{\omega\ell}{(1+\omega\ell)} + \frac{1}{(1+\omega\ell)} \sum_{i=1}^{6} \frac{\omega\beta_i}{\omega+\lambda_i}$ が得られる。

(A) ステップ状反応度の添加

ステップ状の反応度が挿入されたときの中性子密度の時間変化について、先の項で解法手順を説明した。ここでは、このケースにおいて、十分時間が経過したときの時間変化について学ぶ。

(a)　正の反応度

まず、正の反応度が、ステップ状に投入されたケースを考える。このとき、中性子密度の時間変化を決める 7 つの ω_j のうち、1 つだけが正で、他の 6 つは負となる（図 4.2 参照）。したがって、十分時間が経った時には、6 つの負の ω の項は消え、正の ω_1 によって決まる指数関数で変化することとなる。すなわち、

$$n\left(t\right) = A_1 \exp\left(\omega_1 t\right) \tag{4–45}$$

の形で振舞うこととなる。さらに、$1/\omega_1 = T$ と置くと

$$n\left(t\right) = A_1 \exp\left(\frac{t}{T}\right) \tag{4–46}$$

と書ける。この T は安定ペリオドと呼ばれる ((4–10) 式参照)。

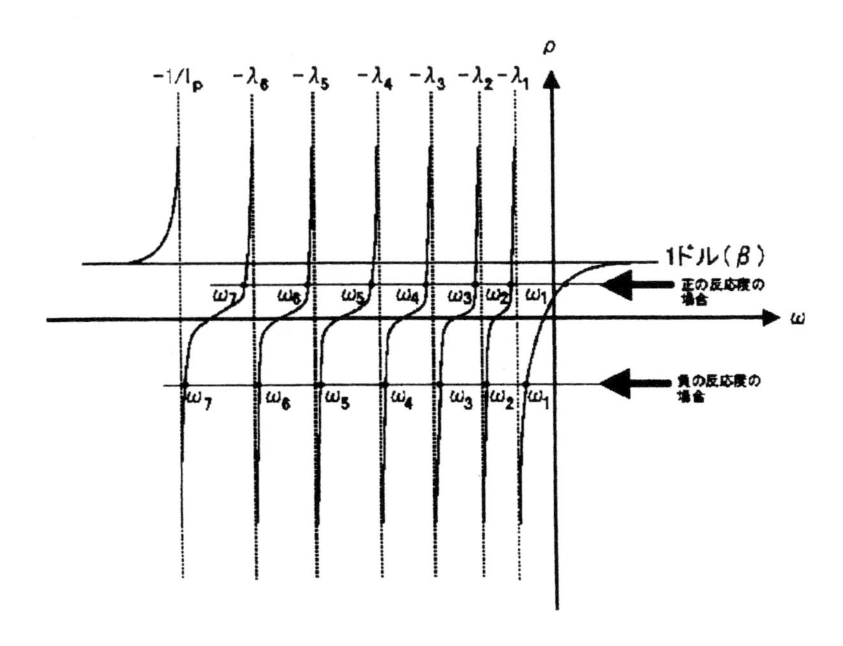

図 4.2 反応度方程式の 7 つの根を示す模式図（正負のそれぞれ反応度挿入に対する根を示す。図のスケールは正確ではないのに注意すること）

(b)　負の反応度

反応度が負の値 ($\rho_0 < 0$) の場合には、全ての ω_j が負となる (図 4.2 参照)。しかし、同じく $\omega_1 > \omega_2 > \cdots > \omega_7$ (絶対値は、$|\omega_1| < |\omega_2| < \cdots < |\omega_7|$) なので、十分時間が経った時には、正の反応度挿入時と同様にやはり、中性子密度は ω_1 によって支配されるようになり、$\exp(\omega_1 t)$ の形で時間変化する。　しかし、ρ_0 が大きな負の値のときには、正の反応度投入時にはない、大きな特徴が現れる。すなわち、図 4.2 において負の反応度の場合、反応度をいくら（負で）大きくしても ω_1 はある一定値より小さく (絶対値 $|\omega_1|$ では一定値より大きく) ならない。その一定値は $-\lambda_1$、すなわち遅発中性子第 1 組の壊変定数である。表 4.3 によると、λ_1 はおおよそ $0.0125(s^{-1})$ であるから、大きな負の反応度を挿入した場合、反応度の大きさによらず原子炉の中性子密度、すなわち原子炉出力の時間変化は、$\exp(-\lambda_1 t) = \exp(-0.0125t) = \exp\left(-t/80\right)$ の形となる[15]。原子炉に、如何に大きな負の反応度を入れたとしても、ペリオド 80 秒より早くその出力を低下させることができない。

(B) 微小な反応度の添加　($\rho_0 \ll \beta$)

ついで、挿入される反応度が、正、負を問わず、微小である場合を考える。このとき ω_1 の絶対値は $|\omega_1| \ll \lambda_1 < \lambda_2 < \cdots < 1/\ell$ と考えて良い。この場合、反応度方程式（(4–40) 式）において λ_i に対して ω を無視することができるので、長時間経過後の反応度方程式は、

$$\rho_0 = \omega\Lambda + \sum_{i=1}^{6} \frac{\omega\beta_i}{\omega + \lambda_i} \xrightarrow{\text{長時間経過後}} \omega_1\Lambda + \sum_{i=1}^{6} \frac{\omega_1\beta_i}{\omega_1 + \lambda_i} \fallingdotseq \omega_1\Lambda + \omega_1 \sum_{i=1}^{6} \frac{\beta_i}{\lambda_i} = \omega_1\left(\Lambda + \sum_{i=1}^{6} \frac{\beta_i}{\lambda_i}\right) \tag{4–47}$$

となる。(4–34) 式において ℓ を ℓ_p と書いて[16]、すなわち $\Lambda = \ell_p/k$ とおいて、ペリオド $T = 1/\omega_1$ を求めると

$$T = \frac{1}{\omega_1} = \frac{1}{\rho_0}\left(\Lambda + \sum_{i=1}^{6} \frac{\beta_i}{\lambda_i}\right) = \frac{1}{\rho_0}\left(\frac{\ell_p}{k} + \sum_{i=1}^{6} \frac{\beta_i}{\lambda_i}\right) \tag{4–48}$$

となる。

さらに、反応度が微小であることから $k{\sim}1$ と近似して、(4–12) 式で与えられた遅発中性子を含む全中性子の平均寿命 ℓ を用いると[17]、

$$T \fallingdotseq \frac{1}{\rho_0}\left(\ell_p + \sum_{i=1}^{6} \frac{\beta_i}{\lambda_i}\right) = \frac{\ell}{\rho_0} \tag{4–49}$$

---

[15] $-\lambda_1$ をこのペリオドに変換すると、$T = 1/\omega_1 = -1/\lambda_1 = -1/0.0125 = -80\text{s}$ となる。

[16] (4–12) 式直前の議論を参照のこと。

[17] (4–12) 式において τ_i を $1/\lambda_i$ に戻すと、遅発中性子を含む全中性子の平均寿命 l は $\ell = \ell_p(1-\beta) + \sum_{i=1}^{6}(\tau_i + \ell_p)\beta_i = \ell_p(1-\beta) + \ell_p\beta + \sum_{i=1}^{6}\frac{\beta_i}{\lambda_i} = \ell_p + \sum_{i=1}^{6}\frac{\beta_i}{\lambda_i}$

となる[18]。微小な反応度挿入時の原子炉の出力は、(4–49) 式で与えられる挿入反応度に反比例するペリオド T で指数関数状に変化する。

(C) 即発臨界 ($\rho_0 = \beta$)

挿入される反応度がちょうど β、すなわち遅発中性子割合と等しいとき、原子炉は即発中性子のみで臨界となる。この状態 ($\rho_0 = \beta$) を即発臨界（prompt critical）という。挿入される反応度が、この即発臨界となる反応度量を越えるかどうかが、原子炉が遅発中性子によって支配されるか、即発中性子のみによって支配されるかの境目となる。

この点に着目して、反応度の単位として、ドルという単位が原子炉物理で用いられることがある。挿入される反応度がちょうど β（遅発中性子割合）となる反応度を、1 ドル（1 $）の反応度という。さらに、1 ドルの 100 分の 1 の反応度を、1 セント（1 ¢）という。ウラン燃料の熱中性子炉の場合、1 ドルの反応度は ^{235}U の β である 0.0065(表 4.2) 程度である。

先に検討したように、$\rho_0 < \beta$（反応度が 1 ドル未満）であれば、原子炉の応答は遅発中性子によって支配され、原子炉は機械的に制御可能であるが、$\rho_0 \geqq \beta$（反応度が 1 ドル以上）となると、原子炉の時間応答が即発中性子寿命に依存して変化することなるため、実際的に原子炉を機械的手段で制御することは不可能となる。そのような状態における中性子密度変化を、次項で検討する。

(D) 大きな反応度の添加 ($\rho_0 > \beta$)

ここでは、β を越える大きな反応度が投入されたときを考える。このとき $\omega_1 \gg \beta$ であり、反応度方程式（(4–40) 式）において、ω に対し λ_i を無視することができるので、長時間経過後の反応度方程式は、

$$\rho_0 = \omega\Lambda + \sum_{i=1}^{6} \frac{\omega\beta_i}{\omega + \lambda_i} \xrightarrow{\text{長時間経過後}} \omega_1\Lambda + \sum_{i=1}^{6} \frac{\omega_1\beta_i}{\omega_1 + \lambda_i} \doteqdot \omega_1\Lambda + \omega_1 \sum_{i=1}^{6} \frac{\beta_i}{\omega_1} = \omega_1\Lambda + \beta \tag{4–50}$$

となり、(4–34) 式において ℓ を ℓ_{p} と書いて得られる $\Lambda = \frac{\ell_p}{k}$ ならびに ρ の定義 (4–31) 式を用いて、ペリオドを求めると、

$$T = \frac{1}{\omega_1} = \frac{\Lambda}{\rho_0 - \beta} = \frac{\ell_p}{k} \frac{1}{\left(\frac{k-1}{k}\right) - \beta} = \frac{\ell_p}{k - 1 - k\beta} = \frac{\ell_p}{k\,(1-\beta) - 1} \tag{4–51}$$

となる。β を越える大きな反応度が入ると、原子炉の応答は即発中性子寿命 ℓ_{p} のみによって定まることがこの式から確認される。繰り返しになるが、原子炉は $\rho_0 > \beta$ の状態が起らないように運転しなくてはならない。

---

[18] なお、この式から $k \sim 1$ とすると、$T = \frac{\ell}{\rho} = \frac{\ell}{(k-1)/k} \doteqdot \frac{\ell}{(k-1)} = -\frac{\ell}{(1-k)}$ となり、これは第 4–1 節 (2) で示した (4–10) 式と同じになる。すなわち、(4–10) 式は小さな反応度挿入に対してのみ、正しい式であることがわかる。

(E) 即発跳躍近似

今までは、反応度挿入後長時間経過したあとの振舞いについて見てきた。ここでは、逆に反応度投入直後における変化について検討する。

ステップ状の反応度が挿入された後の原子炉出力の挙動において、反応度投入直後に限ると、遅発中性子先行核の濃度が一定のままであると仮定できる。その先行核密度を $C_{i,0}$ と置くと、動特性方程式 (4–32) 式および (4–33) 式は

$$\frac{dn\,(t)}{dt} = \frac{(\rho_0 - \beta)}{\Lambda} n\,(t) + \sum_{i=1}^{6} \lambda_i C_{i,0} \tag{4–52}$$

$$\frac{dC_i\,(t)}{dt} = \frac{\beta_i}{\Lambda} n\,(t) - \lambda_i C_{i,0} \qquad (i = 1 \sim 6) \tag{4–53}$$

となる(ρ_0 は挿入反応度)。上の仮定から(4–53) 式において $dC_i/dt = 0$ とできるから、反応度投入前 ($t \leqq 0$) の中性子密度を n_0 とすると、先行核密度 $C_{i,0}$ は

$$C_{i,0} = \frac{\beta_i}{\lambda_i \Lambda} n_0 \tag{4–54}$$

と表される。これを (4–52) 式に代入すると

$$\frac{dn\,(t)}{dt} = \frac{(\rho_0 - \beta)}{\Lambda} n\,(t) + \sum_{i=1}^{6} \lambda_i \frac{\beta_i}{\lambda_i \Lambda} n_0 = \frac{(\rho_0 - \beta)}{\Lambda} n\,(t) + \frac{n_0}{\Lambda} \sum_{i=1}^{6} \beta_i = \frac{(\rho_0 - \beta)}{\Lambda} n\,(t) + \frac{\beta}{\Lambda} n_0 \tag{4–55}$$

となり、これを解くと(19) これより

$$n\,(t) = \left[\frac{\beta}{(\beta - \rho_0)} - \frac{\rho_0}{(\beta - \rho_0)} \exp\left(\frac{(\rho_0 - \beta)}{\Lambda} t \right) \right] n_0 \tag{4–56}$$

となる。即発臨界とならない条件、すなわち $\rho_0 < \beta$ の場合を考えると、上式の第 2 項の指数部内の係数 $(\rho_0 - \beta)/\Lambda$ は負で、また (Λ が小さいから) 非常に大きな値となるので、第 2 項は急速にゼロに近づくこととなる。この結果、$n(t)$ は、反応度を加えた直後に、

$$n\,(t) \fallingdotseq \frac{\beta}{(\beta - \rho_0)} n_0 \tag{4–57}$$

となる（第 2 項が消えるまでのわずかな時間を除いて）。このように反応度挿入直後、原子炉出力に急速な変化が起る。この変化を、即発跳躍（prompt jump）と呼ぶ。かりに挿入される反応度 ρ_0 が 0.001 (k の 1.000 から 1.001 への変化にほぼ相当）であるとすると、ウラン燃料の熱中性子炉の β は約 0.0065

---

(19) 微分方程式の形から解を $n\,(t) = A \exp\left(\frac{(\rho_0-\beta)}{\Lambda} t\right) + B$ (A、B は定数) と仮定して、(4–55) 式に代入すると 左辺 $= \frac{dn(t)}{dt} = A\frac{(\rho_0-\beta)}{\Lambda} \exp\left(\frac{(\rho_0-\beta)}{\Lambda} t\right)$ 、そして 右辺 $= \frac{(\rho_0-\beta)}{\Lambda} n\,(t) + \frac{\beta}{\Lambda} n_0 = \frac{(\rho_0-\beta)}{\Lambda}\left(A \exp\left(\frac{(\rho_0-\beta)}{\Lambda} t\right) + B\right) + \frac{\beta}{\Lambda} n_0$ $= A\frac{(\rho_0-\beta)}{\Lambda} \exp\left(\frac{(\rho_0-\beta)}{\Lambda} t\right) + \frac{(\rho_0-\beta)}{\Lambda} B + \frac{\beta}{\Lambda} n_0$ となるから、左辺=右辺とすると $\frac{(\rho_0-\beta)}{\Lambda} B + \frac{\beta}{\Lambda} n_0 = 0$ となる 。これを解の式に代入して、t=0 と置くと、$n_0 = A - \frac{\beta}{(\rho_0-\beta)} n_0$ となるので、これより A,B を求めて代入すると本式となる。

であるから、0.001 の反応度挿入に伴って、中性子密度、すなわち原子炉出力は反応度挿入直後 0.0065/(0.0065-0.001)=1.182 倍に変化する。18%近くの出力上昇というのは大きな変化量であり、通常の運転状態であれば中性子束高のスクラムにより原子炉が停止してしまう。この即発跳躍は、またロッドドロップ法として、大きな負の反応度の測定に用いられている。

(F) 遅発中性子 1 組近似

現在の原子炉の解析においては、遅発中性子を通常 6 組として扱う。しかし、常に 6 組の遅発中性子を用いることは複雑であり、これは特に制御の問題を考えるときに見通しを悪くする。そこで 6 つの組を、仮想的な 1 組に近似することがしばしば行われる。この方法について、簡単に説明しておく。

6 組を 1 組にまとめる方法にはいくつかあるが、最も代表的な方法として、次のような式で $1/\lambda_i$ に β_i(あるいは a_i) の重みをつけて平均化することが考えられる。

$$\frac{1}{\lambda} = \frac{1}{\beta}\sum_{i=1}^{6}\frac{\beta_i}{\lambda_i} = \sum_{i=1}^{6}\frac{a_i}{\lambda_i} \tag{4–58}$$

ここで、λ は平均壊変定数であり、それに対応する遅発中性子割合は当然 β である。表 4.3 の熱中性子に対する ^{235}U の遅発中性子データを例にとって計算すると、平均の壊変定数 λ は 0.0765 となる。この λ, β を用いると原子炉動特性方程式は

$$\frac{dn\,(t)}{dt} = \frac{\rho_0 - \beta}{\Lambda}n\,(t) + \lambda C\,(t) \tag{4–59}$$

$$\frac{dC\,(t)}{dt} = \frac{\beta}{\Lambda}n\,(t) - \lambda C\,(t) \tag{4–60}$$

となる。また反応度方程式は

$$\rho_0 = \omega\Lambda + \frac{\omega\beta}{\omega + \lambda} \tag{4–61}$$

となる。この (4–61) 式は ω について簡単に解け[20]、

$$\omega = -\frac{(\beta - \rho_0 + \lambda\Lambda)}{2\Lambda} \pm \frac{1}{2\Lambda}\sqrt{(\beta - \rho_0 + \lambda\Lambda)^2 + 4\lambda\Lambda\rho_0} \tag{4–62}$$

となる。

そして、この式において、Λ が小さいことから、$(\beta - \rho_0 + \lambda\Lambda)^2 \gg 4\lambda\Lambda\rho_0$ および $(\beta - \rho_0) \gg \lambda\Lambda$ と近似できるので、二つの ω を ω_1、ω_2 と書くと、

$$\begin{aligned}\omega_1 &= -\tfrac{(\beta-\rho_0+\lambda\Lambda)}{2\Lambda} - \tfrac{1}{2\Lambda}\sqrt{(\beta - \rho_0 + \lambda\Lambda)^2 + 4\lambda\Lambda\rho_0} \doteqdot -\tfrac{(\beta-\rho_0+\lambda\Lambda)}{2\Lambda} - \tfrac{(\beta-\rho_0+\lambda\Lambda)}{2\Lambda} \\ &= -\tfrac{(\beta-\rho_0+\lambda\Lambda)}{\Lambda} \doteqdot -\tfrac{(\beta-\rho_0)}{\Lambda}\end{aligned} \tag{4–63}$$

[20] (4–61) 式を書き直すと 2 次方程式 $\Lambda\omega^2 + (\beta - \rho_0 + \lambda\Lambda)\,\omega - \lambda\rho_0 = 0$ となる。したがって、解は (4–62) 式になる。

$$\omega_2 = -\frac{(\beta-\rho_0+\lambda\Lambda)}{2\Lambda} + \frac{1}{2\Lambda}\sqrt{(\beta-\rho_0+\lambda\Lambda)^2+4\lambda\Lambda\rho_0} = -\frac{(\beta-\rho_0+\lambda\Lambda)}{2\Lambda}\left[1-\left(1+\frac{1}{2}\frac{4\lambda\Lambda\rho_0}{(\beta-\rho_0+\lambda\Lambda)^2}\right)\right]$$
$$= \frac{\lambda\rho_0}{(\beta-\rho_0+\lambda\Lambda)} \doteqdot \frac{\lambda\rho_0}{(\beta-\rho_0)} \tag{4-64}$$

となり[21]、したがって中性子密度ならびに遅発中性子密度は

$$n(t) = A_1 \exp\left(-\frac{(\beta-\rho_0)}{\Lambda}t\right) + A_2 \exp\left(\frac{\lambda\rho_0}{\beta-\rho_0}t\right) \tag{4-65}$$

$$C(t) = B_1 \exp\left(-\frac{(\beta-\rho_0)}{\Lambda}t\right) + B_2 \exp\left(\frac{\lambda\rho_0}{(\beta-\rho_0)}t\right) \tag{4-66}$$

と求まる。遅発中性子を 1 組と近似すると、ステップ状反応度挿入に対する原子炉出力の時間的な応答が解析的に表されることがわかる。これらの式は、原子炉の定性的な時間挙動を理解するのに有効である。

なお、この二つの式を (4–59)、(4–60) に代入し、$n(0)=n_0$、$C(0)=\beta n_0/\lambda\Lambda$ を用いると、定数を求めることができて、中性子密度については

$$n(t) = -\frac{\rho_0 n_0}{(\beta-\rho_0)}\exp\left(-\frac{(\beta-\rho_0)}{\Lambda}t\right) + \frac{\beta n_0}{(\beta-\rho_0)}\exp\left(\frac{\lambda\rho_0}{(\beta-\rho_0)}t\right) \tag{4-67}$$

が得られる。$\beta > \rho_0$ のとき第 1 項は急速にゼロとなるので、$t \sim 0$ の近くで 即発跳躍の項で求めた式と同じ

$$n(t) \doteqdot \frac{\beta}{(\beta-\rho_0)}n_0 \tag{4-68}$$

が得られる。この様子を $\lambda = 0.08\mathrm{s}^{-1}$、$\rho_0 = 0.0022$、$\Lambda = 10^{-3}\mathrm{s}$、$\beta = 0.0065$ の場合に対してプロットすると図 4.3 のようになる。

(G) 外部中性子源を持つ臨界未満原子炉

最後に、原子炉が未臨界状態に保たれ、外部中性子源によって定常状態が維持されている状況について見ておく。このような状況は、中性子源を挿入したときの起動時の原子炉や近年研究が進められている加速器駆動未臨界型原子炉等において現れる。このような場合、原子炉動特性方程式において、中性子密度の式に中性子源項が加わることとなる。遅発中性子の式は変らない。すなわち、

$$\frac{dn(t)}{dt} = \frac{(\rho(t)-\beta)}{\Lambda}n(t) + \sum_{i=1}^{6}\lambda_i C_i(t) + s(t) \tag{4-69}$$

$$\frac{dC_i(t)}{dt} = \frac{\beta_i}{\Lambda}n(t) - \lambda_i C_i(t) \qquad (i = 1 \sim 6) \tag{4-70}$$

となる。

---

[21] (4–64) 式においては、$\sqrt{1+x} \doteqdot 1+\frac{1}{2}x$ を用いた。

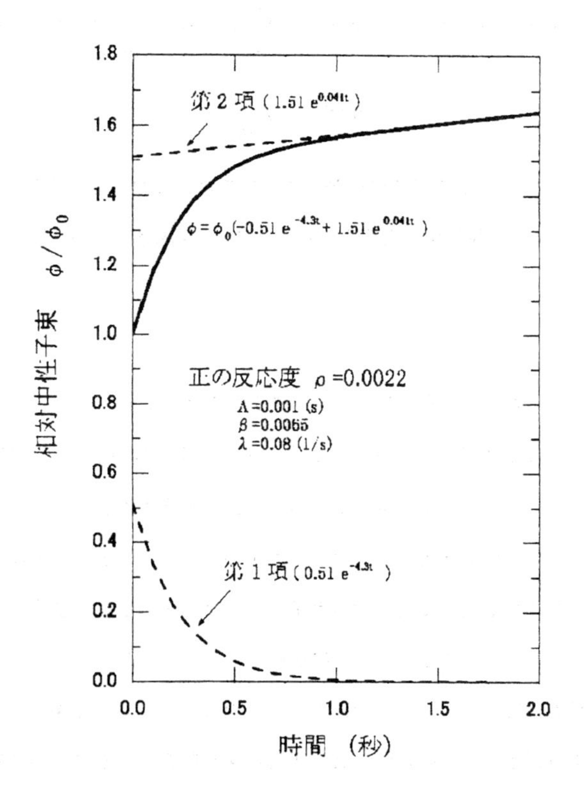

図 4.3 ステップ状の正の反応度挿入時の中性子束の変化の一例

この式において、未臨界度が一定である（常に一定の負の反応度 ρ_0 が入っている）とともに、外部中性子源も s_0 で一定である原子炉を考える。この場合、中性子密度も、遅発中性子密度も一定で時間的に変化しないので、

$$\frac{dn(t)}{dt} = 0 = \frac{(\rho_0 - \beta)}{\Lambda} n(t) + \sum_{i=1}^{6} \lambda_i C_i(t) + s_0 \tag{4–71}$$

$$\frac{dC_i(t)}{dt} = 0 = \frac{\beta_i}{\Lambda} n(t) - \lambda_i C_i(t) \qquad (i = 1 \sim 6) \tag{4–72}$$

となる。そして、$i = 1 \sim 6$ についての (4–72) 式から、$\sum_{i=1}^{6} \lambda_i C_i(t) = \sum_{i=1}^{6} \frac{\beta_i}{\Lambda} n(t) = \frac{\beta}{\Lambda} n(t)$ とできるので

$$n(t) = -\Lambda \frac{s_0}{\rho_0} \tag{4–73}$$

となる（$\rho_0 < 0$ に注意）。この式が、外部中性子源により定常状態になっている原子炉の出力を表す式である。未臨界状態の出力は、中性子源強度に比例するとともに、未臨界度に反比例して決まることがわかる。

4–3　反応度変化

前節まで、原子炉の出力に比例する量である中性子密度の時間的な挙動について学んできた。その結果、反応度の変化によって、中性子密度そして原子炉出力の変化が引き起されることがわかった。本節では、実際に原子炉を運転しているときに、反応度を変化させる因子とその度合について検討する。

実際の原子炉を考えるとき、反応度変化をもたらす因子の中で最も重要なものは、原子炉内での温度変化である。温度変化のほかに反応度を変化させる因子としては、圧力変化、密度（ボイド）変化、形状変化、組成変化等がある。しかし、これらのものが独自に起ることはまれである。多くの場合、まず温度変化がもたらされ、その影響を受け他の因子が変化する順となる。そのような場合、結果としてもたらされる圧力や密度の変化による反応度への効果は、温度変化に伴う影響の一部に含めて考えてよい。あるいは他の原因によってもたらされる密度変化も、温度変化に伴う密度変化も、共にマクロ断面積の変化として扱うことができる。したがって、本節では、反応度に及ぼす影響について、温度に限定して学ぶが、その中には密度などの変化による反応度への影響の考察も含まれることとなる。

なお、温度以外の因子が独自に変化することも当然ありうる。例えば、圧力調整機器などが誤作動すれば、温度は変化せずに圧力だけが変化する。したがって、これらの因子の独自の反応度への影響は、原子炉物理学で十分検討しておくべき項目であるが、ここでは直接触れない。さらに、このような物性の変化のほかに、制御棒、溶解性毒物、可燃性毒物などの原子炉を制御する機器等による反応度変化（制御）の影響あるいは効果も検討しておく必要がある。しかし、同じく本書では述べない。

(1) 温度による反応度変化

原子炉内の温度は、さまざまな原因によって変化する。例えば、局所的に冷却材流路が閉塞することや冷却材ポンプの異常により原子炉全体の流量が変ることによって、熱発生と熱除去のバランスが崩れ、原子炉の温度が変る。また、例えば制御棒の引き抜きにより増倍率が増し、その結果原子炉出力が増し、これが温度上昇をもたらすこともある。原子炉物理学で考えるべきことは、このような温度変化がどのような反応度（増倍率）変化をもたらすのか、そして第1に重要な点は、その反応度が正になるのか、負になるのか（増倍率を上げるのか、下げるのか）である。

原子炉の温度が上昇したときに、増倍率が上がるとき、これを温度上昇は正の反応度効果を持つという。正の反応度効果を持つ場合、これが原子炉の出力上昇を招き、さらにその出力上昇により温度上昇、そして再度正の反応度投入というように正のフィードバックが起るので、原子炉の出力は限りなく増加することになる。また逆に一旦温度が下がればそれがさらに反応度を下げ、これにより出力が下がるというくり返しにより原子炉が停止してしまう。このような正の反応度効果を持つことは、別の表現として、正の反応度係数を持つ（あるいは反応度係数が正である）と表現されることもある。温度の場合には、正の温度係数を持つ（あるいは温度係数が正である）となる。

一方、もし温度係数が負であれば、何らかの原因で温度が上昇したとき、それによって負の反応度が投入されることとなる。負の反応度投入は原子炉の出力を下げ、それが上昇した温度の低下を招く。この負のフィードバックによって、一度上昇した温度および出力は、ある一定の温度・出力（初めに与えられた反応度に対応する温度・出力）に落ち着くことになる。この概念を図4.4に示す。つまり、負の温度係数を持つ原子炉は、出力変化による温度上昇あるいは低下時に、原子炉を一定の出力に落ち着かせる能力を有する。すなわち、自己制御性を持つこととなる。つまり負の温度係数は原子炉にとって望ましい特性である。

(2) 燃料および冷却材の温度係数

燃料と減速材が一様に混じりあった原子炉、例えばウオーターボイラー型と呼ばれる原子炉を除けば、現在運転されている原子炉は燃料と減速材が分離した非均質炉である。したがって、温度係数を燃料の温度係数と減速材の温度係数に分けて考えなくてはならない。

燃料あるいは減速材の温度係数は、それらの温度が変化したときに生じる反応度を計算して得られる。すなわち、まず、異なる温度 T_1 と T_2 に対する実効増倍率をそれぞれ求める。そして、それらから、それぞれの温度に対する反応度 $\rho_i = (k_i - 1)/k_i$ を計算し、さらに $\Delta\rho = \rho_1 - \rho_2$ から、$\Delta\rho/\Delta T$ を求める。この $\Delta\rho/\Delta T$ が温度係数である。

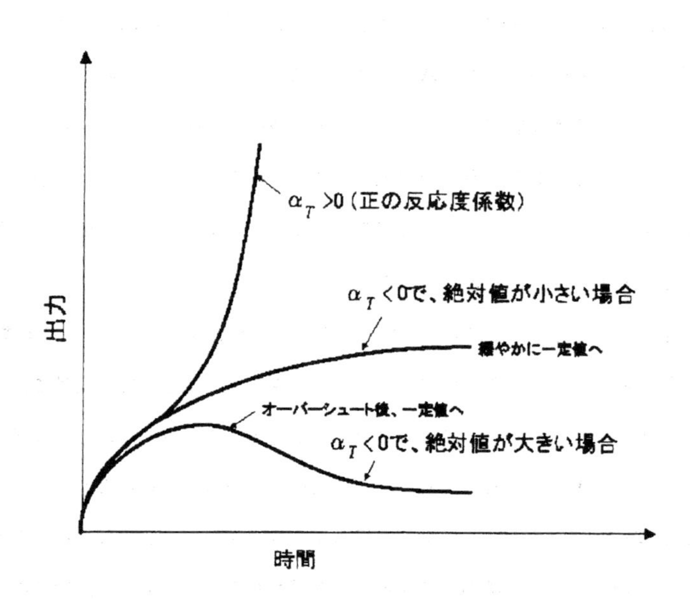

図 4.4 反応度係数と反応度挿入後の原子力出力の応答 ($\alpha_T(=\frac{1}{k}\cdot\frac{dk}{dT})$ は反応度係数)

この温度係数は、それぞれの温度における増倍率を計算して求めることができるが、実効増倍率を直接求める方法により反応度係数を求める場合、数値計算上の誤差が影響し正しい温度係数が与えられない可能性がある。その場合には、通常、次に示すような摂動論の式によって反応度を求める方法が用いられる。

$$\Delta\rho = \frac{1}{\int_V \phi^+ \nu\Sigma_f \phi dV}\left(\int_V \phi^+ \delta\left(\nu\Sigma_f - \Sigma_a\right)\phi dV - \int_V \delta D\nabla\phi^+\nabla\phi dV\right) \qquad (4\text{–}74)$$

(この式ならびに摂動論についての簡単な説明を付録に示したので参照のこと。)

なお、原子炉の動特性を考える上では、燃料や減速材の温度係数の正負およびその大きさのほかに重要な点として、燃料と冷却材の時定数、つまり反応度の変化を起すまでの時間の違いがあげられる。燃料の場合には、核分裂によって発生する熱が自分自身に直接与えられるので、温度変化が早く起り、温度変化の時定数が小さいという特徴がある。これに対し、減速材の場合には、燃料体からの熱伝達によって温度が変化するため、燃料の温度がある程度高くなってから冷却材の温度の上昇が起ることとなり、冷却材の温度変化は時間的に緩やかとなる。すなわち，冷却材温度係数は、燃料に比べて大きな時定数をもつ。このため、燃料の温度係数を即発温度係数、減速材の温度係数を遅発温度係数ということがある。

(3)　温度係数の定性的な理解

本項では、原子炉の増倍率を与える4因子公式、6因子公式をもとに、温度係数（温度変化時の反応度変化量 $\Delta\rho/\Delta T$）に対する定性的な理解を得る。

まず、次の反応度の定義式から、スタートする。

$$\rho = \frac{(k-1)}{k} = 1 - \frac{1}{k} \tag{4–75}$$

これを温度 T で微分して、$k \fallingdotseq 1$ なので $k^2 \fallingdotseq k$ として良いことを用いると、原子炉の温度係数 $d\rho/dT$ は

$$\frac{d\rho}{dT} = \frac{1}{k^2}\frac{dk}{dT} \fallingdotseq \frac{1}{k}\frac{dk}{dT} \tag{4–76}$$

で与えられる。

そして、k 自身は6因子公式（第1章参照）で与えられるから[22]、

$$k = k_\infty P_{NL} \tag{4–77}$$

であり、この両辺の対数を取って微分することにより

$$\frac{1}{k}\frac{dk}{dT} = \frac{1}{k_\infty}\frac{dk_\infty}{dT} + \frac{1}{P_{NL}}\frac{dP_{NL}}{dT} \tag{4–78}$$

が得られる。したがって、温度係数は

$$\frac{d\rho}{dT} = \frac{1}{k_\infty}\frac{dk_\infty}{dT} + \frac{1}{P_{NL}}\frac{dP_{NL}}{dT} \tag{4–79}$$

のように書けることとなる。さらに、4因子公式、

$$k_\infty = \varepsilon p f \eta \tag{4–80}$$

を用いると、k_∞ の項について以下の式が導ける（上と同じように両辺の対数を取って微分する）。

$$\frac{1}{k_\infty}\frac{dk_\infty}{dT} = \frac{1}{\varepsilon}\frac{d\varepsilon}{dT} + \frac{1}{p}\frac{dp}{dT} + \frac{1}{f}\frac{df}{dT} + \frac{1}{\eta}\frac{d\eta}{dT} \tag{4–81}$$

すなわち、原子炉の温度係数は各因子の温度係数の和として与えられることがわかる。

以下、各因子の温度係数について簡単に説明する。

① P_{NL}

体系から逃れない確率 P_{NL} は、温度が上がると減速材（冷却材）の密度が下がり、拡散係数が大きくなることから、中性子の漏れが増す（中性子が漏れない確率が減る）こととなる[23]。このことから $dP_{NL}/dT < 0$、

[22] 6因子公式において $P_{FNL}P_{TNL} = P_{NL}$ と置く。

[23] 原子炉が熱膨張により大きくなり漏れを減らす効果よりも，密度変化により漏れが増す効果の方が大きい。

すなわち P_{NL} の温度係数は負となる。しかし、実際の大型原子炉では、もともと $P_{NL} \fallingdotseq 1$ なのでこの効果は小さく、$dP_{NL}/dT \sim 0$ であって、原子炉全体の温度係数にはあまり寄与しないと考えてよい。

② ε

温度による ε の変化は小さく、$d\varepsilon/dT \sim 0$ である。ε は、実際の原子炉の温度係数には殆ど寄与しない

③ η

η の温度変化も ^{235}U や ^{239}Pu を燃料とする原子炉では小さく、$d\eta/dT \sim 0$ であると考えてよい（実際にはごく小さな負の値である）。したがって、η も実際の原子炉の温度係数には殆ど寄与しない。

④ p

燃料温度が上昇すると、ドップラー効果により共鳴吸収 I の増加を引き起す（第3-4節）。したがって、$dI/dT > 0$ であり、$dp/dT < 0$ となる。典型的な値としては、$dI/dT \sim 10^{-4} \cdot K^{-1}$ であり、$dp/dT \sim -10^{-5} \cdot K^{-1}$ となる。

⑤ f

f については、均質炉と非均質炉に分けて考える。

(i) 均質炉

均質炉に対しては、第1章の通り f は、

$$f = \frac{\sigma_a^F N^F}{\sigma_a^F N^F + \sigma_a^M N^M} = \frac{\sigma_a^F}{\sigma_a^F + \sigma_a^M \left(\frac{N^M}{N^F}\right)} \tag{4–82}$$

で与えられる。この中で、(a) N^M/N^F は温度が変っても変化しないこと、および、(b) 多くの場合、燃料、減速材ともに断面積はほぼ $1/v$ 特性を示すことから、結果として、f は温度に殆ど依存しない。すなわち、$df/dT \sim 0$ である。均質炉の場合、f は、原子炉の温度係数に影響することはないと考えて良い。

(ii) 非均質炉

非均質炉における f は、燃料部と冷却材（減速材）部のマクロ断面積、中性子束と体積から

$$f = \frac{V^F \Sigma_a^F \phi^F}{V^F \Sigma_a^F \phi^F + V^M \Sigma_a^M \phi^M} = \frac{V^F \Sigma_a^F}{V^F \Sigma_a^F + V^M \Sigma_a^M \left(\frac{\phi^M}{\phi^F}\right)} \tag{4–83}$$

で表せる。この中で、(a) 減速材中と燃料中の中性子束の比 ϕ^M/ϕ^F [24] は、温度が上ると燃料中の $1/v$ 吸収体での中性子の吸収が増加するので小さくなる。結果として f は増加する。すなわち $df/dT > 0$ となる。(b) ^{235}U が燃料のときには、前節で述べた g 因子が影響し、g 因子の温度係数が負であるため、df/dT は負になる傾向がある。すなわち、$df/dT < 0$。(C) ところが、0.3eV に大きな共鳴を持つ ^{239}Pu が燃料の場合には原子炉の温度が上って熱中性子スペクトルが硬化すると、燃料である ^{239}Pu の 0.3eV の共鳴に吸収される中性子が増す結果となり、f は温度とともに増加することとなる。すなわち $df/dT > 0$ となる。

[24] なお、一般に、燃料中の中性子束は燃料の中性子吸収効果のため減速材中より低下しているので $\phi_M/\phi_F > 1$ である。

実際の温度係数は、これらの因子の複合的な影響で変る。実際の原子炉では温度係数は原子炉の設計により複雑になる。例えば1986年に史上最悪の事故を起こしたチェルノブイリ炉では燃料と黒鉛減速材の格子に対し実効増倍率が最適となるよう設計されていたため、冷却材の水の密度が減ると水素の吸収が減って実効増倍率が増加するようになっていた。出力の高いときは燃料の温度上昇による負のドップラー効果で全体の温度係数は負となっていたが、出力の低い場合は(温度は出力の積分値で決まるから) ドップラー効果が働かず、冷却材がボイド化することにより大きな正の反応度が挿入されてしまった。

以上、本章では、遅発中性子の重要性、中性子動特性方程式の導出とその解法、および温度反応度係数を中心した反応度フィードバック因子の点から原子炉の動特性制御の基礎的な項目について説明した。

4–4　原子炉の動特性応答と安定性

運転中の原子炉には、さまざまな形で外乱が加えられる。原子炉を運転・制御するために行われる操作も、原子炉への一種の外乱である。それらの外乱は、直接あるいは間接に反応度に影響を及ぼし、原子炉の出力や温度・圧力等を変化させる。この結果、原子炉ははじめとは異なった状態になる。外乱に対して、原子炉がどのように変化（応答）するかは、当然ながら原子炉の運転制御上極めて重要である。このため、原子炉の動特性応答を調べることは、原子炉物理学の主要項目の一つとなっている。

一方で、原子炉の動特性において、別の視点からの議論がある。それは、外乱投入後の応答そのものに着目するのではなく、外乱投入後の原子炉の最終的な状態に着目するものである。そこでは主に、定常状態にある原子炉に、何らかの反応度の変化が与えられたとき、その原子炉の出力が過渡的な振動を起こさずに（振動が起ったとしてもその振幅が小さくやがて消えて)、別の定常状態へ落ち着くかどうかが議論の対象となる。このような視点からの議論を、原子炉物理学では「原子炉の安定性」と呼んでいる。

以下本節では[25]、まず、伝達関数という概念を導入し動特性応答を定量的に表す手法、そして負のフィードバックについて述べた後、原子炉の安定性について解説する。

(1)　システム解析

原子炉の動特性応答の解析は、通常システム解析と呼ばれる手法によって行われる。その解析では、まず、原子炉の反応度投入要因（コンポーネント）を分析し、それらの要因を書き込んだ原子炉システムのブロック図を作る。例えば水冷却型の原子炉においては、反応度変化から原子炉の出力を変化させるコンポーネント（図中の「原子炉」）と、原子炉出力から、諸状態（今の場合、温度、冷却材密度および核分裂生成物）の変化を通じて反応度に変化を与える主なコンポーネント（3種類）の計4種類のコンポーネン

---

[25] 本節は主に D.L.Hetrick: “Dynamics of Nuclear Reactors” 第6章,The University of Cicago Press(1971) に基づく。

トから構成され、図 4.5 示すようなブロック図となる。[26]

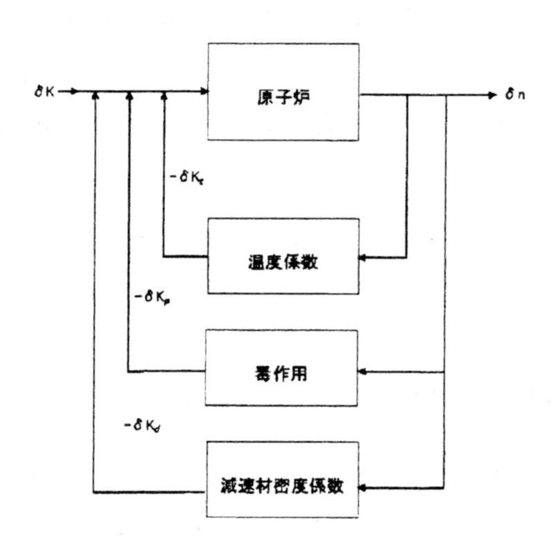

図 4.5 フィードバックを含む原子炉システムのブロック図

システム解析では、ついで、そのシステムに含まれる各コンポーネントごとに、入力された小さな変化量に対する応答（入力変化量に対する出力の変化量）を考察し、それを定式化する必要がある。一般的な物理システムの応答は、定常状態にあるシステムに何らかの小さな外乱が与えられたとき、そのシステムがどのように振舞うかを記述した関数として定義される。このコンポーネントの応答を定式化したものを応答関数と呼ぶ。応答関数は、その内容によってさまざまな形に定式化されることとなるが、通常はある変化量（入力量）に対する別の量の変化量（出力量）を与える関数となることから、微分方程式の形に定式化できる。たとえば図中の「原子炉」の部分の応答関数は、与えられた反応度変化量に対応する原子炉出力変化量を与える応答関数で、4-1 節で述べた 1 点炉動特性方程式（7 元の微分方程式）そのものである。

システムに含まれるすべてのコンポーネントについて応答関数が決められると、システム解析では、ブロック図に示されたコンポーネントに沿って順に変化量の伝播を追いかける。その結果、各パラメータ（例えば、反応度→原子炉出力→冷却材温度→冷却材温度反応度フィードバック）の変化が得られ、それらパラメータの変化を整理することにより、原子炉全体としての応答を知ることができる。ひいてはそれらが

---

[26] 原子炉への反応度投入から、原子炉出力が変化し、原子炉の温度に変化が生じる。原子炉の温度変化は、前節で述べたように、原子炉へ反応度を再投入する要因となる。また、同じく原子炉出力が引き起す、冷却材の密度変化も温度変化と同様に、反応度の再投入要因となる（特に、沸騰水型原子炉のような場合）。また、次節で詳しく述べるが、ある種の核分裂生成物は原子炉出力の上昇に見合って中性子吸収を増加させ、負の反応度を与えるように働くことから、核分裂生成物の毒作用も反応度再投入要因となる。これらの要因により、原子炉は出力変動を受け、それに見合った量の反応度を原子炉へ送り返す、すなわちフィードバックを与える形となる。水冷却型の原子炉の場合、これらの 3 つの反応度投入要因が主たるフィードバック機構として働く。

振動するか、発散するか最終的に安定な状態に落ち着くかという原子炉の安定性の議論に続いて行く。

(2)　伝達関数

解析すべきシステムのブロック図と各コンポーネントの応答関数が与えられた時、コンポーネントの連鎖を追いかけ諸パラメータの変化を解析する手法の一つに、応答関数をラプラス変換するシステム解析法がある。

ラプラス変換は、一般的に次のように定義される。

$$L\{f(t)\} = \int_0^\infty f(t)\, e^{-st} dt \equiv F(s) \tag{4–84}$$

ここで、$L\{\mathrm{f(t)}\}$ が任意の関数 $f(t)$ に対するラプラス変換である。式中に現われている s は、ラプラス変換のパラメータと呼ばれ、一般に複素数である。主要な関数に対するラプラス変換は、多くの公式集や数学のテキストに表の形で整理されている。それらの表を用いることにより、応答関数は容易にラプラス変換できる。一例として、微分項 $dn(t)/dt$ のラプラス変換を以下に示す。

$$L\left\{\frac{dn(t)}{dt}\right\} = \int_0^\infty \frac{dn(t)}{dt} e^{-st} dt = n(t)\, e^{-st}\Big|_0^\infty + s\int_0^\infty n(t)\, e^{-st} dt \equiv sF(s) - n(0) \tag{4–85}$$

ラプラス変換を用いて伝達関数（Transfer Function）と呼ばれる関数を導入する。伝達関数は、

$$(\text{伝達関数}) = \frac{(\text{出力関数のラプラス変換})}{(\text{入力関数のラプラス変換})} \tag{4–86}$$

で定義される。例として、図 4.6 に示す単一のコンポーネントについて考えてみる。このコンポーネントの入力関数および出力関数のラプラス変換を、$\mathrm{r}(s)$ および $\mathrm{e}(s)$ で表すと、伝達関数 $\mathrm{G}(s)$ は

$$\mathrm{G}(s) = \frac{\mathrm{e}(s)}{\mathrm{r}(s)} \tag{4–87}$$

のように表現される。複数のコンポーネントから構成されるシステムの伝達関数は、各コンポーネントの伝達関数から容易に定式化できる。以下、システム全体の伝達関数の求め方を、フィードバックのないシステム、ついでフィードバックのあるシステムを対象にして説明する。

（A）フィードバックのないシステム

フィードバックのないシステムの例は、図 4.7 のように示される。これは、直列にいくつかのコンポーネントが並んだシステムの例である（ここでは、二つのコンポーネント）。一般的には、このようなシステムを開（open）ループシステムといい、このシステムの伝達関数を開ループ伝達関数という。一つのコンポーネントの伝達関数を $\mathrm{G}(s)$、すなわち (4–87) 式とし、もう一つのコンポーネントの伝達関数を $\mathrm{H}(s)$、

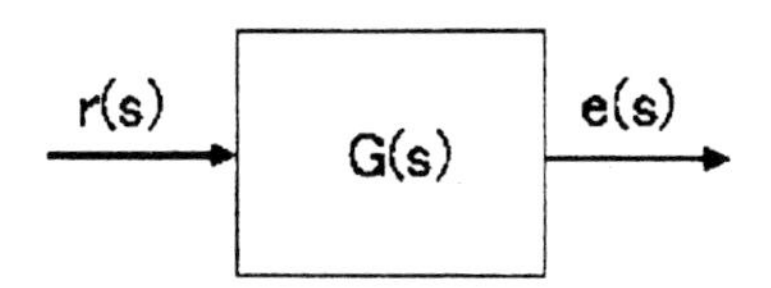

図 4.6 単一コンポーネントの伝達関数

すなわち

$$\mathrm{H}(s)=\frac{\mathrm{c}(s)}{\mathrm{e}(s)} \tag{4–88}$$

で表すと、このシステムの伝達関数 Y(s) は、入力関数のラプラス変換を r(s)、出力関数のラプラス変換を e(s) としていることから、(4–86) 式にしたがって、(4–87) 式と (4–88) 式を用いると

$$\mathrm{Y}(s)=\frac{\mathrm{c}(s)}{\mathrm{r}(s)}=\frac{\mathrm{c}(s)}{\mathrm{e}(s)}\frac{\mathrm{e}(s)}{\mathrm{r}(s)}=\mathrm{H}(s)\,\mathrm{G}(s) \tag{4–89}$$

と表せる。すなわち、この開ループシステムの伝達関数は、それを構成するコンポーネントの伝達関数の積で与えられる。

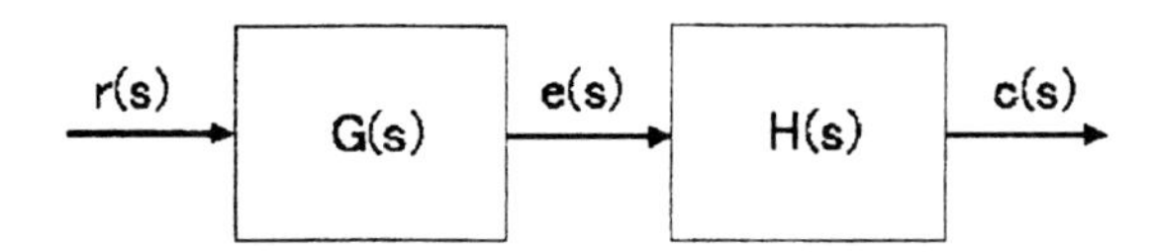

図 4.7 直列した 2 つのコンポーネントからなる伝達関数（開ループ伝達関数）

（B）フィードバックのあるシステム

ついでフィードバックのあるシステムを考える。このシステムを図示すると、図 4.8 のようになる。まず、図中のフィードバックするコンポーネントの伝達関数 H′(s) は、入力が c(s)、出力が r′(s) であるから

$$H'(s)=\frac{r'(s)}{c(s)},\quad \text{すなわち}\quad r'(s)=H'(s)\,c(s) \tag{4–90}$$

となる。そして、二つのコンポーネントが結び付けられた点で、システムへの入力 $r(s)$ とフィードバックコンポーネントからの出力 r′(s)（マイナスとして）が加算され、

$$r''(s) = r(s) - r'(s) = r(s) - H'(s)\,c(s) \tag{4–91}$$

となるから、それを入力とし、$c(s)$ を出力とする上段のコンポーネントの伝達関数 $G'(s)$ は、次のように与えられる。

$$G'(s) = \frac{c(s)}{r''(s)} = \frac{c(s)}{r(s) - H'(s)\,c(s)} \tag{4–92}$$

これを、整理すると、

$$G'(s)\,r(s) = [1 + G'(s)\,H'(s)]\,c(s) \tag{4–93}$$

となる。システム全体の伝達関数は、システム全体の入力関数のラプラス変換が $r(s)$、出力関数のラプラス変換が $c(s)$ であることから、

$$Y(s) = \frac{c(s)}{r(s)} \tag{4–94}$$

で与えられるので、(4–93) 式を用いることにより、フィードバックがあるシステムの伝達関数が

$$Y(s) = \frac{G'(s)}{1 + G'(s)\,H'(s)} \tag{4–95}$$

のように求まる。なお、このようなフィードバックがあるシステムを、閉（closed）ループ伝達関数という。

（C）伝達関数を用いたシステム解析

システムの伝達関数が定められると、それを用いて、システムの動特性応答を得ることができる。最も直接的な方法は、得られた伝達関数を逆ラプラス変換して、システムの応答関数を求めることである。このほか、直接応答関数を求めずにシステムの動特性応答を知る方法がいくつかある。その一つに、ボード線図を用いる方法がある。ボード線図とは、周波数 ω で周期的に変動する入力量が入力されたときのシステム応答関数の振幅と位相を、周波数に対してプロットした図のことである。あらゆる関数は、$\sin(\omega t)$ で ω を 0 から ∞ のとしたものの重ね合わせで表すことができる（フーリエ変換できる）ので、周波数 ω を 0 から ∞ までに変化させたときのシステムの応答の振幅と位相（すなわち、ボード線図）からシステムの動特性応答特性を把握することができる。

伝達関数の振幅と位相は、伝達関数のラプラス変換パラメータの s に $i\omega$（i は虚数単位）を入力し、その結果得られる複素数の形の伝達関数から、次式のように $|G(i\omega)|$(振幅) および ϕ(位相) として定義される。

$$G(s) = G(i\omega) \equiv |G(i\omega)|\,e^{i\phi} \tag{4–96}$$

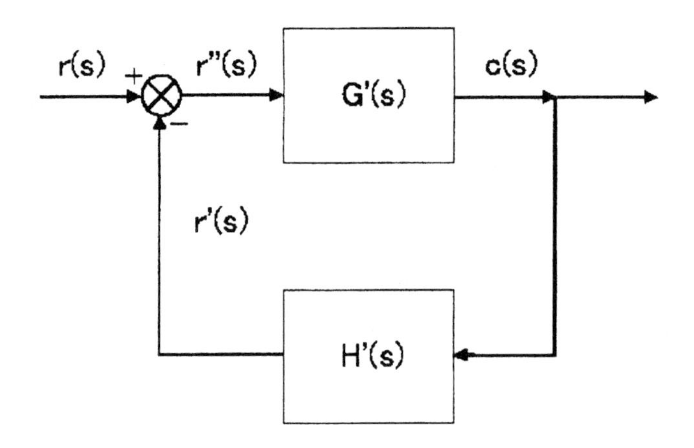

図 4.8 フィードバックのあるシステムの伝達関数（閉ループ伝達関数）

複素数を $x + iy$（実数部：x、虚数部：y）の形で表す。すなわち、

$$G(s) \equiv x + iy \tag{4–97}$$

とすると、その x と y から振幅と位相は

$$\text{振幅} = |G(i\omega)| = \sqrt{x^2 + y^2} \tag{4–98}$$

$$\text{位相} = \phi = \tan^{-1}\frac{y}{x} \tag{4–99}$$

で求めることができる。ボード線図は、この二つを、ω を 0 から ∞ まで変化させてプロットしたものである。

次項に、この伝達関数ボード線図法の応用例を、図 4.5 の原子炉システムを例にとって説明する。なお、次項では、まず全原子炉システムの中の原子炉部分（図 4.5 中の原子炉）だけについて、次にフィードバックを含む全システムについて説明する。

(3)　原子炉の伝達係数（ゼロ出力伝達関数）

前項に述べた通り、原子炉部分の伝達関数は、反応度が投入されたときの原子炉出力を与える関数、すなわち一点炉動特性方程式をラプラス変換することにより導き出される。以下、投入される反応度の変化量が小さいと仮定できる場合に限って話を進める[27]。

[27] 投入される反応度 ρ が小さい場合、反応度の投入後の実効増倍率 k も 1 に近い $(k(t) \doteqdot 1)$ と近似できるので、反応度は $\rho(t) = \frac{k(t)-1}{k(t)} \doteqdot k(t) - 1 = \delta k(t)$ と一次の微小項のみで表せるようになる。このような 1 次項のみの反応度投入に対する原子炉の応答は線形と近似でき、伝達関数の導出が簡単になる。

原子炉動特性方程式は、通常遅発中性子 6 組の 7 元の微分方程式であるが、ここでは遅発中性子を 1 組に近似した動特性方程式（4–2 節 (3) 項（F）参照）を対象にする。そのときの方程式は、(4–59) 式と (4–60) 式で与えられる 2 つの微分方程式になる。すなわち、

$$\frac{dn(t)}{dt} = \frac{(\delta k(t) - \beta)}{\Lambda} n(t) + \lambda C(t) \tag{4–100}$$

$$\frac{dC(t)}{dt} = \frac{\beta}{\Lambda} n(t) - \lambda C(t) \tag{4–101}$$

である。この式において、$n(t)$ は中性子密度、$C(t)$ は先行核密度、β は遅発中性子割合、λ は先行核壊変定数、Λ は中性子世代時間である。なお、(4–59) 式と (4–60) 式ではステップ状の投入反応度として ρ_0 を用いていたが、ここでは (4–100) 式の通り、$\delta k(t)$ を用いている。

この二つの式から $\lambda C(t)$ の項を消去すると、同時に $\beta n(t)/\lambda$ も消去されて、

$$\frac{dn(t)}{dt} = \frac{\delta k(t)}{\Lambda} n(t) - \frac{dC(t)}{dt} \tag{4–102}$$

となる。この中性子密度に対する新たな微分方程式と、先行核密度に対する (4–101) 式を用いて、伝達関数を導く。

伝達関数を導くにあたって、中性子密度と先行核密度の変化も、k と同じく 1 次の微小項のみで表せると近似する（投入反応度が微小であるとの仮定から、これらの近似も十分妥当である）。

$$n(t) = n_0 + \delta n(t) \tag{4–103}$$

$$C(t) = C_0 + \delta C(t) \tag{4–104}$$

ここで、n_0 および C_0 は定数である。上の 2 式を (4–102) 式に代入し、2 次の微小項を無視すると

$$\frac{d(\delta n(t))}{dt} = \frac{\delta k(t)}{\Lambda} n_0 - \frac{d(\delta C(t))}{dt} \tag{4–105}$$

が得られる[28]。同様にして、(4–101) 式に代入すると

$$\frac{d(\delta C(t))}{dt} = \frac{\beta}{\Lambda} \delta n(t) - \lambda \delta C(t) \tag{4–106}$$

が得られる[29]。そして、この 2 つの式を $\delta n(0) = \delta C(0) = 0$ に注意してそれぞれラプラス変換すると

$$s\delta n(s) = \frac{n_0}{\Lambda} \delta k(s) - s\delta C(s) \tag{4–107}$$

---

(28) $\frac{dn(t)}{dt} = \frac{\delta k(t)}{\Lambda} n(t) - \frac{dC(t)}{dt}$ において、$n(t) = n_0 + \delta n(t)$、$C(t) = C_0 + \delta C(t)$ を代入すると、$\frac{d(n_0 + \delta n(t))}{dt} = \frac{\delta k(t)}{\Lambda}[n_0 + \delta n(t)] - \frac{d(C_0 + \delta C(t))}{dt}$、すなわち $\frac{d\delta n(t)}{dt} = \frac{\delta k(t)}{\Lambda} n_0 + \frac{\delta k(t)}{\Lambda} \delta n(t) - \frac{d\delta C(t)}{dt}$ そして 2 次の微小項 $\frac{\delta k(t)}{\Lambda} \delta n(t)$ は十分小さいとして無視できるので、$\frac{d(\delta n(t))}{dt} = \frac{\delta k(t)}{\Lambda} n_0 - \frac{d(\delta C(t))}{dt}$ となる。

(29) $\frac{dC(t)}{dt} = \frac{\beta}{\Lambda} n(t) - \lambda C(t)$ において、$n(t) = n_0 + \delta n(t)$、$C(t) = C_0 + \delta C(t)$ を代入すると、$\frac{d(C_0 + \delta C(t))}{dt} = \frac{\beta}{\Lambda}[n_0 + \delta n(t)] - \lambda(C_0 + \delta C(t))$、すなわち $\frac{d(\delta C(t))}{dt} = \frac{\beta}{\Lambda} n_0 + \frac{\beta}{\Lambda} \delta n(t) - \lambda C_0 - \lambda \delta C(t)$ である。さらに、定常状態について考えると、$\delta n(t) = 0$、$\delta C(t) = 0$、$\frac{d(\delta C(t))}{dt} = 0$ なので、上式から $0 = \frac{\beta}{\Lambda} n_0 - \lambda C_0$ とでき、$\frac{d(\delta C(t))}{dt} = \frac{\beta}{\Lambda} \delta n(t) - \lambda \delta C(t)$ となる。

$$s\delta C(s) = \frac{\beta}{\Lambda}\delta n(s) - \lambda\delta C(s) \tag{4–108}$$

となる。(4–108) 式を変形すると、

$$\delta C(s) = \frac{\beta}{(s+\lambda)\Lambda}\delta n(s) \tag{4–109}$$

となるので、これと (4–107) 式から、

$$\frac{\delta n(s)}{\delta k(s)} = \frac{(s+\lambda)n_0}{s\Lambda\left(s+\lambda+\frac{\beta}{\Lambda}\right)} \tag{4–110}$$

が得られる[30]。(4–110) 式の左辺は

$$\frac{\text{原子炉出力のラプラス変換}}{\text{反応度のラプラス変換}}$$

すなわち、原子炉の伝達関数の定義であり、反応度変化に対する原子炉出力（中性子密度）の変化を与える原子炉の伝達関数（反応度が微小であると仮定した時の）となる。原子炉出力が小さい時には温度等に変化がなく結果的にフィードバックがないと仮定できることから、この伝達関数を原子炉のゼロ出力伝達関数（zero power transfer function）と呼ぶ。

この伝達関数についてボード線図法を適用する。すなわち、(4–110) 式において s に $i\omega$（i は虚数単位）を代入すると、次のようになる。

$$G(i\omega) = \frac{(i\omega+\lambda)n_0}{i\omega\Lambda\left(i\omega+\lambda+\frac{\beta}{\Lambda}\right)} \tag{4–111}$$

この伝達関数において、さらに、一般に原子炉では中性子世代時間は非常に小さいことから $\lambda \ll \beta/\Lambda$ と置けることから、分母の λ を無視することができるので、

$$G(i\omega) \fallingdotseq \frac{(i\omega+\lambda)n_0}{i\omega\Lambda\left(i\omega+\frac{\beta}{\Lambda}\right)} \tag{4–112}$$

が得られる。この $G(i\omega)$ から、(4–98) 式ならびに (4–99) 式にしたがって、振幅と位相を求め周波数 ω に対してプロットすると、ボード線図が得られる。図 4.9 [31] に ^{235}U の遅発中性子割合および $\Lambda/\beta = 10^{-2}$ 秒を用いたときのボード線図を示す。なお、ここで振幅は、$(\beta/n_0)|G(i\omega)|$ としてプロットされている。同図には、遅発中性子 6 組として取り扱ったときの値もプロットされている[32] が、1 組と 6 組間の差はあまり大きくない。

---

(30) (4–107) 式 $\delta n(s) = \frac{n_0}{s\Lambda}\delta k(s) - \delta C(s)$ に、(4–108) 式 $\delta C(s) = \frac{\beta}{(s+\lambda)\Lambda}\delta n(s)$ を代入すると、$\delta n(s) = \frac{n_0}{s\Lambda}\delta k(s) - \frac{\beta}{(s+\lambda)\Lambda}\delta n(s)$ となり、さらに $\left(1+\frac{\beta}{(s+\lambda)\Lambda}\right)\delta n(s) = \frac{n_0}{s\Lambda}\delta k(s)$ となるので、$\frac{\delta n(s)}{\delta k(s)} = \frac{n_0}{s\Lambda\left(1+\frac{\beta}{(s+\lambda)\Lambda}\right)} = \frac{(s+\lambda)n_0}{s\Lambda\left(s+\lambda+\frac{\beta}{\Lambda}\right)}$ となる。

(31) D.L.Hetrick:Dynamics of Nuclear Reactors,P.70,University of Chicago Press(1970) による

(32) 遅発中性子を 6 組とした時のゼロ出力伝達関数は、以下の通りである。$G(i\omega) = \frac{n_0}{i\omega\Lambda+\sum_{i=1}^{6}\left(\frac{i\omega\beta_i}{i\omega+\lambda_i}\right)}$

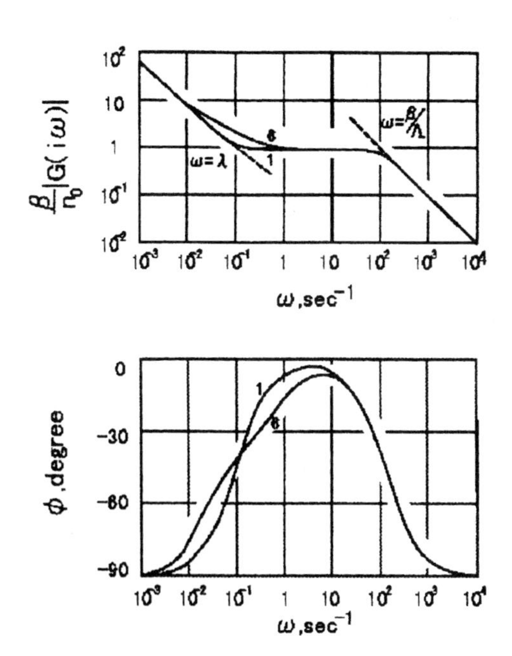

図 4.9 ゼロ出力原子炉伝達関数のボード線図（振幅（上図）と位相（下図））

このボード線図を見ると、周波数 ω が小さい領域では振幅が大きく、周波数が大きな領域では振幅が小さくなっていることがわかる。このことから、大きな周波数 ω で振動する（すなわち、早く振動する）反応度変化に対して、原子炉の出力はほとんど変化しないが、逆に小さな周波数（すなわち、ゆっくりと振動する）反応度変化に対して原子炉出力に大きな変化を生じることがわかる。そして、$\omega \to 0$ のとき $|G(i\omega)| \to \infty$ となることから、極めてゆっくりとした反応度変化に対して、原子炉自体（フィードバックのない原子炉システム）は不安定なシステムであることがわかる。なお、振幅の図からわかるように、ω が $\omega = \lambda$(約 $0.1\mathrm{s}^{-1}$) と $\omega = \beta/\Lambda$（約 $100\mathrm{s}^{-1}$）の間で、振幅（原子炉の出力変動）はおおむね一定となる。すなわち、この領域において原子炉出力の変動は、大きさは変化しないものの遅発中性子の存在によってある程度遅れて現れる。この遅れは、遅発中性子によるもので、この領域の現象は遅発中性子のホールドアップ効果といわれている。

(4)　負の温度フィードバック

実際の原子炉システムのブロック図の例として、水冷却型の原子炉のブロック図を図 4.5 に示した。この中で、原子炉の温度変化は、原子炉の出力変動を受け、それに見合った量の反応度を原子炉へ送り返す、すなわちフィードバックを与える形で働く。原子炉の場合、反応度フィードバック効果は少なくとも全体として負となるように設計する。ここでは、図 4.5 のブロック図の一つの温度フィードバックを例にとって、負のフィードバック機構について解説する。

外乱で投入される反応度投入によって生じる中性子密度の変化量を δn、中性子密度変化→原子炉出力→原子炉温度変化に伴いフィードバックされる反応度を δk_t とすると、温度フィードバック部の伝達関数は

$$H(s) = \frac{\delta k_t(s)}{\delta n(s)} \tag{4–113}$$

と表せる。反応度変化が、減速材温度の変化 δT_m によるものとしてこれを書き直すと、次のようになる。

$$H(s) = \frac{\delta T_m(s)}{\delta n(s)} \frac{\delta k_t(s)}{\delta T_m(s)} \tag{4–114}$$

この式の第 2 の因子は、減速材温度変化により投入される反応度であり、これは前に述べた減速材温度係数そのものである（ラプラス変換されていても比例定数は変わらない)。その減速材温度係数を α と書くと、

$$H(s) = \alpha \frac{\delta T_m(s)}{\delta n(s)} \tag{4–115}$$

となる。すなわち、原子炉の温度フィードバックコンポーネントの伝達関数は、中性子密度（原子炉出力）の変化による減速材温度の変化を表す伝達関数に比例する形で与えられる。

さらに、この原子炉出力変化から減速材温度変化に至る過程を考える。原子炉出力変化による減速材（冷却材）の温度変化は、燃料の温度変化を経て生じる。温度変化の様子は前節で説明した通り、減速材と燃

料の温度変化の間で、時間的に大きな差がある。燃料温度は原子炉出力の変化に応じて直ちに変わる、すなわち燃料温度変化量は原子炉出力の変化に時間遅れなく、出力変化に比例すると考えられる。比例定数をＡと書くと、両者の関係は下記のように定式化できる。

$$\delta T_f\,(t) = A \cdot \delta n\,(t) \tag{4–116}$$

これに対して、減速材温度変化は、燃料から冷却材への熱伝達に時間がかかるため、一定の遅れが生じる。熱伝達の遅れの時定数を τ として、両者の間の熱伝達の式を用いてこれを、

$$\delta T_f\,(t) - \delta T_m\,(t) = \tau \cdot \frac{d\,(\delta T_m\,(t))}{dt} \tag{4–117}$$

と書くことができる。これらの 2 つの温度変化、すなわち (4–116) 式と (4–117) 式をそれぞれラプラス変換すると、

$$\delta T_f\,(s) = A \cdot \delta n\,(s) \tag{4–118}$$

$$\delta T_f\,(s) - \delta T_m\,(s) = \tau \cdot s\delta T_m\,(s) \qquad (\because\ \delta T_m\,(0) = 0) \tag{4–119}$$

となる。この二つの式から δT_f を消去すると、

$$A \cdot \delta n\,(s) = (1 + \tau s)\,\delta T_m\,(s) \tag{4–120}$$

となるから、

$$\frac{\delta T_m\,(s)}{\delta n\,(s)} = \frac{A}{1 + \tau s} \tag{4–121}$$

が得られる。この式を (4–115) 式に代入することにより、原子炉の温度フィードバックコンポーネントの伝達関数は、

$$H\,(s) = \frac{\alpha A}{1 + \tau s} \tag{4–122}$$

となり、さらにこれは、新たな比例定数 $K_T(= \alpha A/\tau)$ を導入して書き改めると、

$$H\,(s) = \frac{K_T}{s + (1/\tau)} \tag{4–123}$$

となる。上式が、一般的な原子炉の温度フィードバックコンポーネントの伝達関数である。

(5)　フィードバックのある原子炉システムの動特性応答

(4–123) 式の温度フィードバックコンポーネントの伝達関数と、(4–110) 式の原子炉の伝達関数から、原子炉システムの最も基本的な伝達関数を得ることができる。先に述べた通り、閉ループ関数の伝達関数は

(4-95) 式で与えられるから、二つのコンポーネントの伝達関数 ((4–110) 式と (4–123) 式)、すなわち

$$G(s) = \frac{\delta n(s)}{\delta k(s)} = \frac{(s+\lambda)\, n_0}{s\Lambda\left(s+\lambda+\frac{\beta}{\Lambda}\right)} \tag{4–124}$$

$$H(s) = \frac{K_T}{s+(1/\tau)} \tag{4–125}$$

を用いて、温度フィードバックのある原子炉システムの伝達関数を、

$$Y(s) = \frac{G(s)}{1+G(s)\,H(s)} \tag{4–126}$$

のように書くことができる。これにボード線図法を用いると、振幅関数は

$$|Y(i\omega)| = \frac{|G(i\omega)|}{1+|G(i\omega)|\,|H(i\omega)|} \tag{4–127}$$

となる。

この振幅関数の典型的な形を、図 4.10 [33] に示す。この図の上の 3 つには、(4–124) 式の振幅を図示した $|G(i\omega)|$、(4–125) 式の振幅を図示した $|H(i\omega)|$ およびその逆数 $1/|H(i\omega)|$ が示されている。$|H(i\omega)|$ と $1/|H(i\omega)|$ の図の中の 3 本の実線は異なる K_T に対するものであり、矢印の方向に行くほど大きな K_T、すなわちフィードバック係数が大きい場合を表している。また、図の a、b、γ は、(4–124) と (4–125) 式中に現れる量を、$\lambda = a$、$\lambda + \beta/\Lambda \sim \beta/\Lambda = b$、$1/\tau = \gamma$ としたものである。

そして、これらから $|Y(i\omega)|$ の概形が求められる。すなわち、(4–127) 式の $|Y(i\omega)|$ において、$|G(i\omega)||H(i\omega)|$ の大小により

$$|Y(i\omega)| = \begin{cases} |G(i\omega)| & |G(i\omega)|\,|H(i\omega)| \ll 1 \\ \frac{1}{|H(i\omega)|} & |G(i\omega)|\,|H(i\omega)| \gg 1 \end{cases} \tag{4–128}$$

と近似できることを用いて $|Y(i\omega)|$ をプロットしたものが、図 4.10 の一番下の図である。この図には $|G(i\omega)|$ と $|1/H(i\omega)|$ も点線で表されている。この $|Y(i\omega)|$ の図には他と同じく 3 つの K_T に対応する線、すなわち、

(1)　最も小さな K_T に対応する線：最も上の線で、ω が非常に小さい領域で平坦で ω が大きくなるにつれて a および b を変曲点として小さくなっていく線、

(2)　中間の K_T に対応する線：中間の線で、ω が γ までは平坦で、γ において上昇し、$|G(i\omega)|$ の線とぶつかった所からは (1) と同じ変化をする線、

(3)　最も大きな K_T に対応する線：最も下の線で、γ を超えてから ω が大きくなるにつれて上昇していた線が $|G(i\omega)|$ とぶつかった所で急に減少している線で、結果的にピークが形成されている線が示されている。これらの線がフィードバックのある原子炉システムの周波数応答を近似的に表わしている。

[33] D.L.Hetrik; 前出、p.258 による

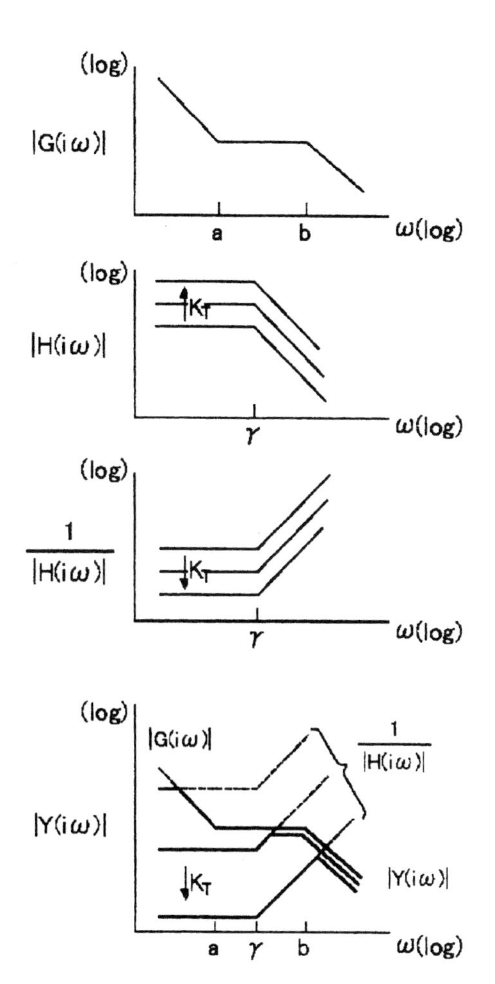

図 4.10 フィードバックがあるシステムの伝達関数のボード線図

この図から、負のフィードバックが加わると原子炉伝達関数は $\omega \to 0$ での振幅が有限となることがわかる。すなわち、フィードバックがない時の不安定性（図 4.10 で $\omega \sim 0$ で振幅が無限大）は、負のフィードバックによって解消され、原子炉は安定化される。また K_T が大きいほど振幅が小さくなるので原子炉の安定性は増す。しかし、K_T の大きいとき（上記（3）の線参照）、周波数が b の近くでピークを生じている。これを共鳴といい、場合によってはこの周波数で不安定（振幅が著しく大きくなる）を生ずる可能性があることを意味している。

(6)　原子炉が安定である条件

システムの伝達関数を調べることにより、システムが安定である条件が得られる。一つの方法として、伝達関数の特異点（極）に着目した方法がある。(4–126) 式で与えられた、フィードバックを含むシステムを例にすると、極は (4–126) 式の分母=0 すなわち、

$$1 + G(s)\,H(s) = 0 \tag{4–129}$$

となる s を求めることによって得られる。

システムの伝達関数に極が存在するとき、その伝達関数をラプラス逆変換すると、極（ここでは、s_0 とする）の点から $\exp(s_0 t)$ という項が現れることとなる。そして、s_0 の実数部が正の場合、この項によって出力は時間とともに増大することとなる。すなわち、原子炉は不安定である。これに対し s_0 の実数部が負の場合 $\exp(s_0 t)$ の項は時間とともに減衰していく。この事情は極の数が複数となっても同じである。

すなわち線形のシステムが安定である条件は、極の実数部が全て負であることである。この方法は、実際に伝達関数を（例えば (4–126) 式）を解かずに、極の実数部の正負を判別するだけで安定性について考察できる有用な方法である。なお、この方法には、たとえばナイキスト（Nyquist）の条件による方法などいくつかあるが、それらについては本書では触れない。

4–5　核分裂生成物の毒作用

本節からは、原子炉の時間的な挙動の中で長い時間範囲で起る現象について説明する。ここでは主に時間あるいは日単位が問題となる「核分裂生成物 Xe と Sm の毒作用」について解説する。

(1)　^{135}Xe と ^{149}Sm

原子炉を運転すると、原子炉内に核分裂生成物が生成される。生成される核分裂生成物の種類は数百を越えるが、そのような数多くの核分裂生成物の中に、^{135}Xe と ^{149}Sm という二つの核がある。この二つの核は他の核に比べて、特に大きな吸収断面積を持つ。その大きさは熱中性子に対し、^{135}Xe は約 3.0×10^6

バーン、^{149}Sm は約 5.9×10^4 バーンである。これらの核はまた、核分裂で生成される割合が大きく、原子炉の増倍率に大きな影響を持つ。核分裂生成物が増倍率に及ぼす影響は主に熱中性子利用率を変化させることによって起り、原子炉物理学では、核分裂生成物の毒作用と呼んでいる。核分裂生成物の毒作用は、熱中性子炉において重要であり、高速炉においては、高速中性子に対する吸収断面積が小さいことからあまり問題とならない。

以下、この毒作用について定量的に解説する。はじめに、^{135}Xe と ^{149}Sm 共通の原理的な面から、ついで具体的に ^{135}Xe、^{149}Sm の順に説明を行う。なお、原子炉の運転に伴って ^{135}Xe、^{149}Sm 以外にも数多くの核分裂生成物が生成蓄積され、毒作用をもたらす。^{135}Xe、^{149}Sm 以外の核分裂生成物に関しては、次節の燃料の燃焼 (3) で、主要な核分裂生成物の核分裂収率と典型的な軽水炉における反応度効果等に触れながら説明する。

(2) 毒物の反応度への効果

今、燃料と減速材から成る均質炉を考える。そして、そこに熱中性子に対して大きな断面積を有する毒物が加えられることを考え、この毒物の増倍率に対する影響を検討する。

毒物が入る前の原子炉の実効増倍率を k とすると、k は第 1 章の 6 因子公式から、

$$k = \varepsilon p f \eta P_{FNL} P_{TNL} \tag{4–130}$$

と表せる。ここで、ε は高速熱中性子核分裂因子、p は共鳴を逃れる確率、f は熱中性子利用率、η はイータ（再生率）であり、P_{FNL} および P_{TNL} は高速中性子および熱中性子が体系から逃げない確率である。そして、この毒物の毒作用が主に熱中性子に対するものであることから、増倍率への毒物の影響は、熱中性子利用率を通じて及ぼされる。熱中性子利用率は、

$$f = \frac{\Sigma_a^F}{\Sigma_a^F + \Sigma_a^M} \tag{4–131}$$

と書ける。ここで、Σ_a^F, Σ_a^M はそれぞれ炉の燃料 (F) と減速材 (M) のマクロ吸収断面積である。

この状態の原子炉に、マクロ吸収断面積が Σ_a^p である毒物が加えられたとする。毒物投入後の実効増倍率と中性子利用率をそれぞれ k' と f' とすると、これらは、

$$k' = \varepsilon p f' \eta P_{FNL} P_{TNL} \tag{4–132}$$

$$f' = \frac{\Sigma_a^F}{\Sigma_a^F + \Sigma_a^M + \Sigma_a^P} \tag{4–133}$$

となる[34]。毒物投入前後の反応度を ρ および ρ' とすると、毒物投入による反応度変化 $\Delta\rho$ は

$$\Delta\rho = \rho' - \rho = \frac{k'-1}{k'} - \frac{k-1}{k} = \frac{1}{k}\left(1 - \frac{k}{k'}\right) = \frac{1}{k}\left(1 - \frac{f}{f'}\right) \tag{4–134}$$

である。さらに、毒物投入前の原子炉の k がほぼ1に近いとする $(k \sim 1)$ と

$$\Delta\rho = 1 - \frac{f}{f'} \tag{4–135}$$

とできる。この式に (4–131) 式ならびに (4–133) 式を代入すると、

$$\Delta\rho = 1 - \frac{\Sigma_a^F}{\Sigma_a^F + \Sigma_a^M} \Bigg/ \frac{\Sigma_a^F}{\Sigma_a^F + \Sigma_a^M + \Sigma_a^P} = 1 - \frac{\Sigma_a^F + \Sigma_a^M + \Sigma_a^P}{\Sigma_a^F + \Sigma_a^M} = -\frac{\Sigma_a^P}{\Sigma_a^F + \Sigma_a^M} \tag{4–136}$$

と書ける。さらに、燃料と減速材の吸収断面積の和を $\Sigma_a (= \Sigma_a^F + \Sigma_a^M)$ で表すと、

$$\Delta\rho = -\frac{\Sigma_a^P}{\Sigma_a} \tag{4–137}$$

となる。この式あるいは (4–136) 式から、毒物の毒作用を求めることができる。

毒物の反応度効果は、毒物のマクロ吸収断面積と、燃料と減速材のマクロ吸収断面積の比によって与えられる。上式に基づいて、毒物の毒作用の大きさを求めるためには、その核のマクロ吸収断面積が必要となる。マクロ吸収断面積はミクロ吸収断面積と原子数密度の積で与えられるから、特定の核による毒物の毒作用を得るためにはその核の原子数密度（の時間変化）を知らなければならない。なお、この節に限って、通常の原子炉物理学の通例に従って、原子数密度を単に濃度と表現することとする。

(3) ^{135}Xe の毒作用

(A) 生成消滅の式

^{135}Xe は熱中性子に対し、ほぼ 3.0×10^6 バーンという大きな吸収断面積を持ち、核分裂から直接生成される（約 0.3% [35]）とともに、核分裂で生成される ^{135}Te、^{135}I から下記のチェーンに沿って生成される（計約 6.4% [35]）。生成された ^{135}Xe はこのチェーンに沿って壊変するとともに、中性子吸収によって、^{136}Xe に核変換される。

$$^{135}Te \xrightarrow{\beta, T_{1/2}<1min} {}^{135}I \xrightarrow{\beta, T_{1/2}=6.7h} {}^{135}Xe \xrightarrow{\beta, T_{1/2}=9.2h} {}^{135}Cs \xrightarrow{\beta, T_{1/2}=2\times 10^6 yr} {}^{135}Ba\,(\text{安定}) \tag{4–138}$$

以下、このような生成消滅過程における ^{135}Xe の濃度を追いかけ、その毒作用を、前項で示した方法で定量的に検討する。^{135}Xe の濃度（の時間変化）を定量的に知るためには、^{135}Xe 自身の生成消滅のほか、

[34] 熱中性子断面積が大きい毒物の場合、ε、p、η は変化しない。P_{FNL} および P_{TNL} は厳密には、毒物の有無によって変化する。しかし、大型の原子炉を考えると、P_{FNL} も P_{TNL} ともに ~ 1 なので、P_{FNL} および P_{TNL} の変化はないと近似できる。

[35] ^{235}U の熱中性子による核分裂の場合

その親核の ^{135}I に対する生成消滅の式を作る必要がある[36]。^{135}Xe および ^{135}I の生成消滅の式を定式化するために必要な核種のチェーンを整理した図を図 4.11 に示す。図中の記号のうち、$X(t)$、λ_X、γ_X、σ_X は ^{135}Xe に対する濃度（個・cm^{-3}）、壊変定数（s^{-1}）、核分裂収率[37]、ミクロ吸収断面積（バーン）であり、$I(t)$、λ_I、γ_I、σ_I は ^{135}I に対するそれらを意味する。表 4.4 には、それら ^{135}Xe、^{135}I に対する生成消滅に関する数値データを、主な核分裂核種である ^{233}U、^{235}U、^{239}Pu、^{241}Pu に対して示している。

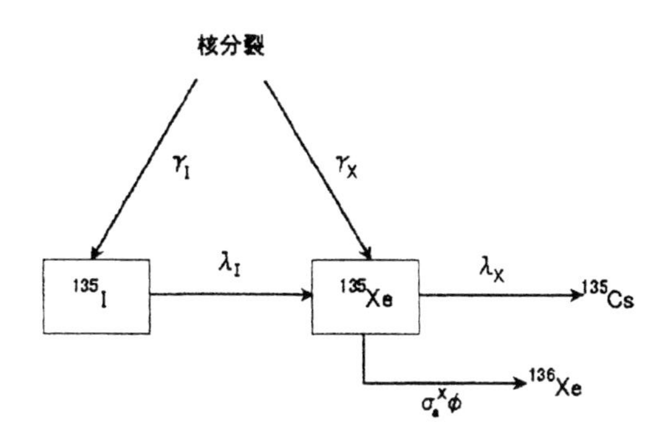

図 4.11 ^{135}Xe 毒作用のために用いる壊変図

表 4.4 核分裂生成物収率と壊変定数

核分裂生成物収率	^{233}U	^{235}U	^{239}Pu	^{241}Pu	崩壊定数
$\gamma_I(\%)$	4.884	6.386	6.100	7.694	$\lambda_I = 0.1035\mathrm{h}^{-1}$
$\gamma_X(\%)$	1.363	0.228	1.087	0.255	$\lambda_X = 0.0753\mathrm{h}^{-1}$
$\gamma_P(\%)$	0.66	1.13	1.9		$\lambda_P = 0.0128\mathrm{h}^{-1}$

これらを使って、^{135}Xe、^{135}I の生成消滅の式を書く。ϕ を中性子束 $(n \cdot cm^{-2} \cdot s^{-1})$、$\Sigma_f$ を核分裂断面積とする。まず ^{135}I に対しては、

$$\frac{dI\left(t\right)}{dt} = \underbrace{-\lambda_I I\left(t\right)}_{^{135}I\text{ の壊変による消滅}} \underbrace{-\sigma_I I\left(t\right)\phi}_{\text{中性子吸収による変換消滅}} \underbrace{+\gamma_I \Sigma_f \phi}_{\text{核分裂による生成}} \tag{4–139}$$

と書ける。この式において、^{135}I の中性子吸収反応断面積 σ_I が小さいため、第 2 項が第 1 項に比べて十

(36) ^{135}I の半減期が ^{135}Xe と同程度であることから必要となる。厳密には、核分裂によって直接生成される ^{135}Te の生成消滅についても定式化すべきであるが、^{135}Xe は半減期が極めて短いことから ^{135}I が核分裂によって直接生成するとして良い。核分裂からの ^{135}Te の収率は、^{135}I の収率に含めて考える。

(37) 核分裂収率は、1 核分裂あたりにその核が生成される数で定義される。なお、核分裂反応では 1 回の核分裂あたり 2 個の核分裂生成物ができることから、核分裂収率は全体で 200 %になるように規格化されている。

分小さいとして、第 2 項を無視できる。この結果、^{135}I の生成消滅の式は、

$$\frac{dI(t)}{dt} = \underbrace{-\lambda_I I(t)}_{\substack{^{135}I\ \text{の濃度} \\ \text{による消滅}}} \underbrace{+\gamma_I \Sigma_f \phi}_{\substack{\text{核分裂に} \\ \text{よる生成}}} \tag{4–140}$$

とできる。一方、^{135}Xe に対しては

$$\frac{dX(t)}{dt} = \underbrace{-\lambda_X X(t)}_{\substack{^{135}Xe\ \text{の濃度} \\ \text{による消滅}}} \underbrace{-\sigma_X X(t)\phi}_{\substack{\text{中性子吸収に} \\ \text{よる変換消滅}}} \underbrace{+\gamma_X \Sigma_f \phi}_{\substack{\text{核分裂に} \\ \text{よる生成}}} \underbrace{+\lambda_I I(t)}_{\substack{^{135}I\ \text{の濃度} \\ \text{による生成}}} \tag{4–141}$$

となる。

(B)　平衡状態

原子炉をある程度長期間運転すると、^{135}I と ^{135}Xe の濃度は平衡に達する。そのときの濃度と、毒作用について学ぶ。平衡状態においては $dI/dt = dX/dt = 0$ である。これを、(4–140) 式と (4–141) 式に代入することにより、平衡状態での濃度が求められる。^{135}I の平衡状態での濃度を I_0 と書くと、(4–140) 式から、

$$I_0 = \frac{\gamma_I \Sigma_f \phi}{\lambda_I} \tag{4–142}$$

となる。また、^{135}Xe に対しての平衡状態の濃度を X_0 と書くと、この値は (4–141) 式から

$$0 = -\lambda_X X_0 - \sigma_X X_0 \phi + \gamma_X \Sigma_f \phi + \lambda_I I_0 \tag{4–143}$$

であり、(4–142) 式を用いれば平衡状態の Xe 濃度は、

$$X_0 = \frac{\gamma_X \Sigma_f \phi + \lambda_I I_0}{\lambda_X + \sigma_X \phi} = \frac{\gamma_X \Sigma_f \phi + \gamma_I \Sigma_f \phi}{\lambda_X + \sigma_X \phi} = \frac{(\gamma_X + \gamma_I)\Sigma_f \phi}{\lambda_X + \sigma_X \phi} \tag{4–144}$$

と求められる。この ^{135}Xe の濃度 X_0 を、(4–137) 式に代入すると

$$\Delta\rho = -\frac{\Sigma_a^P}{\Sigma_a} = -\frac{X_0 \sigma_X}{\Sigma_a} = -\frac{\sigma_X}{\Sigma_a}\frac{(\gamma_X + \gamma_I)\Sigma_f \phi}{\lambda_X + \sigma_X \phi} = -\frac{\sigma_X(\gamma_X + \gamma_I)\Sigma_f \phi}{(\lambda_X + \sigma_X \phi)\Sigma_a} \tag{4–145}$$

として ^{135}Xe の毒作用が求められる。マクロ吸収断面積とマクロ核分裂断面積が与えられると、この式から具体的な毒作用の値を求めることができる。

ここでは、具体的な値に言及する代りに、^{235}U のみを燃料とする原子炉では無限増倍率が $\nu\Sigma_f/\Sigma_a$ で与えられることに着目して考察する。すなわち、無限増倍率を k_∞ と書くと、

$$k_\infty = \frac{\nu \Sigma_f}{\Sigma_a} \tag{4–146}$$

である。さらに、実効増倍率 k は、k_∞ に体系から漏れない確率を乗じた値、すなわち

$$k = k_\infty P_{FNL} P_{TNL} = \frac{\nu \Sigma_f}{\Sigma_a} P_{FNL} P_{TNL} \tag{4–147}$$

と書ける。この式から、^{135}Xe の毒作用を求める (4–145) 式に必要な Σ_f/Σ_a が

$$\frac{\Sigma_f}{\Sigma_a} = \frac{k}{P_{FNL}P_{TNL}}\frac{1}{\nu} \tag{4–148}$$

と得られる。「臨界」にある大型炉の場合、実効増倍率は 1、中性子が体系から漏れない確率もほとんど 1 であることから、上式は、

$$\frac{\Sigma_f}{\Sigma_a} \doteqdot \frac{1}{\nu} \tag{4–149}$$

となる。この式を、(4–145) 式に代入して、^{135}Xe の毒作用を求めると、

$$\Delta\rho = -\frac{\sigma_X(\gamma_X+\gamma_I)\Sigma_f\phi}{(\lambda_X+\sigma_X\phi)\Sigma_a} = -\frac{\sigma_X(\gamma_X+\gamma_I)\phi}{\nu(\lambda_X+\sigma_X\phi)} = -\frac{(\gamma_X+\gamma_I)\phi}{\nu\left(\frac{\lambda_X}{\sigma_X}+\phi\right)} \tag{4–150}$$

となる。この式の中の変数のうち、ϕ 以外は定数であり、平衡状態の ^{135}Xe の毒作用すなわち反応度損失量は、中性子束の大きさのみに依存する量となっていることがわかる。

この式に基づいて考察すると、中性子束が低いとき、すなわち $\phi \ll \lambda_X/\sigma_X$ のときは

$$\Delta\rho = -\frac{(\gamma_X+\gamma_I)\phi}{\nu\frac{\lambda_X}{\sigma_X}} = -\frac{\sigma_X(\gamma_X+\gamma_I)}{\nu\lambda_X}\phi \propto \phi \tag{4–151}$$

となり、^{135}Xe 毒作用の反応度損失が中性子束に比例することとなる。逆に、中性子束が高く $\phi \gg \lambda_X/\sigma_X$ とできる場合[38] には、

$$\Delta\rho = -\frac{(\gamma_X+\gamma_I)\phi}{\nu\phi} = -\frac{(\gamma_X+\gamma_I)}{\nu} \tag{4–152}$$

となる。これより、^{135}Xe の毒作用には $(\gamma_I+\gamma_X)/\nu$ という最大値が存在することがわかる。^{235}U を燃料とする熱中性子炉では、この値は 0.026(Δk) となる。この値は、原子炉の運転の観点から見て、大きな値である。したがって、原子炉の余剰反応度と原子炉の制御系の設計では、この反応度損失に打ち勝つ余裕を持つようにしなくてはならない。

(C)　原子炉停止後の ^{135}Xe 濃度

原子炉運転を停止すると、^{135}Xe の濃度は平衡状態から変化する。^{135}Xe 自身が不安定核なので、停止後十分時間が経つと、最終的に ^{135}Xe の濃度はゼロとなる。しかし、^{135}Xe の場合、親核の ^{135}I の半減期が ^{135}Xe の半減期より短い（すなわち $\lambda_I > \lambda_X$）ことから、単調にゼロにならずに ^{135}Xe 濃度がいったん上昇する特徴がある。ここでは、原子炉停止後特有の振舞いをする ^{135}Xe 濃度の時間変化に着目する。

---

[38] $\lambda_X/\sigma_X = 0.756\times10^{13}(\mathrm{cm}^{-2}\cdot\mathrm{s}^{-1})$ であり、ϕ がこれより大きい場合。例えば、典型的な軽水炉の中性子束は $10^{13}(cm^{-2}\cdot s^{-1})$ のオーダーであることから、この条件をほぼ満たしていると考えてよい。

はじめに原子炉が一定の出力で平衡状態にあったとする。このときの ^{135}I と ^{135}Xe 濃度は、それぞれ (4–142) と (4–144) 式で与えられる I_0、X_0 である。まず ^{135}I から考える。原子炉停止後の ^{135}I 濃度は、(4–140) 式において、中性子束をゼロとした式、すなわち

$$\frac{dI\left(t\right)}{dt}=-\lambda_I I\left(t\right) \tag{4–153}$$

で与えられる。この式を、初期状態の ^{135}I 濃度を I_0 として解くと

$$I\left(t\right)=I_0\exp\left(-\lambda_I t\right) \tag{4–154}$$

となる。次いで、^{135}Xe に対しても同様にして（すなわち式 (4–141) において $\phi=0$ として）、さらに (4–154) 式を代入すると、

$$\frac{d\mathrm{X}\left(t\right)}{dt}=-\lambda_X X\left(t\right)+\lambda_I I\left(t\right)=-\lambda_X X\left(t\right)+\lambda_I I_0\exp\left(-\lambda_I t\right) \tag{4–155}$$

となる。この微分方程式を解くと、

$$\begin{aligned}X\left(t\right)&=\exp\left(-\lambda_X t\right)\left(\int_0^t\exp\left(\lambda_X t'\right)\left(\lambda_I I_0\exp\left(-\lambda_I t'\right)\right)dt'+X_0\right)\\&=\exp\left(-\lambda_X t\right)\left(\tfrac{\lambda_I}{\lambda_X-\lambda_I}I_0\left[\exp\left(-\left(\lambda_I-\lambda_X\right)t'\right)\right]_0^t+X_0\right)\\&=\tfrac{\lambda_I}{\lambda_X-\lambda_I}I_0\left[\exp\left(-\lambda_I t\right)-\exp\left(-\lambda_X t\right)\right]+X_0\exp\left(-\lambda_X t\right)\end{aligned} \tag{4–156}$$

となる。この式の第 1 項は、停止後の ^{135}I の壊変から生成した ^{135}Xe 濃度の変化であり、第 2 項は原子炉停止時に存在した ^{135}Xe による ^{135}Xe 濃度の変化を表す。この (4–156) 式を、^{135}Xe 毒作用を表わす式 ((4–145) 式を時間依存にした式)、すなわち

$$\Delta\rho\left(t\right)=-\frac{\Sigma_a^P}{\Sigma_a}=-\frac{X\left(t\right)\sigma_X}{\Sigma_a} \tag{4–157}$$

に代入し、(4–144) 式による X_0、(4–142) 式による I_0 および (4–149) 式による Σ_f/Σ_a を利用すると、

$$\Delta\rho\left(t\right)=-\frac{1}{\nu}\left(\frac{\gamma_I\sigma_X\phi}{\lambda_X-\lambda_I}\left(\exp\left(-\lambda_I t\right)-\exp\left(-\lambda_X t\right)\right)+\frac{\left(\gamma_X+\gamma_I\right)\phi}{\frac{\lambda_X}{\sigma_X}+\phi}\exp\left(-\lambda_X t\right)\right) \tag{4–158}$$

となる。図 4.12 に中性子束を変えたときの $\Delta\rho(t)$ の値を示す[(39)]。この図からわかるように、^{135}Xe 濃度は一度上昇し、10 時間程度経過したところでピークに至り、その後、数 10 時間かけてゼロに向かって減少して行く。毒作用の最大値、すなわちピーク時の反応度は、中性子束が $10^{13}(\mathrm{cm}^{-2}\cdot\mathrm{s}^{-1})$ 以下のときには非常に小さいが、中性子束が大きくなると毒作用も大きくなり、中性子束が $2\times10^{14}(\mathrm{cm}^{-2}\cdot\mathrm{s}^{-1})$ になるとピーク時の反応度損失が -0.33(^{235}U の場合) にも達する。この場合、原子炉の制御系が 0.1(10%) の反応度余剰を持っていたとしても、原子炉停止後 1 時間以内に原子炉を再起動しない限り、30 時間以上にわたり原子炉を再起動できないことになる。

[(39)] なお、図 4.12 に見られるように、平衡時の濃度 I_0 と X_0 が運転中の中性子束に依存することから、(4–156) 式からわかるように、原子炉停止後の ^{135}Xe の濃度変化も中性子束に依存することとなる。

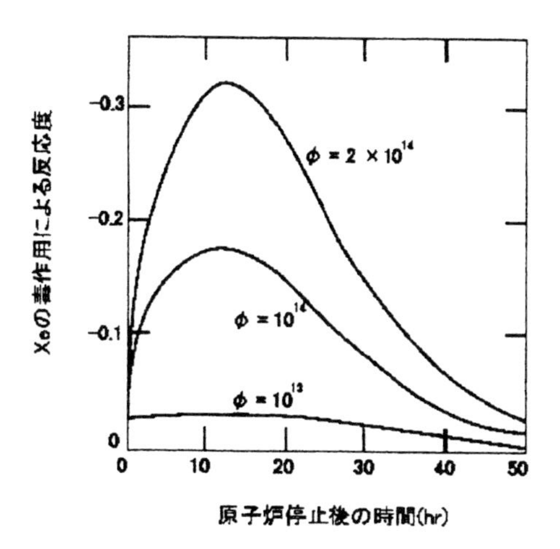

図 4.12 原子炉停止時の Xe 毒作用の時間変化

最後に原子炉停止後 ^{135}Xe 濃度が最大となる時間について見ておく。原子炉停止後 ^{135}Xe 濃度が最大となる時間は、(4–156) 式を微分し、$dX/dt = 0$ と置くことにより得られる。すなわち、

$$\frac{dX(t)}{dt} = \frac{\lambda_I}{\lambda_X - \lambda_I} I_0 \left(-\lambda_I \exp(-\lambda_I t) + \lambda_X \exp(-\lambda_X t)\right) - \lambda_X X_0 \exp(-\lambda_X t) = 0 \tag{4–159}$$

である。最大となる時間を t_{max} として、この式を変形すると[40]、

$$\exp\left((\lambda_X - \lambda_I) t_{\max}\right) = \frac{\lambda_X}{\lambda_I}\left(1 - \frac{\lambda_X - \lambda_I}{\lambda_I}\frac{X_0}{I_0}\right) \tag{4–160}$$

とでき、これから t_{max} は、

$$t_{\max} = \frac{1}{\lambda_X - \lambda_I} \ell n \left(\frac{\lambda_X}{\lambda_I}\left(1 - \frac{\lambda_X - \lambda_I}{\lambda_I}\frac{X_0}{I_0}\right)\right) \tag{4–161}$$

のように求められる。この式に、$\lambda_I = 0.1035(hr^{-1})$、$\lambda_X = 0.0753(hr^{-1})$ を代入し、I_0、X_0 として平衡状態の値を使うと、中性子束の高いとき、約 11 時間となる（図 4.12 参照）。

なお、この原子炉停止後の ^{135}Xe の毒作用と原子炉停止時間との関係を整理しておく。4–2 節 (3)(A) で見た通り、原子炉の中性子束は、運転停止後完全にゼロになるまでに、ある時間が必要である。原子炉停止を制御棒挿入で行うとすると、中性子束は即発跳躍による減少後、−80 秒のペリオドで減衰していく。例えば、制御棒挿入による即発跳躍の後に $10^{12}(\mathrm{cm^{-2}{\cdot}s^{-1}})$ となった中性子束が $10^{3}(\mathrm{cm^{-2}{\cdot}s^{-1}})$ まで減少する

---

(40) $\frac{\lambda_I}{\lambda_X - \lambda_I}\lambda_I I_0 \exp(-\lambda_I t_{\max}) = \left(\frac{\lambda_I}{\lambda_X - \lambda_I}\lambda_X I_0 - \lambda_X X_0\right)\cdot \exp(-\lambda_X t_{\max})$
から、$\frac{\exp(-\lambda_I t_{\max})}{\exp(-\lambda_X t_{\max})} = \left(\frac{\lambda_I}{\lambda_X - \lambda_I}\lambda_X I_0 - \lambda_X X_0\right)\frac{1}{\frac{\lambda_I}{\lambda_X - \lambda_I}\lambda_I I_0}$ 、すなわち $\exp((\lambda_X - \lambda_I) t_{\max}) = \frac{\lambda_X}{\lambda_I} - \frac{\lambda_X X_0 (\lambda_X - \lambda_I)}{\lambda_I^2 I_0}$
となり、$\exp((\lambda_X - \lambda_I) t_{\max}) = \frac{\lambda_X}{\lambda_I}\left(1 - \frac{\lambda_X - \lambda_I}{\lambda_I}\frac{X_0}{I_0}\right)$ が得られる。

時間は約 20 分となる。この程度の原子炉停止に要する時間は、^{135}Xe の生成、消滅で考えている時間（数時間程度）に比べて十分短い。したがって、^{135}Xe 毒性の議論では原子炉停止までの時間を無視することができる。逆に、原子炉停止時の動特性解析においては、^{135}Xe の時間挙動を考慮する必要はないといえる。

(D)　Xe の空間振動

$10^{13}(cm^{-2} \cdot s^{-1})$ 以上の中性子束で運転されている大型の熱中性子炉においては、^{135}Xe がゆっくりした中性子束の空間振動を引き起す可能性がある。例えば原子炉全体としての出力が変らないで、ある領域 I の中性子束が高くなり、一方領域 II の中性子束は小さくなったとする (図 4.13(a)) [41] 。中性子束が高くなった領域 II では、高くなった中性子束により、より多くの中性子が ^{135}Xe により吸収されることとなるので ^{135}Xe の濃度が低下しはじめる。濃度が低下すると正の反応度が投入されるので、中性子束がさらに増大する結果となる (b)。これは更に ^{135}Xe の濃度を下げ、反応度と中性子束を増す。しかし、一定時間後には、その間に増加した ^{135}I の壊変により ^{135}Xe が増えはじめるため、やがて中性子束の増加傾向は止まり、減少に転ずることとなる。その後は、先とは逆の機構で ^{135}Xe の増加、反応度の低下、中性子束の減少という状況がしばらく続くこととなる (c)。これもやがて、中性子束の減少の結果、^{135}I から ^{135}Xe への壊変が減少し ^{135}Xe の濃度が減ることから反応度が上昇して、中性子束の増大へと転ずることとなる。このような機構で ^{135}Xe の量に振動が起り、中性子束の振動が生じる。一方で、はじめに出力が低下した領域 I ではまったく逆の位相でこの振動現象が起る。この結果、領域 I と II の間において、熱中性子束の空間振動が、原子炉出力一定のまま持続することとなる。

詳細な ^{135}Xe 振動解析から、^{135}Xe 振動の周期は約 1 日であることがわかっている。したがってこのような振動は、通常の制御棒操作で容易に制御できる。しかしながら、^{135}Xe 振動により加えられる局所的な中性子束（出力）の増加が、燃料に損傷を与えるほど大きくなる可能性があるので十分な注意が必要である。なお、$3 \times 10^{11}(cm^{-2} \cdot s^{-1})$ より中性子束が低い場合には、^{135}Xe の壊変による減少の方が ^{135}Xe の燃焼による消滅より大きいので $dX/dt < 0$ となり、Xe 濃度の増大、したがって ^{135}Xe 振動は起らない。$3 \times 10^{11}(cm^{-2} \cdot s^{-1})$ は Xe 振動の閾値として、重要な目安となる。

(4)　Sm の毒作用

^{149}Sm は、熱中性子に対して約 5.9×10^4 バーンという吸収断面積を持つ。この断面積は、^{135}Xe の 3.0×10^6 バーンに比べると 1/50 程度であるものの、他の核分裂生成物に比べると格段に大きな値であり、この毒作用も原子炉物理学上重要な項目となっている。

---

[41] J.J.Duderstadt & L.J.Hamilton: Nuclear Reactor Analysis, P.579, John Wiley & Sons,Inc.(1975) より

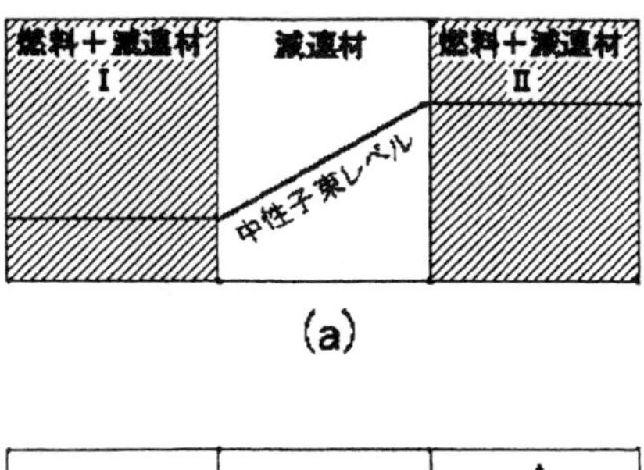

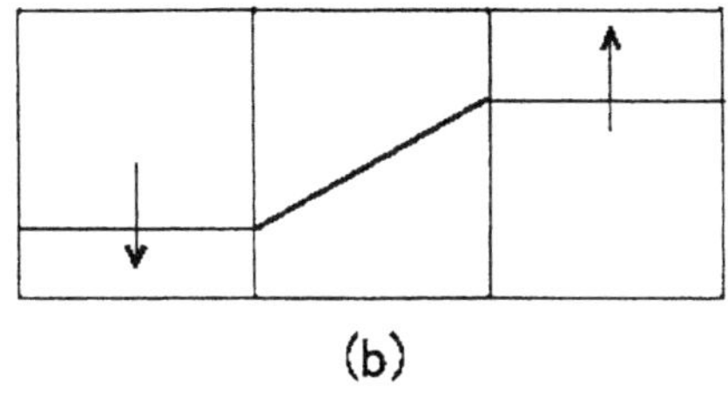

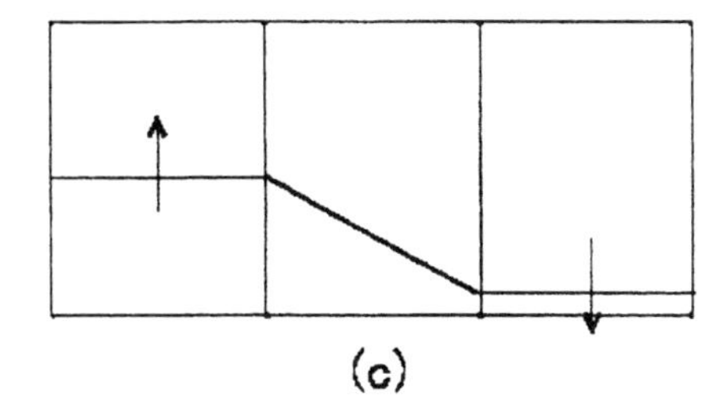

図 4.13 Xe 振動の概念図

^{149}Sm は安定な原子核である。このため、^{149}Sm の濃度や毒作用の時間的な挙動は ^{135}Xe の場合とは異なる。^{149}Sm に関するチェーンを次に示す。

$$^{149}Nd \xrightarrow{\beta, T_{1/2}=2h} {}^{149}Pm \xrightarrow{\beta, T_{1/2}=54h} {}^{149}Sm\,(\text{安定}) \tag{4–162}$$

^{149}Nd の壊変定数は ^{149}Pm の壊変定数に比べて大きいので、核分裂により直ちに ^{149}Pm ができると考えることができる。以下、P、S をそれぞれ ^{149}Pm、^{149}Sm の濃度、λ_P を ^{149}Pm の壊変定数、σ_S を ^{149}Sm のミクロ吸収断面積、γ_P を ^{149}Pm の収率（^{235}U の熱中性子核分裂に対しては 1.13%）とする。さきの表 4.4 には、それら生成消滅に関する数値データを、主な核分裂核種である ^{233}U、^{235}U、^{239}Pu に対して示している。^{149}Pm、^{149}Sm に対する生成消滅の式を、前節にならって作成すると以下のようになる。

$$\frac{dP(t)}{dt} = \underbrace{-\lambda_P P(t)}_{^{149}Pm\text{ の壊変による消滅}} \underbrace{+\gamma_P \Sigma_f \phi}_{\text{核分裂による生成}} \tag{4–163}$$

$$\frac{dS(t)}{dt} = \underbrace{-\sigma_s S(t)\,\phi}_{\text{中性子吸収による変換消滅}} \underbrace{+\lambda_P P(t)}_{^{149}Pm\text{ の壊変による生成}} \tag{4–164}$$

この式から、^{149}Pm と ^{149}Sm の濃度が平衡に達したときの濃度を、$dP/dt = 0$、$dS/dt = 0$ として求めると、

$$P_0 = \frac{\gamma_P \Sigma_f \phi}{\lambda_P} \tag{4–165}$$

$$S_0 = \frac{\lambda_P P_0}{\sigma_S \phi} = \frac{\lambda_P}{\sigma_S \phi}\frac{\gamma_P \Sigma_f \phi}{\lambda_P} = \frac{\gamma_P \Sigma_f}{\sigma_S} \tag{4–166}$$

となり、そのときの毒作用（反応度損失量）は、(4–157) 式を ^{149}Sm に書き換えた式、すなわち、

$$\Delta\rho = -\frac{\Sigma_a^P}{\Sigma_a} = -\frac{S_0 \sigma_S}{\Sigma_a} \tag{4–167}$$

に、(4–166) 式による S_0 および (4–149) 式による Σ_f/Σ_a を代入した次式で得られる。

$$\Delta\rho = -\frac{\gamma_P \Sigma_f}{\sigma_S}\frac{\sigma_S}{\Sigma_a} = -\frac{\gamma_P}{\nu} \tag{4–168}$$

平衡に達するまでの時間は ^{135}Xe の場合に比べると長く、運転開始後数日を要する。^{149}Sm、^{149}Pm の平衡時の濃度は中性子束に依存しない点が、^{135}Xe の場合と異なる。平衡時の ^{149}Sm の毒作用は、γ_P として ^{235}U の熱中性子核分裂に対する 1.13%を用いると、0.00463(Δk) となる。

また原子炉停止後の Sm の毒作用は (4–163) 式、(4–164) 式で $\phi = 0$ とすることにより得られる

$$\frac{dP(t)}{dt} = -\lambda_P P(t) \tag{4–169}$$

$$\frac{dS\,(t)}{dt} = \lambda_P P\,(t) \tag{4–170}$$

を、初期条件 $P(0) = P_0$、$S(0) = S_0$ の下で解くことにより得られ、

$$P\,(t) = P_0 \exp\left(-\lambda_P t\right) \tag{4–171}$$

$$\begin{aligned} S\,(t) &= \textstyle\int_0^t \lambda_P P_0 \exp\left(-\lambda_P t'\right) dt' + S_0 = P_0 \left[-\exp\left(-\lambda_P t'\right)\right]_0^t + S_0 \\ &= P_0 \left[1 - \exp\left(-\lambda_P t\right)\right] + S_0 = \tfrac{\gamma_P \Sigma_f \phi}{\lambda_P} \left[1 - \exp\left(-\lambda_P t\right)\right] + \tfrac{\gamma_P \Sigma_f}{\sigma_S} \end{aligned} \tag{4–172}$$

となる。これから、^{149}Sm の原子炉停止後の毒作用による反応度の時間変化を求める。(4–167) 式に、(4–172) 式の $S(t)$ を代入し、さらに (4–149) 式による Σ_f/Σ_a を利用すると、

$$\begin{aligned} \Delta\rho &= -\tfrac{S(t)\sigma_S}{\Sigma_a} = -\tfrac{\sigma_S}{\Sigma_a}\left(\tfrac{\gamma_P \Sigma_f \phi}{\lambda_P}\left[1 - \exp\left(-\lambda_P t\right)\right] + \tfrac{\gamma_P \Sigma_f}{\sigma_S}\right) \\ &= -\tfrac{1}{\nu}\sigma_S\left(\tfrac{\gamma_P \phi}{\lambda_P}\left[1 - \exp\left(-\lambda_P t\right)\right] + \tfrac{\gamma_P}{\sigma_S}\right) \\ &= -\tfrac{\gamma_P}{\nu}\left(1 + \tfrac{\sigma_S \phi}{\lambda_P}\left[1 - \exp\left(-\lambda_P t\right)\right]\right) \end{aligned} \tag{4–173}$$

となる。つまり原子炉停止後の毒作用は、中性子束に依存する。図 4.14 に種々の中性子束に対する原子炉停止後の ^{149}Sm による反応度変化を示す。$2 \times 10^{14}(cm^{-2} \cdot s^{-1})$ の中性子束に対しては、^{149}Sm の毒作用による反応度は $-0.027(\Delta\,\mathrm{k})$ となる。これは ^{135}Xe による反応度よりはるかに小さい。しかし、^{135}Xe の場合と違い、^{149}Sm は安定核であるので、時間がたっても減ることがないことに注意する必要がある。

4–6　燃料の燃焼

原子炉内で起る挙動に中で時間が関係するもう一つのものに、運転に伴う核燃料の燃焼や親物質からの生成の問題がある[42]。この問題を原子炉物理学では、燃料燃焼、あるいは単に燃焼と呼んでいる。

燃料燃焼を解析するためには、数多くの原子核の生成、消滅を扱わねばならない。個々の核の生成消滅を一般的な形で表すと、図 4.15 に示すようになる。これをもとに、生成消滅の式を立てると

$$\frac{d\mathrm{N_A}\,(t)}{dt} = \underbrace{-\lambda_A \mathrm{N_A}\,(t)}_{\text{核種 }A\text{ の壊変による消滅}} \underbrace{-\phi\sigma_a^A \mathrm{N_A}\,(t)}_{\text{核種 }A\text{ の中性子吸収による変換消滅}} \underbrace{+\lambda_B \mathrm{N_B}\,(t)}_{\text{核種 }B\text{ の壊変による生成}} \underbrace{+\phi\sigma_a^C \mathrm{N_C}\,(t)}_{\text{核種 }C\text{ の中性子吸収による変換消滅}} \tag{4–174}$$

のようになる。この式の第 1 項は今考えている核種の壊変による消滅、第 2 項は吸収による消滅、第 3 項は核種 B の壊変による核種 A の生成、最後の項は核種 C の捕獲による A の生成である。具体的な例を、図 4.16 に示す。これは、^{239}Pu の例であり、^{239}Pu が核種 A に相当する。実際の ^{239}Pu の生成は、^{238}U の

[42] なお、この事象は月あるいは年単位の時間範囲で考える事象であり、時間スケールから見て遅発中性子を考慮して定式化する必要はない。

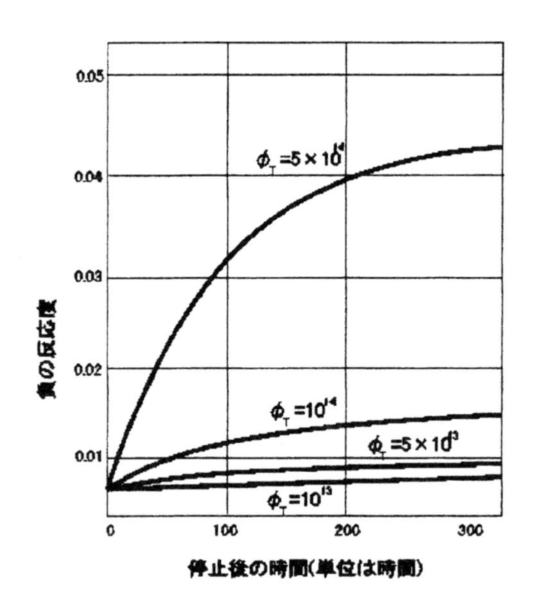

図 4.14 原子炉停止時の Sm 毒作用の時間変化

捕獲から ^{239}U（半減期 23 分）、^{239}Np(同 2.4 日) を経て生成されるが、近似的に ^{238}U から直接 ^{239}Pu が生成されるとすることが多い(43)　。核種 B は ^{243}Am、核種 C は ^{238}Pu に相当する。

燃焼解析の主な対象は、^{235}U や ^{239}Pu のような核燃料あるいは ^{238}U などの親物質であり、通常 ^{232}Th 以上の 15 ～ 25 核種が燃焼解析であらわに扱われる。また、この解析においては、核分裂生成物の生成も取り扱われる。核分裂生成物の場合、燃焼の対象となる核種は数百種類になるが、実際には主だった核に限定して、その他の核はひとまとめにして解析する手法が取られる。現在の原子炉解析であらわに取り扱われるのは、25 ～ 50 の核分裂生成物である。さらに、燃焼解析においては、これらの核の他、原子炉の運転中の反応度変化を小さくするために用いられる可燃性毒物（burnable poison。^{10}B や ^{155}Gd、^{157}Gd など）も解析に含まれる。これについては手法的に他と異なることはないので、ここではそれらを別に取り上げることはしない。

以下、ここでは、燃焼解析の解析手法の概要を述べるとともに、核燃料とその周辺の重核種および核分裂生成核種の燃焼問題について簡単に解説する。

(43) 目的とする時間範囲に比べて半減期が十分小さい核種を、あらわに取り扱わない方法が良く取られる。これにより、解析すべき核種の数を減らし、数値解析の負担を軽減できる。

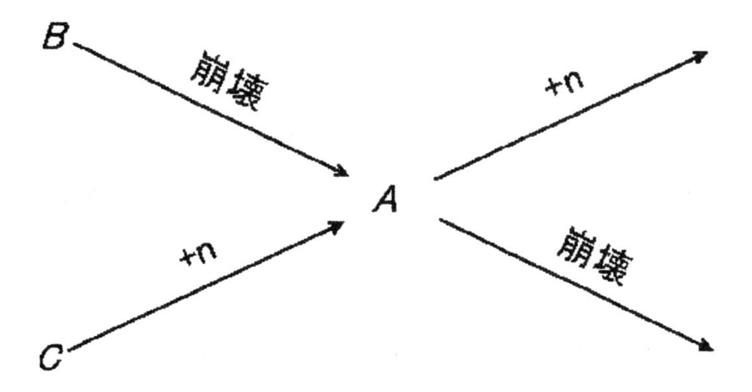

図 4.15 簡単化した燃焼チェーン

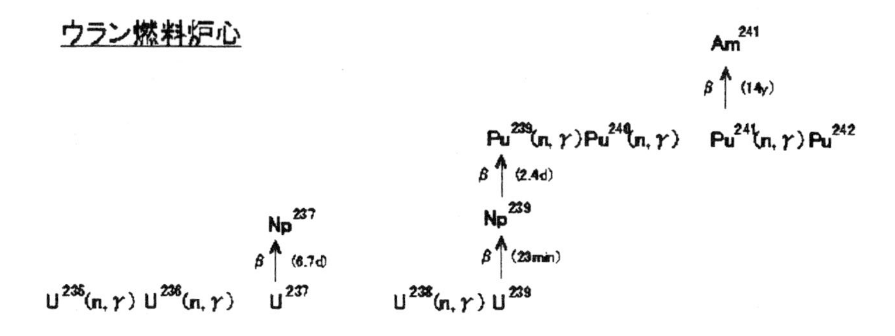

図 4.16 U 燃料の燃焼の推移

(1) 燃焼解析

燃焼を解析するには、上述した通り、数 10 を超える数多くの核種に対する (4–174) 式の微分方程式を同時に解く必要がある。2〜3 個程度の連立微分方程式の場合、それ自体は（核種のミクロ実効断面積が変化しないとすれば）線形であり、解析的な解法が可能であるとともに、前節の Xe 解析などに見られたように数値的な解法も難しくない。しかし、数 10 を超える核について同時に解こうとすると、半減期の長短、吸収断面積の大小、またループ状の核種生成過程などの点から、解析的な手法は不可能となる。このため、燃焼の解析は数値的に行われることになるが、その解法も先と同じ理由から、容易なものではない。燃焼解析を数値的に行う方法としては、Bateman 法、有限差分法、マトリックス指数関数法、ルンゲクッタギル法など幾つかの手法があげられる。これらは、いずれも微分方程式を数値的に解く手法として、様々な分野で用いられていて、原子炉物理学特有の方法ではない。それらの手法それぞれをここで解説することは本書の性格上適当でないので原理的な解法手段について説明する。[44]

燃焼解析方法の原理を解説するために、燃焼の時間 t において、対象とするすべての核について、原子数密度および壊変データ、断面積データがわかっているとする。解くべき数 10 の核種の微分方程式をマトリックス表記で表わすと、次のように書くことができる。

$$\frac{d\mathbf{N}(t)}{dt} = \mathbf{A}\mathbf{N}(t) \tag{4–175}$$

ここで、$\mathbf{N}(t)$ は対象としたすべての原子核の原子数密度をベクトル表記したものであり、$\mathbf{A}$ は微分方程式の各項を対応する核種毎にまとめて得られる項をマトリックス表記したものである。(4–174) 式を例にとって $\mathbf{A}$ を書き下すと

$$\frac{d\mathbf{N}(t)}{dt} = \begin{pmatrix} \left(-\lambda_A - \phi\sigma_a^A\right) & +\lambda_B & +\phi\sigma_a^C & 0 & 0 \\ 0 & \left(-\lambda_\mathrm{B} - \phi\sigma_a^B\right) & +\lambda_B & +\phi\sigma_a^C & 0 \\ 0 & 0 & (\cdots) & (\cdots) & (\cdots) \\ 0 & 0 & 0 & (\cdots) & (\cdots) \\ 0 & 0 & 0 & 0 & (\cdots) \end{pmatrix} \begin{pmatrix} \mathrm{N_A}(t) \\ \mathrm{N_B}(t) \\ \mathrm{N_C}(t) \\ \cdots \\ \cdots \end{pmatrix} \tag{4–176}$$

と書ける（ここで $\mathbf{A}$ 中に中性子束 ϕ が入っていることに注意）。なお、最上段からは (4–174) 式が得られるが、他の行は単なる例示であることに注意すること。

このように表しておいて、時間 t から $t+\Delta t$ において、(4–175) 式を解くことを考える。(4–175) 式の解は、形式的に

$$\mathbf{N}(t+\Delta t) = \exp(\mathbf{A}\Delta t)\,\mathbf{N}(t) \tag{4–177}$$

[44] 本項は A.G. Croff " Origen2-A revised and updated Version of the Oak Ridge Isotope Generation and Depletion Code " ,ORNL-5621(1980) に基づく

で与えられる[45]。$\mathbf{A}$ 中に中性子束 ϕ が入っているので、この式から単純に $\mathbf{N}(t+\Delta t)$ を得ることはできない。これに対処するために、通常時間幅 Δt を十分小さく取って、その間の中性子束が一定である[46]と近似する。すなわち τ を $t < \tau < t+\Delta t$ の間で

$$\phi(\tau) = \phi(t)\,(\equiv \phi) \tag{4–178}$$

とできるように選ぶ。このようにすると ϕ が定まり、したがって $\mathbf{A}$ が定まるので、時間 $t+\Delta t$ における原子数密度 $\mathbf{N}(t+\Delta t)$ を得ることができる。この手順を繰り返すことにより、すべての核の原子数密度を時間依存の形で得ることができる。

このような燃焼解析においては、中性子束、壊変データ、断面積データが与えられていることが前提となる。しかし、これらのうち、断面積データを定めるのは容易ではない。すなわち、断面積は中性子エネルギーに大きく依存し、そして中性子束やエネルギースペクトルが核種組成の変化によって大きく変ること、さらに燃料セル内においては空間およびエネルギー的な自己遮蔽が存在すること等から、(4–176) 式に現れる燃焼解析に必要な実効ミクロ断面積を求めることは決して簡単ではない。その方法については、エネルギーについて多群の取り扱いが必要となることから、本書では説明を行わない。

(2) 核燃料の燃焼チェーン

第 1 章で触れたように、^{233}U、^{235}U、^{239}Pu、^{241}Pu の 4 つの原子核が主要な原子炉の燃料である。現在の原子炉の燃料には、^{235}U、^{239}Pu に代表される核燃料物質と、^{232}Th、^{238}U、^{240}Pu 等の核燃料親物質が同時に装荷される。これらの原子核は、原子炉内で先に述べたような過程で中性子吸収や壊変を繰り返し、様々な原子核を生成していく。このように核燃料の燃焼は極めて複雑である。しかし、どんな核燃料周辺の核種が生成されか、またそれらがどのような生成消滅過程（燃焼過程を通常燃焼チェーンと言う）をたどるのかを知っておくことは、燃料の燃焼を理解するだけでなく、原子炉の運転、核燃料の加工、転換、再処理などの核燃料サイクルの各過程を理解する上で、極めて重要である。このような観点から、^{232}Th 以上の原子核の燃焼チェーンを、図 4.17 にできるだけ詳細に図示する。

(3) 核分裂生成物

原子炉の運転に伴って数多くの核分裂生成物が生成蓄積され、反応度低下をもたらす。それぞれの核分裂生成物に対して ^{135}I と ^{135}Xe の濃度を求めたときに用いたのと同じ形の式を使ってこれらの核種の濃度を求めることができる。しかし扱うべき核分裂生成物が数百種以上もあるため、これらを全て扱うことは

[45] この式の導出については、例えば (4–153) 式、(4–154) 式を見ること。

[46] 出力一定とする方法もあるが、核種が多数の場合、とても複雑となる。

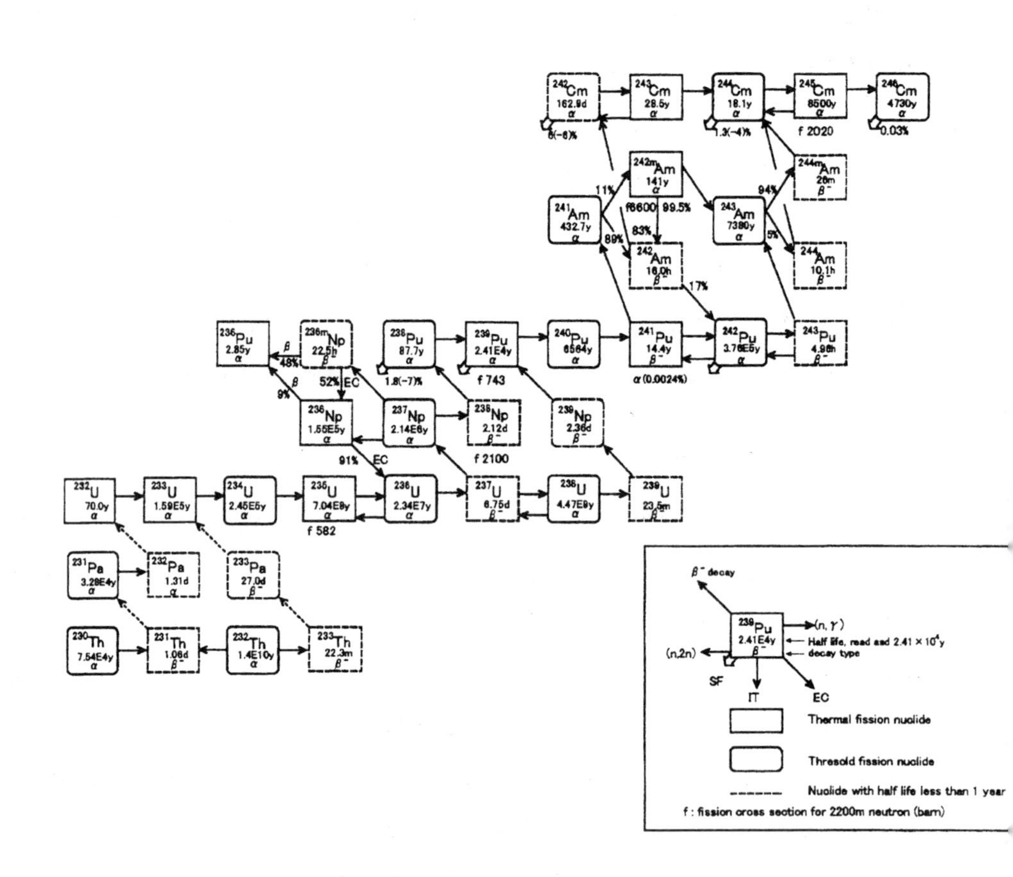

図 **4.17** Th 以上の核種の燃焼チャート

表 4.5 主要な核分裂生成物の核分裂収率と典型的な軽水炉における反応度効果 (相対値)

同位体	全 FP 吸収率に対する各同位体吸収率の比(積算値)	核分裂収率 *(%)
^{103}Rh	11.9(11.9)	3.03
^{143}Nd	11.5(23.4)	5.94
^{149}Sm	9.32(32.7)	1.07
^{155}Gd	8.89(41.6)	3.20E-02†
^{131}Xe	7.09(48.3)	2.88
^{133}Cs	6.49(54.8)	6.7
^{99}Tc	5.09(59.9)	6.11
^{152}Sm	4.69(64.6)	2.68E-01
^{151}Sm	4.44(69.0)	4.18E-01
^{153}Eu	3.61(72.6)	1.61E-01
^{145}Nd	3.07(75.7)	3.92
^{95}Mo	2.38(78.1)	6.5
^{150}Sm	2.15(80.2)	3.04E-05
^{109}Ag	1.98(82.2)	3.45E-02
^{147}Sm	1.96(84.2)	2.25
^{101}Ru	1.60(85.8)	5.08
^{154}Eu	1.53(87.3)	2.69E-06
^{147}Pm	1.18(88.5)	2.25
^{155}Eu	1.15(89.6)	3.20E-02
^{105}Pd	0.98(90.6)	9.64E-01
^{141}Pr	0.84(91.4)	5.8
^{83}Kr	0.74(92.2)	5.38E-01
^{108}Pd	0.71(92.9)	6.69E-02
^{139}La	0.65(93.5)	6.35
^{157}Gd	0.57(94.1)	6.15E-03
^{93}Zr	0.56(94.7)	6.39
^{107}Pd	0.42(95.1)	1.40E-01
^{113}Cd	0.40(95.5)	1.61E-02
^{97}Mo	0.40(95.9)	6.01
^{135}Cs	0.38(96.3)	6.53

*: ^{235}U 熱核分裂時の積算収率 (from Tasaka, K., *et al., JAERI*-1320,(1990).

†: 半減期:3.20E-02=3.20×10^{-2}

現実的でない。そこでしばしばいくつかの実効断面積と収率の組にまとめて、擬似的な核分裂核種をつくり、これにより扱うべき核種数を減らして計算することが多い。なお、非常に簡単な評価を行う場合には、1 回の核分裂当りに実効吸収断面積 $\sigma_a^P \sim 50\text{barn}$ の永久毒物が 1 個生ずると仮定することもある。^{135}Xe、^{149}Sm 以外の主な飽和性の核分裂生成物には ^{113}Cd、^{151}Sm、^{155}Eu、^{157}Gd 等があるが、これを含め第 4.5 表に、主要な核分裂生成物の核分裂収率と典型的な軽水炉における反応度効果（相対値）を示している。それら全ての反応度効果を合計しても $-0.02dk$ より小さい。

以上で原子炉の動特性に関する議論を終った。次章からはここまで述べた基本的な考え方が実際の原子炉設計で、どのように用いられているのかについて見る。

4–7　（付録）　摂動論による反応度の式の導出

増倍系に対する拡散方程式を、変数を略して書くと

$$-\nabla D\nabla\phi + \Sigma_a\phi = \nu\Sigma_f\phi \tag{A-1}$$

である。この式は、原子炉が臨界状態である場合、すなわち特定の材料と特定の原子炉の大きさの組合せの場合にしか解を持たない。このため、原子炉物理学では、通常、この方程式が常に成立つようにするために、右辺に 1/k を掛けた式、

$$-\nabla D\nabla\phi + \Sigma_a\phi = \frac{1}{k}\nu\Sigma_f\phi \tag{A-2}$$

を解法の対象とする。この方程式の境界条件は

$$\phi(\mathbf{r}_s) = 0 \qquad (\text{体系表面のすべての } \mathbf{r}_s \text{において}) \tag{A-3}$$

である。この k は、数学的に、固有値と呼ばれるものであるが、原子炉物理では、この体系の実効増倍率となる[47]。演算子 (operator) を用いて、(A-2) 式を書き直すと

$$\mathbf{M}\phi = \frac{1}{k}\mathbf{F}\phi \tag{A-4}$$

とできる。ここで、**M**、**F** は

$$\mathbf{M} = -\nabla D\nabla + \Sigma_a \tag{A-5}$$

$$\mathbf{F} = \nu\Sigma_f \tag{A-6}$$

---

[47] すなわち、(A-2) を変形すると、$k = \frac{\nu\Sigma_f\phi}{-\nabla D\nabla\phi+\Sigma_a\phi} = \frac{(\text{核分裂で生成する中性子数})}{(\text{漏れあるいは吸収で消滅する中性子数})}$ であることから、この k は増倍率となっていることがわかる。

で、それぞれ消滅演算子（destructive operator）、生成演算子（production operator）と呼ばれる。

以下、この式を前提に摂動論について説明する。はじめに、摂動論において必須となる随伴演算子を導入する。このため、任意の 2 つの関数 $f(\mathbf{r})$ と $g(\mathbf{r})$ の内積を次のように定義する。

$$\langle f, g\rangle = \int_V f^*(\mathbf{r}) \cdot g(\mathbf{r})\, dV \tag{A-7}$$

ここで、$f^*(\mathbf{r})$ は、$f(\mathbf{r})$ の複素共役である。また、$f(\mathbf{r})$ と $g(\mathbf{r})$ は

$$f(\mathbf{r}_s) = 0 \qquad \text{(体系表面のすべての } \mathbf{r}_s \text{において)} \tag{A-8}$$

$$g(\mathbf{r}_s) = 0 \qquad \text{(体系表面のすべての } \mathbf{r}_s \text{において)} \tag{A-9}$$

の境界条件を満たすものとする。この内積の表現を用いると、任意の演算子 X に対して、随伴演算子（adjoint operator）X^+ を次の式を満足する演算子として定義できる。

$$\langle \mathbf{X}^+ f, g\rangle = \langle f, \mathbf{X} g\rangle \tag{A-10}$$

この定義を、演算子 $\mathbf{M}$ ならびに $\mathbf{F}$ に適用する。生成演算子 $\mathbf{F}$ に対して見ると

$$\langle f, \mathbf{F}g\rangle = \langle f, \nu\Sigma_f g\rangle = \int_V f^*(\mathbf{r}) \cdot \nu\Sigma_f g(\mathbf{r})\, dV = \int_V (\nu\Sigma_f f(\mathbf{r}))^* \cdot g(\mathbf{r})\, dV = \langle \nu\Sigma_f f, g\rangle = \langle \mathbf{F}^+ f, g\rangle \tag{A-11}$$

でこれは積分の中で $\nu\Sigma_f$ の位置を置き換えただけである。$\nu\Sigma_f$ は実数なので

$$\mathbf{F}^+ = \nu\Sigma_f \tag{A-12}$$

となり、

$$\mathbf{F}^+ = \mathbf{F} \tag{A-13}$$

となる。このように随伴演算子が元の演算子と等しくなるもののことを、自己随伴（self adjoint）という。

一方、消滅演算子 $\mathbf{M}$ について見ると、吸収項 Σ_a については $\nu\Sigma_f$ と同じ理由で自己随伴であり、さらに、もう一方の空間微分の項もまた自己随伴となるから

、消滅演算子 $\mathbf{M}$ は、$\mathbf{F}$ と同じく、自己随伴である。すなわち、

$$\mathbf{M}^+ = \mathbf{M} \tag{A-14}$$

このような随伴演算子 $\mathbf{M}^+$ ならびに $\mathbf{F}^+$ を用いて、随伴中性子束 ϕ^+ に対する随伴方程式

$$\mathbf{M}^+\phi^+ = \frac{1}{k}\mathbf{F}^+\phi^+ \tag{A-15}$$

を考える。上記のように、$\mathbf{M}^+ = \mathbf{M}$、$\mathbf{F}^+ = \mathbf{F}$ である場合は、

$$\phi^+ = \phi \tag{A-16}$$

となり、中性子束も自己随伴となる。

なお、消滅演算子中のもう一方の空間微分の項が自己随伴であることは以下の順で示すことができる。まず、

$$\langle f, \nabla \cdot D\nabla g\rangle = \int_V f^*(\mathbf{r})\nabla \cdot D\nabla g(\mathbf{r})\, dV \tag{A-17}$$

について考える。この式に、ベクトル公式（ここで、a はスカラー、$\mathbf{b}$ はベクトル）

$$\nabla \cdot a\mathbf{b} = a\nabla \cdot \mathbf{b} + \mathbf{b} \cdot \nabla a \qquad (A.b) \tag{A-18}$$

を用いて、$f^*(\mathbf{r})$ を a、$D\nabla g(\mathbf{r})$ を $\mathbf{b}$ と考えてベクトルは

$$\langle f, \nabla \cdot D\nabla g\rangle = \int_V \underbrace{f^*(\mathbf{r})\,\nabla \cdot D\nabla g(\mathbf{r})}_{a\nabla\cdot\mathbf{b}} dV = \int_V \underbrace{\nabla \cdot (f^*(\mathbf{r}) \cdot D\nabla g(\mathbf{r}))}_{\nabla\cdot a\mathbf{b}} dV \cdot - \int_V \underbrace{D\nabla g(\mathbf{r}) \cdot \nabla f^*(\mathbf{r})}_{\mathbf{b}\cdot\nabla a} dV \tag{A-19}$$

ガウスの定理により第 1 項は

$$\int_V (\nabla \cdot f^*(\mathbf{r})\, D\nabla g(\mathbf{r}))dV = \int_S f^*(\mathbf{r})\, D\nabla g(\mathbf{r})dS \tag{A-20}$$

となるが、f は原子炉表面で 0 なので、これはゼロとなる。この手続きを繰り返すことによって

$$\langle f, \nabla \cdot D\nabla g\rangle = \int_V (\nabla \cdot D\nabla f(\mathbf{r})\,\cdot)^* \cdot g(\mathbf{r})dV = \langle \nabla \cdot D\nabla f, g\rangle \qquad (A.e) \tag{A-21}$$

となるので

$$\nabla \cdot D\nabla = \nabla \cdot D\nabla^+ \tag{A-22}$$

となる。すなわち、消滅演算子中の空間微分の項も自己随伴である。

以上の準備を踏まえて、原子炉の一部に何らかの微小変化が加えられたケースを考え、それによって投入される反応度を考察する。以下、局所的に吸収体が加わって、そこでの吸収断面積が

$$\Sigma'_a(\mathbf{r}) = \Sigma_a(\mathbf{r}) + \delta\Sigma_a(\mathbf{r}) \tag{A-23}$$

のように変化したケースを場合を例として話を進める。ただし、加えられる変化は十分小さいと仮定する。すなわち、

$$\delta\Sigma_a(\mathbf{r}) << \Sigma_a(\mathbf{r}) \tag{A-24}$$

とする。そして、この変化が加えられたことによって、演算子 $\mathbf{M}$ もわずかに変化することとなるが、変化後の演算子を $'$ を付けて表すとすると

$$\mathbf{M}' = \mathbf{M} + \delta\mathbf{M} = \mathbf{M} + \delta\Sigma_a \tag{A-25}$$

と書け、これを用いると変化後の拡散方程式は

$$\mathbf{M}'\phi' = \frac{1}{k'}\mathbf{F}\phi' \tag{A-26}$$

と書ける。目的とする k' を計算するため、この方程式と ϕ^+ との内積を取ると、

$$\left\langle \phi^+, \mathbf{M}'\phi' \right\rangle = \left\langle \phi^+, \mathbf{M}\phi' \right\rangle + \left\langle \phi^+, \delta\mathbf{M}\phi' \right\rangle = \frac{1}{k'}\left\langle \phi^+, \mathbf{F}\phi' \right\rangle \tag{A-27}$$

であり、

$$\frac{1}{k'} = \frac{\langle \phi^+, \mathbf{M}\phi' \rangle + \langle \phi^+, \delta\mathbf{M}\phi' \rangle}{\langle \phi^+, \mathbf{F}\phi' \rangle} \tag{A-28}$$

となる。さらに、随伴演算子の定義を用いると

$$\left\langle \phi^+, \mathbf{M}\phi' \right\rangle = \left\langle \mathbf{M}^+\phi^+, \phi' \right\rangle = \left\langle \frac{1}{k}\mathbf{F}^+\phi^+, \phi' \right\rangle = \frac{1}{k}\left\langle \phi^+, \mathbf{F}\phi' \right\rangle \tag{A-29}$$

すなわち

$$\frac{1}{k} = \frac{\langle \phi^+, \mathbf{M}\phi' \rangle}{\langle \phi^+, \mathbf{F}\phi' \rangle} \tag{A-30}$$

であるから、

$$\frac{1}{k'} - \frac{1}{k} = \frac{\langle \phi^+, \mathbf{M}\phi' \rangle + \langle \phi^+, \delta\mathbf{M}\phi' \rangle}{\langle \phi^+, \mathbf{F}\phi' \rangle} - \frac{\langle \phi^+, \mathbf{M}\phi' \rangle}{\langle \phi^+, \mathbf{F}\phi' \rangle} = \frac{\langle \phi^+, \delta\mathbf{M}\phi' \rangle}{\langle \phi^+, \mathbf{F}\phi' \rangle} = \frac{\langle \phi^+, \delta\Sigma_a\phi' \rangle}{\langle \phi^+, \mathbf{F}\phi' \rangle} \tag{A-31}$$

と求まる。一方、反応度の定義式から

$$\frac{1}{k'} - \frac{1}{k} = -\left(1 - \frac{1}{k'}\right) + \left(1 - \frac{1}{k}\right) = -\frac{k'-1}{k'} + \frac{k-1}{k} = -\rho' + \rho = -\delta\rho \tag{A-32}$$

であるから、

$$\delta\rho = -\frac{\langle \phi^+, \delta\Sigma_a\phi' \rangle}{\langle \phi^+, \mathbf{F}\phi' \rangle} \tag{A-33}$$

となる。この式は正確ではあるが、ϕ' がわからないので、これから $\delta\rho$ を求めることはできない。

しかし加えた摂動が小さいならば

$$\phi' = \phi + \delta\phi \tag{A-34}$$

ただし

$$\delta\phi << \phi \tag{A-35}$$

として良いから、(A-34) を (A-33) に代入することによって

$$\begin{aligned}
\delta\rho &= -\frac{\langle\phi^+,\delta\Sigma_a(\phi+\delta\phi)\rangle}{\langle\phi^+,\mathbf{F}(\phi+\delta\phi)\rangle} = -\frac{\langle\phi^+,\delta\Sigma_a\phi\rangle+\langle\phi^+,\delta\Sigma_a\delta\phi\rangle}{\langle\phi^+,\mathbf{F}\phi\rangle+\langle\phi^+,\mathbf{F}\delta\phi\rangle} = -\frac{\langle\phi^+,\delta\Sigma_a\phi\rangle+\langle\phi^+,\delta\Sigma_a\delta\phi\rangle}{\langle\phi^+,\mathbf{F}\phi\rangle\left(1+\frac{\langle\phi^+,\mathbf{F}\delta\phi\rangle}{\langle\phi^+,\mathbf{F}\phi\rangle}\right)} \\
&= -\left(\frac{\langle\phi^+,\delta\Sigma_a\phi\rangle}{\langle\phi^+,\mathbf{F}\phi\rangle}+\frac{\langle\phi^+,\delta\Sigma_a\delta\phi\rangle}{\langle\phi^+,\mathbf{F}\phi\rangle}\right)\frac{1}{\left(1+\frac{\langle\phi^+,\mathbf{F}\delta\phi\rangle}{\langle\phi^+,\mathbf{F}\phi\rangle}\right)} \\
&\doteqdot -\left(\frac{\langle\phi^+,\delta\Sigma_a\phi\rangle}{\langle\phi^+,\mathbf{F}\phi\rangle}+\frac{\langle\phi^+,\delta\Sigma_a\delta\phi\rangle}{\langle\phi^+,\mathbf{F}\phi\rangle}\right)\left(1-\frac{\langle\phi^+,\mathbf{F}\delta\phi\rangle}{\langle\phi^+,\mathbf{F}\phi\rangle}\right) \\
&= -\frac{\langle\phi^+,\delta\Sigma_a\phi\rangle}{\langle\phi^+,\mathbf{F}\phi\rangle} \underbrace{-\frac{\langle\phi^+,\delta\Sigma_a\delta\phi\rangle}{\langle\phi^+,\mathbf{F}\phi\rangle}+\frac{\langle\phi^+,\delta\Sigma_a\phi\rangle\langle\phi^+,\mathbf{F}\delta\phi\rangle}{\langle\phi^+,\mathbf{F}\phi\rangle^2}+\frac{\langle\phi^+,\delta\Sigma_a\delta\phi\rangle\langle\phi^+,\mathbf{F}\delta\phi\rangle}{\langle\phi^+,\mathbf{F}\phi\rangle^2}}_{\text{2 次の微小項が現れるため}\doteqdot 0} \\
&\doteqdot -\frac{\langle\phi^+,\delta\Sigma_a\phi\rangle}{\langle\phi^+,\mathbf{F}\phi\rangle}
\end{aligned} \tag{A-36}$$

とできる（このような近似を取り入れた摂動を 1 次摂動という)。そして、単速（1 群）拡散演算子においては、中性子束も自己随伴 $\phi^+ = \phi$ であることを用いると、最終的に反応度は

$$\delta\rho = -\frac{\langle\phi^+,\delta\Sigma_a\phi\rangle}{\langle\phi^+,\mathbf{F}\phi\rangle} = \frac{\int_V \delta\Sigma_a(\phi(\mathbf{r}))^2 dV}{\int_V \nu\Sigma_f(\phi(\mathbf{r}))^2 dV} \tag{A-37}$$

と書くことができる。なお、より一般的なケースとして、$\Sigma'_f = \Sigma_f + \delta\Sigma_f$、$\Sigma'_a = \Sigma_a + \delta\Sigma_a$、$D' = D + \delta D$ という変化が加わったときの反応度変化は、次式で与えられる。

$$\delta\rho = \frac{\int_V \left(\delta(\nu\Sigma_f - \Sigma_a)(\phi(\mathbf{r}))^2 - \delta D\left|\nabla\phi(\mathbf{r})\right|^2\right)dV}{\int_V \nu\Sigma_f(\phi(\mathbf{r}))^2 dV} \tag{A-38}$$

第 5 章　原子炉系の数値解析法

第2章8節では、拡散方程式を解析的に解いて、原子炉内の中性子束の空間分布を得る方法について解説した。たとえば核燃料や減速材が一様に存在する裸の平板状原子炉では、中性子束分布がコサイン分布となることがわかった。しかし、実際の原子炉では、燃焼が進むことによって核燃料物質や核分裂生成物に濃度分布が生じること、あるいは出力を平坦化する目的で、はじめから原子炉内に核燃料物質の濃度に分布を与えておくことなどから、原子炉内でマクロ断面積の分布は、ほとんどの場合一様ではない。各領域のマクロ断面積が異なる原子炉においても、原理的には、各領域毎に拡散方程式を立て、各領域の一般解と境界条件（中性子束と中性子流の連続の条件）から中性子束分布の解を得ることができる。しかし、この方法は領域の数が増すにつれて、解を得るために解くべき行列が極めて大きくなることなどから、実際的とはいえない。そのため通常は、拡散方程式を「差分方程式」に置き換え、数値的に解く方法が用いられる。

本章では、差分方程式の導出とその解法について、1次元平板体系を例にとって解説する。その後、増倍体系に対する解法、多次元体系における解法について述べ、次いで、今日原子炉設計計算に用いられている多群拡散方程式について説明する。その後、拡散方程式の係数の決定に必要な格子の均質化について学ぶ。

5–1　1次元拡散方程式の数値解法

(1)　1次元体系における差分方程式

(A) 無限平板体系

1次元平板体系に対する単速の拡散方程式は一般には次のように書かれる（第2章6節参照）。

$$-\frac{d}{dx}D(x)\frac{d\phi(x)}{dx}+\Sigma_a(x)\phi(x)=s(x) \tag{5-1}$$

このような式のように拡散係数Dやマクロ断面積Σが連続的に変化する形の拡散方程式は、原子炉などへ適用して解くことを考えると、一般的すぎる。上で述べた通り、多くの原子炉においてはDやΣは連続的に変化するのではなく、実質的に一定の値を持つ小領域から成ると考えることができる。このような考えに基づいて、体系を小領域に区切って解く手法を差分化法といい、その手法に基づいて得られる方程式を差分方程式という[1]。差分化の説明を以下に述べる。

まず、次の図に示すように、対象とする体系をN個の区間に分けることからスタートする（区間間隔Δは一定でなくても良い）。各区間の境界の点、すなわちN+1個の離散的な点（メッシュ点）において、拡散係

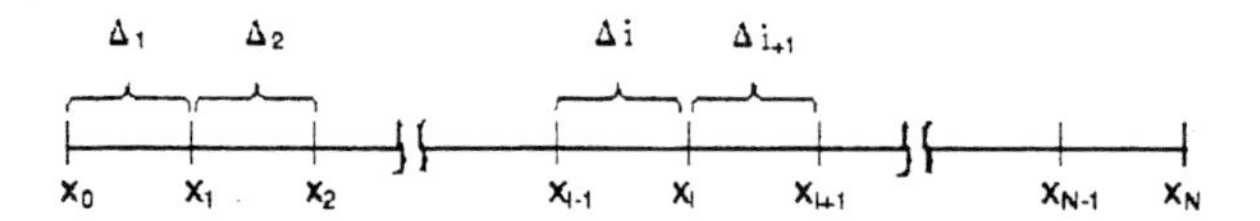

数 D, 吸収断面積 Σ_a、中性子束 ϕ、中性子源 s の値を与える。それらを、D_i、Σ_{ai}、ϕ_i、s_i（点 i において）と書くとする。次に、下の図に見られるように、x_i を中心とするメッシュ間隔 $x_i-\Delta_i/2 \leqq x \leqq x_i+\Delta_{i+1}/2$ を考える。そして、このメッシュ間隔について、(5-1) 式の各項をメッシュ点を中心として積分することに

よって、拡散方程式を差分化する。すなわち、メッシュ点 x_i における被積分関数の値（断面積など）を、その区間の代表値と考え、それに積分区間幅を掛けることによって、積分が近似できるとする。

$$\int_{x_i-\frac{\Delta_i}{2}}^{x_i+\frac{\Delta_{i+1}}{2}} \Sigma_a(x)\,\phi(x)dx \cong \Sigma_{ai}\phi_i\left[\frac{\Delta_i}{2}+\frac{\Delta_{i+1}}{2}\right] \tag{5-2}$$

$$\int_{x_i-\frac{\Delta_i}{2}}^{x_i+\frac{\Delta_{i+1}}{2}} s(x)dx \cong s_i\left[\frac{\Delta_i}{2}+\frac{\Delta_{i+1}}{2}\right] \tag{5-3}$$

導関数の項については、

$$\int_{x_i-\frac{\Delta_i}{2}}^{x_i+\frac{\Delta_{i+1}}{2}} \frac{d}{dx}D(x)\,\frac{d\phi(x)}{dx}dx \cong D(x)\,\frac{d\phi(x)}{dx}\bigg|_{x_i-\frac{\Delta_i}{2}}^{x_i+\frac{\Delta_{i+1}}{2}} \tag{5-4}$$

となり、二つの区間 i および $i+1$ の中間の点 $x=x_i-\Delta_i/2$ と $x=x_i+\Delta_{i+1}/2$ での値が必要となる。このため、まず、$x=x_i-\Delta_i/2$ と $x=x_i+\Delta_{i+1}/2$ における $d\phi/dx$ の値を、区間 i と区間 $i+1$ それぞれの中性子束の勾配（メッシュ点における中性子束の差を区間距離で割って得られる）で近似できるとする。

[1] その区間内で、D や Σ_a が一定と仮定するが、全ての区間で異なる値を持つとして良く、特に式の導出が面倒になるわけではない。

すなわち

$$\left.\frac{d\phi(x)}{dx}\right|_{x_i-\frac{\Delta_i}{2}} \doteqdot \frac{\phi_i-\phi_{i-1}}{\Delta_i} \tag{5-5}$$

$$\left.\frac{d\phi(x)}{dx}\right|_{x_i+\frac{\Delta_{i+1}}{2}} \doteqdot \frac{\phi_{i+1}-\phi_i}{\Delta_{i+1}} \tag{5-6}$$

さらに、拡散係数についてもそれぞれの区間 i と区間 $i+1$ における平均値で近似できるものとする。

$$D\left(x_i-\frac{\Delta_i}{2}\right)=\frac{D_{i-1}+D_i}{2} \tag{5-7}$$

$$D\left(x_i+\frac{\Delta_{i+1}}{2}\right)=\frac{D_i+D_{i+1}}{2} \tag{5-8}$$

これらを用いると、導関数の項は

$$\begin{aligned}&\int_{x_i-\frac{\Delta_i}{2}}^{x_i+\frac{\Delta_{i+1}}{2}}\frac{d}{dx}D(x)\frac{d\phi(x)}{dx}dx \cong \frac{D_i+D_{i+1}}{2}\frac{\phi_{i+1}-\phi_i}{\Delta_{i+1}}-\frac{D_{i-1}+D_i}{2}\frac{\phi_i-\phi_{i-1}}{\Delta_i}\\&=\frac{D_i+D_{i+1}}{2}\frac{\phi_{i+1}}{\Delta_{i+1}}-\frac{D_i+D_{i+1}}{2}\frac{\phi_i}{\Delta_{i+1}}-\frac{D_{i-1}+D_i}{2}\frac{\phi_i}{\Delta_i}+\frac{D_{i-1}+D_i}{2}\frac{\phi_{i-1}}{\Delta_i}\\&=\frac{1}{2}\frac{D_i+D_{i+1}}{\Delta_{i+1}}\phi_{i+1}-\frac{1}{2}\left(\frac{D_i+D_{i+1}}{\Delta_{i+1}}+\frac{D_{i-1}+D_i}{\Delta_i}\right)\phi_i+\frac{1}{2}\frac{D_{i-1}+D_i}{\Delta_i}\phi_{i-1}\end{aligned} \tag{5-9}$$

で与えられる。

以上の (5-2) 式、(5-3) 式、(5-9) 式を、もとの拡散方程式 (5-1) 式に代入して整理すると

$$a_{i,i-1}\phi_{i-1}+a_{i,i}\phi_i+a_{i,i+1}\phi_{i+1}=s_i \qquad (i=1,\cdots,N-1) \tag{5-10}$$

となる（この差分方程式は、3点の中性子束をもとにする方程式であることから、3点の差分方程式と呼ばれる)。ここで、

$$a_{i,i-1}=-\frac{D_i+D_{i-1}}{\Delta_i}\frac{1}{\Delta_{i+1}+\Delta_i} \tag{5-11}$$

$$a_{i,i}=\Sigma_{a,i}+\left(\frac{D_{i+1}+D_i}{\Delta_{i+1}}+\frac{D_i+D_{i-1}}{\Delta_i}\right)\frac{1}{\Delta_{i+1}+\Delta_i} \tag{5-12}$$

$$a_{i,i+1}=-\frac{D_{i+1}+D_i}{\Delta_{i+1}}\frac{1}{\Delta_{i+1}+\Delta_i} \tag{5-13}$$

である。このようにして、各メッシュ点に対応した離散化された中性子束 ϕ_0、$\phi_1,\cdots,\phi_N$（$N+1$ 個の未知の中性子束）に対する $N-1$ 個の差分方程式が、(5-10) 式として得られた[2]。

しかし、(5-10) 式のみでは、$N+1$ 個の未知数に対して、方程式の数が $N-1$ 個しかないため、ϕ_i を定めることができない。残りの二つの式を、境界条件から定める必要がある。ここでは、真空境界条件の場合を考える。はじめに、次のような無限平板体系を考える。この体系の境界条件は、

[2] なお、係数 $a_{i,j}$ は、(5-11)〜(5-13) 式からわかる通り、実際には、添え字 j（2番目の添え字）のみに依存する。しかし、この方程式を解く際には、マトリックス方程式の形で表すことが便利なため、ここではあえて2重の添字を用いている。

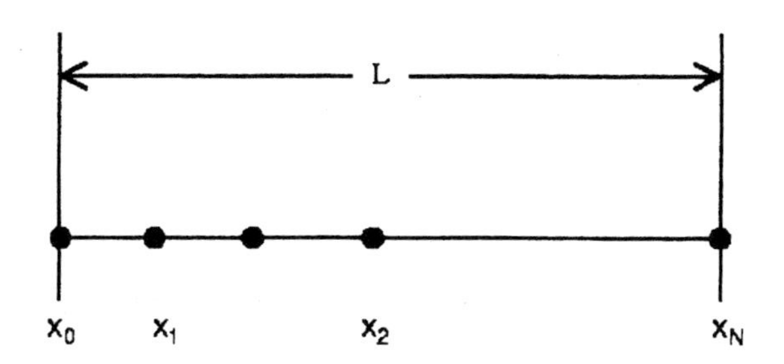

$$\phi_0 = \phi_N = 0 \quad \text{および} \quad s_0 = s_N = 0 \tag{5-14}$$

である。仮に $i = 0$ の場合に、(5-10) 式を適用すると（$\phi_{-1} = 0$ として）、

$$a_{0,-1}\phi_{-1} + a_{0,0}\phi_0 + a_{0,1}\phi_1 = s_0 \Rightarrow a_{0,-1} \cdot 0 + a_{0,0} \cdot 0 + a_{0,1}\phi_1 = 0 \Rightarrow \phi_1 = 0 \tag{5-15}$$

すなわち、$\phi_1 = 0$ となってしまう。したがって、(5-10) 式を用いる場合には、$i = 0$（同様に $i = N$）の式は無視し、$i = 1$（同様に $i = N - 1$）の方程式において $\phi_0 = 0$（同様に $\phi_N = 0$）を用いて解くことが必要となる。このような境界条件を用いると、体系両端の中性子束をゼロとして与えることで、解くべき方程式の数が、未知数の数 $N - 1$ 個と一致する。

(B) 他の 1 次元体系

角度依存性のない曲面形状（無限円柱、球）の場合にも同様の形の 3 点差分方程式が得られる。領域内で物質組成が一様としたときの、一般的な 1 次元の拡散方程式は次のように表される。

$$-D(\frac{d^2}{dr^2} + \frac{c}{r}\frac{d}{dr})\phi(r) + \Sigma_a\phi(r) = s(r) \tag{5-16}$$

ここで、c は平板、円柱、球に対応してそれぞれ $c = 0, 1, 2$ の値をとる。この拡散方程式を、メッシュ間隔 Δ を一定として、平板の場合と同様の方法を用いることにより、次の差分方程式が導出できる（簡単のため、拡散係数等も一定としている点に注意すること）。すなわち、

$$a_{i,i-1}\phi_{i-1} + a_{i,i}\phi_i + a_{i,i+1}\phi_{i+1} = s_i \tag{5-17}$$

$$a_{i,i-1} = -\frac{D}{\Delta^2}\left(1 - \frac{c}{2i-1}\right) \tag{5-18}$$

$$a_{i,i} = \Sigma_{a,i} + \frac{2D}{\Delta^2} \tag{5-19}$$

$$a_{i,i+1} = -\frac{D}{\Delta^2}\left(1 + \frac{c}{2i-1}\right) \tag{5-20}$$

である。

次の図に基づいて、この体系の境界条件を書き表すと、外側の境界では

$$\phi_N = 0 \quad \text{および} \quad s_N = 0 \tag{5-21}$$

であり、平板体系と同じように考えられる。これに対し、$r = 0$ においては、原点対称性を用いて

$$\left.\frac{d\phi}{dr}\right|_{r=0} = 0 \tag{5-22}$$

を境界条件とする。これは、$\phi_0 = \phi_1$、$s_0 = s_1$ とすることを意味する。これらにより、差分方程式から中性子束を求める場合の具体的手法は、$i = 0$ と $i = N$ の方程式を無視し、$i = N-1$ の方程式において $\phi_N = 0$ を、$i = 1$ の方程式においては $a_{1,0} = 0$ であるとする (すなわち、$a_{1,1}\phi_1 + a_{1,2}\phi_2 = s_1$)。

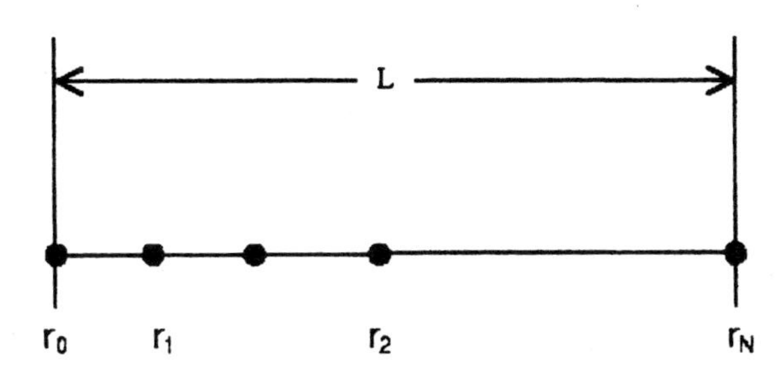

(2)　3点差分方程式の解法

以上の通り、1次元体系に対する3点差分方程式が得られた。次の手順としてこれら離散化された中性子束について得られた方程式を並べてみると次のようになる。

$$\begin{aligned}
&a_{1,1}\phi_1 + a_{1,2}\phi_2 = s_1 \\
&a_{2,1}\phi_1 + a_{2,2}\phi_2 + a_{2,3}\phi_3 = s_2 \\
&a_{3,2}\phi_2 + a_{3,3}\phi_3 + a_{3,4}\phi_4 = s_3 \\
&\cdots\cdots \qquad \cdots\cdots \\
&\cdots\cdots \qquad \cdots\cdots \\
&a_{N-2,N-3}\phi_{N-3} + a_{N-2,N-2}\phi_{N-2} + a_{N-2,N-1}\phi_{\mathrm{N}-1} = s_{\mathrm{N}-2} \\
&a_{N-1,N-2}\phi_{N-2} + a_{N-1,N-1}\phi_{N-1} = s_{\mathrm{N}-1}
\end{aligned} \tag{5-23}$$

これらの式を次のように行列の形で書き表す。

$$\begin{pmatrix} a_{1,1} & a_{1,2} & 0 & 0 & 0 & 0 & 0 \\ a_{2,1} & a_{2,2} & a_{2,3} & 0 & 0 & 0 & 0 \\ 0 & a_{3,2} & a_{3,3} & a_{3,4} & 0 & 0 & 0 \\ 0 & 0 & \cdots & \cdots & \cdots & 0 & 0 \\ 0 & 0 & 0 & \cdots & \cdots & \cdots & 0 \\ 0 & 0 & 0 & 0 & a_{N-2,N-3} & a_{N-2,N-2} & a_{N-2,N-1} \\ 0 & 0 & 0 & 0 & 0 & a_{N-1,N-2} & a_{N-1,N-1} \end{pmatrix} \begin{pmatrix} \phi_1 \\ \phi_2 \\ \phi_3 \\ \cdots \\ \cdots \\ \phi_{N-2} \\ \phi_{N-1} \end{pmatrix} = \begin{pmatrix} s_1 \\ s_2 \\ s_3 \\ \cdots \\ \cdots \\ s_{N-2} \\ s_{N-1} \end{pmatrix} \tag{5-24}$$

これを、

$$\mathbf{A\Phi} = \mathbf{s} \tag{5-25}$$

の形に書く。ここで $\mathbf{A}$ は $(N-1)\times(N-1)$ の行列、$\mathbf{\Phi}$、s はそれぞれ $(N-1)$ 元の縦ベクトルである。なお、$\mathbf{A}$ の形のように 3 つの成分が対角に配置される行列を 3 対角行列 (tridiagonal matrix) という。一般に、$\mathbf{\Phi}$ は $\mathbf{A}$ の逆行列 $\mathbf{A}^{-1}$ を作ってこれを s に掛けることによって得られる。すなわち、中性子束は

$$\mathbf{\Phi} = \mathbf{A}^{-1}\mathbf{s} \tag{5-26}$$

で求められる。したがって、逆行列を求めることが以後の問題となる。

一般に 3 対角行列の逆行列はガウスの消去法により直接得ることができるため、ここで求めるべき $\mathbf{A}$ の逆行列もこの方法で得られる。以下、逆行列を求める際に広く用いられているガウスの消去法について具体的に説明する。

この方法では、第 1 ステップとして (5-24) 式の第 1 行を $a_{1,1}$ で割り、これに $-a_{2,1}$ を掛けて第 2 行に加える。すると

$$\begin{pmatrix} 1 & a_{1,2}/a_{1,1} & 0 & 0 & 0 & 0 & 0 \\ 0 & a_{2,2}-a_{1,2}a_{2,1}/a_{1,1} & a_{2,3} & 0 & 0 & 0 & 0 \\ 0 & a_{3,2} & a_{3,3} & a_{3,4} & 0 & 0 & 0 \\ 0 & 0 & \cdots & \cdots & \cdots & 0 & 0 \\ 0 & 0 & 0 & \cdots & \cdots & \cdots & 0 \\ 0 & 0 & 0 & 0 & a_{N-2,N-3} & a_{N-2,N-2} & a_{N-2,N-1} \\ 0 & 0 & 0 & 0 & 0 & a_{N-1,N-2} & a_{N-1,N-1} \end{pmatrix} \begin{pmatrix} \phi_1 \\ \phi_2 \\ \phi_3 \\ \cdots \\ \cdots \\ \phi_{N-2} \\ \phi_{N-1} \end{pmatrix} = \begin{pmatrix} s_1/a_{1,1} \\ s_2 - s_1a_{2,1}/a_{1,1} \\ s_3 \\ \cdots \\ \cdots \\ s_{N-2} \\ s_{N-1} \end{pmatrix} \tag{5-27}$$

ここで、$A_1 = a_{1,2}/a_{1,1}$、$\alpha_1 = s_1/a_{1,1}$ と置くと

$$\begin{pmatrix} 1 & A_1 & 0 & 0 & 0 & 0 & 0 \\ 0 & a_{2,2}-A_1a_{2,1} & a_{2,3} & 0 & 0 & 0 & 0 \\ 0 & a_{3,2} & a_{3,3} & a_{3,4} & 0 & 0 & 0 \\ 0 & 0 & \cdots & \cdots & \cdots & 0 & 0 \\ 0 & 0 & 0 & \cdots & \cdots & \cdots & 0 \\ 0 & 0 & 0 & 0 & a_{N-2,N-3} & a_{N-2,N-2} & a_{N-2,N-1} \\ 0 & 0 & 0 & 0 & 0 & a_{N-1,N-2} & a_{N-1,N-1} \end{pmatrix} \begin{pmatrix} \phi_1 \\ \phi_2 \\ \phi_3 \\ \cdots \\ \cdots \\ \phi_{N-2} \\ \phi_{N-1} \end{pmatrix} = \begin{pmatrix} \alpha_1 \\ s_2-\alpha_1a_{2,1} \\ s_3 \\ \cdots \\ \cdots \\ s_{N-2} \\ s_{N-1} \end{pmatrix} \tag{5-28}$$

第2ステップでは、上と同じ手順で、第2行を $a_{2,2} - a_{2,1}A_1$ で割り、これに $-a_{3,2}$ を掛けて第3行に加えると、

$$\begin{pmatrix} 1 & A_1 & 0 & 0 & 0 & 0 & 0 \\ 0 & 1 & A_2 & 0 & 0 & 0 & 0 \\ 0 & 0 & a_{3,3}-A_2a_{3,2} & a_{3,4} & 0 & 0 & 0 \\ 0 & 0 & \cdots & \cdots & \cdots & 0 & 0 \\ 0 & 0 & 0 & \cdots & \cdots & \cdots & 0 \\ 0 & 0 & 0 & 0 & a_{N-2,N-3} & a_{N-2,N-2} & a_{N-2,N-1} \\ 0 & 0 & 0 & 0 & 0 & a_{N-1,N-2} & a_{N-1,N-1} \end{pmatrix} \begin{pmatrix} \phi_1 \\ \phi_2 \\ \phi_3 \\ \cdots \\ \cdots \\ \phi_{N-2} \\ \phi_{N-1} \end{pmatrix} = \begin{pmatrix} \alpha_1 \\ \alpha_2 \\ s_3-\alpha_2a_{3,2} \\ \cdots \\ \cdots \\ s_{N-2} \\ s_{N-1} \end{pmatrix} \tag{5-29}$$

となる。ただし $A_2 = a_{2,3}/(a_{2,2} - a_{2,1}A_1)$、$\alpha_2 = (s_2 - a_{2,1}\alpha_1)/(a_{2,2} - a_{2,1}A_1)$ である。以下同様にして第 n 行をその対角要素 $a_{n,n} - a_{n,n-1}A_{n-1}$ で割り、$-a_{n+1,n}$ を掛けて第 $n+1$ 行に加える、という操作を繰り返すと

$$\begin{pmatrix} 1 & A_1 & 0 & 0 & 0 & 0 & 0 \\ 0 & 1 & A_2 & 0 & 0 & 0 & 0 \\ 0 & 0 & 1 & A_3 & 0 & 0 & 0 \\ 0 & 0 & \cdots & \cdots & \cdots & 0 & 0 \\ 0 & 0 & 0 & \cdots & \cdots & \cdots & 0 \\ 0 & 0 & 0 & 0 & 0 & 1 & A_{N-2} \\ 0 & 0 & 0 & 0 & 0 & 0 & 1 \end{pmatrix} \begin{pmatrix} \phi_1 \\ \phi_2 \\ \phi_3 \\ \cdots \\ \cdots \\ \phi_{N-2} \\ \phi_{N-1} \end{pmatrix} = \begin{pmatrix} \alpha_1 \\ \alpha_2 \\ \alpha_2 \\ \cdots \\ \cdots \\ \alpha_{N-2} \\ \alpha_{N-1} \end{pmatrix} \tag{5-30}$$

となる。最終的に、A および α は、以下のように整理される

$$A_n = a_{n,n+1}/(a_{n,n} - a_{n,n-1}A_{n-1}) \qquad (i > 1) \qquad A_1 = a_{1,2}/a_{1,1} \tag{5-31}$$

$$\alpha_n = (s_n - a_{n,n-1}\alpha_{n-1})/(a_{n,n} - a_{n,n-1}A_{n-1}) \qquad (i > 1) \qquad \alpha_1 = s_1/a_{1,1} \tag{5-32}$$

（この一連の操作を前進消去という）。一度この行列が求められると、(5-30) 式から中性子束を求めるのは容易である。すなわち、最後の行は、$\phi_{N-1} = \alpha_{N-1}$ つまり中性子束 ϕ_{N-1} が、α_{N-1} に等しいことを意味

している。さらに、その上の式（最後から2行目）は $\phi_{N-2} + A_{N-2}\phi_{N-1} = \alpha_{N-2}$ であるから、これに $\phi_{N-1} = \alpha_{N-1}$ を代入することによって、ϕ_{N-2} が得られる。このような手順を繰り返して行くことにより、ϕ_{N-1} から ϕ_1 までの中性子束がすべて得られる（この一連の操作を後方代入という）。この計算手順は容易にプログラムでき、しかも記憶容量が少なくて済むので数値計算に適している。

(3)　原子炉に対する計算法

(A) 増倍系の拡散方程式

原子炉などの、増倍系に対する拡散方程式は、(5-1) 式において $s = \nu\Sigma_f\phi$ と置くことにより得られる。すなわち、

$$-\frac{d}{dx}D(x)\frac{d\phi(x)}{dx} + \Sigma_a(x)\phi(x) = \nu\Sigma_f(x)\phi(x) \tag{5-33}$$

しかしこの式は、2-8節 (3) 項の増倍系の拡散方程式の解法のところで述べたように、原子炉が臨界であるような特定の物質組成と寸法の組み合わせのときしか、解を持たない。このため、原子炉物理学では、中性子源項を k で割って、いかなる場合にもこの式が成り立つようにした方程式を解く。すなわち、一般的な形で書くと

$$-\nabla D(\mathbf{r})\nabla\phi(\mathbf{r}) + \Sigma_a(\mathbf{r})\phi(\mathbf{r}) = \frac{1}{k}\nu\Sigma_f(\mathbf{r})\phi(\mathbf{r}) \tag{5-34}$$

である。そして、ここで導入した k が原子炉の増倍率となる。本節では、この方程式を数値的に解くことを考える。

後の便宜のため、この (5-34) 式を演算子を用いて

$$\mathbf{M}\Phi = \frac{1}{k}\mathbf{F}\Phi \tag{5-35}$$

と書いておく。ここで、2つの演算子は、第4章の付録に記した通り、

$$(\text{消滅演算子})\quad \mathbf{M} = -\nabla D\nabla + \Sigma_a \tag{5-36}$$

$$(\text{生成演算子})\quad \mathbf{F} = \nu\Sigma_f \tag{5-37}$$

である。(5-34) 式は、前項で述べた差分法を用いて解くことができる。数学的にいうと、この問題は、固有値 $(1/k)$ を持つ行列の固有値問題となる。この固有値方程式の解は、通常、次に述べる「べき乗法（power method)」といわれる方法で得ることができる。

(B) べき乗法

前節と同じく、N 個の区間 ($N+1$ 個の点) から成る体系を考える。はじめに、$n=1 \sim N-1$ 迄の点の中性子束に対して $\Phi^{(0)} = (\phi_1^{(0)}, \phi_2^{(0)}, \cdots, \phi_{N-1}^{(0)})$ という初期値ベクトルを仮定する ($n=0$、$n=N$ における値は境界条件から別途決まる)。これを用いると、(5-37) 式の生成演算子を用いて、核分裂中性子源に対する初期値が次のように得られる。

$$\mathbf{S}^{(0)} = \mathbf{F}\Phi^{(0)} \tag{5-38}$$

これを (5-35) 式に代入すると

$$\mathbf{M}\Phi = \frac{1}{k^{(0)}}\mathbf{S}^{(0)} \tag{5-39}$$

となる（ここで、() 付きの上添え字は、繰り返し手順の数を表わすものとする)。この式を、増倍率 $k^{(0)}$ を仮定して解くと[3]、新たな中性子束（ベクトル）$\Phi^{(1)}$ が求められる。勿論、これは一般に $\Phi^{(0)}$ とは異なる。そして、この $\Phi^{(1)}$ を用いて $\mathbf{S}^{(1)} = \mathbf{F}\Phi^{(1)}$ として、同様の手順を繰り返すと、$\Phi^{(2)}$ が求められる（固有値 $k^{(1)}$ については後に述べる)。以下、この計算を多数回繰り返す、すなわち

$$\mathbf{M}\Phi^{(i+1)} = \frac{1}{k^{(i)}}\mathbf{S}^{(i)} = \frac{1}{k^{(i)}}\mathbf{F}\Phi^{(i)} \tag{5-40}$$

とすることにより、$\Phi^{(i+1)}$ がもとの拡散方程式 (5-34) 式または (5-35) 式を満たす解に収束して、求めるべき中性子束が得られる（なお、このべき乗法が収束する理由については〔付録 1〕参照)。すなわち

$$\mathbf{M}\Phi^{(i+1)} = \frac{1}{k^{(i+1)}}\mathbf{S}^{(i+1)} = \frac{1}{k^{(i+1)}}\mathbf{F}\Phi^{(i+1)} \tag{5-41}$$

このような方法は、中性子源を変えながら収束するまで計算を進めることから、中性子源反復法 (Source Iteration) と呼ばれることもある。

この方法の各ステップに用いられる固有値、すなわち (5-40) 式で用いる $k^{(i)}$ は、中性子束ベクトル $\Phi^{(i)}$ から生成ならびに消滅項を求め、それを全空間で積分し、比を取ることにより求める。すなわち、

$$k^{(i)} = \int_V \mathbf{F}\Phi^{(i)}dV \Big/ \int_V \mathbf{M}\Phi^{(i)}dV \tag{5-42}$$

である。(5-40) 式から $\mathbf{M}\Phi^{(i)}$ を求め（すなわち $\mathbf{M}\Phi^{(i)} = \mathbf{S}^{(i-1)}/k^{(i-1)}$ ）、(5-42) 式に代入すると、$k^{(i)} = \int_V \mathbf{S}^{(i)}dV \big/ \frac{1}{k^{(i-1)}}\int_V \mathbf{S}^{(i-1)}dV$ が得られる。この式は、第 $(i-1)$ 世代の実効的な中性子源 $(1/k^{(i-1)})\mathbf{S}^{(i-1)}$ と、次の第 i 世代の核分裂中性子源 $\mathbf{S}^{(i)}$ から、増倍率 k が求められていることを意味している[4]。以上の計算の流れ図を図 5.1 に示す。

---

[3] 通常、増倍率の初期値は $k^{(0)} = 1$ とする。

[4] ここで、核分裂源を $(1/k^{(i-1)})\mathbf{S}^{(i-1)}$ としないと、k が 1 に近くないとき、反復から得られる中性子束が反復の度に増大あるいは減少してしまう。

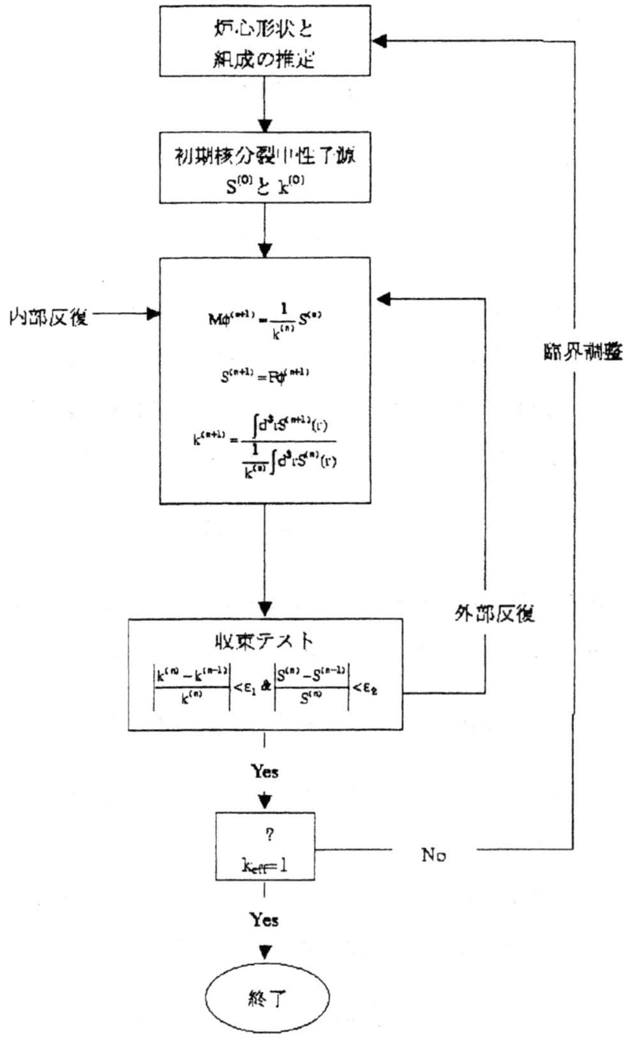

炉心形状と
組成の推定

初期核分裂中性子源
$S^{(0)}$と $k^{(0)}$

内部反復

$$M\phi^{(n+1)} = \frac{1}{k^{(n)}} S^{(n)}$$

$$S^{(n+1)} = F\phi^{(n+1)}$$

$$k^{(n+1)} = \frac{\int d^3r S^{(n+1)}(r)}{\frac{1}{k^{(n)}}\int d^3r S^{(n)}(r)}$$

臨界調整

外部反復

収束テスト

$$\left|\frac{k^{(n)} - k^{(n-1)}}{k^{(n)}}\right| < \varepsilon_1 \ \& \ \left|\frac{S^{(n)} - S^{(n-1)}}{S^{(n)}}\right| < \varepsilon_2$$

Yes

?
$k_{eff}=1$

No

Yes

終了

図 5.1 拡散方程式数値解法の流れ (図中の n が，本文中の i に対応することに注意)

実際の反復計算では、次に示す 2 つの収束判定条件のうちいずれかまたは双方が用いられて、それらが満足されるまで計算が行われる（ε としては、通常 10^{-4} から 10^{-5} 程度が取られることが多い）。

$$\left|\frac{k^{(i+1)}-k^{(i)}}{k^{(i)}}\right| < \varepsilon_1 \tag{5-43}$$

$$\max_r \left|\frac{\mathbf{S}^{(i+1)}-\mathbf{S}^{(i)}}{\mathbf{S}^{(i)}}\right| < \varepsilon_2 \quad r: \text{メッシュ点} \tag{5-44}$$

なお、臨界となる原子炉（例えば、臨界となる半径など）を求めようとするとき、形状を適宜変更して $k=1$ となるまで計算を繰り返すこと（臨界調整）がある。上記の中性子束や固有値を計算する反復を外部反復 (Outer Iteration) と呼ぶ。これに対して、特に多次元の場合に行われる中性子束を求めるために行なう反復計算を内部反復 (Inner Iteration) と呼ぶ。

(C) 収束の加速

一般に、体系の区間数 N の数が増すと、収束するまでの反復回数 i が増す。このため、体系が大きくなる、あるいは区間を小さく取る必要がある場合には、収束を早くする工夫（収束の加速法）が大事になる [5]。収束を加速する方法の中で、最もよく用いられている方法に、Chebychev 法といわれる方法がある。この方法は、新しい解（反復における次の解）を推定するとき、それまでに求まっている解から外挿によって、より良い解を推定して繰り返し計算を加速する方法である。これは、次のような外挿パラメータの導入によってなされる。例えば、外挿パラメータが 1 個の場合、

$$\mathbf{S}^{(i)} = \mathbf{S}^{(i-1)} + \alpha\left(\frac{1}{k^{(i)}}\mathbf{F}\Phi^{(i)} - \mathbf{S}^{(i-1)}\right) \tag{5-45}$$

となり、ここで $0 \leq \alpha \leq 1$ である。また、さらに前 2 回の結果を用いて外挿する方法もある。

$$\mathbf{S}^{(i)} = \mathbf{S}^{(i-1)} + \alpha\left(\frac{1}{k^{(i)}}\mathbf{F}\Phi^{(i)} - \mathbf{S}^{(i-1)}\right) + \beta\left(\mathbf{S}^{(i-1)} - \mathbf{S}^{(i-2)}\right) \tag{5-46}$$

この方法を 2 パラメータ法という。このときには、$1 \leq \alpha \leq 2$、$0 \leq \beta \leq 1$ である。

5–2　多次元拡散方程式の数値解法

(1)　2 次元平板体系の差分方程式

図 5.2 に示される長方形の平面形状 $(x-y)$ における拡散方程式の差分化を考える。このときの拡散方程式は

$$-\frac{\partial}{\partial x}D\frac{\partial\phi(x,y)}{\partial x} - \frac{\partial}{\partial y}D\frac{\partial\phi(x,y)}{\partial y} + \Sigma_a\phi(x,y) = s(x,y) \tag{5-47}$$

[5] S.Nakamura : "Computation Methods in Science and Technology", John Wiley & Sons, Inc., p.73～p.79 を参照のこと

である。1 次元の場合と同じように x 方向に $K-1$ 分割、y 方向に $M-1$ 分割する。それぞれのメッシュ点を、x について $x_k(k=1,\cdots,K)$、y について $y_m(m=1,\cdots,M)$ とする。ここでは、簡単のため x、y それぞれについて等間隔とし、そのメッシュ点間の間隔 (すなわち区間間隔) を Δx、Δy とする。図 5.3 に (x_k、y_m) というメッシュ点に着目した時の拡大図を示す。ここではさらに、簡単のために、D、Σ_a は一定であるとする。

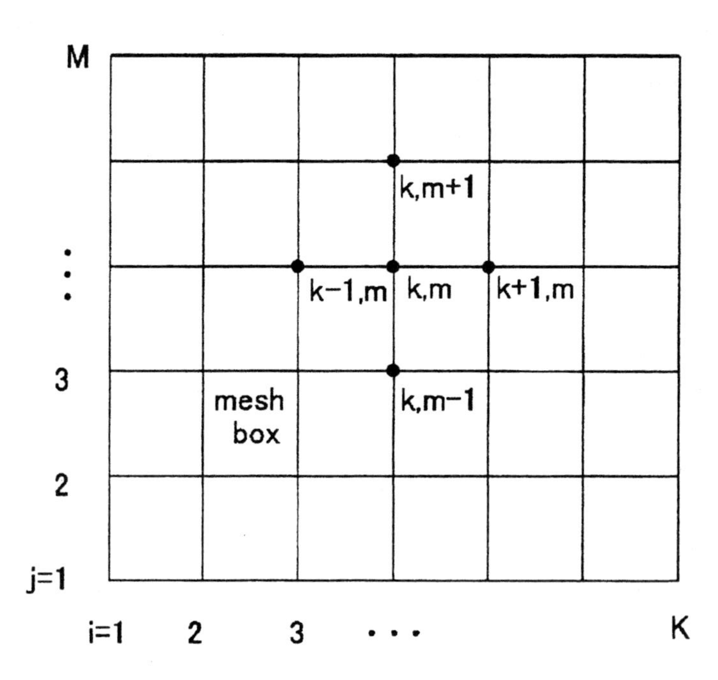

図 5.2 2 次元問題のメッシュ図

このような系において上記の拡散方程式を x については $x=x_k\pm(1/2)\Delta x$ の間の、y については $y=y_m\pm(1/2)\Delta y$ の間の領域で積分する。すなわち、

$$\begin{aligned}&-D\int_{y_m-\Delta y/2}^{y_m+\Delta y/2}\left[\frac{\partial\phi(x,y)}{\partial x}\right]_{x_k-\Delta x/2}^{x_k+\Delta x/2}dy-D\int_{x_k-\Delta x/2}^{x_k+\Delta x/2}\left[\frac{\partial\phi(x,y)}{\partial y}\right]_{y_m-\Delta y/2}^{y_m+\Delta y/2}dx\\&+\Sigma_a\int_{x_k-\Delta x/2}^{x_k+\Delta x/2}\int_{y_m-\Delta y/2}^{y_m+\Delta y/2}\phi(x,y)dxdy=\int_{x_k-\Delta x/2}^{x_k+\Delta x/2}\int_{y_m-\Delta y/2}^{y_m+\Delta y/2}s(x,y)dxdy\end{aligned}\tag{5-48}$$

である。そして、各メッシュ点の中性子束を $\phi(x_k,y_m)=\phi_{k,m}$ のように書くこととして、この式中の導関数を、一次元の場合と同様に、次のように近似する。

$$\left[\frac{\partial\phi(x,y)}{\partial x}\right]_{x_k-\Delta x/2}^{x_k+\Delta y/2}\doteqdot\frac{\phi_{k+1,m}-\phi_{k,m}}{\Delta x}-\frac{\phi_{k,m}-\phi_{k-1,m}}{\Delta x}=\frac{\phi_{k+1,m}-2\phi_{k,m}+\phi_{k-1,m}}{\Delta x}\tag{5-49}$$

$$\left[\frac{\partial\phi(x,y)}{\partial y}\right]_{x_m-\Delta y/2}^{y_m+\Delta y/2}\doteqdot\frac{\phi_{k,m+1}-\phi_{k,m}}{\Delta y}-\frac{\phi_{k,m}-\phi_{k,m-1}}{\Delta y}=\frac{\phi_{k,m+1}-2\phi_{k,m}+\phi_{k,,m-1}}{\Delta y}\tag{5-50}$$

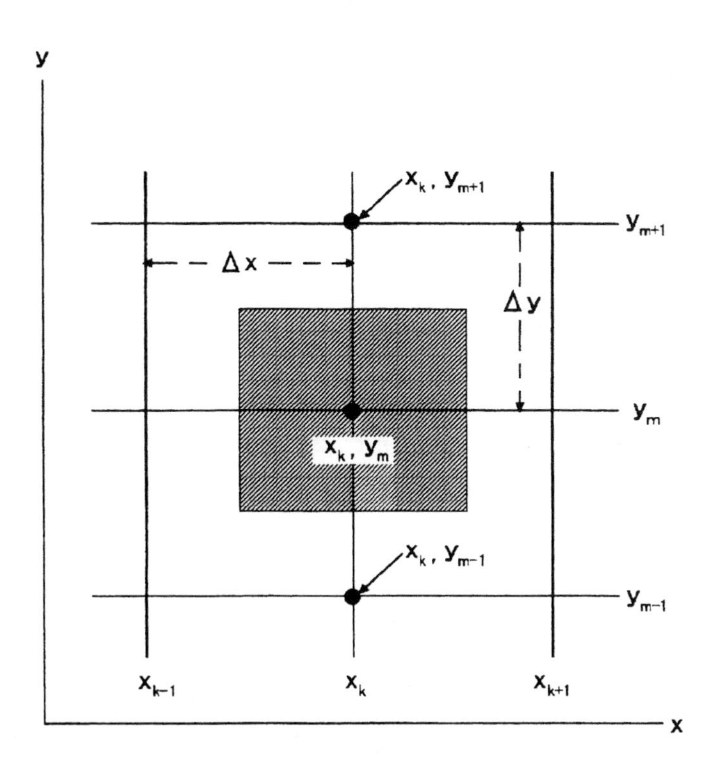

図 5.3 2 次元メッシュの拡大図

また、$\Sigma_a\phi$ と s の項については、(x_k, y_m) での値を $\Sigma_a\phi_{k,m}$、$s_{k,m}$ であるとすると、

$$-D\left[\frac{\phi_{k+1,m}-2\phi_{k,m}+\phi_{k-1,m}}{\Delta x}\right]\Delta y - D\left[\frac{\phi_{k,m+1}-2\phi_{k,m}+\phi_{k,m-1}}{\Delta y}\right]\Delta x + \Sigma_a\phi_{k,m}\Delta x\Delta y = s_{k,m}\Delta x\Delta y \tag{5-51}$$

となる。これを、整理すると、

$$-D\frac{\Delta y}{\Delta x}\left[\phi_{k+1,m}+\phi_{k-1,m}\right] - D\frac{\Delta x}{\Delta y}\left[\phi_{k,m+1}+\phi_{k,m-1}\right] + \left[\Sigma_a\Delta x\Delta y + 2D\left(\frac{\Delta y}{\Delta x}+\frac{\Delta x}{\Delta y}\right)\right]\phi_{k,m} = s_{k,m}\Delta x\Delta y \tag{5-52}$$

という 5 つの中性子束 $\phi_{k-1,m}$、$\phi_{k+1,m}$、$\phi_{k,m-1}$、$\phi_{k,m+1}$、$\phi_{k,m}$ からなる 5 点の差分方程式が得られる。これを、次節での説明のために、次のように書く。

$$a^L_{k,m}\phi_{k-1,m} + a^R_{k,m}\phi_{k+1,m} + a^B_{k,m}\phi_{k,m-1} + a^T_{k,m}\phi_{k,m+1} + a^C_{k,m}\phi_{k,m} = s_{k,m} \tag{5-53}$$

ここで、上添え字 L、R、B、T、C は、図 5.3 における左、右、下、上、中央を意味している。

(2)　2 次元差分方程式の行列表示

(5-53) 式の方程式を行列表示する。1 次元の場合は中性子束が 1 次元ベクトルであるので、例えば (5-24) 式のように素直に行列表記が可能であった。しかし、2 次元の場合は中性子束自体が 2 次元行列であるため、1 次元化する必要がある。このために、通常、2 次元の添え字 k,m を、次の式を用いて 1 次元の添え字 j に変換する。

$$(k,m) \Rightarrow j = k + m\cdot N \quad (N \text{ は } x \text{ の区間数}) \tag{5-54}$$

この様子を 5 × 4 のメッシュ点の配列を例にして図示すると、図 5.4 になる。

このようにすると変換すると (5-53) 式は、図 5.5 のように中央が 3 対角の行列、さらにその周りに対角行列がある形の行列となる[(6)] (1 次元の場合は単純な 3 対角のみの行列 (5-24 式) であった。2 次元の場合には外側に 2 つの対角成分が加わっていることに注意すること)。結果として、この行列方程式は 1 次元の場合と同じく

$$\mathbf{A}\Phi = \mathbf{S} \tag{5-55}$$

という形に書ける。そして、$\mathbf{A}$ は、1 次元の場合と同様に対称行列であり、また対角支配 (対角要素の絶対値がその行の対角以外の要素の絶対値の和よりも大きい) という性質も同じである。

---

(6) 3 次元の問題の場合は 7 点の階差式となり、さらに別の対角行列が加わる。

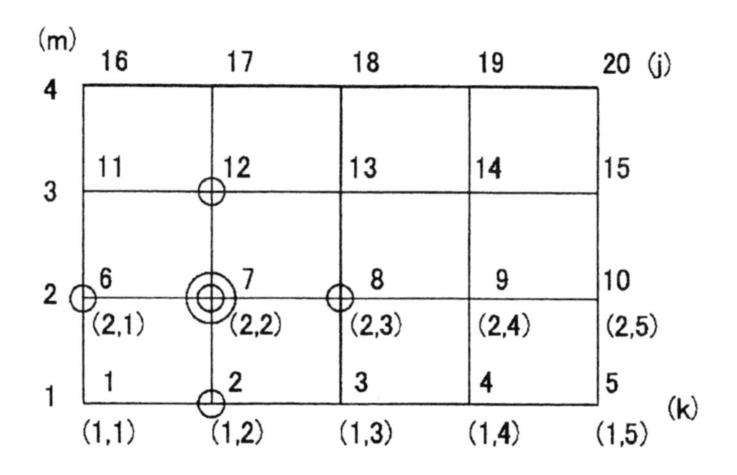

図 5.4 2 次元メッシュの番号付け

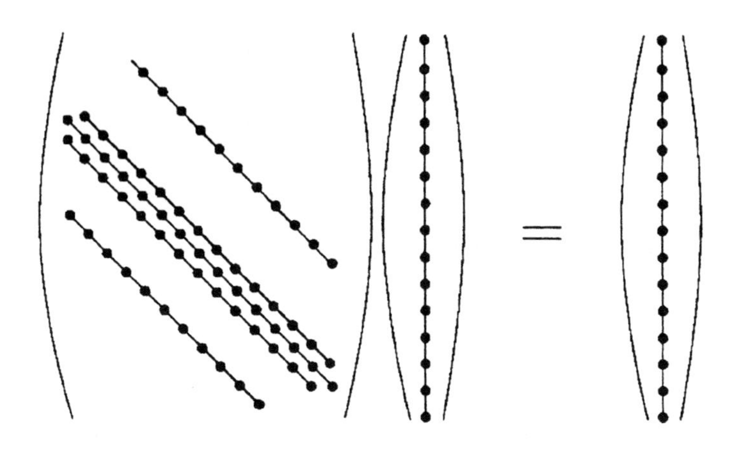

図 5.5 2 次元差分方程式の行列表示

この行列方程式の解法は、2 次元以上の場合メッシュ点が多くなり（たとえば 100×100 のメッシュ点を取ったとすると 10^4 個となる）、直接逆行列を求めたり、あるいは Gauss の消去法を応用したりすることは計算機の記憶容量の点や演算回数の点からみて不適当である。このため、2 次元以上の場合の行列方程式の解法には普通、反復法が用いられる[7]。これを、次項で説明する。

(3)　行列方程式の反復解法

ここでは、行列方程式の反復解法について解説する。[8]

(A) 点ヤコビ (point Jacobi) 法

最も簡単な方法は点ヤコビ (point Jacobi) 法といわれる方法で、(5-53) 式から直接的に求める方法である この方法では、各反復のサイクル毎に全てのメッシュ点について

$$\phi_{k,m}^{(i)} = \frac{1}{a^C}\left[s_{k,m} - a^L\phi_{k-1,m}^{(i-1)} - a^B\phi_{k,m-1}^{(i-1)} - a^R\phi_{k+1,m}^{(i-1)} - a^T\phi_{k,m+1}^{(i-1)}\right] \quad (5\text{-}56)$$

とする。ただし、i は反復回数であり、係数 a の下添字 (k,m) を省略した。ここでは、問題とする点の上下左右における、前回の反復の解を用いてその格子点の値を求める。$i=1$ のときの $\phi_{k,m}^{(0)}$ は初期入力値であり、任意の値を取ることができる (通常、すべて 1 とするか、適切な入力値が用いられる)。しかしながら実際の計算にこの式がそのままの形で用いられることはない。

(B) 線ヤコビ (Line Jakobi) 法

この方法では、一つの行に着目して、行列式を解く。例えば m 番目の行に対する方程式を

$$a^L\phi_{k-1,m}^{(j)} + a^C\phi_{k,m}^{(j)} + a^R\phi_{k+1,m}^{(j)} = s_{k,m} - a^B\phi_{k,m-1}^{(i-1)} - a^T\phi_{k,m+1}^{(i-1)} \quad (5\text{-}57)$$

の形に書く。右辺の値には、前回 (反復回数 $(i-1)$) の反復により決まる中性子束を用いる。このようにすると、右辺は定数、左辺は 1 次元の差分方程式の場合と同じ形であることから、Gauss の消去法を用いて 3 点での中性子束を同時に得ることができる。各反復毎に全ての線 (line) の計算を行うことから、この方法を線ヤコビ (Line　Jakobi) 法あるいは line inversion 法という。反復毎の m の順序は任意に取ってよい。

(C) ガウスザイデル (Gauss-Saidel) 法

点ヤコビ法を解くとき、たとえば計算を左下の隅から始めて右上の隅で終る場合には、問題とするメッシュ点の左と下の格子点の値は、問題とする点より前に解かれているため、常に最新 (反復回数 i) の値が

[7] 内部反復 (Inner Iteration) と呼ばれる。

[8] 本稿は S.Nakamura：前出,P92～P94 によっている

得られている。(5-56) 式において、これらの値を用いる方法が、ガウスザイデル (Gauss-Saidel) 法である。すなわち

$$\phi_{k,m}^{(i)} = \frac{1}{a^C}\left[s_{k,m} - a^L\phi_{k-1,m}^{(i)} - a^B\phi_{k,m-1}^{(i)} - a^R\phi_{k+1,m}^{(i-1)} - a^T\phi_{k,m+1}^{(i-1)}\right] \tag{5-58}$$

この方法では、一部ながら最新の値が用いられることから、計算の加速が図られる。またこの方法では新しい計算値が得られる毎にこれを前の値に置き換えるので計算機の記憶容量の節約にも役立つ。

(D) 逐次加速緩和 (Successive OverRelaxation) 法

ガウスザイデル法に $1 < \omega < 2$ の加速因子を導入することによって SOR 法 (逐次加速緩和法) という方法が得られる。この場合の反復法は、前回の自分自身の値と加速因子を用いて、次のように書かれる。

$$\phi_{k,m}^{(i)} = \frac{\omega}{a^C}\left[s_{k,m} - a^L\phi_{k-1,m}^{(i)} - a^B\phi_{k,m-1}^{(i)} - a^R\phi_{k+1,m}^{(i-1)} - a^T\phi_{k,m+1}^{(i-1)}\right] + (1-\omega)\,\phi_{k,m}^{(i-1)} \tag{5-59}$$

これを点 SOR(point over-relaxation) 法という。また線 SOR(line over-relaxation) 法では、

$$\phi_{k,m}^{(i)} = \omega\phi_{k,m}^{(i)} + (1-\omega)\,\phi_{k,m}^{(i-1)} \tag{5-60}$$

を用いる。ただし $\phi_{k,m}$ は次の同次方程式の解である (この方程式は、線ヤコビ法のところで述べたように Gauss の消去法を用いて得られる)。

$$a^L\phi_{k-1,m}^{(i)} + a^C\phi_{k,m}^{(i)} + a^R\phi_{k+1,m}^{(i)} = s_{k,m} - a^B\phi_{k,m-1}^{(i)} - a^T\phi_{k,m+1}^{(i-1)} \quad (i = 1, \cdots, I) \tag{5-61}$$

SOR 法の収束率は ω に依存する。収束の早い場合は $\omega = 1.4 \sim 1.7$ の値が取られる。しかし収束の遅い場合は ω の選択が重要であり、この値を得るための考察がなされている。

5–3 多群拡散方程式とその数値解法

(1) 多群拡散方程式の導出

ここまで、単速の拡散理論（本章で扱う多群理論の中では 1 群理論に相当）を導入して、原子炉物理の主要な概念と、現在の原子炉設計に用いられている計算法の基礎について解説してきた。しかし、実際に原子炉設計に対しては 1 群拡散理論は不十分である。1 群拡散理論導出の際に

①角中性子束の角度依存性が小さい、

②全ての中性子が同一のエネルギーをもつ、

という 2 つの仮定を置いた[9]。大型の発電用原子炉を考えた場合、①の仮定は、強い吸収体の近く、あるいは原子炉の外側境界の近く、などを除いて成り立っていた。またそれらは、外挿境界のような補正を持ち込むことによってある程度修正することができた。

これに対し②の仮定は、現在用いられている原子炉においては無理がある。すなわち、実際の原子炉内の中性子は、核分裂で発生する中性子エネルギーである最大値 10MeV から熱中性子束の下限値 0.001eV 以下まで、10 桁にも及ぶエネルギーを持つ。さらに、その間、原子核の中性子断面積は 2〜3 桁以上にわたって変化し、さらに、共鳴においては、それより遥かに大きい変化をする場合がある。したがって，全ての中性子が同一のエネルギーを持つと仮定すること、すなわち②の仮定は、実際の原子炉設計計算では妥当ではない。このため、中性子束がエネルギーに依存している場合を取り扱う方法を導入する必要がある。以下、そのために、最も一般的な方法として用いられている「多群」法について説明する。

拡散近似の下で中性子束は、次のエネルギー依存の拡散方程式に従う。

$$
\begin{aligned}
&\frac{1}{v}\frac{\partial\phi(\mathbf{r},E,t)}{\partial t}-\nabla D\nabla\phi(\mathbf{r},E,t)+\Sigma_t\phi(\mathbf{r},E,t)\\
&=\int_0^\infty\Sigma_s(E'\to E)\phi(\mathbf{r},E',t)dE'+\chi(E)\int_0^\infty\nu(E')\Sigma_f(E')\phi(\mathbf{r},E',t)dE'+s_{ext}(\mathbf{r},E,t)
\end{aligned}
\tag{5-62}
$$

中性子のエネルギー範囲を図 5.6 のように G 個の区間に分割する。最も高いエネルギーを E_0 とし、そこから順に E_1、E_2、…として、最も低いエネルギーを E_G とする。中性子は、衝突によりエネルギーを失い、$E_0\to E_G$ に向かってエネルギーを下げて行く（熱領域を除いては）。このエネルギーの表記を用いて、上記の拡散方程式を、g 番目の積分区間（上限エネルギー E_{g-1}、下限エネルギー E_g）、すなわち $E_{g-1}>E>E_g$ のエネルギー区間について積分する。すると、

$$
\begin{aligned}
&\frac{\partial}{\partial t}\left[\int_{E_g}^{E_{g-1}}\frac{1}{v}\phi(\mathbf{r},E,t)dE\right]-\nabla\int_{E_g}^{E_{g-1}}D\nabla\phi(\mathbf{r},E,t)dE+\int_{E_g}^{E_{g-1}}\Sigma_t\phi(\mathbf{r},E,t)dE\\
&=\int_{E_g}^{E_{g-1}}\int_0^\infty\Sigma_s(E'\to E)\phi(\mathbf{r},E',t)dE'dE\\
&+\int_{E_g}^{E_{g-1}}\chi(E)\int_0^\infty\nu(E')\Sigma_f(E')\phi(\mathbf{r},E',t)dE'dE+\int_{E_g}^{E_{g-1}}s_{ext}(\mathbf{r},E,t)dE
\end{aligned}
\tag{5-63}
$$

である。エネルギーの区間を、「群」と呼ぶ。例えば、g 番目の区間を g 群と呼ぶ。この式の各項について以下のような定義を行う。まず g 群の中性子束（群中性子束）を次のように定義する。

$$
\phi_g(\mathbf{r},t)=\int_{E_g}^{E_{g-1}}\phi(\mathbf{r},E,t)dE \tag{5-64}
$$

---

[9] 第 2 章で単速拡散方程式の導出の際に導入された近似は、以下のようなものであった。

(1)　(単速近似)　衝突により中性子のエネルギーが変化しない。

(2)　(P1 近似)　角中性子束が角度について 1 次式で表される。

(3)　中性子源が等方的である。

(4)　中性子流の時間変化率が反応率より遥かに小さい。

このうち、(1) が②に対応し、(2) 〜 (4) の仮定の結果として①となる。

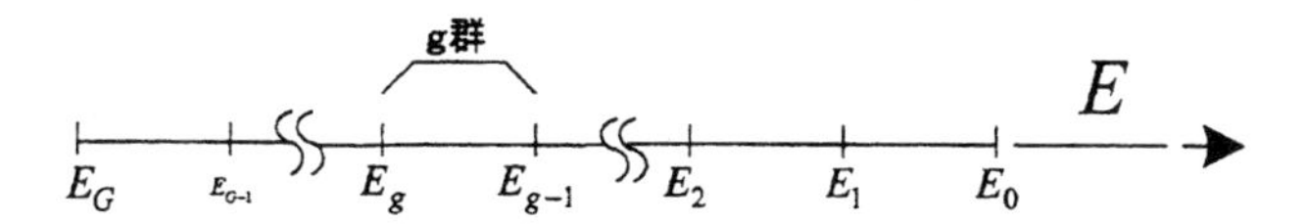

図 5.6 中性子エネルギー範囲の分割

これを用いて、全断面積を

$$\Sigma_{tg} = \frac{\int_{E_g}^{E_{g-1}} \Sigma_t(E)\phi(\mathbf{r},E,t)dE}{\int_{E_g}^{E_{g-1}} \phi(\mathbf{r},E,t)dE} = \frac{1}{\phi_g(\mathbf{r},t)} \int_{E_g}^{E_{g-1}} \Sigma_t(E)\phi(\mathbf{r},E,t)dE \tag{5-65}$$

とする。さらに、拡散係数については、一般的には方向依存の形で

$$D_{jg} = \frac{\int_{E_g}^{E_{g-1}} \nabla_j D(E)\phi(\mathbf{r},E,t)dE}{\int_{E_g}^{E_{g-1}} \nabla_j \phi(\mathbf{r},E,t)dE} \qquad (j = x, y, z) \tag{5-66}$$

と定義されるが、ここでは、全ての方向 j について D_j が等しいとする。このように仮定すると、拡散係数 D は

$$D_g = \frac{\int_{E_g}^{E_{g-1}} D(E)\nabla\phi(\mathbf{r},E,t)dE}{\int_{E_g}^{E_{g-1}} \nabla\phi(\mathbf{r},E,t)dE} \qquad (\text{すべての方向}) \tag{5-67}$$

となる[10]。ついで、g 群の中性子の速さについては

$$\frac{1}{v_g} = \frac{\int_{E_g}^{E_{g-1}} \frac{1}{v(E)}\phi(\mathbf{r},E,t)dE}{\int_{E_g}^{E_{g-1}} \phi(\mathbf{r},E,t)dE} = \frac{1}{\phi_g(\mathbf{r},t)} \int_{E_g}^{E_{g-1}} \frac{1}{v(E)}\phi(\mathbf{r},E,t)dE \tag{5-68}$$

である。散乱項について次のように全エネルギーについての積分の項を、区間ごとの積分の和の形に書いて

$$\int_{E_g}^{E_{g-1}} \int_0^{\infty} \Sigma_s(E' \to E)\phi(\mathbf{r},E',t)dE'dE = \int_{E_g}^{E_{g-1}} \sum_{g'=1}^{G} \left[\int_{E_{g'}}^{E_{g'-1}} \Sigma_s(E' \to E)\phi(\mathbf{r},E',t)dE' \right] dE \tag{5-69}$$

これを用いて、g' 群 $\to$ g 群への散乱断面積（群間遷移断面積）を、

$$\begin{aligned} \Sigma_{sg'g} &= \frac{\int_{E_g}^{E_{g-1}} \left[\int_{E_{g'}}^{E_{g'-1}} \Sigma_s(E' \to E)\phi(\mathbf{r},E',t)dE' \right] dE}{\int_{E_{g'}}^{E_{g'-1}} \phi(\mathbf{r},E,t)dE} \\ &= \frac{1}{\phi_{g'}(\mathbf{r},t)} \int_{E_g}^{E_{g-1}} \int_{E_{g'}}^{E_{g'-1}} \Sigma_s(E' \to E)\phi(\mathbf{r},E',t)dE'dE \end{aligned} \tag{5-70}$$

のように定義する。また核分裂項についても同じ手順で、

$$\begin{aligned} &\int_{E_g}^{E_{g-1}} \chi(E) \int_0^{\infty} \nu(E')\Sigma_f(E')\phi(\mathbf{r},E',t)dE'dE \\ &= \int_{E_g}^{E_{g-1}} \chi(E) \sum_{g'=1}^{G} \left[\int_{E_{g'}}^{E_{g'-1}} \nu(E')\Sigma_f(E')\phi(\mathbf{r},E',t)dE' \right] dE \\ &= \int_{E_g}^{E_{g-1}} \chi(E)dE \cdot \sum_{g'=1}^{G} \left[\int_{E_{g'}}^{E_{g'-1}} \nu(E')\Sigma_f(E')\phi(\mathbf{r},E',t)dE' \right] \end{aligned} \tag{5-71}$$

---

[10] D は、輸送断面積を通じて間接的に定義される場合もある。

として、g' 群の核分裂断面積を

$$\nu_{g'}\Sigma_{fg'} = \frac{\int_{E_{g'}}^{E_{g'-1}} \nu(E')\Sigma_f(E')\phi(\mathbf{r},E',t)dE'}{\int_{E_{g'}}^{E_{g'-1}} \phi(\mathbf{r},E',t)dE'} = \frac{1}{\phi_{g'}(\mathbf{r},t)}\int_{E_{g'}}^{E_{g'-1}} \nu(E')\Sigma_f(E')\phi(\mathbf{r},E',t)dE' \qquad (5\text{-}72)$$

と定義する。核分裂発生中性子スペクトルの項（1に規格化されている）は、

$$\chi_g = \int_{E_g}^{E_{g-1}} \chi(E)dE \qquad (5\text{-}73)$$

とし、また、中性子源項も

$$s_g = \int_{E_g}^{E_{g-1}} s_{ext}(\mathbf{r},E,t)dE \qquad (5\text{-}74)$$

とする。

これらを用いると、(5-63) 式は

$$\frac{1}{v_g}\frac{\partial\phi_g(\mathbf{r},t)}{\partial t} - \nabla D_g\nabla\phi_g(\mathbf{r},t) + \Sigma_{tg}\phi_g(\mathbf{r},t) = \sum_{g'=1}^{G}\Sigma_{sg'g}\phi_{g'}(\mathbf{r},t) + \chi_g\sum_{g'=1}^{G}\nu_{g'}\Sigma_{fg'}\phi_{g'}(\mathbf{r},t) + s_g(\mathbf{r},t)$$
$$(g = 1, 2, \cdots, G) \qquad (5\text{-}75)$$

となる。これを多群拡散方程式といい、この式の中の群ごとの断面積等を「群定数」と呼ぶ。

(2)　断面積の縮約

(5-75) 式を導出するにあたって、何も近似を行なっていないので、この式は拡散近似の範囲内で正しい式である。しかし、この式を導出する際に定義した群定数の中に、未知の（我々が求めるべき）中性子束が含まれているので、このままでは、この式を用いて計算を行うことができない。したがって、(5-75) 式は形式的なものに過ぎない。

この問題を解決するため、中性子束が時間・空間とエネルギーに変数分離できるとし、さらに、中性子エネルギースペクトルに近似値を用いる。まず、中性子束が時間・空間とエネルギーに変数分離できるとすると、

$$\phi(\mathbf{r},E,t) = \varphi(\mathbf{r},t)\phi(E) \qquad (5\text{-}76)$$

と書ける。これを、たとえば Σ_{tg} に代入すると

$$\Sigma_{tg} = \frac{\int_{E_g}^{E_{g-1}} \Sigma_t(E)\varphi(\mathbf{r},t)\phi(E)dE}{\int_{E_g}^{E_{g-1}} \varphi(\mathbf{r},t)\phi(E)dE'} = \frac{\varphi(\mathbf{r},t)\int_{E_g}^{E_{g-1}} \Sigma_t(E)\phi(E)dE}{\varphi(\mathbf{r},t)\int_{E_g}^{E_{g-1}} \phi(E)dE} = \frac{\int_{E_g}^{E_{g-1}} \Sigma_t(E)\phi(E)dE}{\int_{E_g}^{E_{g-1}} \phi(E)dE} \qquad (5\text{-}77)$$

となり、群定数は中性子スペクトルのみの関数になる。そして、各群内の中性子スペクトルの近似値として、別の方法で求めた中性子束を用いる。この近似中性子スペクトルを、$\phi_{app}(E)$ と書くとする。これを

用いると、例えば Σ_{tg} は

$$\Sigma_{tg} = \frac{\int_{E_g}^{E_{g-1}} \Sigma_t(E)\phi_{app}(E)dE}{\int_{E_g}^{E_{g-1}} \phi_{app}(E)dE} \qquad (\phi_{app}(E) \text{ は既知}) \tag{5-78}$$

となる。以下、この近似中性子スペクトルについて説明する。

原子炉内の典型的な中性子スペクトルは、100keV 以上では核分裂中性子スペクトル、100keV から 1eV の間では $1/E$ スペクトルである（熱中性子領域については後述）。このスペクトルを仮定して、核データライブラリに収納されている断面積[11] から、10MeV から 1eV のエネルギー区間に対して数 10 から 100 群程度の群定数を得る。この群定数は通常、核データセットと呼ばれ、多くの核種について表（データファイル）の形で与えられている。この 100 群程度の核データセットから、直接、多群拡散方程式を解くこともできるが、空間の次元数が多い場合、あるいは計算時間の効率化を図る必要がある場合には、より少ない群に対する群定数を求めることが必要である。このような少数群の群定数を、少数群データセットと呼ぶ。

少数群データセットを求めるためにも同じく中性子スペクトルの近似値が必要である。しかし、少数群データセットの場合、中性子スペクトルは先とは異なり、解くべき対象の核種組成・形状（個々の原子炉や、核燃料の種類、組成、温度や冷却材の状態等）に大きく依存するため、それらを考慮して近似値を求める必要がある。そのためには、普通は体系を簡単化して（例えば、無限円柱の単一ピン形状とし）、中性子スペクトルを計算してそれを用いる。このようにして少数群断面積を得ることを群縮約（group collapsing）と呼んでいる。少数群断面積は、原子炉内の領域に依存するばかりでなく、燃料が燃焼したり、原子炉内の制御棒の位置が変ったりすれば、中性子スペクトルが影響を受け変化するので、この少数群断面積の計算は原子炉解析では何度も行わなくてはならない。さらに群定数を作る際、燃料を被覆材が取り巻き、その周囲に冷却材があるというセル構造をしていること、また原子炉によっては何本かの燃料棒ををまとめて燃料集合体を構成しているなど、非均質な形状であることを考慮に入れる必要がある。この点は、少数群データセットを求める際に非常に重要な点である。このことについては次節で述べる。

原子炉計算に必要な群数は対象としている原子炉によって異なる。例えば軽水減速型原子炉の解析では通常 3 ～ 4 群（熱中性子 1 群、高速中性子 2 ～ 3 群）で扱われ、高温ガス炉のような例では 7 ～ 9 群が用いられる。また中性子スペクトルに対する漏れの効果が大きい高速炉では通常 20 群以上が用いられる。

(3) 多群拡散方程式の行列表示

ここで多群拡散方程式の構造を少し詳しく調べてみる。定常状態の臨界計算を考える。これにより、時間の変数が取り除かれる。また外部中性子源の影響を無視する。このため、解くべき拡散方程式は、核分

[11] エネルギーについて詳細な断面積（エネルギーポイント毎に与えられる詳細な核データで、核種によっては数 1000 点、共鳴領域では 10 万点以上に及ぶ）を、核データライブラリから得て用いる。

裂項を固有値 k で割ったものとなる。すなわち

$$-\nabla D_g \nabla \phi_g(\mathbf{r}) + \Sigma_{tg}\phi_g(\mathbf{r}) = \sum_{g'=1}^{G} \Sigma_{sg'g}\phi_{g'}(\mathbf{r}) + \frac{1}{k}\chi_g \sum_{g'=1}^{G} \nu_{g'}\Sigma_{fg'}\phi_{g'}(\mathbf{r}) \tag{5-79}$$

である。この式の中の散乱項に着目する。熱エネルギーを除けば、中性子散乱において中性子がエネルギーを得ることがない。この性質に着目して、散乱項を整理すると、

$$\sum_{g'=1}^{G} \Sigma_{sg'g}\phi_{g'}(\mathbf{r}) = \sum_{g'=1}^{g-1} \Sigma_{sg'g}\phi_{g'}(\mathbf{r}) + \Sigma_{sgg}\phi_g(\mathbf{r}) \tag{5-80}$$

となる。ここで、Σ_{sgg} は、散乱によるエネルギー損失が小さく、散乱された中性子がもとのエネルギー群にとどまる散乱断面積であり、群内散乱断面積（inscattering cross section）と呼ばれる。この散乱断面積を用いて、除去断面積（removal cross section）という量を、次のように定義する。

$$\Sigma_{rg} = \Sigma_{tg} - \Sigma_{sgg} \tag{5-81}$$

すなわち除去断面積 Σ_{rg} は全断面積から群内散乱断面積を引いた量である。これを用いて、(5-79) 式を変形すると、多群拡散方程式が次のように、まとめられる。

$$-\nabla D_g \nabla \phi_g(\mathbf{r}) + \Sigma_{rg}\phi_g(\mathbf{r}) = \sum_{g'=1}^{g-1} \Sigma_{sg'g}\phi_{g'}(\mathbf{r}) + \frac{1}{k}\chi_g \sum_{g'=1}^{G} \nu_{g'}\Sigma_{fg'}\phi_{g'}(\mathbf{r}) \tag{5-82}$$

これを行列表示すると、次のようになる（散乱項を、左辺に移項している）。

$$\begin{pmatrix} -\nabla D_1\nabla + \Sigma_{r1} & 0 & 0 & 0 & \cdots \\ -\Sigma_{s12} & -\nabla D_2\nabla + \Sigma_{r2} & 0 & 0 & \cdots \\ -\Sigma_{s13} & -\Sigma_{s23} & -\nabla D_3\nabla + \Sigma_{r3} & 0 & \cdots \\ \cdots & \cdots & \cdots & \cdots & \cdots \end{pmatrix}\begin{pmatrix} \phi_1 \\ \phi_2 \\ \phi_3 \\ \cdots \end{pmatrix}$$
$$= \frac{1}{k}\begin{pmatrix} \chi_1\nu_1\Sigma_{f1} & \chi_1\nu_2\Sigma_{f2} & \chi_1\nu_3\Sigma_{f3} & \chi_1\nu_4\Sigma_{f4} & \cdots \\ \chi_2\nu_1\Sigma_{f1} & \chi_2\nu_2\Sigma_{f2} & \chi_2\nu_3\Sigma_{f3} & \chi_2\nu_4\Sigma_{f4} & \cdots \\ \chi_3\nu_1\Sigma_{f1} & \chi_3\nu_2\Sigma_{f2} & \chi_3\nu_3\Sigma_{f3} & \chi_3\nu_4\Sigma_{f4} & \cdots \\ \cdots & \cdots & \cdots & \cdots & \cdots \end{pmatrix}\begin{pmatrix} \phi_1 \\ \phi_2 \\ \phi_3 \\ \cdots \end{pmatrix} \tag{5-83}$$

これは形式的に $\mathbf{M}\Phi = (1/k)\mathbf{F}\Phi$ と書ける。中性子の上方散乱（中性子がエネルギーを得る散乱）がないことにより、$\mathbf{M}$ は、下 3 角（右上の部分が 3 角状に全てゼロとなったもの）となっている。ただし $\mathbf{F}$ のマトリックスは、全てがゼロでなく、つまった行列である。

群数の特に少ない場合を考えると、、群のエネルギー幅を適当に選んで、中性子が散乱によってすぐ下の群以外へは移らないようにすることができるので[12]、散乱の項が極めて簡単になる。すなわち

$$\sum_{g'=1}^{G} \Sigma_{sg'g}\phi_{g'}(\mathbf{r}) = \Sigma_{sg-1g}\phi_{g-1}(\mathbf{r}) + \Sigma_{sgg}\phi_g(\mathbf{r}) \tag{5-84}$$

---

[12] 隣接結合が成り立つためには $E_{g-1}/E_g > 1/\alpha(\alpha = [(A-1)/(A+1)]^2)$ とすれば良い。これは炭素のような減速材に対しては容易に成り立つ。水素に対しては $\alpha_H = 0$ なので隣接結合の条件は厳密には満たせない。しかし、$E_{g-1}/E_g > 150$ とすることにより、水素の場合も、すぐ下の群を飛び越える確率は 1%以下となり、実質的には隣接結合が成立するようになる。なお、高速炉では中性子減速のかなりの部分が非弾性散乱によって生ずるので隣接結合は成り立たない。

である。このような場合を、隣接結合（directly coupling）という。これを仮定すると、上の拡散方程式はさらに簡単になる。すなわち、

$$-\nabla D_g \nabla \phi_g(\mathbf{r}) + \Sigma_{rg}\phi_g(\mathbf{r}) = \Sigma_{sg-1g}\phi_{g-1}(\mathbf{r}) + \frac{1}{k}\chi_g \sum_{g'=1}^{G} \nu_{g'}\Sigma_{fg'}\phi_{g'}(\mathbf{r}) \tag{5-85}$$

である。隣接結合が成り立てば、**M** は図 5.7 の右図のような 2 重対角行列（bi-diagonal matrix）となる。

なお、熱中性子群をいくつかに分けると、上方散乱が現れるため、図 5.8 のように **M** の下の部分に、下 3 角でない部分が出てくる。この場合中性子束を求めるのに反復が必要となる。一般には、熱中性子群は別な取り扱いを行って群定数を求めて、拡散方程式を解く段階では、全体としては熱中性子群を一つの群としている。

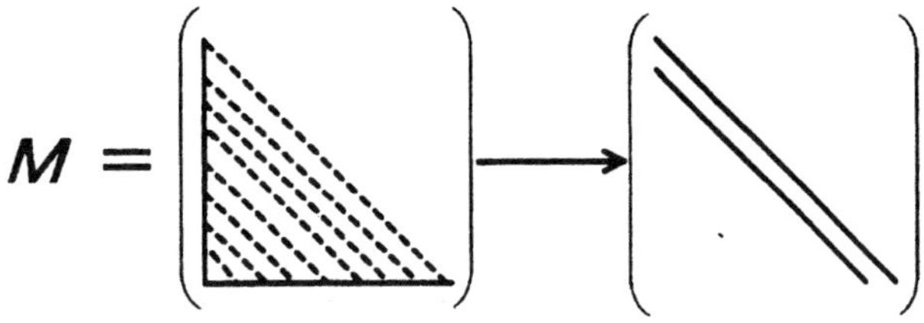

$M =$

図 5.7 拡散方程式の行列表示 (隣接結合が成り立つ場合)

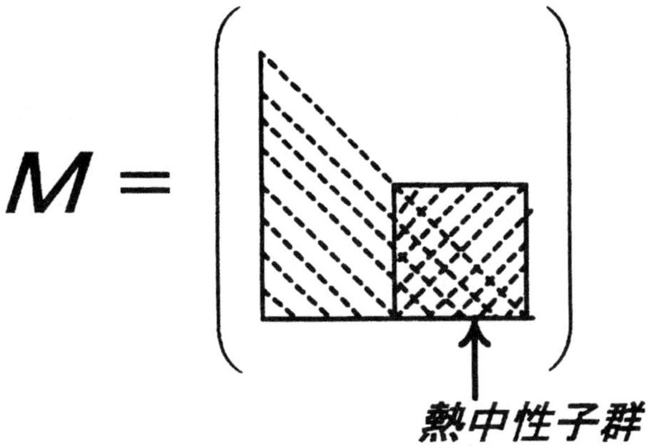

$M =$

熱中性子群

図 5.8 拡散方程式の行列表示 (熱中性子群を分割した場合)

(4) ゼロ次元解析

原子炉が均質で臨界にあるとき、原子炉内の中性子束分布は

$$\nabla^2\phi(\mathbf{r}) + B^2\phi(\mathbf{r}) = 0 \quad (\text{原子炉表面で}\phi = 0) \tag{5-86}$$

を満たす。ここで B^2 は幾何学的バックリングである。今、B^2 が中性子のエネルギーにかかわらず一定であると仮定して、均質系における臨界状態 $(k = 1)$ の多群拡散方程式 (5-82) 式に代入すると

$$D_g B^2 \phi_g + \Sigma_{rg}\phi_g = \sum_{g'=1}^{g-1} \Sigma_{sg'g}\phi_{g'} + \chi_g \sum_{g'=1}^{G} \nu_{g'}\Sigma_{fg'}\phi_{g'} \tag{5-87}$$

となる[13]。ここで、B^2 に適当な値を仮定し、かつ $\sum_{g'=1}^{G} \nu_{g'}\Sigma_{fg'}\phi_{g'} = 1$ とすると、

$$D_g B^2 \phi_g + \Sigma_{rg}\phi_g = \sum_{g'=1}^{g-1} \Sigma_{sg'g}\phi_{g'} + \chi_g \tag{5-88}$$

とでき、これから、

$$\phi_g = \frac{\chi_g + \sum_{g'=1}^{g-1} \Sigma_{sg'g}\phi_{g'}}{D_g B^2 + \Sigma_{rg}} \tag{5-89}$$

となる。この式は $g = 1$ から順に解けて、

$$\phi_1 = \frac{\chi_1}{D_1 B^2 + \Sigma_{r1}} \tag{5-90}$$

$$\phi_2 = \frac{\chi_2 + \Sigma_{s12}\phi_1}{D_2 B^2 + \Sigma_{r2}} \tag{5-91}$$

$$\phi_3 = \frac{\chi_3 + (\Sigma_{s13}\phi_1 + \Sigma_{s23}\phi_2)}{D_3 B^2 + \Sigma_{r3}} \tag{5-92}$$

等である。このように求められる $(\phi_1, \phi_2, \cdots, \phi_g, \cdots, \phi_G)$ を用いて、あらためて $\sum_{g'=1}^{G} \nu_{g'}\Sigma_{fg'}\phi_{g'}$ を計算し、もし、これが 1 となれば、はじめに仮定した B^2 が丁度臨界バックリングであって、ここで得られた中性子束が解となる。もしこれが 1 でなければ、あらためて B^2 を変えて同じ計算を繰り返し、これを反復することにより臨界時の中性子束のエネルギー分布、および幾何学的バックリングを得ることができる。これを 0 次元解析という。

実際には、異なるエネルギー群に対してみな同じ幾何学的バックリングという仮定は成り立たないのでこの方法で正確な中性子束エネルギー分布を得ることはできないが、中性子束の近似値を得るのには有益な方法である。なお、この方法において、領域毎に適当な B^2 を与えて中性子束を得て中性子束の近似値として、群縮約の初めの段階において用いることも行われる。

---

[13] すべての群で同じバックリングが与えられていることから、すべての群の中性子束の空間分布が等しくなり、式の中の $\mathbf{r}$ 依存性はなくなる。

(5)　多群拡散方程式の簡単な応用

ここでは、1 群、2 群および修正 1 群の方程式を導出する。

(A) 1 群拡散理論

1 群の場合、$E_0 = \infty$、$E_1 = 0$ である。これを用いると、

$$\int_0^\infty \chi(E)dE = 1 \tag{5-93}$$

$$\int_0^\infty \Sigma_s(E \to E')dE' = \Sigma_s(E) \tag{5-94}$$

であるから、次の 1 群拡散方程式を得る。

$$\frac{1}{v}\frac{\partial\phi(\mathbf{r},t)}{\partial t} - \nabla D\nabla\phi(\mathbf{r},t) + \Sigma_a\phi(\mathbf{r},t) = \nu\Sigma_f\phi(\mathbf{r},t) \tag{5-95}$$

ここで、

$$\Sigma_a = \Sigma_t - \Sigma_s \tag{5-96}$$

とした。

この式は、厳密なものであり、かりに群内中性子束が適切に与えられれば、1 群拡散理論でも、原子炉の振舞いが正しく記述できることを意味する。しかし、原子炉内のあらゆる領域に対して一つの群の定数を適切に求めることは困難である。したがって、この方程式は、形式的なものであり、実用的ではないが，定数が正しく与えられれば，第 2 章で導出した単速拡散方程式が妥当であることを示している。

(B) 2 群拡散理論

次に、2 群の拡散方程式について考える。高速中性子群を第 1 群、熱中性子を第 2 群とする。熱中性子群の上限エネルギーは熱中性子群からの上方散乱が無視できるように 0.5 ~ 1eV の間に選ばれる。このとき、各群の中性子束を次のように定義する。

$$\phi_1(\mathbf{r},t) = \int_{E_1}^{E_0} \phi(\mathbf{r},E,t)dE \equiv \text{高速中性子束} \tag{5-97}$$

$$\phi_2(\mathbf{r},t) = \int_{E_2}^{E_1} \phi(\mathbf{r},E,t)dE \equiv \text{熱中性子束} \tag{5-98}$$

2 群理論では、群定数をかなり簡単化できる。まず核分裂中性子は事実上 100keV 以上のエネルギーを持っているので、すなわち

$$\chi_1 = \int_{E_1}^{E_0} \chi(E)dE = 1 \quad \text{および} \quad \chi_2 = \int_{E_2}^{E_1} \chi(E)dE = 0 \tag{5-99}$$

なので、核分裂中性子源は

$$(\text{高速群}) = \nu_1 \Sigma_{f1}\phi_1 + \nu_2 \Sigma_{f2}\phi_2 \quad \text{および} \quad (\text{熱群}) = 0 \tag{5-100}$$

であり、高速群の式のみに核分裂中性子発生がある。また、熱中性子群からの上方散乱がないため

$$\int_{E_2}^{E_1} \Sigma_s(E' \to E)dE' = \Sigma_s(E') \qquad (\text{ただし、}E_2 < E < E_1) \tag{5-101}$$

である。ゆえに

$$\Sigma_{s22} = \frac{1}{\phi_2}\int_{E_2}^{E_1}\int_{E_2}^{E_1} \Sigma_s(E' \to E)\phi(\mathbf{r}, E')dE'dE = \frac{1}{\phi_2}\int_{E_2}^{E_1} \Sigma_s(E')\phi(\mathbf{r}, E')dE' = \Sigma_{s2} \tag{5-102}$$

したがって熱中性子群に対する除去断面積は次のようになる。

$$\Sigma_{r2} = \Sigma_{t2} - \Sigma_{s22} = \Sigma_{t2} - \Sigma_{s2} = \Sigma_{a2} \tag{5-103}$$

これらを用いて、(5-85) 式から 2 群の拡散方程式を書き下すと、以下のようになる。

$$-\nabla D_1 \nabla \phi_1(\mathbf{r}) + \Sigma_{r1}\phi_1(\mathbf{r}) = \frac{1}{k}\left[\nu_1 \Sigma_{f1}\phi_1(\mathbf{r}) + \nu_2 \Sigma_{f2}\phi_2(\mathbf{r})\right] \tag{5-104}$$

$$-\nabla D_2 \nabla \phi_2(\mathbf{r}) + \Sigma_{a2}\phi_2(\mathbf{r}) = \Sigma_{s12}\phi_1(\mathbf{r}) \tag{5-105}$$

ここに現れる群定数の内、D_1、Σ_{r1}、ν_1、Σ_{f1}、ν_2、Σ_{f2} および Σ_{s12} 等の高速群定数は、前節までに述べた方法によって、また、D_2、Σ_{a2}、ν_2、Σ_{f2} の熱群定数は、たとえば熱中性子スペクトルをマックスウエル分布と仮定することによって得ることができる。

(C) 6 因子公式

これらの式をもとに裸の原子炉を考える。前節と同じく高速中性子束も熱中性子束も、同じ幾何学的バックリング B^2 を、したがって同じ空間分布 $\psi(\mathbf{r})$ を持つとする。これを仮定すると、(5-104) 式と (5-105) 式は、

$$D_1 B^2 \phi_1 + \Sigma_{r1}\phi_1 = \frac{1}{k}\left(\nu_1 \Sigma_{f1}\phi_1 + \nu_2 \Sigma_{f2}\phi_2\right) \tag{5-106}$$

$$D_2 B^2 \phi_2 + \Sigma_{a2}\phi_2 = \Sigma_{s12}\phi_1 \tag{5-107}$$

となる。ここで、ϕ_1、ϕ_2 は定数である[14]。これを整理すると、次の代数方程式が得られる。

$$\left[D_1 B^2 + \Sigma_{r1} - \frac{1}{k}\nu_1 \Sigma_{f1}\right]\phi_1 - \frac{1}{k}\nu_2 \Sigma_{f2}\phi_2 = 0 \tag{5-108}$$

---

[14] すなわち、$\phi_1(\mathbf{r}) = \phi_1\psi(\mathbf{r})$、$\phi_2(\mathbf{r}) = \phi_2\psi(\mathbf{r})$。

$$-\Sigma_{s12}\phi_1 + \left[D_2B^2 + \Sigma_{a2}\right]\phi_2 = 0 \tag{5-109}$$

この代数方程式が解を持つ条件は

$$\left[D_1B^2 + \Sigma_{r1} - \frac{1}{k}\nu_1\Sigma_{f1}\right]\left[D_2B^2 + \Sigma_{a2}\right] - \frac{1}{k}\nu_2\Sigma_{f2}\Sigma_{s12} = 0 \tag{5-110}$$

なので、これを増倍率 k について整理することにより、k が求められる。すなわち、

$$k = \frac{\nu_1\Sigma_{f1}}{D_1B^2 + \Sigma_{r1}} + \frac{\Sigma_{s12}}{D_1B^2 + \Sigma_{r1}} \cdot \frac{\nu_2\Sigma_{f2}}{D_2B^2 + \Sigma_{a2}} \equiv k_1 + k_2 \tag{5-111}$$

である。この式において、第 1 項は高速中性子に対応する増倍率、第 2 項は熱中性子に対する増倍率と考えられるので、それぞれを k_1、k_2 とおいた。

この式は、さらに整理される。はじめに、高速群と熱群の拡散面積、L_1^2 と L_2^2 を以下のように定義する [(15)]。

$$L_1^2 = \frac{D_1}{\Sigma_{r1}}\left(= \frac{D_1}{\Sigma_{t1} - \Sigma_{s11}} = \frac{D_1}{\Sigma_{a1} + \Sigma_{s12}}\right) \tag{5-112}$$

$$L_2^2 = \frac{D_2}{\Sigma_{a2}} \tag{5-113}$$

これらを用いると、k は次のようになる。

$$k = \frac{\frac{\nu_1\Sigma_{f1}}{\Sigma_{r1}}}{1 + L_1^2B^2} + \frac{\frac{\Sigma_{s12}}{\Sigma_{r1}}}{1 + L_1^2B^2} \cdot \frac{\frac{\nu_2\Sigma_{f2}}{\Sigma_{a2}}}{1 + L_2^2B^2} = k_1 + k_2 \tag{5-114}$$

式の各項は、次に示す通り、第 1 章で定義された量に対応している。

$$\frac{1}{1 + L_1^2B^2} = P_{FNL} \qquad (= \text{高速中性子の漏れない確率}) \tag{5-115}$$

$$\frac{1}{1 + L_2^2B^2} = P_{TNL} \qquad (= \text{熱中性子の漏れない確率}) \tag{5-116}$$

$$\frac{\nu_1\Sigma_{f1}}{\Sigma_{r1}} = \frac{\nu_1\Sigma_{f1}}{\Sigma_{a1}^{Fuel}}\frac{\Sigma_{a1}^{Fuel}}{\Sigma_{r1}} = f_1\eta_1 \qquad (= \text{高速中性子に対する [中性子利用率} \times \eta\text{値]}) \tag{5-117}$$

$$\frac{\nu_2\Sigma_{f2}}{\Sigma_{a2}} = \frac{\nu_2\Sigma_{f2}}{\Sigma_{a2}^{Fuel}}\frac{\Sigma_{a2}^{Fuel}}{\Sigma_{a2}} = f_2\eta_2 \qquad (= \text{熱中性子利用率} \times \text{熱中性子に対する}\eta\text{値}) \tag{5-118}$$

$$\frac{\Sigma_{s12}}{\Sigma_{r1}} = \frac{\int_V \Sigma_{s12}\phi_1(\mathbf{r})dV}{\int_V \Sigma_{r1}\phi_1(\mathbf{r})dV} = \frac{\text{熱群へ減速される中性子数}}{\text{高速群から除去される中性子数}} = p \qquad (= \text{共鳴を逃れる確率}) \tag{5-119}$$

---

(15) L_1^2 は $L_1^2 = D_1/\Sigma_{r1} = D_1/(\Sigma_{s12} + \Sigma_{a1})$ と定義されているが、すなわち Σ_{s12} が加わっているが、Σ_{s12} も Σ_{a1} と同じく第 1 群から中性子を除く働きをするという意味があるので、L_1^2 を高速中性子に対する拡散面積と考えてよい。

さらに、2 群解析は通常、熱中性子核分裂の寄与が支配的な場合に用いられるので、第 2 項を中心に考えると増倍率の式は

$$k = k_1 + k_2 = k_2(1 + \frac{k_1}{k_2}) = \varepsilon k_2 \tag{5-120}$$

のように変形できることから、k が熱中性子に対する増倍率 k_2 と高速中性子核分裂因子 ε の積で与えられることがわかる。ε は (5-114)~(5-119) 式を用いて導くと、次のようになる[(16)]。

$$1 + \frac{f_1\eta_1}{pf_2\eta_2 P_{TNL}} = \varepsilon \qquad (= \text{高速中性子核分裂因子}) \tag{5-121}$$

これらを用いると、増倍率 k は

$$k = \varepsilon p f_2 \eta_2 P_{FNL} P_{TNL} \tag{5-122}$$

となる。すなわち、6 因子公式となる。

なお、反射体付きの炉の場合には、反射体領域で熱中性子束が盛り上がるので (図 5.9)、高速群、熱中性子群が同じ空間分布を示すという仮定は成り立たず、ここでの議論は適用できない。反射体付の炉心に対して、正しい解析を行うためには、炉心部、反射体部それぞれに対して 2 群拡散方程式を立て、2 つの領域の境界で中性子束と中性子流の連続の条件を用いる必要がある。

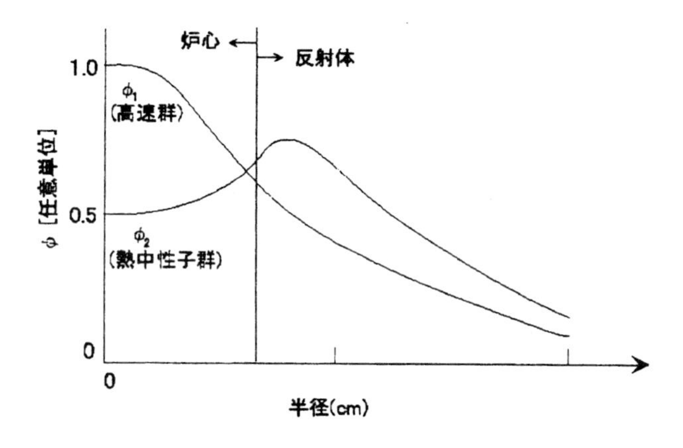

図 5.9 典型的な反射体付炉心における典型的な 2 群の中性子束分布

(16) ただし、ここで定義した ε は熱中性子の漏れない確率 (P_{TNL})、p, f 等に依存しているが、これが 6 因子公式の限界でもある。また年齢拡散理論の実効増倍率としてしばしば定義されている式、$k = k_\infty \exp(-\tau B^2)/(1 + L_{th}^2 B^2)$ において、$\exp(-\tau B^2) = 1/\exp(\tau B^2) \fallingdotseq 1/(1+\tau B^2)$($B^2 \ll 1$ として) とすれば、$P_{FNL} = 1/(1+\tau B^2)$ と表される。

(D) 修正 1 群拡散理論

大型の熱中性子炉においては、一般に熱中性子の漏れを無視することができる[17]。これを考慮すると、2 群拡散方程式はさらに簡単化される。2 群方程式を再掲すると、

$$-\nabla D_1 \nabla \phi_1(\mathbf{r}) + \Sigma_{r1}\phi_1(\mathbf{r}) = \frac{1}{k}\left[\nu_1 \Sigma_{f1}\phi_1(\mathbf{r}) + \nu_2 \Sigma_{f2}\phi_2(\mathbf{r})\right] \tag{5-123}$$

$$-\nabla D_2 \nabla \phi_2(\mathbf{r}) + \Sigma_{a2}\phi_2(\mathbf{r}) = \Sigma_{s12}\phi_1(\mathbf{r}) \tag{5-124}$$

である。

この熱群の式において漏れの項を無視すると、(5-124) 式から熱中性子束を直接得ることができる。すなわち、

$$\phi_2(\mathbf{r}) = \frac{\Sigma_{s12}}{\Sigma_{a2}}\phi_1(\mathbf{r}) \tag{5-125}$$

である。これを、高速群の式に代入すると

$$-\nabla D_1 \nabla \phi_1(\mathbf{r}) + \Sigma_{r1}\phi_1(\mathbf{r}) = \frac{1}{k}\left(\nu_1 \Sigma_{f1} + \nu_2 \Sigma_{f2}\frac{\Sigma_{s12}}{\Sigma_{a2}}\right)\phi_1(\mathbf{r}) \tag{5-126}$$

となる。この式を、修正 1 群拡散方程式という。この式を解くことにより、高速群の中性子束分布が得られ、(5-125) 式から熱群の中性子束が求められる。

(5-126) 式を、均質の臨界原子炉に適用すると、

$$\nabla^2 \phi_1(\mathbf{r}) + \left[-\frac{\Sigma_{r1}}{D_1} + \frac{\left(\nu_1 \Sigma_{f1} + \nu_2 \Sigma_{f2}\frac{\Sigma_{s12}}{\Sigma_{a2}}\right)}{D_1}\right]\phi_1(\mathbf{r}) = 0 \tag{5-127}$$

となり、$L_1^2 = \frac{D_1}{\Sigma_{r1}}$ 、$k_\infty = \frac{\nu_1 \Sigma_{f1}}{\Sigma_{r1}} + \frac{\nu_2 \Sigma_{f2}}{\Sigma_{a2}}\frac{\Sigma_{s12}}{\Sigma_{r1}}$ とおくと、

$$\nabla^2 \phi_1(\mathbf{r}) + \frac{k_\infty - 1}{L_1^2}\phi_1(\mathbf{r}) = 0 \tag{5-128}$$

となる。この式において漏れの項を、バックリングで置き換えると、

$$k = \frac{k_\infty}{1 + L_1^2 B^2} \tag{5-129}$$

が得られる。すなわち、修正 1 群モデルでは、増倍率が、無限増倍率と高速群の拡散面積 L_1^2 (熱群の拡散面積 L_2^2 でなく) によって表される中性子の漏れの項で与えられる。

[17] 熱群の式において、バックリングを考慮すると、(5-109) 式の通り、$\left[-\Sigma_{s12}\right]\phi_1 + \left[D_2 B^2 + \Sigma_{a2}\right]\phi_2 = 0$ となる。この式の第 2 項に対して、大型 LWR における典型的な値である $D_2 \sim 0.5$cm、$B^2 \sim 10^{-4}$cm^{-2}、$\sum_{a2} \sim 0.1$cm とを代入すると、$\frac{D_2 B^2}{\Sigma_{a2}} \sim 5 \times 10^{-5} \ll 1$ であることから、熱群の式において漏れの項は、吸収の項に比べて十分小さく、無視することができることがわかる。

なお、修正 1 群モデルでは、多くの場合 L_1^2 そのものの代りに、熱中性子の漏れの寄与も考慮に加えた拡散面積を用いる。この熱中性子の寄与を考慮した拡散面積を、移動面積 (migration area) と呼び、次のように定義している。

$$M^2 = L_1^2 + L_2^2 (= \frac{D_1}{\Sigma_{r1}} + \frac{D_2}{\Sigma_{a2}}) \tag{5-130}$$

この M^2 を用いて、

$$k = \frac{k_\infty}{1 + M^2 B^2} = 1 \tag{5-131}$$

とする。これを修正 1 群理論の臨界方程式という。

(6)　多群拡散方程式の数値解法

(5-82) 式で与えられた多群方程式を、幾つかの群について直接書くと、以下のようになる

$$-\nabla D_1 \nabla \phi_1(\mathbf{r}) + \Sigma_{r1}\phi_1(\mathbf{r}) = \frac{1}{k}\chi_1 S_f(\mathbf{r}) \tag{5-132}$$

$$-\nabla D_2 \nabla \phi_2(\mathbf{r}) + \Sigma_{r2}\phi_2(\mathbf{r}) = \frac{1}{k}\chi_2 S_f(\mathbf{r}) + \Sigma_{s12}\phi_1(\mathbf{r}) \tag{5-133}$$

$$-\nabla D_3 \nabla \phi_3(\mathbf{r}) + \Sigma_{r3}\phi_3(\mathbf{r}) = \frac{1}{k}\chi_3 S_f(\mathbf{r}) + \Sigma_{s13}\phi_1(\mathbf{r}) + \Sigma_{s23}\phi_2(\mathbf{r}) \tag{5-134}$$

....

$$-\nabla D_g \nabla \phi_g(\mathbf{r}) + \Sigma_{rg}\phi_g(\mathbf{r}) = \frac{1}{k}\chi_g S_f(\mathbf{r}) + \sum_{g'=1}^{g-1} \Sigma_{sg'g}\phi_{g'}(\mathbf{r}) \tag{5-135}$$

....

となる。ただし上方散乱を無視し、核分裂源 S_f を次式で定義した。

$$S_f(\mathbf{r}) = \sum_{g'=1}^{G} \nu_{g'}\Sigma_{fg'}\phi_{g'}(\mathbf{r}) \tag{5-136}$$

これらの方程式を数値的に解く方法について、以下に説明する。中性子源と増倍率の初期値を $S^{(0)}(\mathbf{r})$、$k^{(0)}$ とする。これを第 1 群の方程式に代入すると、

$$-\nabla D_1 \nabla \phi_1(\mathbf{r}) + \Sigma_{r1}\phi_1(\mathbf{r}) = \frac{1}{k^{(0)}}\chi_1 S_f^{(0)}(\mathbf{r}) \tag{5-137}$$

となり、右辺が既知となる。これを用いると、この方程式は前節の拡散方程式の数値解法のところで述べた通りの手順で、(数値的に) 解くことができる。その解を $\phi_1^{(1)}(\mathbf{r})$ とする (上添え字は (1) は、収束計算の第 1 回目計算であることを意味している)。第 1 群の解を、第 2 群の方程式に代入する。

$$-\nabla D_2 \nabla \phi_2(\mathbf{r}) + \Sigma_{r2}\phi_2(\mathbf{r}) = \frac{1}{k^{(0)}}\chi_2 S_f^{(0)}(\mathbf{r}) + \Sigma_{s12}\phi_1^{(1)}(\mathbf{r}) \tag{5-138}$$

この結果、上の第 2 群の方程式の右辺は既知となるので、同じ数値解法で 2 群の中性子束 $\phi_2^{(1)}(\mathbf{r})$ が求められる (これは、ゼロ次元解析の場合と同様である)。以下、この手順を繰り返すことによって、全ての群について中性子束 $(\phi_1^{(1)}(\mathbf{r}),\phi_2^{(1)}(\mathbf{r}),\phi_3^{(1)}(\mathbf{r}),\cdots,\phi_g^{(1)}(\mathbf{r}),\cdots,\phi_G^{(1)}(\mathbf{r}))$ が求められる。

次に、この中性子束から新たな核分裂源と増倍率を求める。核分裂源は (5-136) 式により、$S^{(1)}(\mathbf{r})$ を、増倍率 k は次式により、$k^{(1)}$ を求める。

$$k^{(1)} = \frac{\int_V S_f^{(1)}(\mathbf{r})dV}{\frac{1}{k^{(0)}}\int_V S_f^{(0)}(\mathbf{r})dV} \tag{5-139}$$

新たに求まった核分裂源と増倍率をその前に与えた値と比較し、次の収束条件のいずれか，あるいは両方が満たされるまで計算を繰り返す。結果として、核分裂源、増倍率と矛盾のない中性子束が得られる。

$$\left|\frac{k^{(n+1)} - k^{(n)}}{k^{(n)}}\right| < \varepsilon_1 \tag{5-140}$$

$$\mathbf{max}\left|\frac{S_f^{(n+1)} - S_f^{(n)}}{S_f^{(n)}}\right| < \varepsilon_2 \tag{5-141}$$

5–4　非均質格子の群定数

ここまでの議論は、燃料と減速材が均質に混合した炉心を対象としてきた。しかし実際の原子炉は、例えば図 5.10(BWR の例) のように、燃料ピンの外側に被覆材があり、さらにそれを減速材が取り囲んでいる構造、すなわち非均質な構造をしている。このような構造は、格子 (セル) と呼ばれている。

このような非均質な構造は、中性子の振舞いに大きな影響を及ぼす。非均質の度合が小さい場合には (すなわち、セルの大きさに対して中性子の平均自由行程が十分大きい場合)、セルの非均質な構造は中性子の振舞いにほとんど影響をもたらさない。その場合、それらの物質を混合してできる均質な物質からなる領域として扱うことができる。しかし、非均質の度合が大きい場合 (すなわち、中性子の平均自由行程がセルの大きさに対して小さい場合)、燃料中と減速材中での中性子の振舞いに大きな差が生じ、結果として中性子束分布が燃料中と減速材中では大きく異なることとなる。その様子を図 5.11 に示す。この例は、大きな共鳴を持つ燃料物質の場合であって、ウラン燃料 (大きな共鳴を持つ ^{238}U を含む) の軽水炉において典型的なものである。燃料中と減速材中では中性子束分布に大きな違いがあり、さらにその違いは中性子エネルギーによって大きく異なる。本節では、このような非均質セルの取扱い・計算法について解説する。非均質セルの取扱いの問題は、通常「非均質セルの均質化」と呼ばれている。

非均質セルの均質化は、(1) セル内の中性子束、そして反応率を正確に計算する部分と、(2) セル内の反応率を再現する平均断面積を求める部分の、2 段階に分けて考えると理解しやすい。結果として得られる平均断面積によって、非均質セルは、平均断面積を持つ「均質な」一つの物質からなる領域として扱うこ

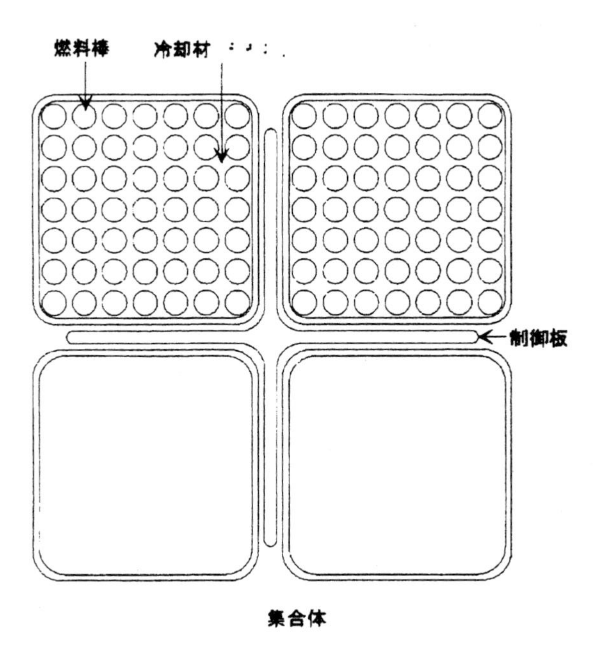

図 5.10 代表的な非均質な格子 (BWR 燃料集合体の例。BWR 燃料集合体は，燃料セルと燃料集合体の 2 段階の非均質格子である。)

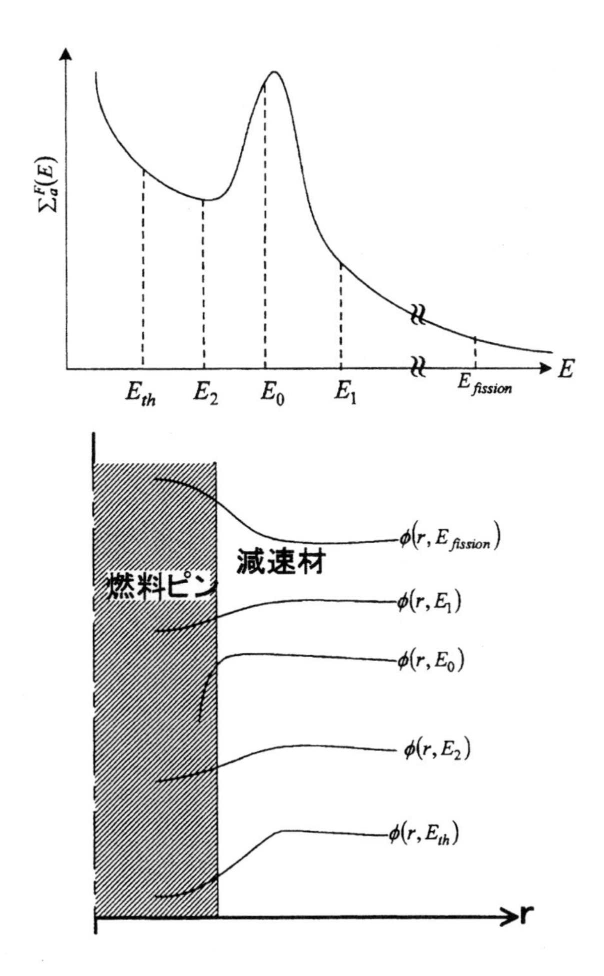

図 5.11 格子内の中性子束分布 (図上部に燃料部のエネルギー依存断面積を示し，図下部に各エネルギー点の中性子束空間分布を示す)

とができるようになる (反応率が保存される)。以下このセルの均質化を、まず熱中性子領域、次に共鳴中性子領域について説明する。高速領域では、中性子の平均自由行程が大きいため、セルの均質化の取扱いは必要ない。

なお、図 5.12 のように、非均質な燃料セルから燃料集合体が構成され、その燃料集合体から原子炉が構成されている場合には、燃料セルの均質化、燃料集合体の均質化、さらに計算上の必要に応じて，炉心領域の等価形状への置き換えという、2〜3 段階の均質化のための手順が必要となる。

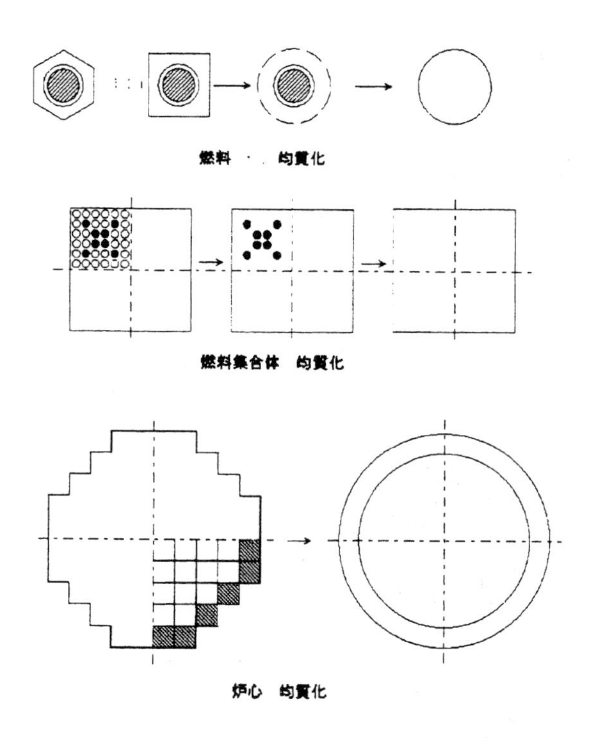

図 5.12 燃料，燃料集合体，炉心の均質化

(1)　熱中性子に対する非均質効果

セルの均質化を行うためには、まず、単位セルすなわち 1 つの燃料要素とそれに隣接した冷却材チャンネルを 1 つの単位とし、これを燃料を中心として面積を保存する同心円状の形状 (等価セル) に置きかえる方法が取られる (図 5.13)。これにより、正方格子を円柱形状に簡単化でき、詳細な中性子束計算を行うことが可能となる。この近似法は Wigner-Seitz の方法と呼ばれている。

本節では、この Wigner-Seitz の方法により近似されたセルを仮定して、熱中性子領域における均質化を行う方法について説明する。

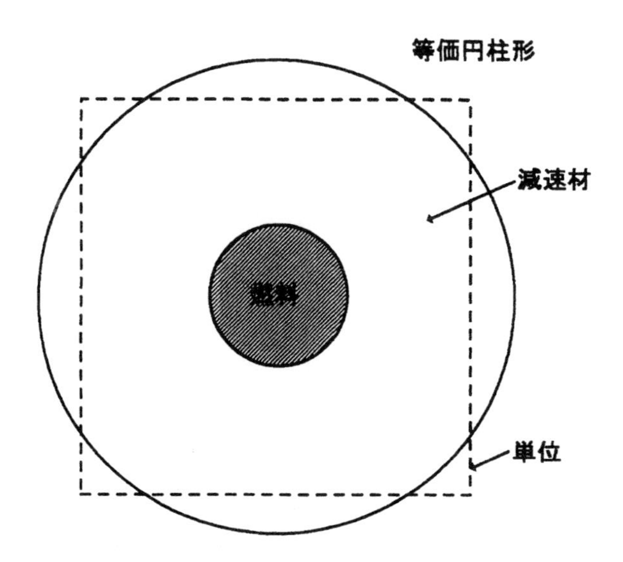

図 **5.13** Wigner-Seitz の方法

A. 中性子束分布の計算

はじめに、セル中の熱中性子束の空間依存性を評価する方法を解説する。原子炉開発の当初には、これにも1群拡散理論[18]が用いられた。しかし、燃料中の熱中性子束は減速材から燃料の方に向っているので、拡散理論は適切でない(特に濃縮度の高い燃料の場合には)。そこで輸送理論に基礎をおき、衝突確率法、拡散理論を組合わせたABH法(Amouyal, Benoist, Horowitz の方法)が開発された[19]。その後、エネルギー依存中性子輸送方程式を、等価セルに対して衝突確率法によって直接解いて熱中性子束分布を求め、セル内について空間(体積)平均する THERMOS の方法[20]が開発され，普通に用いられている。以下、この THERMOS の方法を説明する。

エネルギー依存輸送方程式は、中性子源と散乱を等方的と仮定すると次の通りである。

$$\begin{aligned}&\boldsymbol{\Omega}\cdot\Phi(\mathbf{r},E,\boldsymbol{\Omega})+\Sigma_t(\mathbf{r},E)\,\Phi(\mathbf{r},E,\boldsymbol{\Omega})\\&=\frac{1}{4\pi}\int_{4\pi}\int_0^{E_c}\Sigma_s(\mathbf{r},E'\to E)\,\Phi\left(\mathbf{r},E',\boldsymbol{\Omega}'\right)dE'd\boldsymbol{\Omega}'+\frac{1}{4\pi}s(\mathbf{r},E)\qquad(0\le E\le E_c)\end{aligned}\tag{5-142}$$

ここで、E_c は、熱中性子の上限エネルギーで～1eV 前後である。また、中性子源の項 s は、高エネルギー

(18) 例えば，J. R. Lamarsh : "Introduction to Nuclear Reactor Theory", Addison-Wesley Publishing Co. Inc., 1966, p373 ～p.382

(19) Amouyal, A. A., Benoist, P., Horowitz, J : *J. Nucl. Energy*, **6**, 79 (1967).

(20) Honeck, H. C. : *BNL*-5826, (1961).

から E_c 以下に減速される中性子で

$$s(\mathbf{r},E)=\int_{E_c}^{\infty}\Sigma_s(\mathbf{r},E'\to E)\,\phi(\mathbf{r},E')\,dE' \tag{5-143}$$

である。方程式 (5-142) 式を、空間と角度について積分することによって「積分型」中性子輸送方程式

$$\phi(\mathbf{r},E)=\int_V\left[\int_0^{E_C}\Sigma_s(\mathbf{r}',E'\to E)\,\phi(\mathbf{r}',E')\,dE'+s(\mathbf{r}',E)\right]T(\mathbf{r},\mathbf{r}',E)dV \tag{5-144}$$

が得られる。ここで

$$T(\mathbf{r},\mathbf{r}',E)=\frac{\exp\left\{-\int_0^{|\mathbf{r}-\mathbf{r}'|}\Sigma_t\left(\mathbf{r}-s\frac{\mathbf{r}-\mathbf{r}'}{|\mathbf{r}-\mathbf{r}'|},E\right)ds\right\}}{4\pi\left|\mathbf{r}-\mathbf{r}'\right|^2} \tag{5-145}$$

である[21]。この $T(\mathbf{r},\mathbf{r}',E)$ は点 $\mathbf{r}'$(位置ベクトル) でエネルギー E を持って発生した中性子が点 $\mathbf{r}$ まで衝突しないで到達する確率であり、$\phi(\mathbf{r},E)$ が点 $\mathbf{r}'$ にある単位中性子源によって点 $\mathbf{r}$ に作られる非衝突中性子束となる。これを輸送核 (transport kernel) または、第1飛行核 (first flight kernel) という。積分型輸送方程式 (5-144) 式を、多群形式で表すと次のようになる。

$$\phi_g(\mathbf{r})=\int_V T(\mathbf{r},\mathbf{r}',E_g)\left[\sum_{g'=1}^{G}\Sigma_{sg'g}(\mathbf{r}')\,\phi_{g'}(\mathbf{r}')+s_g(\mathbf{r}')\right]dV\qquad(1\le g\le G) \tag{5-146}$$

さらに、空間変数を差分化するため、セル内を N 個の小区画 (同心円) に分割し、$\phi_g(\mathbf{r}')$ がそれぞれの小区画で空間的に一定とする。すると、

$$\phi_{ng}=\sum_{m=1}^{n}T_{mn}^{g}\left[\sum_{g'=1}^{G}\Sigma_{sg'g}^{m}\phi_{mg'}+s_{mg}\right] \tag{5-147}$$

ただし

$$T_{mn}^{g}=\frac{\int_{V_n}\int_{V_m}T(\mathbf{r},\mathbf{r}',E_g)\,dV'dV}{V_n} \tag{5-148}$$

である。この T_{mn}^{g} は、中性子輸送の輸送係数と呼ばれる。

多群で、空間的に差分化された輸送方程式は、減速材中にのみ中性子源が一様に存在するとし、セル境界を通過する正味の中性子流がゼロであると仮定すると (反射境界条件)、数値的に解くことができる。実際、THERMOS コードでははじめに (5-148) 式を数値積分によって解き、対象とするセルの輸送係数 T_{mn}^{g} を計算し、次に多群 ($N\times G$ 群) で空間離散化方程式を反復法によって解いて中性子束 (ϕ_{ng}) を求めている。

B. 平均断面積の計算

次に、求められた中性子束から、平均断面積を求める方法について説明する。なお、以下では、一般的な表記 (エネルギー依存、空間依存) の形を用いる。一般的に、セル内で平均した群断面積は、次のように

[21] ベクトル $\mathbf{r}'-\mathbf{r}$ が中性子の飛行ベクトルを表し、積分因子 ds はそのベクトルの沿った距離を表す。

書ける。

$$< \Sigma_g >_{cell} = \frac{\int_{E_g}^{E_{g-1}} \int_{V_{cell}} \Sigma(\mathbf{r},E)\,\phi(\mathbf{r},E)\,dVdE}{\int_{E_g}^{E_{g-1}} \int_{V_{cell}} \phi(\mathbf{r},E)\,dVdE} \tag{5-149}$$

この平均断面積は通常、セル平均断面積 (cell-averaged group constants) と呼ばれる。また、このセル平均断面積は、しばしば自己遮蔽群定数と呼ばれる。これは自己遮蔽による中性子束の窪みを考慮にいれて、その空間分布について平均しているからである。

被覆材を無視して、セルが燃料と減速材の 2 領域から成るとし (添え字の M が減速材、F が燃料を表す)、各領域で断面積がそれぞれ一定であり (すなわち、減速材および燃料の断面積がそれぞれ $\Sigma^M(E)$、$\Sigma^F(E)$ と置け)、さらに、2 つの領域の中性子束がエネルギー的に同じ関数形で変数分離可能であるとする ($\phi_M(\mathbf{r},E) = \phi_M(\mathbf{r})\varphi(E)$ 、$\phi_F(\mathbf{r},E) = \phi_F(\mathbf{r})\varphi(E)$ とできる) とすると、セル平均断面積 (5-149) 式は、

$$\begin{aligned}
< \Sigma_g >_{cell} &= \frac{\int_{E_g}^{E_{g-1}} \int_{V_M} \Sigma^M(E)\,\phi_M(\mathbf{r})\,\varphi(E)\,dVdE + \int_{E_g}^{E_{g-1}} \int_{V_F} \Sigma^F(E)\,\phi_F(\mathbf{r})\,\varphi(E)\,dVdE}{\int_{E_g}^{E_{g-1}} \int_{V_M} \phi_M(\mathbf{r})\,\varphi(E)\,dVdE + \int_{E_g}^{E_{g-1}} \int_{V_F} \phi_F(\mathbf{r})\,\varphi(E)\,dVdE} \\
&= \frac{\int_{E_g}^{E_{g-1}} \Sigma^M(E)\,\varphi(E)\left[\int_{V_M} \phi_M(\mathbf{r})\,dV\right] dE + \int_{E_g}^{E_{g-1}} \Sigma^F(E)\,\varphi(E)\left[\int_{V_F} \phi_F(\mathbf{r})\,dV\right] dE}{\int_{E_g}^{E_{g-1}} \varphi(E)\left[\int_{V_M} \phi_M(\mathbf{r})\,dV\right] dE + \int_{E_g}^{E_{g-1}} \varphi(E)\left[\int_{V_F} \phi_F(\mathbf{r})\,dV\right] dE} \\
&= \frac{\int_{V_M} \phi_M(\mathbf{r})\,dV \cdot \int_{E_g}^{E_{g-1}} \Sigma^M(E)\,\varphi(E)\,dE + \int_{V_F} \phi_F(\mathbf{r})\,dV \cdot \int_{E_g}^{E_{g-1}} \Sigma^F(E)\,\varphi(E)\,dE}{\int_{V_M} \phi_M(\mathbf{r})\,dV \cdot \int_{E_g}^{E_{g-1}} \varphi(E)\,dE + \int_{V_F} \phi_F(\mathbf{r})\,dV \cdot \int_{E_g}^{E_{g-1}} \varphi(E)\,dE}
\end{aligned} \tag{5-150}$$

と変形でき、各領域の平均中性子束を、

$$\overline{\phi_M} = \frac{1}{V_M} \int_{V_M} \phi_M(\mathbf{r})\,dV \tag{5-151}$$

$$\overline{\phi_F} = \frac{1}{V_F} \int_{V_F} \phi_F(\mathbf{r})\,dV \tag{5-152}$$

と書くと、(5-150) 式は、

$$\begin{aligned}
< \Sigma_g >_{cell} &= \frac{V_M\overline{\phi_M} \int_{E_g}^{E_{g-1}} \Sigma^M(E)\,\varphi(E)\,dE + V_F\overline{\phi_F} \int_{E_g}^{E_{g-1}} \Sigma^F(E)\,\varphi(E)\,dE}{V_M\overline{\phi_M} \int_{E_g}^{E_{g-1}} \varphi(E)\,dE + V_F\overline{\phi_F} \int_{E_g}^{E_{g-1}} \varphi(E)\,dE} \\
&= \frac{V_M\overline{\phi_M} \int_{E_g}^{E_{g-1}} \Sigma^M(E)\,\varphi(E)\,dE + V_F\overline{\phi_F} \int_{E_g}^{E_{g-1}} \Sigma^F(E)\,\varphi(E)\,dE}{\left(V_M\overline{\phi_M} + V_F\overline{\phi_F}\right) \int_{E_g}^{E_{g-1}} \varphi(E)\,dE}
\end{aligned} \tag{5-153}$$

となる。さらに、群断面積を

$$\Sigma_g^M = \int_{E_g}^{E_{g-1}} \Sigma^M(E)\,\varphi(E)\,dE \bigg/ \int_{E_g}^{E_{g-1}} \varphi(E)\,dE \tag{5-154}$$

$$\Sigma_g^F = \int_{E_g}^{E_{g-1}} \Sigma^F(E)\varphi(E)\,dE \Big/ \int_{E_g}^{E_{g-1}} \varphi(E)\,dE \tag{5-155}$$

と書くと、

$$<\Sigma_g>_{cell} = \frac{V_M\overline{\phi_M}\Sigma_g^M + V_F\overline{\phi_F}\Sigma_g^F}{V_M\overline{\phi_M} + V_F\overline{\phi_F}} \tag{5-156}$$

となる。ここで、セル不利係数 (disadvantage factor) と呼ばれる量を、次のように定義して ζ と書くと、

$$\zeta = \frac{\overline{\phi_M}}{\overline{\phi_F}} \tag{5-157}$$

(5-156) 式は,

$$<\Sigma_g>_{cell} = \left(\Sigma_g^F + \frac{V_M}{V_F}\Sigma_g^M\zeta\right) \Big/ \left(1 + \frac{V_M}{V_F}\zeta\right) \tag{5-158}$$

となる。ここで、不利係数という言葉は、減速材中の中性子束に比べて燃料中の熱中性子束が小さいため, 熱中性子利用率が均質の場合より小さくなることを意味している。この不利係数は、軽水炉の燃料セルの核的な特徴をあらわす量で、設計時に注目すべき量の一つである。

(2)　共鳴中性子に対する非均質効果

共鳴効果に対する非均質効果は、原子炉解析・設計において極めて重要である。共鳴断面積の大きな物質を含む燃料を塊状（例えば棒状）にして用いると、共鳴エネルギーの中性子は、共鳴断面積が大きいため, ほとんどが塊のごく表面（燃料棒の外側表面）のみで吸収され、塊の内部（燃料棒中心部）にまで進入することができず、その結果、塊内部の原子核は中性子を吸収できなくなる。すなわち、塊状の内部の原子核は、空間的に遮蔽され、中性子との反応に寄与しない。このような挙動を、空間的な遮蔽効果という。

この効果の大きさを示す例として、天然ウラン燃料、黒鉛減速の原子炉を考える。天然ウランと黒鉛からなる原子炉の場合、$\eta = 1.34$ 程度であり、$\varepsilon \sim 1.02$ である。はじめに両者を均質に混合したとする。このときの p と f の積は最大でも 0.63 程度であり、結果として k_∞ の最大値は 0.85 程度となり、決して臨界にはならない。これに対して、天然ウランを塊状にして非均質に配置すると、塊内部の天然ウランが空間的に遮蔽されるため、天然ウランの中性子吸収量が減少する。この結果、$pf \sim 0.79$ 程度に高められ（ε も ~ 1.03 に高くなる）、k_∞ の最大値は 1.09 程度となり、原子炉を作ることが可能となる。この例から、共鳴物質を含む燃料の非均質効果は実効増倍率に極めて大きな影響を持つことがわかる。

A. 2 領域セルの減速方程式

第 3 章の中性子減速の章で、減速方程式は

$$\Sigma_t(E)\phi(E) = \int_E^{E/\alpha} \frac{\Sigma_s(E')\phi(E')}{(1-\alpha)E'}dE' + s(E) \tag{5-159}$$

で表されることを示した。ここで$\alpha = [(A-1)/(A+1)]^2$（Aは質量数）である。これから類推して、燃料（F）と減速材（M）から成る無限の「均質」媒質に対する減速方程式は次のようになる。なお、簡単のため、ここから、中性子源項は無視する。

$$\Sigma_t(E)\phi(E) = \int_E^{E/\alpha_F} \frac{\Sigma_s^F(E')\phi(E')}{(1-\alpha^F)E'}dE' + \int_E^{E/\alpha_M} \frac{\Sigma_s^M(E')\phi(E')}{(1-\alpha^M)E'}dE' \tag{5-160}$$

この式を元に、2 領域の「非均質」セルの減速方程式を考える。このため、各領域について第 1 飛行脱出確率（first flight escape probability）を、次のように定義する（エネルギーEに依存）。なお、ここでは、慣例に従って、本講座で用いてきた言葉である「反応」という言葉でなく、「衝突」という言葉を用いる。

$P_{F0}(E)$: 中性子が燃料内で衝突を行うことなく燃料から脱出する確率

すなわち燃料内で発生したエネルギーEの中性子が、減速材内で次の衝突を行う確率

$P_{M0}(E)$: 中性子が減速料内で衝突を行うことなく減速材から脱出する確率

すなわち減速材内で発生したエネルギーEの中性子が燃料内で次の衝突を行う確率

以下、第 1 飛行脱出確率を用いて、(5-160) 式の減速方程式を一般化する。

まず、$\phi_F(E)$と$\phi_M(E)$をそれぞれ燃料内、減速材内で体積平均した中性子束（エネルギーEにおける）とし、減速材の体積をV_Mとする。このとき，エネルギーEより上のエネルギーの中性子の平均減速密度、すなわちエネルギーE以上の中性子が減速材中で散乱され、エネルギーEとなる数は、次の通りとなる。

$$V_M \int_E^{E/\alpha_M} \frac{\Sigma_s^M(E')\phi_M(E')}{(1-\alpha^M)E'}dE' \tag{5-161}$$

エネルギーEとなった中性子は、やがてセル内のどこかで衝突することなるが（反射境界条件の場合）、(5-161) 式の量に$P_{M0}(E)$を掛けたもの、すなわち

$$P_{M0}(E)V_M \int_E^{E/\alpha_M} \frac{\Sigma_s^M(E')\phi_M(E')}{(1-\alpha^M)E'}dE' \tag{5-162}$$

は減速材中で生まれたエネルギーEの中性子が減速材を脱出して燃料内で衝突する数となる。すなわち、減速材から燃料に移動する移動率（transfer rate）となる。燃料についても、同様に考える。燃料内でエネルギーEまで減速する中性子数は、

$$V_F \int_E^{E/\alpha_F} \frac{\Sigma_s^F(E')\phi_F(E')}{(1-\alpha^F)E'}dE' \tag{5-163}$$

であり、この中性子のうち、次の衝突を燃料内で起す数は、その割合が$(1-P_{F0})$であることから

$$(1-P_{F0}(E))V_F \int_E^{E/\alpha_F} \frac{\Sigma_s^F(E')\phi_F(E')}{(1-\alpha^F)E'}dE' \tag{5-164}$$

となる。燃料内での全衝突率は上の 2 つの和になるので、燃料での減速方程式は（5-160）式との類推から次のようになる。

$$V_F \Sigma_t^F(E)\phi_F(E) = (1-P_{F0}(E))V_F\int_E^{E/\alpha_F}\frac{\Sigma_s^F(E')\phi_F(E')}{(1-\alpha^F)E'}dE' + P_{M0}(E)V_M\int_E^{E/\alpha_M}\frac{\Sigma_s^M(E')\phi_M(E')}{(1-\alpha^M)E'}dE' \quad (5\text{-}165)$$

同様にして減速材に対する減速方程式は次のようになる。

$$V_M \Sigma_t^M(E)\phi_M(E) = (1-P_{M0}(E))V_M\int_E^{E/\alpha_M}\frac{\Sigma_s^M(E')\phi_M(E')}{(1-\alpha^M)E'}dE' + P_{F0}(E)V_F\int_E^{E/\alpha_F}\frac{\Sigma_s^F(E')\phi_F(E')}{(1-\alpha^F)E'}dE' \quad (5\text{-}166)$$

これらの式は、非均質な 2 領域セルに対して、正確な連立積分方程式である。しかし脱出確率 $P_{F0}(E)$、$P_{M0}(E)$ が与えられなければ形式的なものに過ぎない。

脱出確率は、おのおのの領域において中性子源が一様かつ等方的であると仮定し[22]、セル内の中性子の減速に対して空間とエネルギーの変数を分離すると、近似的に求めることができる。いったん脱出確率が求まれば、これをエネルギー変数のみの減速方程式（5-165）式と（5-166）式に代入して積分方程式を解くことができ、燃料・減速材に対する中性子束を得ることができる。

B. 燃料領域の減速方程式の簡単化

燃料領域の減速方程式において、減速材に対して NR 近似を用いると、減速方程式を簡単化できる。軽水炉のように水（H_2O）などの減速材の場合、減速能が大きいため（α が小さく、一回の散乱で失うエネルギー ΔE が大きいため）、NR 近似が良く成り立つので、この方法は適切である。実際には、NR 近似の下、減速材の平均中性子束を漸近形（$\phi_M \sim 1/E$）に置き換える[23]。これを（5-165）式の第 2 項に用い、さらに減速材の散乱断面積がエネルギーについて不変である[24]とすると、

$$\begin{aligned}P_{M0}(E)V_M\int_E^{E/\alpha^M}\frac{\Sigma_s^M(E')\phi_M(E')}{(1-\alpha^M)E'}dE' &\doteqdot P_{M0}(E)V_M\int_E^{E/\alpha^M}\frac{\Sigma_s^M(E')\frac{1}{E'}}{(1-\alpha^M)E'}dE' \\ &= P_{M0}(E)V_M\frac{\Sigma_s^M}{(1-\alpha^M)}\int_E^{E/\alpha_M}\frac{1}{E'^2}dE' = P_{M0}(E)V_M\frac{\Sigma_s^M}{(1-\alpha^M)}\left[-\frac{1}{E'}\right]_E^{E/\alpha^M} = P_{M0}(E)V_M\frac{\Sigma_s^M}{E}\end{aligned} \quad (5\text{-}167)$$

となる。これを、（5-165）式に代入すると

$$V_F\Sigma_t^F(E)\phi_F(E) = (1-P_{F0}(E))V_F\int_E^{E/\alpha_F}\frac{\Sigma_s^F(E')\phi_F(E')}{(1-\alpha^F)E'}dE' + P_{M0}(E)V_M\frac{\Sigma_s^M}{E} \quad (5\text{-}168)$$

---

[22] これを、平坦中性子束近似（flat flux approximation）という。

[23] ここでは共鳴領域より上の中性子束 $\phi(E) \sim 1/\xi\Sigma_s E$ で $\xi\Sigma_s$ を除いて規格化した。非均質セルでは $\xi\Sigma_s = (\xi_F\Sigma_P^F V_F + \xi_M\Sigma_s^M V_M)/V_{\text{cell}}$ である。したがってこの領域で $\phi_M \sim 1/E$。

[24] 水素など、散乱断面積がポテンシャル散乱断面積と等しい減速材に対して良い近似となる。

すなわち、燃料領域の減速方程式において減速材領域の中性子束が取り除かれ、自分自身の中性子束のみを変数とする方程式が得られた (減速材に関する係数は、P_{M0} などとして入っていることに注意)。

この燃料領域の減速方程式はさらに、次の第 1 飛行脱出確率の相反関係[(25)] を利用することにより、簡単化される。

$$P_{F0}(E)\,\Sigma_t^F(E)\,V_F = P_{M0}(E)\,\Sigma_t^M(E)\,V_M \tag{5-169}$$

これを用いると、(5-168) 式の第 2 項は

$$P_{M0}(E)\,V_M\frac{\Sigma_s^M}{E} = \frac{P_{F0}(E)\,\Sigma_t^F(E)\,V_F}{\Sigma_t^M(E)}\cdot\frac{\Sigma_s^M}{E} \tag{5-170}$$

となり、さらに減速材での吸収が無視できるとし、$\Sigma_t^M = \Sigma_s^M$ とする（これは一般に成り立つ）と、

$$P_{M0}(E)\,V_M\frac{\Sigma_s^M}{E} = P_{F0}(E)\,V_F\frac{\Sigma_t^F(E)}{E} \tag{5-171}$$

となり、(5-168) 式は、

$$\Sigma_t^F(E)\,\phi_F(E) = (1-P_{F0}(E))\int_E^{E/\alpha_F}\frac{\Sigma_s^F(E')\,\phi_F(E')}{(1-\alpha_F)\,E'}dE' + P_{F0}(E)\,\frac{\Sigma_t^F(E)}{E} \tag{5-172}$$

となる。この燃料領域の減速方程式では、すべての係数が燃料領域に関する量（P_{F0} など）となっている。したがって、$P_{F0}(E)$ が与えられれば、この方程式を解析的な近似法もしくは数値解析法により解くことにより、燃料中の中性子束 $\phi_F(E)$ が得られる。

C. NR 近似と NRIM 近似による共鳴積分

燃料領域の中性子束が求められると、次の式から共鳴積分 I が

$$I = \int\sigma_\gamma^F(E)\,\phi_F(E)\,dE \tag{5-173}$$

により計算できる。以下、NR 近似と NRIM 近似のそれぞれについて、非均質体系における共鳴積分の公式を導く。

(a) NR 近似

燃料領域でも NR 近似が成立つと仮定すると（(2)-B 節では減速材領域に NR 近似を導入)、$\phi_F(E')\sim 1/E'$ とできる。これを減速方程式 (5-172) 式に用いると、(5-172) 式の右辺第 1 項の積分項は

$$\int_E^{E/\alpha_F}\frac{\Sigma_s^F(E')\,\phi_F(E')}{(1-\alpha^F)\,E'}dE' \sim \frac{\Sigma_p^F}{(1-\alpha^F)}\int_E^{E/\alpha_F}\frac{1}{E'^2}dE' \sim \frac{\Sigma_p^F}{E} \tag{5-174}$$

---

(25) 燃料領域と減速材領域それぞれについて平坦中性子源を仮定すると、この相反関係は、輸送理論で扱うセルのグリーン関数の対称性から証明できる。

となる。ここで、燃料の散乱断面積をエネルギーについて不変で、$\Sigma_s^F(E') = \Sigma_p^F$ と近似した。(5-174) 式を (5-172) 式に代入すると、

$$\Sigma_t^F(E)\,\phi_F(E) = (1 - P_{F0}(E))\,\frac{\Sigma_p^F}{E} + P_{F0}(E)\,\frac{\Sigma_t^F(E)}{E} \tag{5-175}$$

となる。したがって、これから、燃料中の中性子束に対する式が、次のように得られる。

$$\phi_F(E) = \frac{(1 - P_{F0}(E))\,\Sigma_p^F + P_{F0}(E)\,\Sigma_t^F(E)}{\Sigma_t^F(E)\,E} \tag{5-176}$$

さらに、これを (5-173) 式に代入することにより、NR 近似に基づく共鳴積分が

$$I(\mathrm{NR}) = \int \frac{\sigma_\gamma^F(E)}{\sigma_t^F(E)}\left[\sigma_p^F + \left(\sigma_t^F(E) - \sigma_p^F\right)P_{F0}(E)\right]\frac{1}{E}dE \tag{5-177}$$

のように求まる。ここで、分子、分母で燃料の原子数密度 N_F を約分した。

(b) NRIM 近似

NRIM 近似は、NR 近似とは逆に、燃料中での中性子の衝突あたりのエネルギー損失が共鳴の実用幅 Γ_p に比べて小さいと仮定するもので、中性子は燃料原子核との衝突によってエネルギーを失わないとする。しかし、非均質体系の場合には、中性子が燃料を逃れる前に 1 つの共鳴の中で多数回の衝突をする可能性があるので、取り扱いが難しくなる。ここでは簡単のため、衝突密度が燃料棒内の場所に無関係であるとする（平坦中性子束近似）。この場合、全体としての衝突を逃れる確率 P_F は、次のように，燃料内で中性子の衝突が繰り返し起るとして計算できる。

まず、N 個の中性子が燃料塊（lump）中で一様に発生するとする。これら N 個の中性子のうち、燃料の脱出確率を掛けた NP_{F0} 個は、衝突せずに燃料塊から逃げ出すこととなり、残りの $N(1 - P_{F0})$ 個の中性子は燃料内で衝突をする（1 回目）。そして、衝突をした後、(σ_s^F/σ_t^F) の割合が、散乱反応を起し新たな中性子が生ずることとなる。その数は、$N(1 - P_{F0})(\sigma_s^F/\sigma_t^F)$ と書ける。さらに、$N(1 - P_{F0})(\sigma_s^F/\sigma_t^F)P_{F0}$ 個の中性子が 1 回目の衝突後に燃料塊から逃げ出し、$N(1 - P_{F0})^2(\sigma_s^F/\sigma_t^F)$ 個の中性子が 2 回目の衝突をし、$N(1 - P_{F0})^2(\sigma_s^F/\sigma_t^F)^2$ 個の中性子が生ずることとなる。これを繰り返すことにより、塊から逃げ出す中性子の総数は、はじめに逃げる NP_{F0} 個、1 回目の散乱後に逃げる $N(1 - P_{F0})(\sigma_s^F/\sigma_t^F)P_{F0}$ 個、$\cdots$ の和で求まり、

$$NP_{F0} + N(1 - P_{F0})\left(\frac{\sigma_s^F}{\sigma_t^F}\right)P_{F0} + N(1 - P_{F0})^2\left(\frac{\sigma_s^F}{\sigma_t^F}\right)^2 P_{F0} + \cdots = N\frac{P_{F0}}{1 - (1 - P_{F0})\left(\frac{\sigma_s^F}{\sigma_t^F}\right)} \tag{5-178}$$

となる。したがって、NRIM 近似で中性子が燃料から脱出する確率 P_F は、(5-178) 式を N で割って

$$P_F = \frac{P_{F0}}{1 - (1 - P_{F0})\left(\sigma_s^F/\sigma_t^F\right)} \tag{5-179}$$

と求まる。

これを用いると、(5-177) 式の P_{F0} を P_F に置き換えることにより、NRIM 近似の共鳴積分が得られる。ただし、(5-177) 式の導出における σ_p^F は、より高いエネルギーでの衝突により共鳴エネルギーへ入ってくる中性子の寄与の項なので、このような中性子は NRIM 近似では考えなくて良い。したがって, (5-177) 式で $\sigma_p^F = 0$ と置く必要がある。その結果, NRIM 近似の共鳴積分は、(5-179) 式の P_F を用いて

$$I\,(\mathrm{NRIM}) = \int \sigma_\gamma^F\,(E)\,P_F\,(E)\,\frac{1}{E}dE = \int \frac{P_{F0}\sigma_\gamma^F\,(E)}{1-(1-P_{F0})\left(\sigma_s^F/\sigma_t^F\right)}\frac{1}{E}dE \qquad (5\text{-}180)$$

と与えられる。

D. ウイグナー近似

(5-177) 式、(5-180) 式の積分を行うには脱出確率 P_{F0} を定めなくてはならない。しかし P_{F0} はどんな幾何学的形状に対しても非常に複雑な関数となり、一般的に共鳴積分を求めるのは容易ではない。ところが、ウイグナーの有理近似を用いると、P_{F0} をきわめて簡単な関数で近似することができ、共鳴積分 I を容易に得ることができる。

ウイグナーの有理近似では、燃料からの第 1 脱出確率 P_{F0} を、以下の式で表す。

$$P_{F0} = \frac{1}{1+\bar{\ell}\Sigma_t^F} \qquad (5\text{-}181)$$

ここで、Σ_t^F は燃料のマクロ全断面積、$\bar{\ell}$ は燃料塊中の平均弦長（mean chord length）、すなわち，中性子がランダムに燃料塊を通過する時に塊中を飛行する線の長さの平均値である。$\bar{\ell}$ は、塊の体積 V_F と表面積 S_F から次の式で与えられる。

$$\bar{\ell} = 4\frac{V_F}{S_F} \qquad (5\text{-}182)$$

例えば塊が、

無限平板であれば	$\bar{\ell} = 2t$（t：板厚）
無限円柱であれば	$\bar{\ell} = 2R$（R：半径）
球であれば	$\bar{\ell} = 4R/3$（R：半径）

である。

(5-181) 式のウイグナーの有理近似（Rational Approximation）は、ほとんどの格子に対して P_{F0} を 10 %以内の誤差で近似する[26]。塊が大きく $\bar{\ell}\Sigma_t^F \gg 1$ であれば $P_{F0} \to 1/\bar{\ell}\Sigma_t^F \to 0$ となり、逆に塊が小さく $\bar{\ell}\Sigma_t^F \ll 1$ であれば $P_{F0} \to 1$ となる。

[26] Wigner 近似を改良するものとして Levine は $P_{F0} = a\Sigma_e/(a\Sigma_e + \Sigma_t^F)$ を提案している。ここで a は Levine 因子と呼ばれ、円柱に対して 1.19〜1.53 の値を取る。Levine, M. M.：Nucl. Sci. Eng. , **16**, 271 (1963)

以下、ウイグナーの有理近似を用いた時の共鳴積分の式を求める。そのため

$$\Sigma_e = \frac{1}{\bar{\ell}} \tag{5-183}$$

という仮想的なマクロ断面積を定義する。そしてこれに対応するミクロ断面積 σ_e を、

$$\sigma_e = \frac{\Sigma_e}{N_F} = \frac{1}{N_F \bar{\ell}} \tag{5-184}$$

とする。ここで N_F は燃料塊の原子数密度である。この仮想的な断面積 σ_e は燃料の形状に依存するが、エネルギーには依存しないことに注意すること。Σ_e あるいは σ_e を用いると、(5-181) 式の燃料からの第 1 脱出確率は

$$P_{F0} = \frac{\Sigma_e}{\Sigma_e + \Sigma_t^F} = \frac{\sigma_e}{\sigma_e + \sigma_t^F} \tag{5-185}$$

となり、これを (5-177) 式、(5-180) 式に代入すれば、

$$\sigma_p^F + \frac{\sigma_e\left(\sigma_t^F - \sigma_p^F\right)}{\sigma_e + \sigma_t^F} = \frac{\sigma_t^F\left(\sigma_p^F + \sigma_e\right)}{\sigma_t^F + \sigma_e}$$

を利用して、

$$I\,(\mathrm{NR}) = \int \frac{\sigma_\gamma^F\left(\sigma_p^F + \sigma_e\right)}{\sigma_t^F + \sigma_e} \cdot \frac{1}{E} dE \tag{5-186}$$

$$I\,(\mathrm{NRIM}) = \int \frac{\sigma_\gamma^F \sigma_e}{\sigma_\gamma^F + \sigma_e} \cdot \frac{1}{E} dE \tag{5-187}$$

となる。ただし (5-187) 式で $\sigma_t^F - \sigma_s^F = \sigma_\gamma^F$ とした。両式により、NR、NRIM 近似に対する共鳴積分が、燃料の性質のみに依存した形で与えられた。

E. 等価定理

(a) 第 1 等価定理

(5-186) 式、(5-187) 式において、非均質格子の効果は、燃料塊の形状により決まる σ_e という因子のみによって表されている。したがって，σ_e が同じ値を持つ非均質格子は、それを取り囲む減速材の性質には関係なく、同じ共鳴積分を持つことがわかる。この性質は、共鳴積分、共鳴吸収を考える上で大事な性質で、共鳴吸収に対する第 1 の等価定理と呼ばれている。

(b) 第 2 等価定理

均質系に対する共鳴積分の式は 3-6 節の (3–173) , (3–176) 式により、次のように与えられている。

$$I_{\mathrm{homo}}(\mathrm{NR}) = \int \sigma_\gamma^F(E)\,\frac{\left(\Sigma_s^M + \Sigma_p^F\right)}{\Sigma_t(E)} \cdot \frac{1}{E} dE = \int \sigma_\gamma^F \frac{\sigma_p^F + \frac{\Sigma_s^M}{N_F}}{\sigma_t^F + \frac{\Sigma_s^M}{N_F}} \cdot \frac{1}{E} dE \tag{5-188}$$

$$I_{\text{homo}}(\text{NRIM}) = \int \sigma_\gamma^F(E) \frac{\Sigma_s^M}{\Sigma_t(E) - \Sigma_s^F(E)} \cdot \frac{1}{E} dE = \int \sigma_\gamma^F \frac{\frac{\Sigma_s^M}{N_F}}{\sigma_\gamma^F + \frac{\Sigma_s^M}{N_F}} \cdot \frac{1}{E} dE \tag{5-189}$$

非均質系と均質系の比較、すなわち（5-186）式と（5-188）式、（5-187）式と（5-189）式の比較を行うと、均質系の場合の $\sigma_p^F + \Sigma_s^M/N_F$ が、非均質系では $\sigma_p^F + \sigma_e$ に、すなわち，Σ_s^M/N_F が、σ_e に置き換えられていることがわかる[27]。このことは非均質系の場合の $\sigma_p^F + \sigma_e$ が均質系の場合の σ_p と同じ値を持てば、共鳴積分の値が同じになることを意味する。これを共鳴に対する第 2 の等価定理という。

F. 共鳴積分の近似式

（5-177）式の I（NR）を次のように 2 つの項に書き直す。

$$I\,(\text{NR}) = \int \sigma_\gamma^F \frac{\sigma_p^F}{\sigma_t^F} \cdot \frac{1}{E} dE + \int P_{F0} \sigma_\gamma^F \frac{\left(\sigma_t^F(E) - \sigma_p^F\right)}{\sigma_t^F} \cdot \frac{1}{E} dE \tag{5-190}$$

ここで，第 1 項は燃料だけからなる無限媒質の NR 近似であり、第 2 項は P_{F0} によって燃料の形状に依存する項である。ウイグナーの有理近似では $\bar{\ell}\Sigma_t^F \gg 1$ のとき、$P_{F0} \sim \frac{S_F}{4V_F N_F \sigma_t^F} \propto \frac{S_F}{M_F}$（$M_F$ は燃料の質量）とできる。したがって、（5-190）式から、共鳴積分を次の形に書き直すことができる。

$$I = a + b\frac{S_F}{M_F} \tag{5-191}$$

共鳴積分に関しては数多くの実験が行われており、その実験結果の多くは、（5-191）式に当てはめられ、実験式が作られている。

なお、共鳴断面積に Doppler 拡がりを持つ場合には、先の式にいくつかの近似を用いることにより、共鳴積分を与える式として次の式が導かれ、これも良く用いられている[28]。

$$I = a' + b'\sqrt{\frac{S_F}{M_F}} \tag{5-192}$$

たとえば 20 ℃における UO_2 の全共鳴積分に対しては、次の 2 つの式が良く用いられる。

$$I_{28} = 11.6 + 22.8\frac{S_F}{M_F} \tag{5-193}$$

$$I_{28} = 4.15 + 26.6\sqrt{\frac{S_F}{M_F}} \tag{5-194}$$

さらに、共鳴積分の温度依存性を表す実験式も求められている。たとえば 20～600 ℃で

$$I = I_{28}(300\text{K})\left[1 + \beta\left(\sqrt{T(\text{K})} - \sqrt{300(\text{K})}\right)\right] \quad \beta = 0.006 \sim 0.008 \tag{5-195}$$

が良く使われている。

---

[27] なお，非均質系の I（NRIM）で，$\sigma_p^F = 0$ を補ってから比較することに注意すること。

[28] Bell, G. I. and Glasstone, S. : "Nuclear Reactor Theory", Van Nostrand Reinhold Co., p.451, (1970)

G. 燃料棒干渉効果とダンコフ補正

ここまでの議論は単位燃料セルが他のセルから孤立しているとして、燃料の共鳴吸収を扱ってきた。しかし実際には、格子中の燃料棒同士を隔てる減速材の層が、中性子の平均自由行程に比べてそれほど厚くないので、図 5.14 に示すように、減速材へ出て行った中性子の一部は減速材中で衝突する前に別の燃料棒に入っていくことになる。したがって脱出確率 P_{F0} の代わりに修正された脱出確率 P^*_{F0}、すなわち，燃料

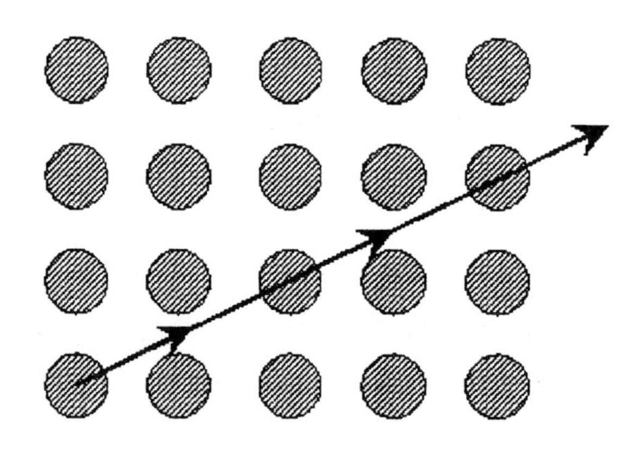

図 5.14 燃料棒の干渉効果

中で生じた 1 個の中性子が、隣りに燃料棒があることを考慮に入れた上で、次の衝突を減速材中で行う確率を計算すべきである。これを正確に行うには数値計算を必要とするが、P^*_{F0} は近似的に次の式に従うことが示されている。

$$P^*_{F0} = P_{F0}\frac{1-C}{1-C(1-\bar{\ell}\Sigma_t^F P_{F0})} = P_{F0}\frac{1}{1+\frac{C}{1-C}\bar{\ell}\Sigma_t^F P_{F0}} \tag{5-196}$$

ここで C はダンコフ係数（Dancoff-Ginsberg Factor）といわれる係数で、燃料の形状に依存するパラメータである。ダンコフ係数は、孤立した燃料の場合の $N_F\sigma_e = 1/\bar{\ell}$ が、稠密格子では $(1-C)/\bar{\ell}$ に小さくなったこと（逆に平均弦長が $1/(1-C)$ だけ増加したこと）、あるいは燃料要素の表面積 S_F が $(1-C)S_F$ に小さくなったことに相当する。

5–5　原子炉数値計算法のまとめ

最後に、原子炉数値計算法の流れを図 5.15 にまとめて示すとともに、これまで述べることのできなかった中性子輸送理論の計算法について簡単に説明する[29]。

[29] 本節は Stammler, R. J. J. and Abbate, M. J. "Methods of Steady State Reactor Physics in Nuclear Design, pp 161 - 230, Academic Press, 1983 に基づいている

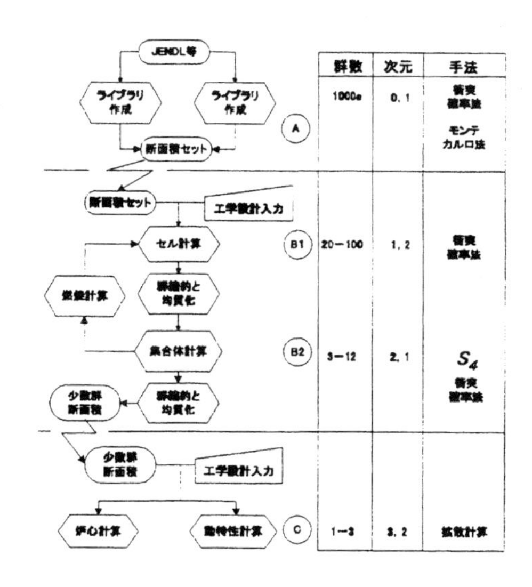

図 5.15 原子炉設計における計算の流れ

計算の基礎になるのは、核種毎に与えられたミクロ断面積データ（核データライブラリー）であるが、実際にはこれから準備された断面積セットが出発点となる。断面積セットを得るには数 1000 群のエネルギー群から普通 0 次元の均質計算により、（場合によっては 1 次元のピンセル計算が用いられることもあるが、）中性子スペクトルを計算し、数 10～100 群に縮約する。共鳴は普通、群の幅に比べて小さいので、それが群断面積を大きく歪ませることはなく、例えば f 因子の形で取り入れることができる。このときに用いられる計算法は、衝突確率法かモンテカルロ法である。

次の段階でこのデータセットと格子や燃料集合体の形状などの工学的入力データを用いて、少数群の全炉心計算を行うためのマクロ断面積データを作成する。この場合まず、20～100 群のデータセットを用い、1 次元（場合によって 2 次元）形状に対し、衝突確率法によってピンセルの均質化と断面積縮約を行い、少数群（この図では 3～12 群）の断面積を得る。そして、この断面積を用いて燃料集合体毎の中性子束分布の計算を行う。衝突確率法が有力なのは、比較的幾何学形状が簡単な場合に対してであるから、燃料集合体とギャップというような形状を扱う場合には計算量が多くなるため、この段階では角度を離散化して扱う S_N 法が良く用いられる。集合体計算で燃焼が進み、核種組成が変化した場合には、ピンセル計算に戻ることが必要となる。そして、燃料集合体（あるいは数個の集合体）毎に均質化され縮約された断面積と、原子炉炉心全体に対する工学データを用いて主に 2、3 次元の拡散計算により全炉心計算が行われる。ただし、高速炉のように漏れの大きい体系では、全炉心計算での拡散計算でも比較的群数を多く取ったり、輸送計算を行ったりする。

このような段階を追う計算手法が可能なのは、ピンセルの段階ではセル内の異なる材料領域間の中性子束の大きな局所的変化が問題となり、集合体段階では、セル同士の結合を考えるので、集合体内におけるセル毎の中性子束分布の変化はより小さいと考えられるためである。最終の全炉心計算では、中性子束分布の変化はさらに緩やかであるが、原子炉全体を多次元のものとして扱うことが必要とされる。以下、図 5.15 に現れた中性子輸送方程式の数値解法について説明する。

(1)　積分型輸送方程式と衝突確率法

第 2 章で導出した Boltzmann 方程式（2–45）式を定常状態について書くと次のようになる。

$$\boldsymbol{\Omega}\cdot\nabla\Phi+\Sigma\Phi=\int\int\Sigma_s'\Phi'dE'd\boldsymbol{\Omega}'+S\equiv q \tag{5-197}$$

右辺をまとめて q で表した。

∇ を中性子の運動方向に取るとすれば、$\boldsymbol{\Omega}\cdot\nabla$ を $-\partial/\partial R$ とできる。ただし、R は $-\boldsymbol{\Omega}$ 方向に測る。この変数に対して（5-197）式の解を求める。まず、同次方程式（$q=0$）に対して、

$$\Phi_h(R)=C\exp\left(-\int^R\Sigma\left(R'\right)dR'\right) \tag{5-198}$$

である。C を R の関数であるとすれば、

$$\frac{dC}{dR}=q(R)\exp\left(\int^R\Sigma\left(R'\right)dR'\right) \tag{5-199}$$

となる。R に沿った全ての可能なマイナス方向の点からの寄与を考えれば、

$$C(R)=C(-\infty)+\int_{-\infty}^{R}q\left(R'\right)\exp\left(\int^{R'}\Sigma\left(R''\right)dR''\right)dR' \tag{5-200}$$

$R\to-\infty$ に対して $\Phi(-\infty)=0$、すなわち無限の彼方には中性子源はないものとすれば、$C(-\infty)=0$ となり、したがって、

$$\Phi(R)=\int_{-\infty}^{R}q\left(R'\right)\exp\left(\int_{R'}^{R}\Sigma\left(R''\right)dR''\right)dR' \tag{5-201}$$

R' が $\mathbf{r}+(R'-R)\boldsymbol{\Omega}$ を表すものと考え、改めて $R'-R\to R'$、$R''-R\to R''$ という置き換えを行い、変数を $\mathbf{r}$ に戻すと（ただし $R=|\mathbf{r}-\mathbf{r}'|$）、

$$\Phi(\mathbf{r})=\int_{-\infty}^{0}q\left(\mathbf{r}+R'\boldsymbol{\Omega}\right)\exp\left(-\int_{R'}^{0}\boldsymbol{\Sigma}\left(\mathbf{r}'+R''\boldsymbol{\Omega}\right)dR''\right)dR' \tag{5-202}$$

積分変数の符号を変え、$'$ を落とすと、

$$\Phi(\mathbf{r},\boldsymbol{\Omega})=\int_0^{\infty}q\left(\mathbf{r}-R\boldsymbol{\Omega},\boldsymbol{\Omega}\right)\exp\left(-\int_0^{R}\Sigma\left(\mathbf{r}-R'\boldsymbol{\Omega}\right)dR'\right)dR \tag{5-203}$$

となる。$1/\Sigma$ は平均自由行程であるから、$\int_0^R \Sigma(\mathbf{r} - R'\boldsymbol{\Omega})\,dR'$ という項は平均自由行程を単位とした距離を表し、これを光学的厚さ（optical chord length）と呼んでいる。

中性子源が等方的であると考えると（ただし非等方的な成分の寄与は輸送補正として差し引いておく）、中性子束に対する方程式は、

$$\phi_g(\mathbf{r}) = \int \frac{\exp\left(-\rho_g(R)\right)}{4\pi R^2}\left[\Sigma^{tr}_{s,g\to g}(\mathbf{r}')\,\phi_g(\mathbf{r}') + Q_g(\mathbf{r}')\right] \tag{5-204}$$

ここで、

$$\Sigma^{tr}_{s,g\to g} = \Sigma_{s0,g\to g} - \bar{\mu}_{0,g}\Sigma_{s0,g} = \Sigma_{s0,g\to g} - \Sigma_{s1,g} \tag{5-205}$$

$$Q_g(\mathbf{r}) = \sum_{g'\neq g}\Sigma_{s0,g'\to g}(\mathbf{r})\,\phi_{g'}(\mathbf{r}) + \frac{1}{k}\chi_g\sum_{g'}\nu\Sigma_{f,g'}\phi_{g'}(\mathbf{r}) \tag{5-206}$$

である。以下でグループの記号 g を省略し、また $\Sigma_s(\mathbf{r})$ は（5-205）式を表すとする。$R = |\mathbf{r}' - \mathbf{r}|$ 、ρ を平均自由行程単位での距離とするとき、

$$n(\mathbf{r}' - \mathbf{r}) = \frac{\exp(-\rho)}{4\pi R^2} \tag{5-207}$$

を核（カーネル）と呼ぶ。空間を V_i 個の領域に分割し、各領域内で断面積は一定であるとし、（5-204）式を V_i について積分し、V_i で割ると、

$$\phi_i = \sum_j\left(T^{\phi}_{ji}\Sigma_{s,j}\phi_j + T^{Q}_{ji}Q_j\right) \tag{5-208}$$

が得られる。ここで ϕ_j、Q_j はそれぞれ V_j について体積平均された中性子束と中性子源である。また、T_{ji} は領域 j で $(\Sigma_{s,j}\phi_j)$ および Q_j という空間分布を持つ単位等方散乱衝突密度、および単位中性子源により領域 i に作られる中性子束であり、Σ_{sj} と Q_j が同じ空間分布を持てば、

$$T_{ji} = \frac{V_j\int\int n(\mathbf{r}_j\to\mathbf{r}_i)\,\Sigma_s(\mathbf{r}_j)\,\phi(\mathbf{r}_j)\,dV_i dV_j}{V_i\int\int\Sigma_s(\mathbf{r}_j)\,\phi(\mathbf{r}_j)\,dV_j} \tag{5-209}$$

で与えられる。各領域内で中性子束が平坦であるとし、また各領域内で断面積が一定とすると、

$$T_{ji} = \frac{1}{V_i}\int\int n(\mathbf{r}_j\to\mathbf{r}_i)\,dV_i dV_j \tag{5-210}$$

である。

(2)　S_N 法

S_N 法では、輸送方程式中の角度 $\boldsymbol{\Omega}$ を $N+1$ 個の方向 Ω_n（$n = 0,\ldots,N$）に離散化する。これによって中性子束と中性子流を表すと（エネルギー群については多群化されているとする）、

$$\Phi_g(\mathbf{r}) = \int_{4\pi}\Phi_g(\mathbf{r},\boldsymbol{\Omega})\,d\boldsymbol{\Omega} = \sum_n w_n\phi_{n,g}(\mathbf{r}) \tag{5-211}$$

$$J_g(\mathbf{r}) = \int_{4\pi} J_g(\mathbf{r}, \mathbf{\Omega})\, d\mathbf{\Omega} = \sum_n w_n \Omega_n \phi_{n,g}(\mathbf{r}) \tag{5-212}$$

となる。ここで ϕ_n は Ω_n 方向の角中性子束であり、w_n は Ω_n 方向に対する求積重みである。w_n は角度分布の選び方に対応して適当に選ばれ、$\sum_n w_n = 1$ となるように規格化される。これを用いると、輸送方程式は、

$$\begin{aligned}\Omega_n \nabla \phi_{n,g}(\mathbf{r}) + \Sigma_{t,n,g}\phi_{n,g}(\mathbf{r}) = \frac{1}{k}\chi_g \frac{1}{4\pi}\left[\sum_{g'} \nu_{g'}\Sigma_{f,g'}(\mathbf{r})\,\phi_{g'}\right] \\ + \frac{1}{4\pi}\left[\sum_{g'} \Sigma_{s0g'\to g}(\mathbf{r})\,\phi_{g'}(\mathbf{r}) + 3\Omega_n \sum_{g'} \Sigma_{s1g',g}(\mathbf{r})\,J_{g'}(\mathbf{r})\right]\end{aligned} \tag{5-213}$$

と表される。

この先は $\Omega_n, \nabla\phi_n$ の表し方が幾何形状により変わるため、一般的に示すことができないので、参考文献（脚注 [29]）を参照されたい。

(3)　モンテカルロ法

モンテカルロ法は、粒子（我々の場合は中性子）の体系内でのランダムな運動を模擬する方法である。粒子と原子核との相互作用（衝突までの飛行距離、散乱の角度、エネルギー移動）は確率分布で支配され、乱数を用いて模擬することができる。この方法はBoltzmann方程式を解くよりはるかに簡単である。これを多数個の粒子に適用し、その平均値を求めることにより、Boltzmann方程式の解（期待値）を評価することができる。この方法は、体系の幾何形状の複雑さや、独立変数の数によって特に困難を生ずることがないという長所を持つ。しかし、解の期待値として信頼度の高い結果を得ようとすれば、非常に多くの粒子を追跡せねばならなくなり、計算時間が長くなり、したがって費用もかさむ。しかし、計算機の発達によりこの短所は克服されつつあり、最近では連続エネルギーモンテカルロ法のように、多群化した断面積セットによらずに計算を行い、標準的な解を与える方法が開発されている。

例として、図5.16で与えられる円柱体系内に置かれた点中性子源がある場合に、中性子が吸収されるまでの計算の流れを図5.17に示す。

以上で、原子炉物理で必要とされ、使用されている主な事項の説明を終った。最後の章では、現在の典型的な原子炉であるPWR、BWR、FBRの3つの炉の炉物理的な特長を紹介する。

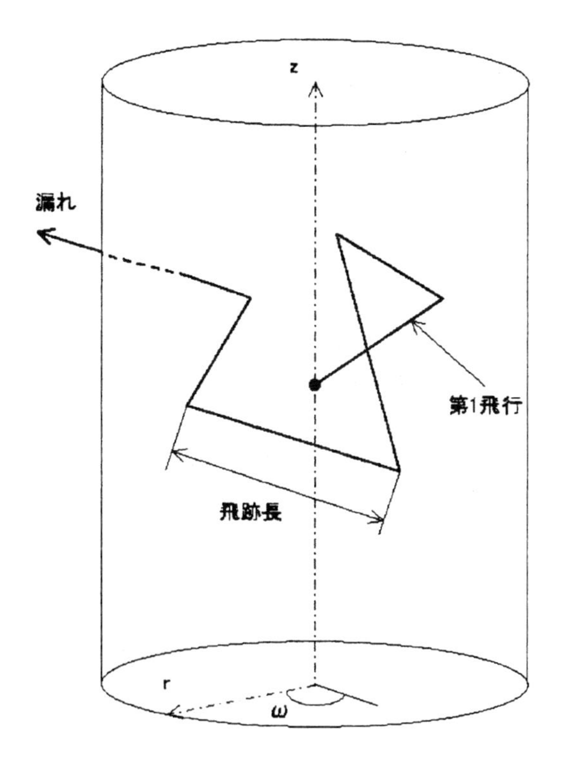

図 5.16 円柱体系中でのランダム歩行の概念図

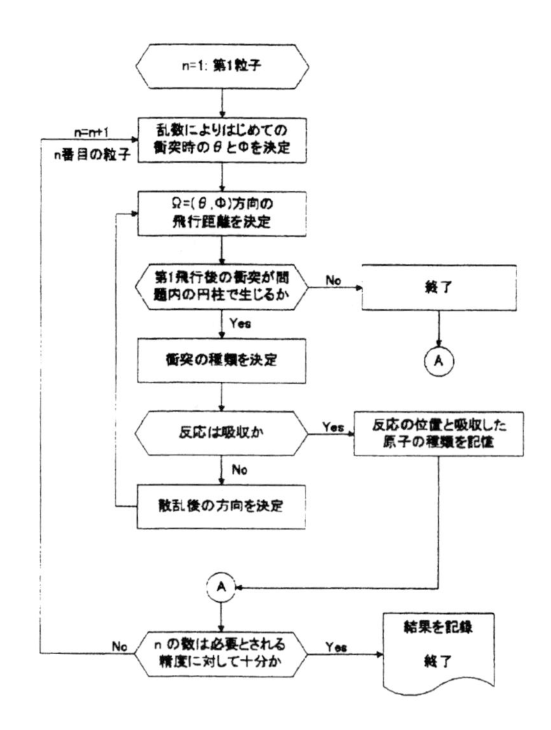

図 5.17 図 5.16 に対応する計算の流れ

付録１．べき乗法の収束する理由

ここでは、べき乗法によって、基本固有値 (すなわち増倍率) とそれに対応する固有ベクトル (すなわち定常状態の中性子束) が得られる理由について述べておく。[30]

本文 (5-35) 式、すなわち $\mathbf{M\Phi} = \frac{1}{k}\mathbf{F\Phi}$ に $\mathbf{FM}^{-1}$ を掛け

$$\mathbf{FM}^{-1}(\mathbf{M\Phi}) = \mathbf{FM}^{-1}\left(\frac{1}{k}\mathbf{F\Phi}\right)$$

そして、$\mathbf{y} = \mathbf{F\Phi}$ とおき、また $\mathbf{FM}^{-1} = \mathbf{R}$ と書くと、

$$\mathbf{y} = \frac{1}{k}\mathbf{FM}^{-1}(\mathbf{F\Phi}) = \frac{1}{k}\mathbf{Ry}$$

と書ける。ここで、行列 $\mathbf{F}$ の対角成分は全て 0 でないとする (これは中性子源が 0 でなければ成立つ)。この式をもとに、べき乗法を改めて示すと次のようになる (i は反復の回数)。

$$\mathbf{y}^{(i)} = \frac{1}{k^{(i-1)}}\mathbf{Ry}^{(i-1)}$$

そして、この式から、$k^{(i)}$ を、重みベクトル $\mathbf{w}$(任意の関数で良い) を用いて、

$$k^{(i)} = k^{(i-1)}\left[\frac{\langle \mathbf{w}, \mathbf{y}^{(i)} \rangle}{\langle \mathbf{w}, \mathbf{y}^{(i-1)} \rangle}\right]$$

とできる。ここで、$<,>$ は 2 つのベクトルのスカラー積を意味する。$i = 0$ の値として $k^{(0)} = 1$、$\mathbf{y}^{(0)}$ としては適当な初期値 (ベクトル) が取られる。

この式において、ベクトル $\mathbf{y}$ を行列 $\mathbf{R}$ の固有ベクトル $\mathbf{u}_n$ で展開する (n:展開次数)。

$$\mathbf{y} = \sum_n c_n \mathbf{u}_n$$

ここで、ｃ$_n$ は $\mathbf{u}_n$ の直交性を用いて次のように定められる係数であり、

$$c_n = \langle \mathbf{u}_n, \mathbf{y} \rangle$$

$1/k_n$ は次のように定義される $\mathbf{R}$ の固有値である。

$$\mathbf{u}_n = \frac{1}{k_n}\mathbf{Ru}_n$$

もとの拡散方程式の固有値が、みな実数で正かつ全て異なるとき、$\mathbf{R}$ の固有値も全て実数で正かつ異なる値を持つこととなる。差分化した区間の数を N とすると、$\mathbf{R}$ の固有ベクトルの数は $N+1$ である (これは、$\mathbf{R}$ の階数 (rank) が $N+1$ であるため、$\mathbf{R}$ の次数も $N+1$ になるからである)。そこで、$N+1$ 個の k

[30] S.Nakamura :前出.P.60～62 に基づく

を固有値を大きさの順に並べる。すなわち、$k_0 > k_1 > \cdots > k_N$ と仮定する。一方、固有ベクトルは次の正規直交関係にあるとする。δ はクロネッカーの δ である。すなわち、

$$\langle u_m, u_n \rangle = \delta_{m,n}$$

また、$\mathbf{R}$ の固有ベクトルは完備系をなす。すなわち、任意のベクトルを $\mathbf{R}$ の固有ベクトルの 1 次結合で表すことができる。そこで、初期ベクトルを次のように展開する。

$$\mathbf{y}^{(0)} = \sum_n c_n^{(0)} \mathbf{u}_n$$

このようにすると、$\mathbf{y}^{(i)}$ は

$$\mathbf{y}^{(i)} = \frac{1}{k^{(i-1)}}\mathbf{R}\mathbf{y}^{(i-1)} = \frac{1}{k^{(i-1)}}\mathbf{R}\left[\frac{1}{k^{(i-2)}}\mathbf{R}\mathbf{y}^{(i-2)}\right] = \cdots = \left[\frac{1}{k^{(i-1)}}\frac{1}{k^{(i-2)}}\cdots\frac{1}{k^{(0)}}\right]\mathbf{R}^i\mathbf{y}^{(0)}$$

となるので、これに

$$\mathbf{y}^{(0)} = \sum_n c_n^{(0)} \mathbf{u}_n$$

を代入すれば

$$\begin{aligned}\mathbf{y}^{(i)} &= \frac{1}{k^{(i-1)}}\frac{1}{k^{(i-2)}}\cdots\frac{1}{k^{(0)}}\mathbf{R}^i\sum_n c_n^{(0)}\mathbf{u}_n = \left[\prod_{p=0}^{i-1}\frac{1}{k^{(p)}}\right]\sum_n c_n^{(0)}k_n^i\mathbf{u}_n \\ &= \prod_{p=0}^{i-1}\left[\frac{k_0}{k^{(p)}}\right]c_n^{(0)}\left[\mathbf{u}_n^{(0)} + \sum_{n=1}^{N}\frac{c_n^{(0)}}{c_0^{(0)}}\left(\frac{k_n}{k_0}\right)^i\mathbf{u}_n\right] = const\left[\mathbf{u}_0 + \sum_{n=1}^{N}\frac{c_n^{(0)}}{c_0^{(0)}}\left(\frac{k_n}{k_0}\right)^i\mathbf{u}_n\right]\end{aligned}$$

となる。我々は、$k_0 > k_1 > \cdots > k_N$ と仮定しているので、$(k_n/k_0)^i$ は i が大きくなると 0 となり、$\mathbf{y}^{(i)}$ は基本ベクトル $\mathbf{u}_0$ の定数倍に、収束する。

このような $\mathbf{y}^{(i)}$ の収束の速さは、次に定義される収束率 σ(支配率あるいは dominance ratio) で決まる。

$$\sigma \equiv max[k_n/k_0] = k_1/k_0$$

一般に N の数が増すと σ は 1 に近くなり収束するまでの反復回数が増す。$k^{(i)}$ の k_0 への収束は、$\mathbf{y}^{(i)}$ を $k^{(i)} = k^{(i-1)}\left[\langle \mathbf{w}, \mathbf{y}^{(i)} \rangle / \langle \mathbf{w}, \mathbf{y}^{(i-1)} \rangle\right]$ に代入して

$$k^{(i)} = k_0 \frac{\left[\mathbf{u}_0 + \sum_{n=1}^{N}\frac{c_n^{(0)}}{c_0^{(0)}}\left(\frac{k_n}{k_0}\right)^i\right]G_n}{\left[\mathbf{u}_0 + \sum_{n=1}^{N}\frac{c_n^{(0)}}{c_0^{(0)}}\left(\frac{k_n}{k_0}\right)^{i-1}\right]G_n} \xrightarrow{i\to\infty} k_0$$

からいえる。ここで、$G_n = <\mathbf{w}, \mathbf{u}_n> / <\mathbf{w}, \mathbf{u}_0>$ である。

重みベクトル $\mathbf{w}$ の選択は全く任意であり、前節の例では和ベクトル $(1, \cdots, 1)$ としている。ただし反復毎に $\mathbf{w} = \mathbf{y}^{(t)}$ と取る場合もあり、この場合は収束が和ベクトルの場合の 2 倍であるといわれる。なお、反射体のように $s = \nu\Sigma_f\phi = 0$ の部分がある場合は、$\mathbf{F}$ の対角要素が 0 の部分を除いた行列に対して同じ議論ができる。

第 6 章　代表的な原子炉と炉物理

前章まで、原子炉物理の中で学ぶべき主要な項目について、理論的な面および数値解析法について解説してきた。本章においては、実際に運転されている原子炉について、代表的な原子炉の主要パラメータならびに原子炉特性（中性子スペクトル、出力分布、動特性パラメータ、反応度係数等）の整理を行なうとともに、それらの炉物理的な意味を説明して、それぞれの原子炉の炉物理的特徴を学ぶ。データの提示にあたっては、各メーカーの協力のもと、極力、最新の解析手法と、それに基づく解析結果を提示するよう配慮した。

本章で扱う原子炉は、紙面の関係上、加圧水型原子炉（PWR）[1]、沸騰水型原子炉（BWR）[2] およびナトリウム冷却高速増殖炉（FBR）[3] の3つである。なお、それぞれの原子炉にも多くの種類の炉型が存在するが、同じく紙面の都合上、2,3の代表的な型に限定して解説している。このため、ここで提示する諸特性には、それぞれの原子炉の最新あるいは改良型の炉型のものとは、異なる場合があるので注意すること。

6–1　加圧水型原子炉

加圧水型原子炉（Pressurized Water Reactor: PWR）は、軽水を減速材兼冷却材とし、低濃縮二酸化ウラン（UO_2）を燃料とする原子炉であり、主として軽水で減速された熱中性子によって核分裂が起こる。PWR では、運転時に減速材に沸騰がなく均質に近い炉心構成となるのが特徴である。PWR、BWR（次節）等の軽水炉（LWR）では、基本的に拡散理論が成り立ち、少数群の拡散方程式を解くことにより、炉心核設計を行うことができる。PWR の核設計においては、通常、中性子束分布が炉心の垂直方向（軸方向）と水平方向（径方向）に分離できるものと考え、軸方向についての1次元解析、径方向についての $X-Y$ の2次元解析、その後の両者の合成（1～2次元合成）により、炉心解析を行っている。なお、MOX 燃料採用、高燃焼度化といった高度化に対応するため、燃料集合体輸送計算（集合体内の非均質性に対応するため）ならびに3次元拡散計算（炉心内の非均質性に対応するため）による解析方法が用いられ始めている。

---

[1] PWR については、三菱重工株式会社のご協力を得て、作成した。

[2] BWR については、日本ニュクリア・フユエル株式会社のご協力を得て、作成した。

[3] FBR については、核燃料サイクル開発機構のご協力を得て、作成した。

表 6.1 PWR の原子炉および炉心の仕様

	玄海 4 号機	伊方 3 号機	高浜 2 号機	泊 2 号機
原子炉				
原子炉	4 ループ	4 ループ	4 ループ	4 ループ
電気出力 (kW)	約 118 万	約 89 万	約 83 万	約 58 万
熱出力 (MW)	約 3,411	約 2,652	約 2,432	約 1,650
原子炉圧力 (MPa [gage])	約 15.4	約 15.4	約 15.4	約 15.4
1 次冷却材全流量 (kg/h)	約 60×10^6	約 46×10^6	約 45×10^6	約 30×10^6
1 次冷却材入口温度 (℃)	約 289	約 284	約 287	約 288
1 次冷却材出口温度 (℃)	約 325	約 321	約 322	約 323
炉心				
炉心有効高さ (m)	約 3.66	約 3.66	約 3.66	約 3.66
炉心等価直径 (m)	約 3.37	約 3.04	約 3.04	約 2.46
炉心 UO_2 重量 (t)	約 89	約 72	約 71	約 48.5
燃料集合体形式	17×17	17×17	15×15	14×14
燃料集合体数 (体)	193	157	157	121
制御棒クラスタ数 (本)	制御用 29	制御用 32	制御用 32	制御用 21
	停止用 24	停止用 16	停止用 16	停止用 8

(1)　PWR の構成

PWR の炉心は、燃料集合体、制御棒クラスタ（後述）等から構成される。表 6.1 に、PWR 炉心の主要パラメータを示す。17×17 燃料集合体型 3 ループ PWR を例として説明すると、炉心は高さ約 3.66m、等価直径約 3.04m の大きさで、燃料集合体は 157 体、制御棒クラスタは制御用 32 本、停止用 16 本である。PWR では、制御棒クラスタとは独立して、1 次冷却材中のホウ素濃度を調整する制御方式を持つ。運転中は、制御棒は全て引き抜かれた状態にあり、燃焼に伴う反応度制御は主にホウ素濃度調整によって行う。

冷却材は、1 次冷却材ポンプによって炉心上部の原子炉容器入口ノズルから原子炉容器に入り，炉心槽と原子炉容器の間を通り、炉心下部から炉心内に入り、炉心内を燃料棒に沿って上昇し燃料からの熱を受け，温度は約 37 ℃上昇し蒸気発生器へと向かう。PWR の運転圧力は約 157 気圧であり、約 321 ℃に達する 1 次冷却材出口温度においても蒸気泡（ボイド）の発生はない。PWR では加圧器により、この圧力を維持し，かつ設定圧力以上にならないようにしている。

(a) 燃料集合体

PWR の燃料集合体は、17×17 型を例にとると、正方格子（17 本 ×17 本）に 264 本の燃料棒、制御棒案内シンブル 24 本および核計装案内シンブル 1 本を配列した構造である。これら要素は 9 個の支持格子によって固定される。燃料棒は、低濃縮ウランの UO_2 あるいは UO_2 に Gd_2O_3（ガドリニア）を添加した混合酸化物をプレスしペレット状に焼結した燃料要素を，Sn-Fe-Cr 系 Zr 合金製の被覆管に収め、端栓を溶接して密封したものである。密封する際、ペレットスタックが動かないようにするためにペレットスタックと端栓の間にはスプリングを取り付けるとともに、ヘリウムガスを充填する。14×14 型、15×15 型と合わせて表 6.2 に PWR の典型的な燃料集合体の仕様を示す。

(b) 制御棒

PWR の制御棒クラスタは、Ag-In-Cd 合金をステンレス鋼製の被覆管に収めた吸収棒 24 本（17×17 型燃料集合体の例）で構成され、集合体内に用意されている制御棒案内シンブルに沿って燃料集合体内に挿入される方式を採用している。制御棒クラスタは 17×17 燃料集合体型 3 ループ炉心では 48 本が炉心上部に配置されており、上部から炉心に挿入される。原子炉容器蓋に取り付けられた制御棒駆動装置によって制御棒クラスタを上下させる。事故時には、制御棒が駆動装置から切り離され自重によって炉心に挿入される。

運転状態の炉心では、制御棒はすべて引き抜かれ、反応度は 1 次冷却材中のホウ素濃度によって制御される。上部で待機している全ての制御棒とホウ酸水注入という原理的に異なる 2 つの原子炉停止設備を有しており、いかなる事故を想定しても原子炉を未臨界に維持できるよう設計されている。

(c) 炉心

17×17 型 3 ループ PWR の場合、157 体の燃料集合体をできるだけ円柱状になるよう配置している。炉心の外はバッフル板、炉心槽、熱遮蔽体、原子炉容器で構成されるが、大部分は軽水である。炉心軸方向には、下部にある炉心支持板により炉心を支えている。（上部には、制御棒クラスタ駆動装置が配置される。）また、炉心上部と原子炉容器蓋の中間程度の位置に 1 次冷却材出入り口ノズルが配置されている。

PWR の燃料集合体には、外側に燃料集合体を囲む板がないので、炉心内に配置した集合体間のギャップを小さくできる。このため、集合体周辺の水の偏在に依存して生ずる中性子束変化を小さくできる。

(2)　PWR の核特性

(a) 典型的な解析手法

現在、PWR の設計解析は、3 段階で行われている。第 1 段階は、燃料棒を解析する単位燃料格子解析（エネルギー多群）であり、主として輸送方程式を解いている。この第 1 段階で得られた解析結果（燃料集合体の平均群定数）は、第 2 段階の炉心水平方向解析（$X - Y$ 2 次元拡散方程式。エネルギー 2 群。ピン

表 6.2 PWR の燃料集合体の仕様

	17 × 17　3(4*) ループ	15 × 15　3 ループ	14 × 14　2 ループ
燃料集合体			
燃料棒配列	17 × 17	15 × 15	14 × 14
燃料棒本数	264	204	179
濃縮度 (wt %)	約 4.1	約 4.0	約 4.1
平均燃焼度 (MWd/t)	約 44,000 (44,000)	約 43,000	約 41,000
最高燃焼度 (MWd/t)	48,000	48,000	48,000
定格出力時最大線出力密度 (kW/m)	39.6(41.5)	42.7	47.3
燃料棒			
被覆管外径 (cm)	約 0.95	約 1.07	約 1.07
被覆管肉厚 (cm)	約 0.057	約 0.062	約 0.062
被覆管材料	Sn-Fe-Cr 系 Zr 合金	Sn-Fe-Cr 系 Zr 合金	Sn-Fe-Cr 系 Zr 合金
直径 (cm)	約 0.82	約 0.93	約 0.93
長さ (cm)	約 1.2	約 1.3	約 1.3
被覆管間隙 (cm)	約 0.017	約 0.019	約 0.019
密度 (% TD)	約 95	約 95	約 95
材料	UO_2	UO_2	UO_2
燃料中心温度	約 1770(1,830) ℃	約 1,870 ℃	約 2,000 ℃
被覆管外面温度	約 349 ℃	約 350 ℃	約 350 ℃
制御棒案内シンブル			
外径 (cm)	約 1.22	約 1.39	約 1.37
内径（厚さ）(cm)	約 0.041	約 0.043	約 0.043
材料	Sn-Fe-Cr 系 Zr 合金	Sn-Fe-Cr 系 Zr 合金	Sn-Fe-Cr 系 Zr 合金
核計装案内シンブル			
外径 (cm)	約 1.22	約 1.39	約 1.07
内径（厚さ）(cm)	約 0.041	約 0.043	約 0.062
材料	Sn-Fe-Cr 系 Zr 合金	Sn-Fe-Cr 系 Zr 合金	Sn-Fe-Cr 系 Zr 合金
支持格子			
材料	析出硬化型 Ni 基合金	析出硬化型 Ni 基合金	析出硬化型 Ni 基合金
個数	9	7	8 または 7

*:括弧内は 4 ループ炉心の場合

メッシュ）に用いられ、第3段階として第1段階および第2段階の解析結果から炉心軸方向解析（拡散。エネルギー2群。約100メッシュ）を行う。PWRでは、ボイドの発生がなく、制御棒が全引き抜き状態であることおよび炉心が十分大きいことから，従来この1次元2次元合成法によって設計解析が行われてきた。

MOX燃料採用および高燃焼度化による集合体内および炉心内の非均質性増加に対応するため、PWR設計解析においても、集合体2次元解析と炉心3次元解析の2段階による方法の採用が始まっている。集合体2次元解析では、多群断面積ライブラリ等を用いて、集合体を非均質のまま解析することによって多群中性子束、反応率等を算出する（多群2次元輸送方程式解法）。そして，これら諸量によってエネルギー2群の集合体平均の核定数等を算出する。算出された核定数は、3次元炉心解析の入力となる。3次元炉心解析では、$X-Y-Z$ 3次元拡散方程式（2群）を解き、燃料の濃縮度、燃焼度、燃料の取替体数等を考慮して、計画された期間を安全に運転できる燃料配置および新燃料体数を決定する。このとき、1燃料集合体を水平方向に4分割、軸方向に30分割したメッシュを解析単位（ノードと呼ぶ）としている。なお、設計精度を向上させつつ3次元化による設計解析速度の低下を補うため、3次元炉心解析には近代ノード法[(4)] を採用する例が多い。

(b) 燃料集合体核特性

PWR燃料集合体は、低濃縮ウランを用いたUO_2が燃料として使用される。濃縮度は、現行の国内PWRでは集合体取り出し平均燃焼度48GWd/tに対応した4.1wt％が主流である。PWR燃料集合体は、局所出力変動を抑えるために濃縮度を変える必要はなく、集合体内の濃縮度はすべて同一である。図6.1に17×17燃料集合体の1/8体系図を示す。

サイクル初期の余剰反応度は、ホウケイ酸ガラスをステンレス鋼製被覆管に収めたバーナブルアブソーバー（以下BAと称す）によって抑制する場合と，燃料の濃縮度を小さくしガドリニアを混ぜたガドリニア入り燃料棒16本を通常濃縮度の燃料棒と置換した燃料集合体を用いることによって抑制する場合とがある。放射性廃棄物減少の観点から，最近では後者のガドリニア入り燃料を用いるのが主流である。このガドリニア入り燃料の濃縮度は4.1wt％濃縮度燃料と組合わせる場合、熱伝導低下による燃料温度上昇を考慮して2.6wt％濃縮度に6wt％のガドリニア濃度と設計している。これは、サイクル燃焼度に対応して出力ピーキングおよびガドリニアの余剰反応度抑制効果の最適化を考慮して決定されたものであり、約10GWd/tの燃焼度でガドリニアの中性子吸収作用が無くなるよう、また、ガドリニア入り燃料の集合体内の局所出力変動が燃焼を通じて最小となるよう、設計されている。また、ガドリニア入り燃料の集合体内の配置は、燃料集合体内の局所出力変動が燃焼を通じて最小になること、およびガドリニアの余剰反応度

---

(4) 参考文献：Liu, Y. S: *Trans. Am. Nucl. Soc.*, **53**, 246～247 (1986).

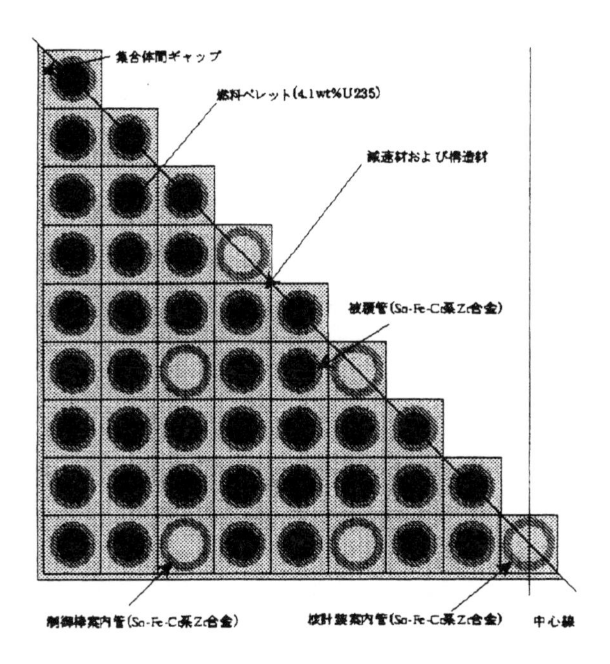

図 6.1 17 × 17 型 PWR 燃料集合体（1/8 体系図）

抑制効果が最適化されるよう設計している。

PWR では、燃料集合体間の水ギャップが約 1mm と小さく設計されているので、熱中性子の偏在は極めて小さい。このため、集合体内の中性子束分布は平坦に保たれるのが特徴である。なお、MOX 燃料集合体では、この熱中性子の偏在および隣接するウラン燃料集合体からの熱中性子流入により集合体のコーナー部分に出力ピークが生じることを防ぐため、集合体内に富化度分布を設けている。

集合体解析では、3 次元炉心解析に必要な情報を算出する。これは 3 次元炉心解析において、炉心内の局所位置の状況を再現できるような諸量であり、主に 2 群マクロ断面積、2 群ミクロ断面積（H_2O、B、Xe、Sm 等）および断面積のデータ等である。

図 6.2，図 6.3 に前述した 17×17 燃料集合体の 1/8 体系における解析結果の例を示す。

(c) 炉心解析

PWR の炉心には、17×17 型 3 ループ炉心の場合、約 70 トン程度のウランが装荷され、約 1 年間運転される。燃料は 3 サイクルの間（約 1 年の運転を 3 回）炉心内で燃焼し、平均燃焼度約 40GWd/t で炉内から取出される。集合体取出し平均燃焼度は最大でも 48GWd/t である。

1 サイクル運転後、炉心内の約 1/3 の燃料が取出され新燃料に置き換えられる。この時、計画期間を通じ

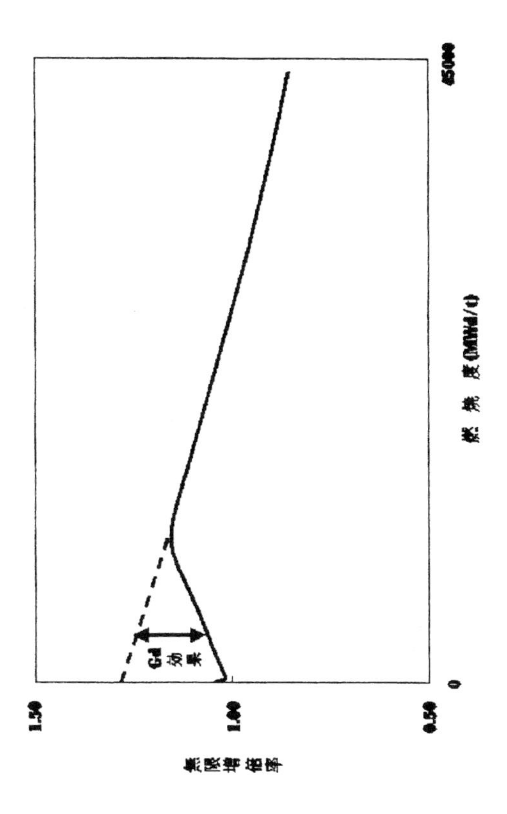

図 6.2 17 × 17 型燃料集合体の無限増倍率の変化（3 ループ典型例）

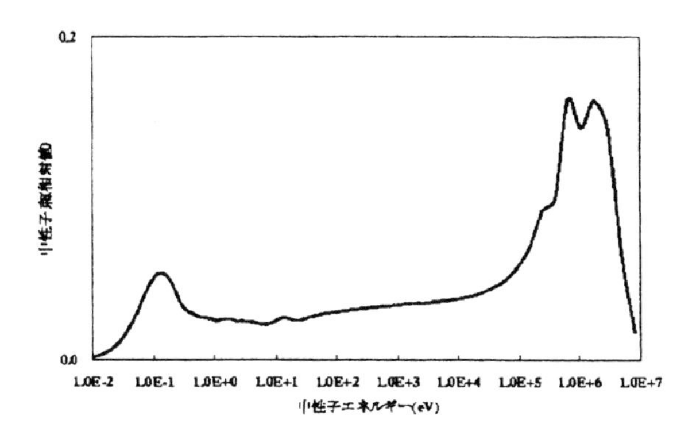

図 6.3 17 × 17 型燃料集合体の燃料領域の中性子スペクトル（典型例）

て安全に運転できるよう最適な炉心配置および取替体数を数サイクル先まで見通して設計している。そこでは、まず、設計した燃料装荷パターンの燃焼解析を行い，計画運転期間が確保されること、集合体の燃焼度が最高燃焼度制限を逸脱していないこと、出力ピーキング係数が設計目標値（燃料健全性を担保するために設定した値）を逸脱しないことを確認するとともに、停止余裕、減速材温度係数の解析を行い、それぞれが制限値を逸脱しないことを確認する。何パターンかの燃料装荷方式に対して一連の解析を行い、最適なパターンを決定している。図 6.4 に 17×17 燃料集合体型 3 ループ炉心の燃料装荷パターン例を示す。

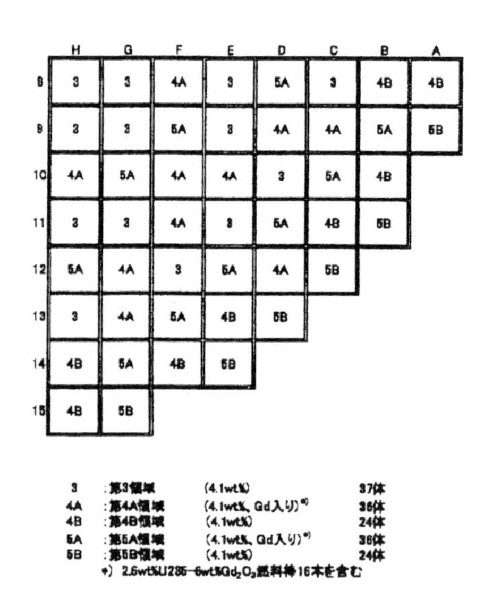

図 6.4 3 ループ炉心の燃料装荷パターン例

なお、PWR の熱水力設計では、核設計解析に基づき設定された出力ピーキング等の制限値を用いるため、熱水力設計と核設計は、静特性評価では明確に分離して行うことができる。

図 6.5 ～図 6.7 は、図 6.4 のパターンにおける臨界ホウ素濃度、炉心内径方向および軸方向の相対出力分布である。両方向とも、平坦な分布が得られている（特に、単一の濃縮度でも軸方向出力分布は、コサイン分布と比較して十分に平坦である）。 3 次元炉心解析では、2 次元集合体解析の結果である炉心内のノード定数を炉心状態に応じて適切に補正して使用する。例えば図 6.8 に示すような減速材密度の変化をノードごとに考慮する。その他、ノード内の燃料温度、減速材密度、出力、出力に依存する Xe 濃度および Sm 濃度、B 濃度等が炉心 3 次元解析の中性子束および出力との反復計算によって決定され、燃焼計算が行われる。

表 6.3 に PWR の中性子束および動特性パラメータを示す。高速中性子（0.65eV 以上）と熱中性子（0.65eV 以下）の大きさは、17×17 型 3 ループ炉心において、それぞれ約 3×10^{14}、約 4×10^{13} （$n \cdot cm^{-2} \cdot s^{-1}$）

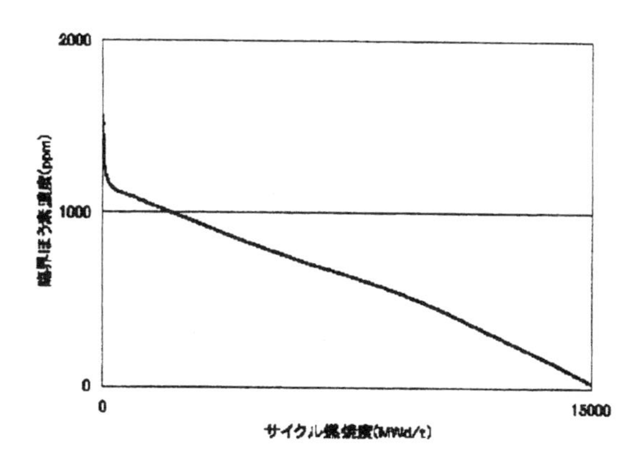

図 6.5 3ループ炉心の臨界ホウ素濃度解析例

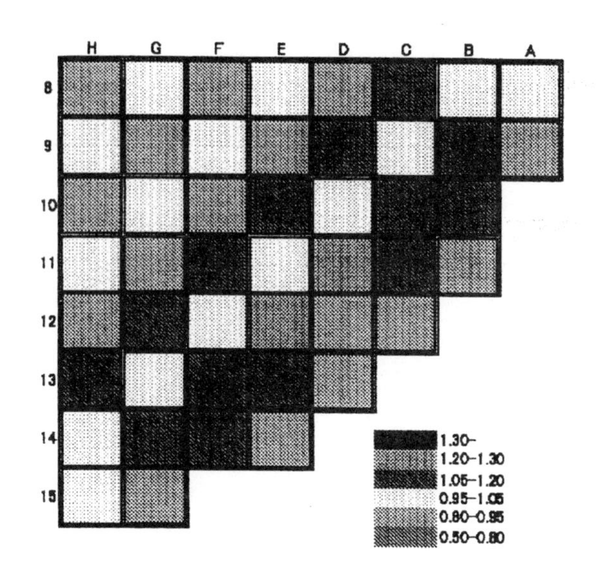

図 6.6 3ループ炉心の径方向相対出力分布例（サイクル初期）

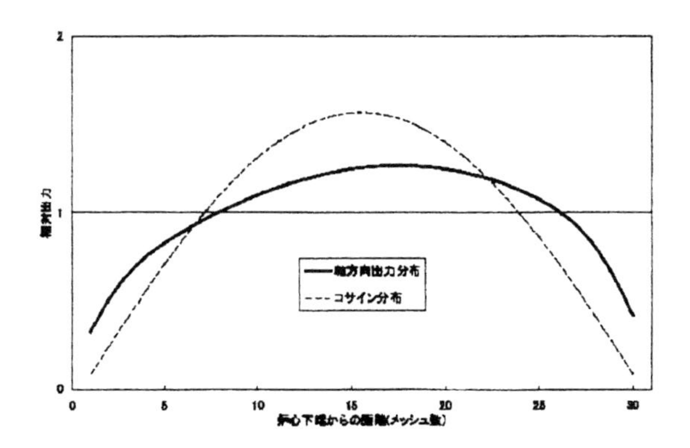

図 6.7 17 × 17 型 3 ループ炉心の軸方向出力分布（サイクル初期，高温全出力条件）

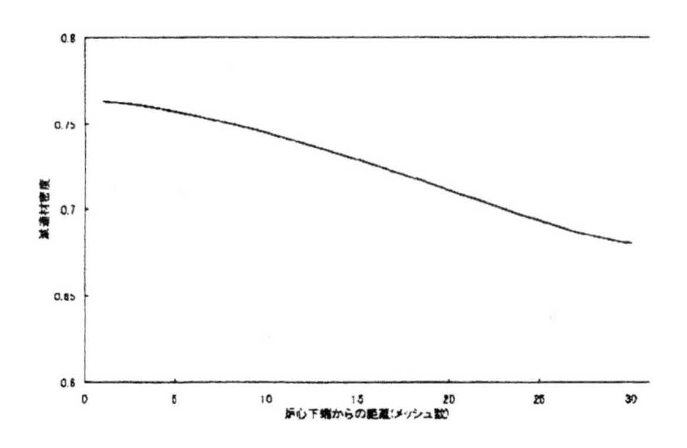

図 6.8 17 × 17 型 3 ループ炉心の軸方向減速材密度分布（サイクル初期，高温全出力条件）

表 6.3 PWR の中性子束および動特性パラメータ（典型例）

平均高速中性子束	約 3×10^{14} (/cm^2· s)	
平均熱中性子束	約 4×10^{13} (/cm^2· s)	
即発中性子寿命	約 15 μ s	
実効遅発中性子割合	約 0.006	平衡サイクル初期
	約 0.005	平衡サイクル末期
ドップラ係数	約-3.8～-2.8 $\times10^{-5}\Delta k/k/$ ℃	平衡サイクル
減速材温度係数	約-63～約-1.9 $\times10^{-5}\Delta k/k/$ ℃	平衡サイクル

である。3 ループ炉心の平衡サイクルにおいては、実効遅発中性子割合は約 0.006（サイクル初期）～約 0.005（サイクル末期）である。ドップラー温度係数は燃料温度により変化するが，高温全出力運転状態の約 700 ℃のときに約 $-2.8\times10^{-5}\Delta k/k/$ ℃程度の値となる。減速材温度係数は、炉心状態に応じて変り、-63～$-1.9\times10^{-5}\Delta k/k/$ ℃程度である。また、PWR では、表 6.3 には示していないが、減速材温度係数とドップラ温度係数からなる出力係数も負となる。反応度フィードバック係数は全て負であり、運転時の出力安定性に極めて優れた特性を有する。

6–2　沸騰水型原子炉

沸騰水型原子炉（Boiling Water Reactor : BWR）は、PWR と同じく軽水を減速材兼冷却材とし、低濃縮二酸化ウラン（UO_2）を燃料とする原子炉であり、主として熱中性子によって核分裂が起る。しかし BWR では、運転時に減速材が沸騰し炉心内に蒸気泡（ボイド : Void）が発生する点に大きな特徴がある。炉心内のボイドは、炉心の中の軽水（水素）の量を大きく変化させ、中性子の振舞いを大きく変化させる。BWR の炉物理は、この点から、ボイドのない PWR の炉物理と大きく異なっている。

(1)　BWR の構成

BWR の炉心は、燃料集合体、制御棒、中性子検出器および中性子源から構成される。表 6.4 に、いくつかの BWR 炉心の主要なパラメータを示す。BWR の炉心は高さ約 3.7m、直径約 3.0m～約 5.0m の大きさで、炉心の大きさに応じて燃料集合体数は約 300～約 900 体、制御棒体数は約 70～約 200 体（燃料集合体 4 体に制御棒 1 体を配置）である。

冷却水は、再循環ポンプによって駆動され，炉心下部から炉心に流入した後、燃料棒に沿って上昇し燃料からの熱を受けて沸点に到達し，一部はボイドとなる。BWR 炉心における炉心平均のボイド率（=ボイド体積率）は約 40 %程度であり、炉心出口では 70 %以上のボイド率になる。なお、炉心出口クォリティ（蒸気質=蒸気重量率）は約 15 %程度である。図 6.9 に、BWR における典型的な最高出力チャンネルにお

表 6.4 BWR 炉心の主要パラメータ

	福島第一・3 号機	福島第二・3 号機	柏崎刈羽 6 号機
原子炉			
電気出力　(MW)	784	1,100	1,356
熱出力 (MW)	2,381	3,293	3,926
原子炉圧力 (MPa) [gage]	約 6.93	約 6.93	約 7.07
給水温度 (℃)	196.1	215.5	215.6
炉心流量 (t/h)	約 33,300	約 48,300	約 52,200
炉心平均ボイド率 (%)	約 42	約 43	約 43
炉心			
炉心等価高さ (m)	約 3.71	約 3.71	約 3.71
炉心等価直径 (m)	約 4.03	約 4.75	約 5.16
炉心 UO_2 重量 (t)	約 95 (9×9 A 型)	約 132 (9×9 A 型)	約 151 (9×9 A 型)
燃料集合体数	548	764	872
制御棒本数	137	185	205

ける縦方向（軸方向）ボイド率と蒸気重量率を示している。冷却水の給水温度は約 200 ℃であるが、炉心出口の冷却水（飽和水温度約 286 ℃）と混合され炉心へ供給されるため、炉心入口温度は飽和水温度より数℃低い温度約 280 ℃である。BWR の運転圧力は約 70MPa と、PWR の約半分としている。

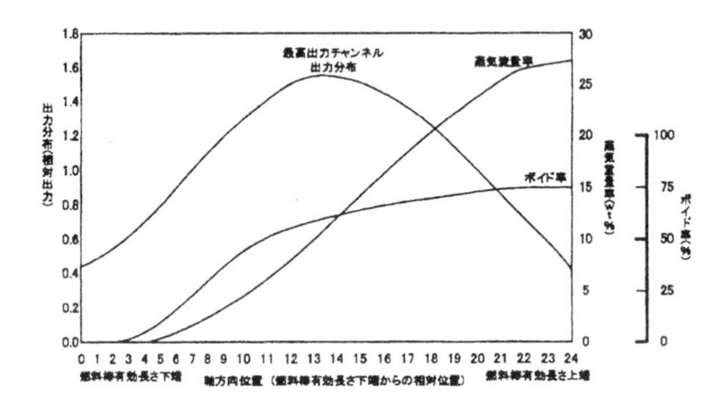

図 6.9 BWR のボイド率，蒸気流量率の一例

(a) 燃料集合体

BWR の燃料集合体は、60〜70 本程度の燃料棒を正方格子状に配列し、これを上部および下部タイプレート並びに数個のスペーサで固定し、それにチャンネルボックスと呼ばれる枠[5] を取り付けて用いている。表 6.5 には、いくつかの BWR 燃料集合体の主要なパラメータを示す。

BWR の燃料棒は、低濃縮ウランの UO_2 あるいは UO_2 に Gd_2O_3（酸化ガドリニウム）を添加したものを、金属ジルコニウム内張りのジルカロイ-2 被覆管（厚さ 0.86cm）に収めたものである。現在，主に用いられている 8×8 型燃料集合体の場合、燃料棒のペレット直径は約 10mm であり、被覆管は外径約 12mm、厚さ 0.9mm で、燃料棒間隔は 4mm、燃料棒ピッチは約 16mm である。燃料棒の長さは、燃料を充填した長さ（燃料棒有効長）で約 3.7m であるが、燃料の上部には，核分裂で生成されるガス状核分裂生成物を収容するガスプレナム部を設けており、全体として長さは 4.5m 程度である。

(b) 制御棒

BWR では、炉心上部に気水分離器などの設備が置かれるため、制御棒は炉心の下部に置かれ、下から挿入される。さらに、BWR ではチャンネルボックス付きの燃料集合体を用いており、PWR のように、燃料集合体内部に制御棒を挿入するのは現実的に難しいことから、十字型の制御棒が用いられている。制御棒の長さは燃料有効長程度であり、燃料集合体 4 体当り制御棒 1 本が配置されている。なお、十字型制御棒の下部には、制御棒が駆動系から切り離された後落下するような事故を考えたときに、制御棒の落下速度を抑える速度リミッタ（フレアー状に裾野を広げ、落下時の抵抗を付ける）が付けられている。

現在用いられている制御棒は、粉末状の炭化ホウ素を細いステンレス鋼管に充填したものを 1 翼当り 10 数本程度束ねて十字型に配列したものと、Hf 金属の薄い板を 1 翼当り 10 数枚重ねて十字型にしたものである。ホウ素を用いる制御棒では、中性子吸収断面積が $1/v$ 型で、熱中性子に対して非常に大きな断面積を持つ $^{10}B(n,\alpha)$ 反応による中性子の吸収を用いている。一方、Hf を用いる制御棒では、1eV〜1keV のエネルギー範囲において 1 万バーンを超える巨大共鳴を数多く持つ Hf 同位体（^{174}Hf〜^{180}Hf）の (n,γ) 反応により、中性子を吸収させている。

ここでは詳しく述べないが、BWR には制御棒の他に、まったく別系統としてホウ酸水注入設備が備えられている。BWR では、制御棒挿入およびホウ酸水注入という原理的に異なる 2 つの原子炉停止設備を有しており、いかなる事故を想定しても原子炉を未臨界に維持できるよう設計されている。

---

[5] 一般的に、ボイドが存在する流路は、水だけの流路に比べて大きな圧力損失となる。BWR でチャンネルボックスがないと、冷却材が集合体内部でなく、外周部をより多く流れてしまう。このため、BWR では冷却材の流路を定め、集合体内部の冷却材流量を確保するためにチャンネルボックスを取り付けている。

表 6.5 BWR の燃料集合体の主要パラメータ

燃料タイプ	9×9	高燃焼度 8×8
燃料集合体		
燃料棒配列	9×9	8×8
集合体全長 (m)	4.47	4.47
燃料棒本数	74	60
平均濃縮度 (wt %)	3.7	3.4
燃焼度（平均） (MWd/t)	45000	39500
燃焼度（最高） (MWd/t)	55000	50000
線出力密度 (kW/m)	44	44
燃料棒		
外径 (mm)	11.2	12.3
被覆管肉厚 (mm)	0.71	0.86
被覆管材料	ジルカロイ 2（Zr 内張り）	同左
ペレット直径 (mm)	9.6	10.4
ペレット長さ (mm)	10	10
ペレット被覆管間隙 (mm)	0.2	0.2
ペレット密度 (% TD)	97	97
ペレット材	UO_2 UO_2-Gd_2O_3	同左
初期 He 加圧 (気圧)	10	10
プレナム体積比 (%)	10	10
燃料温度（最高）	約 1,550 (Gd なし)	約 1,590 (Gd なし)
被覆管外面温度 (℃)	310	310
冷却材温度 (℃)	286	286
ウォータロッド		
ウォータロッド形状	管状	管状
外径 (mm)	24.9	34
本数	2	2
スペーサ		
型式	丸セル型	同左
個数	7	7
タイプレートチャンネル		
型式	改良型	従来型
材料	ジルカロイ	ジルカロイ-4

(c) 炉心

BWR では、数 100 体の燃料集合体をほぼ円柱状の形状になるように配置している。炉心の外にはシュラウド（円筒状のもの）、再循環ポンプそして圧力容器があるが、BWR 炉心外周部のほとんどは水であり、その水が反射体および遮蔽材として働いている。炉心の下部にはこの燃料や炉心全体を支持する下部タイプレートや炉心格子板が置かれ、炉心上部には燃料ガスプレナム部、その上には上部格子板が配されている。

(2)　BWR の核特性

(a) 典型的な解析手法

現在、BWR の設計のための核的特性の解析は、2 段階で行われている。第 1 段階は燃料集合体（外周の水部分を含む）を解析する単位燃料集合体解析である。第 2 段階は、第 1 段階での解析結果を用いて、炉心全体の核・熱・水力特性を解析する全炉心核熱水力解析である。

第 1 段階の単位燃料集合体解析では、燃料集合体内のピン毎の形状、寸法、組成等を入力し、別途用意した断面積等を用いて、各燃料集合体の全体を平均化した核定数や、燃料集合体内の各燃料棒の相対出力等を、エネルギー少数群 2 次元（xy 体系）拡散計算または輸送計算により解析している。そこでは、集合体内のボイド率、制御棒の挿入状態をパラメータとして変化させ、様々な燃焼度における解析を実施している（必要に応じて、燃料温度や減速材温度を変えた計算も実施している）。

上記の結果を入力とする第 2 段階の計算では、横方向は集合体単位、縦方向は 24 領域程度に分割し、各小領域ごとの原子炉出力、冷却材流量、ボイド率等を繰り返し計算により収束するまで行い、最終的には原子炉全体の出力分布、熱水力特性の他、実効増倍率を計算している。ここでの核計算は、空間は 3 次元、エネルギーは修正 1 群近似や 2 群などの少数群を用いて、拡散方程式を解いており、合わせて各領域ごとに燃焼計算も行えるようにコード化されている。以下、BWR の核特性解析結果を提示するとともに、BWR の核的な特徴を説明する。

(b) 燃料集合体核特性

BWR では低濃縮ウランが燃料として使用される。そのウランの平均濃縮度は、冷温時から運転時の間の減速材の加熱および沸騰、燃料温度上昇、Xe および Sm の毒作用および燃料の燃焼等による中性子損失要因および運転時の中性子の漏れを補い、1 サイクル約 1 年間の運転を可能とするように定められる。現在の BWR ではおおよそ燃料集合体平均濃縮度は約 4 %である。

この燃料を用いて炉心を構成すると、サイクル初期には、かなり大きな実効増倍率（過剰反応度）となる。これをすべて制御棒で補償するのは現実的でないことから、このサイクル初期の過剰反応度を抑えるために Gd_2O_3 を燃料に混入させて使用する。天然の Gd には、中性子吸収断面積の大きな ^{155}Gd（天然存在率 15 %）および ^{157}Gd（同じく 15 %）が含まれ、これらがサイクル初期に中性子を吸収し、過剰反応度を抑える働きをする。そして、Gd 量（ウランに対する混入濃度および Gd 入り燃料棒の本数）を調整することにより、サイクルを通じて、過剰反応度が 10 数本程度の僅かな制御棒本数で抑えられる程度にしている。最近の BWR 燃料で燃焼初期に Gd によって抑えられている反応度は約 20〜30 % Δk 程度であり、燃焼度が約 10GWd/tHM のときに，ほぼ Gd が燃え尽きるように設計されている（図 6.2 参照)。

平均濃縮度ならびに Gd 量が決定された後、燃料集合体内のピン毎の濃縮度分布の決定が行れる。BWR では、十字型制御棒を用いるため、燃料集合体の周りに水だけの領域が出来る。このため、周辺にある燃料棒へは十分減速された中性子が供給されるのに対し、集合体内部への熱中性子の供給は少くなる。さらに、燃料集合体内部とはチャンネルボックスで仕切られ、燃料集合体内部は平均 40 %（炉心出口では 70 %以上）のボイド率となっていることもあって、中性子減速が不十分な状態（減速不足）となる。内部の減速不足を補うために、集合体中心部には太径のウォータロッドが配置されているが（ボイド係数などは改善されるが)、やはり、燃料集合体の中に依然として大きな熱中性子束の不均一分布が形成される。このため BWR の設計においては、ピンごとに燃料濃縮度を変化させ、熱中性子束の大きな場所（外周部、特にコーナー部）では濃縮度を下げ、内部では濃縮度を上げることにより，燃料集合体内の核燃料棒の出力分布の平坦化を図っている。このような平坦化と、縦方向の 0〜70 %にもおよぶボイド分布の影響を補償するために縦方向にも濃縮度分布の調整が行われている。典型的な濃縮度分布、Gd 分布の例を図 6.10 に示す。最大の濃縮度を使用するのは、最も内部の燃料棒であり、外周部はコーナーに向かって次第に濃縮度が下がっている。また、この例では濃縮度 3.0 %の 8 本の Gd 入り燃料棒（4.5 % Gd 濃度）が使用されている。

表 6.5 には、運転時の燃料棒のパラメータをまとめている。運転時の燃料温度は、平均で 600 ℃、最高で約 1600 ℃である。被覆管温度はおおむね冷却水温度にほぼ等しいと考えてよい。また、冷却材の温度は BWR の場合，炉心全体を通じて飽和温度である 286 ℃程度で一定となっている。

(c) 制御棒核特性

BWR の制御棒は、燃料中の Gd 反応度抑制効果とあいまって、原子炉の余剰反応度を十分制御できるだけの反応度価値を持つように設計されている。全制御棒の反応度価値は、約 0.18Δk（冷温時）である。BWR の炉心設計においては、制御棒の制御能力を確認するため、全制御棒の中で最大の価値を持つ制御棒が抜けている状態における実効増倍率を解析し、そのときの実効増倍率が 0.99 以下になることを確認し

<<幾何形状>>	
集合体幅	15.24cm
セル幅	1.63cm
燃料棒外径	0.615cm
燃料棒内径	0.529cm
燃料棒被覆管厚さ	0.086cm
ウォーターロッド外径	1.6cm
ウォーターロッド内径	1.5cm
ウォーターロッド被覆管厚さ	0.1cm
チャネル厚さ	0.254cm
チャネル外減速材厚さ	0.846cm

	U-235	Gd
1	4.9%	-
2	3.6%	-
3	3.0%	-
4	2.3%	-
G	3.0%	4.5%

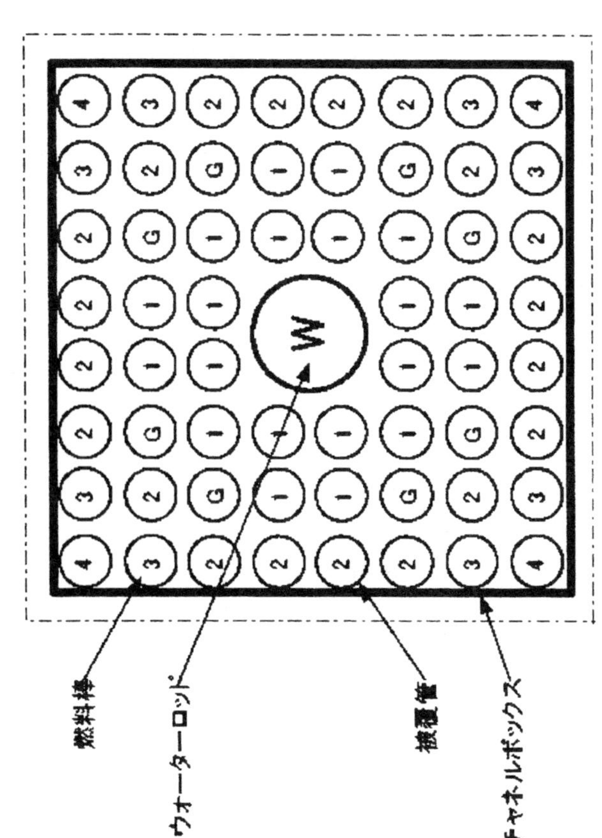

図 **6.10** 8 × 8 型 BWR 燃料集合体

ている。

制御棒に関する BWR の特徴として、BWR では制御棒一つ一つの価値が、他の制御棒の挿入状態（制御棒パターン）に大きく依存することがあげられる。例えば、近隣の制御棒が挿入されているときには、制御棒価値は小さい。しかし、逆に近隣の制御棒が抜かれていて 1 本だけが挿入されているような状態では、制御棒の反応度価値が非常に大きくなる。このため、BWR では、1 本の反応度価値が極端に大きくならないような制御棒引き抜き手順を定め、それ以外の制御棒引き抜きができないような制御棒引抜監視装置が付けられている。

このほか、制御棒の反応度効果を制御棒の高さ依存で求める解析も行われ、その結果が動特性解析においてスクラム挿入反応度として用いられる。

(d) 炉心核特性

BWR の炉心には，例えば約 80 万 kWe 級のプラントでは 100t 程度のウランが装荷され、おおよそ 1 年間運転される。平均濃縮度が約 3 %程度の燃料が用いられたとき、燃料集合体平均の燃焼度は約 40GWd/tHM となり、最大でも 50GWd/tHM 以下である。BWR では 1 年間の運転終了後、通常 1/3〜1/4 の燃料が各サイクル終了後取り出され、新燃料と交換される（言い換えると、燃料は炉心に 3〜 4 サイクル滞在する。この滞在サイクル数を通常バッチ数と呼ぶ)。燃料取り替え時には、燃料集合体の配置替え（シャッフリング）が行われる。この配置替えにあたっては、炉心の径方向の出力分布の平坦化を図る、制御棒価値の局大化を避ける、燃焼度分布の分散を小さくするという点に着目した設計がなされる。図 6.11 には、燃料集合体の装荷配置図の典型例を示す。

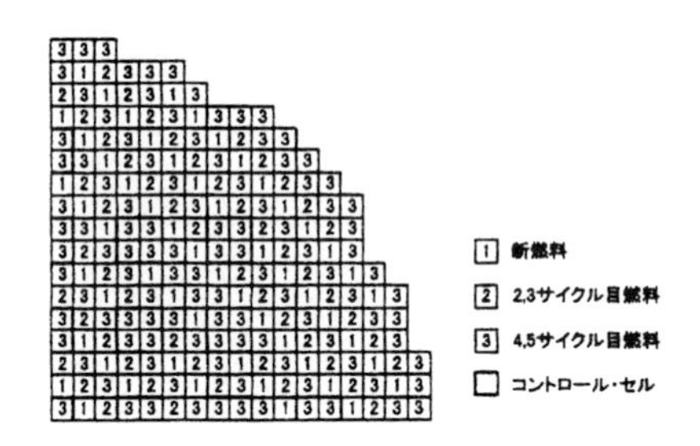

図 6.11 BWR における燃料装荷パターン例

図 6.12 と図 6.13 には、典型的な炉心内の軸方向（縦方向）および径方向（横方向）の出力分布を示している。いずれの場合も、炉心平均出力を 1 にしたときの相対的な出力を示している。横方向、縦方向とも、最外周部を除いて、ほぼ平坦な分布が実現されていることがわかる。これは、燃料集合体の配置並び

に軸方向の濃縮度分布の効果である。図 6.12 には、原子炉の基本モードスペクトルであるコサイン分布を合わせて示している。この図から、BWR の出力分布が大幅に平坦化されていることが確認できる。また、

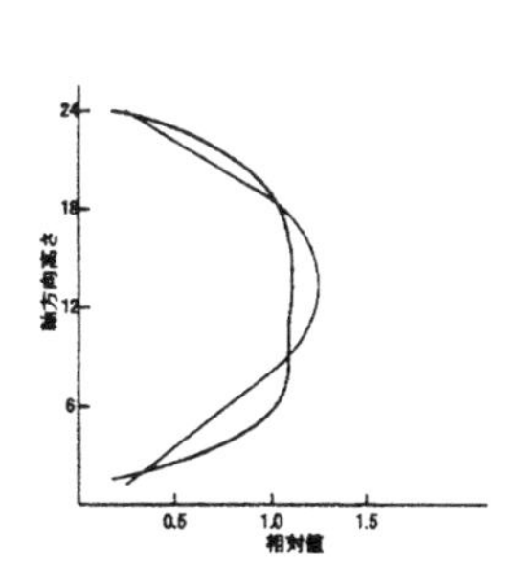

図 6.12 炉心軸方向平均出力分布

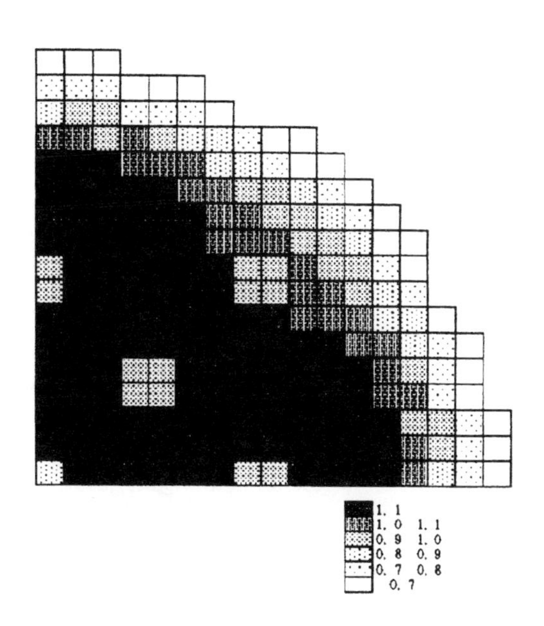

図 6.13 炉心径方向平均出力分布

図 6.14 として、BWR における典型的な中性子エネルギースペクトルを示す。このスペクトルは、詳細群計算によるもので、先に述べた BWR 設計用の解析によるものではない。MeV 付近の核分裂中性子のピーク、100keV から 1keV までの $1/E$ スペクトル（レサジ単位では平坦になる）および 1eV 以下の熱中性子のピークが見られる。これらのスペクトルを見ると、幾つかの個所で、窪みが見られる。これらは、燃料に含まれる核種の共鳴によるものである。大きなものとしては、核分裂中性子ピークにある幾つかの窪みは ^{16}O によるものであり、数 eV にある窪みは ^{238}U の 6.7eV の巨大共鳴によるものである。

表 6.6 に、中性子束や動特性パラメータなどの炉心特性解析結果をまとめた。BWR の中性子束の大きさは、高速中性子束が約 1×10^{14} （$n \cdot \mathrm{cm}^{-2} \cdot \mathrm{s}^{-1}$）であり、熱中性子束は約 5×10^{13} （$n \cdot \mathrm{cm}^{-2} \cdot \mathrm{s}^{-1}$）である。ここで、高速中性子束は、5.53keV 以上のエネルギー領域、熱中性子束は 0.625eV 以下のエネルギー領域の積分中性子束としている。BWR の動特性パラメータの典型的な値は、遅発中性子割合が 0.005～0.007 程度、即発中性子寿命は 40μs 程度である。ドップラー係数は、サイクル初期とサイクル末期で変るが、通常運転時、炉心平均 40 %ボイド時において、約 -1～-2×10^{-5} % $\Delta k/k/$ ℃程度である。この値は、1000 ℃の温度変化が起ると約 1～2 % Δk の負の反応度を投入されることに相当する。一方、BWR 特有のボイド反応度係数も、サイクル初期とサイクル末期で変るが、40 %ボイド付近のボイド係数を見ると、おおよそ -6～-10×10^{-4} % $\Delta k/k/$ %ボイド率程度の値を取る。この値は、10 %のボイド変化で約

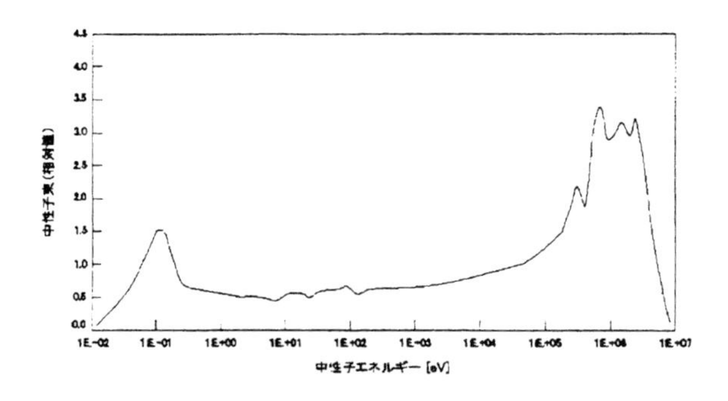

図 6.14 BWR の典型的中性子スペクトル

0.6〜1 % Δk 程度の反応度変化があることに相当する。この大きな負の反応度係数は、BWR に固有の安全性を与えるとともに、再循環流量制御による出力制御を可能としている。なお、減速材温度係数は、ボイド係数に比べて十分小さく、かつ、BWR の場合，運転時は、ほとんど減速材の温度変化が無いことから実際の運転にはほとんど影響しない。

表 6.6 中性子束や動特性パラメータなどの炉心特性解析結果

項目	値	備考
平均高速中性子束	約 1.2×10^{14} $(/\mathrm{cm}^{-2}\cdot\mathrm{s}^{-1})$	
平均熱中性子束	約 4.4×10^{13} $(/\mathrm{cm}^{-2}\cdot\mathrm{s}^{-1})$	
即発中性子寿命	約 43 μs	
実効遅発中性子割合	約 0.0072	第 1 サイクル初期
	約 0.0053	サイクル末期
ドップラ係数	約 -1.6×10^{-5} $\Delta k/k/$ ℃	第 1 サイクル初期
	約 -2.1×10^{-5} $\Delta k/k/$ ℃	サイクル末期
ボイド係数	約 -0.69×10^{-3} $\Delta k/k/$ %ボイド	第 1 サイクル初期
	約 -0.88×10^{-3} $\Delta k/k/$ %ボイド	サイクル末期
出力反応度係数	約 -0.03 より負 $((\Delta k/k)/(\Delta p/p))$	

以上の核設計パラメータに関する制限（制御棒価値や反応度係数が十分な負など）の他、BWR の炉心設計においては、二つの熱的な制限値がある。一つは、最大線出力密度（MLHGR）である。MLHGR はペレットの膨張により、被覆管に過大なひずみを与えないよう導入されているものである。MLHGR の現在の制限値は 44.0kW/m とされており、これを満足させるために、BWR の炉心設計では出力分布の平坦化を、燃料集合体内（濃縮度分布で）、炉心軸方向（濃縮度分布および制御棒高さで）、炉心径方向（燃料集合体配置および制御棒位置で）毎に行なっている。もう一つの制限値として、最小限界出力比（MCPR）

がある。このMCPRは、燃料被覆管の温度を異常に高くせず、被覆管の健全性を保つ観点から用いられるものである。MCPRは、沸騰遷移する出力に対する現在の出力の比で定められる限界出力比（CPR）の最小値で定義され、現在1.2〜1.4程度の値（燃料設計や燃料集合体設計に依存）が制限値として用いられている。CPRは燃料集合体の局所的な出力分布および燃料集合体軸方向出力分布の影響の他、燃料集合体を流れる冷却材流量による影響を大きく受ける。このため、MCPRの制限値を満足した炉心を設計するためには、核および熱両方の面からの解析が必須となる。

6–3　高速増殖炉

(1)　高速増殖炉の特徴

高速増殖炉の本来の目的は、エネルギー生産と同時に、消費される量より多くの核分裂物質をなるべく短時間で生産することである。原子炉に装荷した核分裂物質の量が2倍となる時間を（原子炉）倍増時間（Reactor Doubling Time : RDT）という。原子炉の増殖比をGとすると、RDTは

$$G = \eta - 1 - (1 + L) \tag{6-1}$$

$$\mathrm{RDT} = \frac{2.7M_0}{GPf\,(1+\alpha)} \tag{6-2}$$

ここで

η：イータ値

M_0：初装荷核分裂物質量（kg）

L：中性子の漏れの率

P：原子炉出力（MW）

f：プラントの負荷率

α：捕獲反応率比（$= \sigma_c/\sigma_f$）

である。したがってRDTを短くするには、①増殖比が高い、②核分裂物質当りの出力が高い、③初期装荷量が小さいことが必要であり、コストが高くないことも当然要求される。

第1章で述べた通り、ηは中性子エネルギーが高い所で、そして他の核種に比べて^{239}Puに対して大きいので、^{239}Puを燃料、^{238}Uを親物質とするU-Puサイクルが、高速増殖炉として適当である。これには熱中性子炉から取り出されるPuと濃縮ウラン生産の際の副産物である劣化ウランが利用できるという意味もある。高いエネルギーの中性子の割合が大きいスペクトルを得るには、中性子の減速効果を少くするため、冷却材として，例えばHe、水蒸気のような気体、またはNa、Pbのような液体金属を使う必要があ

る。普通、熱伝導の良い Na が用いられる。増殖比を高くし、燃料インベントリーを小さくするという点から見れば、高富化度の燃料を用い、炉心を取り巻くブランケットで燃料を増殖する「外部増殖」方式が好ましいが、この方法では燃焼に伴い炉心燃料が減耗し、反応度が下がるので燃料交換の頻度が増す。そこで、①燃料燃焼度が高くできて燃料費が削減される、②負のドップラー効果が得られる、③ Pu が希釈されるため高い出力密度が得られる等の理由から、転換のかなりの部分を炉心燃料体内で行わせる「内部増殖」方式（一部はブランケットで行わせる）が取られる。燃料体としては、金属燃料、炭化物燃料、窒化物燃料等も考えられ研究されているが、現在は一般的に，軽水炉で経験のある酸化物燃料が用いられている。本節では Na 冷却高速炉の核設計手法と核特性について述べる。

(2)　高速炉の構成

表 6.7 に高速実験炉「常陽」と原型炉「もんじゅ」の原子炉および炉心の仕様を示す。「常陽」の Mk-Ⅲ炉心は材料照射を目的とする高出力密度（～560kW/l）の特殊な炉心なので、以下は「もんじゅ」を対象とする。図 6.15 に「もんじゅ」の炉心配置図を示す。

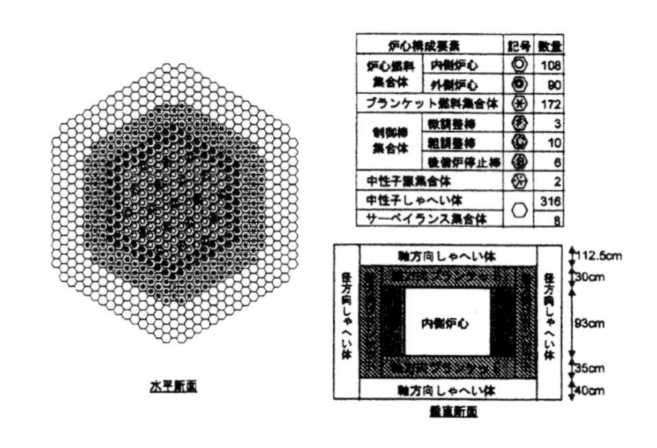

炉心構成要素		記号	数量
炉心燃料集合体	内側炉心		108
	外側炉心		90
ブランケット燃料集合体			172
制御棒集合体	微調整棒		3
	粗調整棒		10
	後備炉停止棒		6
中性子源集合体			2
中性子しゃへい体			316
サーベイランス集合体			8

図 6.15　「もんじゅ」の炉心配置図

「もんじゅ」炉心は炉心燃料集合体（内側炉心 108 本、外側炉心 90 本）、制御棒（調整棒 13 本、後備停止棒 6 本）、ブランケット集合体 172 本、ステンレス鋼製遮蔽体 316 本等から構成され、これらが 6 角柱状に配列される。炉心の外側には、使用済燃料一時貯蔵用の炉内ラックがある。炉心は下部より炉心支持板で支えられる。冷却材は炉心下部より炉心内に入り、燃料棒に沿って上昇し、上部より原子炉容器外へ出て中間熱交換器に向かう。Na 入口温度約 397 ℃、出口温度約 529 ℃と設計されている。この温度は Na の沸点（881 ℃）より十分に低く、かつ 2 次系の蒸気発生器で 483 ℃の水蒸気を作り 39.2 %の熱効率を得ることができる。

表 6.7 FBR の原子炉および炉心の仕様

種類	項　目	実験炉「常陽」(MK －Ⅲ炉心)	原型炉「もんじゅ」
原子炉	電気出力　(MW)	－	280
	熱出力 (MW)	140	714
	原子炉圧力 (MPa) [gage]	約 0.49	約 0.78
	(原子炉容器入口、カバーガス)	約 9.8×10^{-4}	約 0.054
	1 次冷却材全流量 (kg/h)	約 2.7×10^{6}	約 15.3×10^{6}
		(2 ループ分)	(3 ループ分)
	1 次冷却材原子炉容器入口温度 (℃)	約 350	約 397
	1 次冷却材原子炉容器出口温度 (℃)	約 500	約 529
炉心	炉心燃料領域数	2	同左
	炉心燃料領域有効高さ (m)	約 0.50	約 0.93
	炉心燃料領域等価直径 (m)	約 0.80	約 1.8
	軸方向厚さ（上部、下部） (m)	－	約 0.3、約 0.35
	半径方向ブランケット等価厚さ (m)	－	約 0.3
	炉心燃料領域燃料装荷量	約 160kg (^{239}Pu+^{241}Pu)*	約 1.4t (金属 Pu)**
		約 110kg (^{235}U)*	約 4.5t (金属 U)**
	軸方向ブランケット燃料装荷量	－	約 4.5t (金属 U)**
	半径方向ブランケット燃料装荷量	－	約 13t (金属 U)**
	熱遮へいペレット領域燃料装荷量	約 50kg (劣化ウラン)*	－
		約 1kg (天然ウラン)*	－

*：最大，**：初期装荷量

(a) 燃料棒

一般に、燃料ピン直径 D（m）は、熱流束 q（W/m^2）および線出力密度 χ（W/m）と次の関係にある。

$$q = \frac{\chi}{\pi D} \tag{6-3}$$

$$\chi = 4\pi \int_{T_0}^{T_C} k(T)dT \tag{6-4}$$

ここで

$k(T)$：燃料の熱伝導率

T_0：燃料表面温度

T_C：燃料中心温度

すなわち、線出力密度 χ は直接はピン径 D に関係しない。

軽水炉においては、熱流束 q に制限があるため、ピン径 D としてあまり小さな値を取ることができない。すなわち、ピン径 D に最小値が存在することとなる。この点から、軽水炉では、一定以上の太さの燃料棒を用いることが必要となる。これに対して、Na 冷却高速炉燃料設計では、熱流束の観点からの燃料ピンの直径への制約はない。このため、Na 冷却炉では、燃料コストの悪化を招かない範囲[6] でピン径 D を小さくする設計が取られると同時に、高速炉では同じ直径の燃料ピンを採用した場合、燃料体積比を大きくできる格子形状である 6 角形状が通常採用されている。

核特性上は、高速炉では中性子の平均自由行程が燃料ピンの直径に比べて長いので、特別の場合を除けば核設計は均質拡散計算で十分である。しかし、中性子スペクトルの決定に中性子の漏れが大きく影響し、炉心の中心と周辺では（そしてブランケットでは）スペクトルが異なるので、多群解析が不可欠となる。また小型炉心では勿論のこと、「もんじゅ」クラスの原子炉の場合でも、臨界計算において拡散計算と輸送計算との間で実効増倍率に 0.6～0.7 %の差を生ずることに注意しなくてはならない。

(b) 燃料集合体

「もんじゅ」の燃料集合体を図 6.16 に示す。また燃料集合体の仕様を表 6.8 に示す。炉心燃料集合体は Pu と U の混合酸化物（MOX）を焼結したペレット（高さ約 8mm、直径約 5.4mm）をステンレス鋼製の

---

[6] 燃料ピンを細くすると、ピン 1 本当りの冷却材や構造材の体積が増す、すなわち燃料の体積比が減る。このことは、同じ大きさの原子炉を考えた場合、同じ量の核分裂物質を炉心に入れるために燃料の富化度を増さねばならなくなることを意味し、これは燃料内での内部転換比の低下、炉心燃料の交換頻度の増加、そして燃料コストの増加を招く。またピンを細くすることで燃料集合体当りの燃料ピンの数が増す。この点もコストの増加を招く。このような点から、高速炉では、同じ直径の燃料ピンを採用した場合、燃料体積比を増すために、格子形状として 6 角形状を取る（軽水炉は 4 角形状）。

被覆管に挿入し、He ガスを入れて密封したもので、軽水炉のものより密度が低いのが特徴である（理論密度の約 85 %。これは燃料のスウエリング対策である）。燃料ピンの下部に約 0.35 m、上部に約 0.3m の高さのブランケット部があり、さらに上部には高燃焼と高温に対応して約 1.2m のガスプレナム部がある。燃料の全長は約 2.8m である。燃料被覆管の外径は約 6.5mm、被覆材厚さは約 0.47mm で、169 本が 1 体の 6 角形状のステンレス鋼製ラッパ管に挿入される。軽水炉と異なり、燃料ピンの間隔はワイヤスペーサーで保持される。なお、径方向ブランケット燃料はペレット直径約 10mm 高さ約 16mm の 0.2 %劣化ウラン酸化物で、外径約 12mm、厚さ約 0.5mm の被覆管に挿入され、1 集合体には 61 本のピンが入れられている。

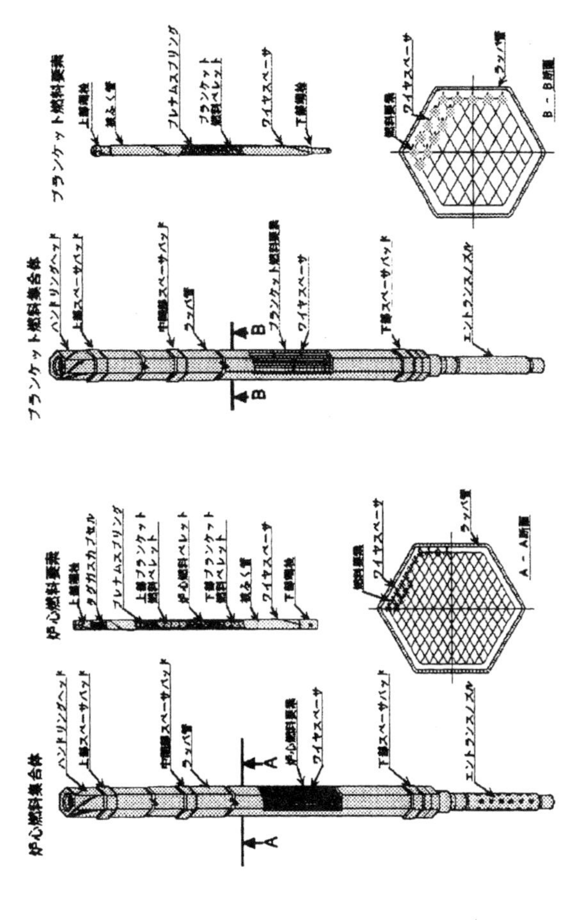

図 6.16 「もんじゅ」の燃料集合体構造図

表 6.8 「もんじゅ」の燃料集合体の仕様

種類	項目	炉心燃料集合体	ブランケット燃料集合体
燃料集合体	燃料要素配列	正三角形配列	同左
	燃料要素配列ピッチ (mm)	約 7.9	約 13
	集合体当たり燃料要素本数	169	61
	燃料要素全長 (m)	約 2.8	同左
	集合体全長 (m)	約 4.2	同左
	炉心燃料核分裂性 Pu 富化度		
	(内側炉心, 外側炉心)		
	初装荷燃料 (wt %)	約 15, 約 20	−
	取替燃料 (wt %)	約 16, 約 21	−
	^{235}U 含有率 (wt %)	約 0.2	約 0.2
	炉心燃料集合体平均取出し燃焼度		
	(初装荷炉心、平衡炉心) (MWd/t)	約 16,000, 約 80,000	−
	燃料集合体最高		
	取出し燃焼度 (MWd/t)	約 94,000	約 5,800
燃料要素	外径 (mm)	約 6.5	約 12
	被ふく管肉厚 (mm)	約 0.47	約 0.5
	被ふく管材料	SUS316 相当ステンレス鋼	同左
	ペレット直径 (mm)	約 5.4	約 10.4
	ペレット-被覆管間隙 (mm)	約 0.16	約 0.2
	ペレット密度 (% TD)	約 85	約 93
	ペレット材	Pu.U 混合酸化物	UO2
	プレナム有効体積 (cm^3)	25	87
	燃料最高温度 * (℃)	約 2,350 以下	約 1,850 以下
	被ふく管最高温度 * (℃)	約 675 以下 **	約 700 以下 **
	冷却材最高温度 * (℃)	約 670 以下	約 700 以下
	ラッパ管材料	SUS316 相当ステンレス鋼	同左
ラッパ管	集合体対辺間距離		
	(六角内辺) (mm)	約 105	同左
	燃料要素間隔保持方式	ワイヤスペーサ型	同左
スペーサ	スペーサの材料	SUS316 相当ステンレス鋼	同左

*：定格出力時，**：肉厚中心

(c) 制御棒

「もんじゅ」の制御棒は、炭化ホウ素（B_4C）ペレットをステンレス鋼の被覆管に封入したもので、$^{10}B(n,\alpha)^7Li$ 反応により中性子を吸収する。3 本の微調整棒と 10 本の粗調整棒での ^{10}B の割合は約 39 %、6 本の後備制御棒のそれは約 90 % である。表 6.9 に「もんじゅ」の反応度バランスを示す。高速炉の場合、燃料燃焼に伴う補償が約 2 % と小さく、制御棒の制御能力によって、燃料燃焼度が制限されることはない。また主制御系制御棒のみで原子炉の緊急停止が可能で、後備制御系制御棒は運転中は完全に炉から引き抜かれて主制御系とは独立の緊急炉停止機能を受け持つ。

表 6.9 「もんじゅ」の反応度バランス

$(\times 10^{-2}\Delta k/k)$

反応度バランス	初装荷炉心	(原子炉停止系，制御棒)	平衡炉心	(原子炉停止系，制御棒)
	主炉停止系	後備炉停止系	主炉停止系	後備炉停止系
	調整棒	後備炉停止棒	調整棒	後備炉停止棒
所要反応度				
出力補償	1.9	1.9	1.7	1.7
燃焼補償	2.5	—	2.6	—
運転余裕	0.3	—	0.3	—
炉の反応度の誤差吸収	1.0	—	1.0	—
所要反応度の合計	5.7	1.9	5.6	1.7
制御棒価値	7.1*	5.9	7.0*	5.8
余裕反応度	1.4	4.0	1.4	4.1

*：最大反応度価値を持つ制御棒 1 本が，全引き抜き位置のまま挿入できないとした場合。

ここで，出力補償：低温の原子炉停止状態（180 ℃）から，高温の全出力状態までの反応度変化を補償する。

燃焼補償：1 燃焼サイクル間の燃料燃焼に伴う反応度変化を粗調整棒で補償する。

炉の反応度の誤差吸収：炉の反応度と予測値の反応度との間の誤差を粗調整棒で負担する。

運転余裕：微調整棒は炉の運転に必要な反応度を持ち，また，負荷追従に必要な微分反応度価値を確保する位置まで挿入しておく。

反応度停止余裕：高温全出力状態から低温の状態まで停止して，さらに十分臨界未満になるように，原子炉停止系は，それぞれ独立に所定の反応度停止余裕を持つ。

(d) 炉心

炉心の等価直径は約 1.8m（うち内側炉心約 0.68m）で、その外に 3 層（約 0.3m）の径方向ブランケット領域と 4 層（約 0.4m）の中性子遮蔽体領域がある。炉心は、出力の平坦化を図るため 2 領域としており、内側炉心の富化度は約 15 %、外側炉心の富化度は約 20 % である（初期炉心の場合。取替え燃料では内側約 16 %、外側約 21 %）。炉心の高さは約 0.93m（それに燃料集合体の項で述べたブランケットが付く）と小さく、扁平な形となっている。この炉心の高さは、原子炉容器等の構造設備に影響を及ぼす燃料集合体の全長を抑える、炉心圧力損失、制御棒挿入性、Na ボイド反応度（後述）等を考慮して決められている。

(3) 高速炉の核特性

(a) 解析手法

「もんじゅ」の核特性解析は次のように行われた。まず ENDF/B-Ⅱ、Ⅲに基づく 26 群の ABBN 型炉定数セット[7] を用いて 1 次元拡散計算を行い、得られた中性子スペクトルで縮約して少数群（6 群または 16 群）定数を得る。この定数により 2 次元拡散計算（RZ 体系計算で得られたバックリングを用いた XY 体系計算）を基本計算として、必要に応じて 2 次元 S_N 法による輸送理論補正を考慮して出力分布、実効増倍率および制御棒価値を求める。反応度係数は 2 次元拡散摂動計算により求める。また燃焼計算は多群 2 次元拡散計算で得られた中性子束分布による原子数密度計算と多群拡散計算を繰り返して行われる。

一方、「もんじゅ」の性能試験評価のための解析では、核データライブラリ JENDL-3.2 または JENDL-2 に基づいて作成された 70 群炉定数セット JFS3 に基づいている。これから得られた 70 群の実効断面積、あるいはこれを縮約した少数群（6 群または 18 群）定数を用いて 3 次元拡散計算が行われる。その後、必要に応じて 3 次元輸送理論計算による補正を行って出力分布、実効増倍率、制御棒価値を求めている。この解析手法の妥当性は「もんじゅ」の性能試験評価解析等を通じて確証されている。

(b) 核特性

図 6.17 に初装荷炉心の内側最内層の燃料集合体における軸方向出力分布を示す。その分布は軸方向ブランケットの存在のためチョップドコサインの形をしており、相対出力でみると大よそ 0.5～1.25 の間にあり PWR の場合に近い。図 6.18 に初装荷炉心の初期における径方向出力分布を示す。内側炉心と外側炉心の富化度と、それぞれの厚さの選択の結果内側炉心の出力が平坦化され、また内側炉心と外側炉心のピーク出力がほぼ一致していることが見てとれる。図 6.19 に典型的な中性子エネルギースペクトルを示す。3keV 付近の中性子束の落ちこみは Na の共鳴散乱によるものである。

表 6.10 に「もんじゅ」の中性子束および動特性に関係するパラメータの計算値を示す。ここで，高速中性子束は 100keV 以上の中性子束を示す。中性子束が熱中性子炉より 1 桁以上高いが、これは高速領域でミクロ実効断面積が熱中性子領域より 1 桁以上小さいことによる。即発中性子寿命は PWR の数 10 分の 1

[7] ミクロ断面積への自己遮蔽効果を考慮するために f 因子を導入して、$\sigma_{eff} = f\sigma_0$（σ_0 は無限希釈断面積）の形で実効断面積 σ_{eff} を求める群定数セット。f 因子は、温度 T と、問題とする核種以外の物質の散乱断面積の和（＝バックグラウンド断面積）の関数として数表化しされていて、与えられた材料に対してのバックグラウンド断面積と、体系の温度とを合わせて計算すべき物質の f 因子を求める。

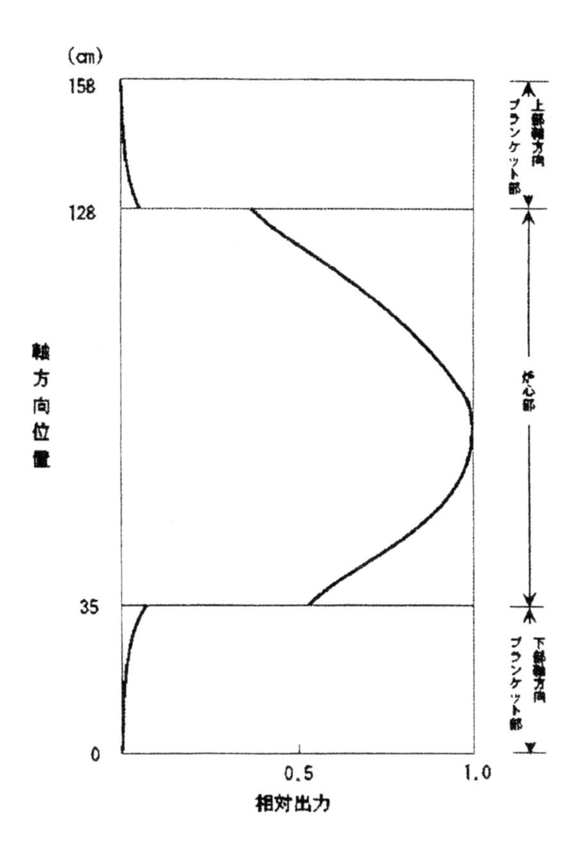

図 6.17 「もんじゅ」内側炉心燃料軸方向出力分布（初装荷炉心初期，内側炉心最内層燃料集合体）

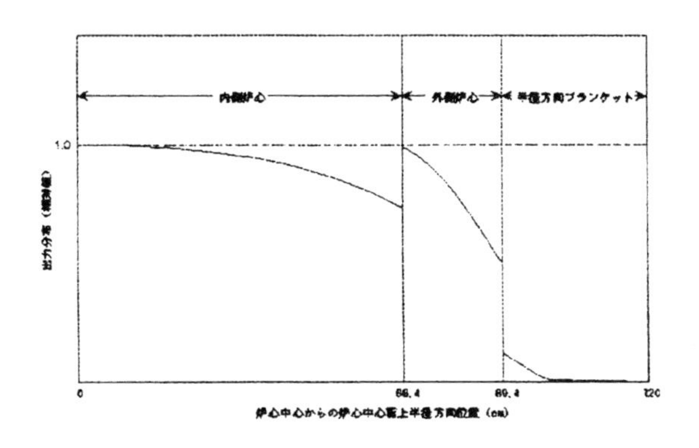

図 6.18 「もんじゅ」初装荷炉心初期半径方向出力分布

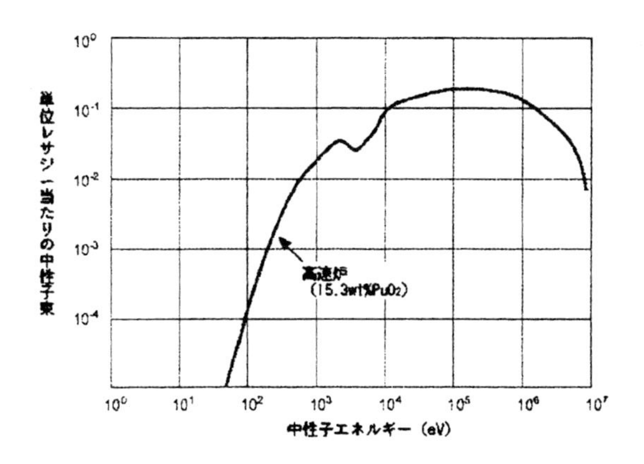

図 6.19 高速炉の中性子エネルギースペクトル

である。原子炉はいかなる場合にも即発臨界状態となることのないように設計、製作されているが、即発中性子寿命が小さいことは、万一，原子炉が即発臨界となった場合に同一の挿入反応度に対して、原子炉出力がより急激に上昇することを意味する。しかし、この場合には、出力上昇速度に対応した負のフィードバックが働き出力上昇は自然に抑えられるために出力ピークが生じるが、フィードバック係数が同じであるとすれば、出力ピーク内のエネルギー放出量は即発中性子寿命に依存しない。なお，実際には，実効中性子寿命は遅発中性子寿命によって決まるので，原子炉の制御にはほとんど影響しない。

表 6.10「もんじゅ」の中性子束および動特性パラメータ

平均高速中性子束	約 $4 \times 10^{15} n/\mathrm{cm}^2 \cdot \mathrm{s}$ *
平均全中性子束	$6 \sim 9 \times 10^{15} n/\mathrm{cm}^2 \cdot \mathrm{s}$
即発中性子寿命	$0.40 \sim 0.45\ \mu\mathrm{s}$
実効遅発中性子割合	$0.0034 \sim 0.0038$
ドップラ係数	$-(5.7 \sim 7.6) \times 10^{-3}\ T \cdot dk/dT$
燃料温度係数	$-(3.3 \sim 3.9) \times 10^{-6}\ \Delta k/k/$ ℃
構造材温度係数	$+(6.0 \sim 10) \times 10^{-7}\ \Delta k/k/$ ℃
冷却材温度係数	$+(1.0 \sim 14) \times 10^{-7}\ \Delta k/k/$ ℃
炉心支持板温度係数	$-(10 \sim 12) \times 10^{-6}\ \Delta k/k/$ ℃
出力係数	$-(9.4 \sim 11) \times 10^{-6}\ \Delta k/k/\mathrm{MW}$
1 炉心燃料集合体最大ボイド反応度	$+(1.1 \sim 1.5) \times 10^{-4}\ \Delta k/k$

*：100keV 以上

実効遅発中性子発生割合（β）は 0.0034〜0.0038 で軽水炉ウラン燃料に比べると小さいが、^{239}Pu の値よりは相当大きい。これは β の大きい ^{238}U の核分裂の寄与がかなりあるためである。燃料温度係数が PWR

の場合より1桁小さく、そのため表6.9に示されたように出力補償に必要な反応度は2% $\Delta k/k$ 程度で、熱中性子炉より遥かに小さくてすむ。

「もんじゅ」の燃料燃焼度は、初期炉心に対して16,000MWd/t（第1サイクル取出し燃料の平均）、平衡炉心に対して約80,000MWd/tと計画されている。80,000MWd/tは148日／サイクルの5サイクル運転に相当する。なお、高速炉の燃料寿命は燃料内の核分裂物質の損耗でなく、被覆材が燃焼度に耐えるか否かで決まるので、「もんじゅ」でも将来はさらに高燃焼度化を図ることを計画している。

高速炉で注意すべきは、冷却材温度係数が正となり得ることである。冷却材のNaが膨張した場合、これは① Naによる吸収の減少、② Naの弾性散乱の減少による中性子スペクトルの硬化、③中性子の漏れの増加、④自己遮蔽因子の変化に基づく実効断面積の変化をもたらす。④の効果は小さいので普通無視して良い。③は負であるが、中性子束分布の空間的な勾配に依存するので、炉心中心部では小さい。②は ^{238}Uの核分裂しきい値以上の中性子の増加に伴い正の効果をもたらす。一方 ^{239}Puの場合，エネルギーに対する核分裂断面積の減少の勾配が比較的小さくかつ高エネルギーで η が大きくなるため、結局，中性子スペクトルの硬化に伴い、核分裂が増加する。①と②の正の効果によりNaの密度減少により炉心中心付近では正の反応度が挿入されることになる。Naの密度減少は燃料から冷却材に熱が伝えられてから生ずるために、その前に燃料温度が上昇し、負のドップラー効果が働き原子炉出力を安定化させる方向に向かうので、通常は原子炉制御上の問題はない。しかし万一，燃料が溶融して冷却材チャンネルに流れ出し，Naと接触してNaが沸騰するようなことがあれば正の反応度が投入される恐れがある。そこで局所的なNaチャンネルのボイド化が大きな原子炉出力の上昇を起さないようにする対策が必要となり、例えば高さ方向への中性子の漏れを増すために、炉心を扁平化することもその1つである。構造材の温度係数も正であるが、これは被覆管とラッパ管の温度上昇に伴う構造材密度の減少と、径方向への膨張に伴う冷却材体積比の減少の効果のうち、後者がNaの原子数密度の減少をもたらすことによる。

高速炉の安全上のもう一つの問題として、再臨界の可能性が挙げられる。すなわち、高速炉は最適炉心形状配置[8] となっていないため、たとえば冷却材流量喪失事故に制御棒が全く挿入されない事態が重なった事象（Unprotected Loss of Flow Accident : ULOF）の場合、溶融した燃料が原子炉下部に集中して超即発臨界の状態を招く恐れがある。この事故が収束されるにはドップラー反応度に加えて炉心物質の全体的な移動が必要で、その間に大きなエネルギーが放出される可能性がある。この事故は一切の安全装置が働かないことを仮定するという意味からはいわゆる想定事故ではないが、現在はこの事故の結果，原子炉施設外へ放出される放射性物質の量が過大とならないことを示すことが必要とされている。この事故の際の発生エネルギー評価については、1956年のBethe-Taitの報告[9] 以来多くの半解析的および数値解析手

[8] 実効増倍率をもっとも高くする燃料・冷却材の配置のこと。

[9] H.A.Bethe and F.H. Tait, UKAEA RHM(56)/113(1956)

法が開発されてきているが、今日では SIMMER-Ⅲ(10) という複雑な計算コードが開発され、用いられている。

以上「もんじゅ」を対象に高速炉の炉心核設計と炉物理特性の概要を述べたが、高速炉は未だ実用化の段階に至っておらず、設計も計画されている炉心ごとに大きく異なっていることを付言しておく。

(10) 近藤悟, 他: 高速炉の核熱流動安全解析コード SIMMER-III の開発, 動燃技報, No.89, (1994).

第 7 章　演習問題

1．第 1 章

例題 1-1

以下に典型的な熱中性子による核分裂の例を示す。

$$^{235}\mathrm{U} + \mathrm{n} \rightarrow {}^{144}\mathrm{Ba} + {}^{90}\mathrm{Kr} + \mathrm{N} \cdot \mathrm{n} + \mathrm{Q}$$

この反応で発生する中性子数 N 及び核分裂により発生するエネルギー Q を有効数字 3 桁まで求めよ。ただしそれぞれの核種の質量は n：1.008665 amu，^{235}U：235.043295 amu，^{144}Ba：143.922845 amu，^{90}Kr：89.919528 amu であるとする。また 1 amu = 931.5 MeV とする。（原子炉理論第 35 回）

(解)

質量数の保存より N=2

$Q = 931.5 \times [235.043295 + 1.008665 - (143.922845 + 89.919528 + 2 \times 1.008665)] = 179\mathrm{MeV}$

例題 1-2

1 回の核分裂によって放出される崩壊熱の量は次の式で表される。

$$P(t) = 2.66t^{-1.2}\mathrm{MeV/sec}$$

ただし、t は核分裂後の経過時間である。

1. 崩壊熱とはどのような物理的過程によって生ずるのか、簡単に説明せよ。
2. 原子炉を 1MW で 1 日運転した後に停止した。停止直後、停止して 1 時間後、1 日後の崩壊熱の量（単位 W）を求めよ。ただし 1 回の核分裂により放出されるエネルギーを 200MeV として計算せよ。

（運転制御：第 38 回）

(解)

1. 略

2. 原子炉を T 秒間運転した後停止し、それから τ 秒間たったときの崩壊熱出力 $P(W)$ は核分裂率を F_0 個/秒とすると

$$P = 2.66F_0 \int_{\tau}^{T+\tau} dt' t'^{-1.2} (\mathrm{MeV/s}) = 13.30F_0 \left[-t'^{-0.2} \right]_{\tau}^{T+\tau}$$
$$= 2.128 \times 10^{-12} F_0 \left[\tau^{-0.2} - (T+\tau)^{-0.2} \right] \quad (\mathrm{J/s = W})$$

1MW の出力に対応する核分裂数は 3.12×10^{16} 個/秒なので

$$P = 6.64 \times 10^4 [\tau^{-0.2} - (T+\tau)^{-0.2}] \quad (\mathrm{W})$$

$T = 86400$、停止直後として $\tau = 1$（厳密には式の成立する範囲外であるが）、$\tau = 3600$（1 時間後）、$\tau = 86400$ を代入すると、5.96×10^4 W、6.13×10^3 W、8.85×10^2 W となる。

例題 1-3

熱中性子ビームを、厚さ 0.1 mmのカドミウム板に入射させたとき, 透過率（反対側に通過してきた熱中性子の割合が 21.4 %であった。この場合のカドミウムの熱中性子に対するミクロ全断面積を求めよ。ただし、カドミウムの原子量を 112.4、密度 8.65 g /cm^3 とする。(原子炉理論：第 35 回、一部変更)

(解)

$I/I_0 = \exp(-N\sigma x) = 0.214$、$N = (8.65/112.4) \times 6.02 \times 10^{23}$、$x$=0.01 より

$\sigma = 1.542/(0.0770 \times 0.602 \times 10^{24}) = 3.33 \times 10^3$ バーン

例題 1-4

4 因子公式は、中性子の漏れが小さい大型の熱中性子炉の中性子実効増倍係数 k を推定するときによく用いられる近似である。以下の各問に答えよ。

1. 各因子 ϵ、p、η、f の物理的な意味を説明せよ。
2. 燃料の熱中性子吸収断面積、核分裂断面積及び燃料以外の炉心構成物質の熱中性子吸収断面積がそれぞれ Σ_a^F、Σ_f、Σ_a^{NF}、1 回の核分裂で放出される中性子の平均数が ν で与えられているとき、η、f をこれらの物理量で表現せよ。
3. 以下、原子炉の炉心構成物質が一様かつ均質に分布していると仮定する。簡単のために、燃料原子数密度と燃料以外の物質の原子数密度が等しく、かつ熱中性子に対する微視的断面積がそれぞれ σ_f^F=100b、σ_c^F=10b、σ_a^{NF}=20b と与えられているものとする。ただし、下添え字の f、c、a は核分裂、捕獲、吸収に関する断面積であることを示し、上添え字 F,NF は燃料、燃料以外の物質を示す。また ν が 2.5、ϵ、p がそれぞれ 1.03、0.6 とする。この原子炉について中性子の無限増倍係数 k_∞ を計算せよ。

（原子炉理論：第41回、一部省略）

(解)

1. 略

2. $\eta = \nu\Sigma_f/\Sigma_a^F$、$f = \Sigma_a^F/(\Sigma_a^F + \Sigma_a^{NF})$

3. $\eta = 2.5 \times 100/(100+10) = 2.273$

$f = N_F \times (100+10)/[N_F(100+10) + N^{NF} \times 20] = 110/130 = 0.846 \quad (N^F = N^{NF})$

$k_\infty = \epsilon\eta f p = 1.03 \times 2.273 \times 0.846 \times 0.6 = 1.188$

例題 1-5

低濃縮ウランを燃料とする原子炉の転換比を与える式を導け。ただし燃料転換率 (Conversion ratio) は次式で与えられる。

燃料転換率＝生成するプルトニウムの原子数/燃焼した U-235 の原子数

(原子炉理論：第1回、一部変更)

(解)

C = (U-238 の熱中性子吸収量＋ U-238 の共鳴吸収量) / U-235 の熱中性子吸収量

$= [N^{28}\sigma_a^{28}\phi + N^{25}\sigma_a^{25}\phi\eta^{25}\epsilon(1-p)]/N^{25}\sigma_a^{25}\phi$

$= (\sigma_a^{28}/\sigma_a^{25})(N^{28}/N^{25}) + \eta^{25}\epsilon(1-p)$

類題

1-1

原子炉を 1MW の一定出力で 1 週間運転した場合、運転停止後 3 日たったとき炉に内蔵されている核分裂生成物の γ 線強度を MeV/sec で求めよ。

ただし、分裂後 t 日における γ 線の放出率は $1.33 \times t^{-1.2} \times 10^{-6}$MeV/sec/fission で表され、1 W の出力は 3.1×10^{10}fissions/sec であるとして計算せよ。（運転制御：第6回）

1-2

^{10}B を用いた制御棒は $^{10}B + n = {}^{7}Li + {}^{4}He + 2.78$MeV の反応によって中性子を吸収する。ある高速炉において密度 1.75 g/cm^3 の B_4C（天然ボロンカーバイト）を制御材として使用したところ、上記反応

による発熱が 100W/cm^3 であった。このとき ^{10}B の1月間 (30日) 当りの減少割合を求めよ。ただし下記の数値を参考とせよ。

^{10}B : ^{11}B = 18.8 : 81.2（存在比）、アボガドロ数：6.02×10^{23}、1 MeV = 1.60×10^{-13}W・sec

（原子炉の設計：第13回）

1-3

熱中性子サイクルについて、共鳴エネルギー範囲における核分裂の効果を考慮に入れると、実効増倍率 k_∞ は次の式により与えられることを説明せよ。ただし、(f, η)、(f_r, η_r) は、それぞれ熱中性子、共鳴中性子に対応するものとする。

$$k_{eff} = \frac{pf\eta}{(1+B^2\tau)(1+B^2L^2)} + \frac{(1-p)\,f_r\eta_r}{(1+B^2\tau)}$$

(原子炉理論：第3回)

1-4

1. 全熱出力 P(MW) の増殖炉において、核分裂性物質の全装荷量が A(g)、増殖比が B のとき、原子炉の核分裂性物質倍増時間 (doubling time) の概算値を求める式を導け。
2. また、この倍増時間を短くするにはどうすればよいか。簡単に述べよ。

(原子炉理論：第6回)

2. 第2章 1～5節

例題 2-1

50kg の裸金属ウラン炉心が高速中性子により臨界状態にある。炉出力が 100W のとき、この炉心内の平均中性子束を求めよ。ただしウランの原子量を 238、平均核分裂断面積を 1.40 バーン及び核分裂当りの放出エネルギーを 3.04×10^{-11}W·sec とする。(原子炉理論：第36回)

(解)

100W の出力は核分裂数に直すと　$100/(3.04 \times 10^{-11}) = 3.29 \times 10^{12}$ fissions/s。

したがって　$\Sigma_f V\phi = 3.29 \times 10^{12}$　(V は金属ウランの体積)

$\Sigma_f V = (50 \times 10^3/238) \times 0.602 \times 10^{24} \times 1.40 \times 10^{-24} = 1.77 \times 10^2$

よって　$\phi = 3.29 \times 10^{12}/1.77 \times 10^2 = 1.86 \times 10^2$ n/cm^2· s

例題 2-2

真空中に無限に長い直線状等方中性子源があり、単位長さ当り毎秒 S 個の中性子を発生している。この直線状中性子源から距離 r の点における中性子束と中性子流を求める式を導け。また $S=1$ n/s、$r=1$ cm のときの中性子束 ϕ を求めよ。

ただし、$\int_{-\infty}^{\infty}\left[1/\left(1+t^2\right)\right]=\pi$ である。(原子炉理論：第 39 回、一部追加)

(解)

右図から線状中性子源 Sdl から r の位置における中性子束 $d\phi$ は

$d\phi=Sdl/4\pi(r^2+l^2)$、

$\phi=\int_{-\infty}^{\infty}Sdl/4\pi(r^2+l^2)=(S/4\pi r^2)\int_{-\infty}^{\infty}\left[1/(1+(l/r)^2)\right]dl$

$l/r=t$ と置くと、$dl=rdt$　よって

$\phi=(S/4\pi r^2)r\int_{-\infty}^{\infty}dt/(1+t^2)=S/4r$、なお、中性子流は $J=S/2\pi r$(円周 $2\pi r$ を S 個の中性子が通過するので) 数値を代入すれば、$\phi=0.25$ n/cm^2·s, $J=0.0159$n/cm^2· s

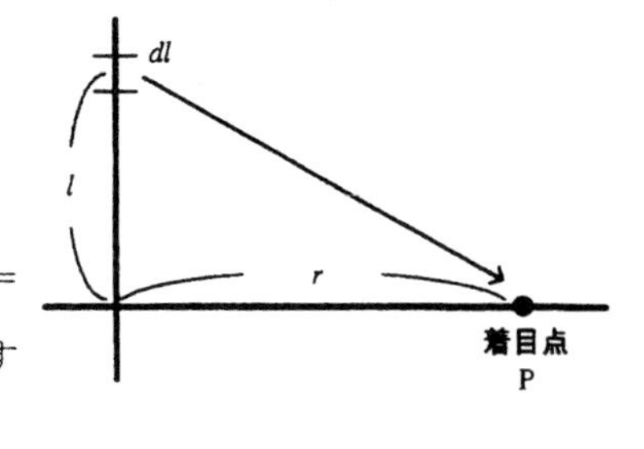

類題

2-1

厚さ 0.001cm、面積 1cm^2 の金箔 (^{197}Au が 100 %存在) を熱中性子束 10^5cm^{-2}sec^{-1} で 1 日照射したとき、照射後 1 日たったときの ^{198}Au の放射能は何ベックレルか計算せよ。ただし、金の密度は 19.3g/cm^3、熱中性子に対する放射化断面積は 98.8 バーンおよび ^{198}Au の半減期は 2.698 日とする。また exp(− 0.2577)=0.773 である。(原子炉理論：第 36 回)

2-2

1l の ^{3}He ガスを熱中性子束 10^{12} n·cm^{-2} s^{-1} の場で照射すると次の反応がおきる。

^{3}He (n,p)T　①　　T → ^{3}He + β^- + ν　②

ただし、①の反応断面積 σ は 5400 バーン、②の β 崩壊の半減期は 12.3 年である。また ν はアンチニュートリノを表す。

この照射を無限に長く続けると、トリチウム (T) とヘリウム 3(^{3}He) の原子核数比は一定値となる。この比 ^{3}He / T を求めよ。またこのときの T の放射能は何ベクレルか。(原子炉理論：第 39 回)

2-3

軽水炉では ^{16}O (n,p) ^{16}N 反応で冷却水中に放射性の ^{16}N が生成する。いま冷却水が時間 T_1 で炉心を通過し、炉心を出てから時間 T_2 後に再び炉心入口に戻るものとする。

1. 炉心内において冷却水中の ^{16}N の濃度 n の時間変化を表す微分方程式を示せ。ただし、冷却水中での ^{16}O (n,p) ^{16}N 反応の巨視的反応断面積を Σ、^{16}O $(n,p)^{16}$N 反応に寄与するエネルギー領域の炉心平均中性子束を ϕ、^{16}N の崩壊定数を λ とせよ。
2. 炉心入口における ^{16}N 濃度が n_0 だったとき、この冷却水が炉心を出るときの ^{16}N 濃度を求めよ。
3. 運転開始から十分時間がたつと冷却水中の ^{16}N 濃度分布は飽和して一定値となる。このときの炉心出口における ^{16}N 濃度を求めよ。

(原子炉理論：第 41 回)

3. 第 2 章　6~8 節

例題 3-1

$-H \leqq x \leqq H$ なる領域に拡散係数 D、マクロ吸収断面積 Σ の一様な平板状の媒質があるとし、そこに密度が S の等方的な中性子源が一様に分布しているとする。またこの領域の外は真空であるとする。

1. 1 群拡散方程式を示せ。
2. この式を解き中性子束分布及び中性子の流れ $J(x)$ を求めよ。ただし媒質と真空との境界での外挿距離は 0 とせよ。
3. 媒質中で吸収される中性子の割合を中性子束から求めよ。
4. 外へ漏れる中性子の割合を境界での中性子の流れから求めよ。

(原子炉理論：第 34 回)

(解)

1. $-\ D(d^2\phi/dx^2) + \Sigma\phi = S$　　ただし　$0 \leqq |x| \leqq H$
2. 非同次解は $\phi = S/\Sigma$、同次解は $\kappa^2 = \Sigma/D$ と置くと

   $\phi(x) = A\cosh\kappa x + C\sinh\kappa x$　　解の対称性より　$C = 0$

   したがって $\phi(x) = A\cosh\kappa x + S/\Sigma$

   境界条件より $A\cosh\kappa H + S/\Sigma = 0$　$\therefore A = -(S/\Sigma\cosh\kappa H)$　すなわち

$$\phi(x) = \frac{S}{\Sigma}\left[1 - \frac{\cosh\kappa x}{\cosh\kappa H}\right], J(x) = -D\frac{d\phi}{dx} = -\kappa D\frac{S\sinh\kappa x}{\Sigma\cosh\kappa H}$$

3. 媒質中で吸収される割合は

$$\frac{1}{SH}\int_0^H dx\Sigma\phi(x) = \frac{1}{H}\int_0^H dx\left[1 - \frac{\cosh\kappa x}{\kappa\cosh\kappa H}\right] = \frac{1}{H}\left[x - \frac{\sinh\kappa x}{\kappa\cosh\kappa H}\right]_0^H = 1 - \frac{\sinh\kappa H}{\kappa H\cosh\kappa H}$$

4. 外へ漏れ出る割合は

$$-\frac{1}{SH}J(H) = \frac{\kappa D\sinh\kappa H}{\Sigma H\cosh\kappa H} = \frac{\sinh\kappa H}{\kappa H\cosh\kappa H}$$

例題 3-2

1. 中心部に半径 a の完全黒体の吸収材の球を有する半径 R の裸の球形原子炉の幾何学的バックリングは $[\pi/(R-a)]^2$ であることを示せ。
2. また、中心部に吸収体がない場合との反応度の差を示せ。ただし、計算は 1 群理論によるものとし、$R \gg a$ としてよい。また a 及び R の球の表面における外挿距離も無視してよい。

(原子炉理論：第 2 回、一部省略)（反応度については第 4 章参照）

(解)

1. 拡散方程式及びその解はそれぞれ次の通りとなる。（本章 (2–256)、(2–257) 式）

$$\frac{1}{r^2}\left(\frac{d}{dr}r^2\frac{d\phi}{dr}\right) + B^2\phi = 0 \qquad (*1)$$

$$\phi(r) = \frac{1}{r}(A\cos Br + C\sin Br) \qquad (*2)$$

境界条件は $r = a$ 及び $r = R$ で $\phi = 0$

$$\phi(a) = (1/a)(A\cos Ba + C\sin Ba) = 0 \qquad (*3)$$

(*3) 式より　$C = -\dfrac{A\cos Ba}{\sin Ba}A$

(*2) 式に代入して　$\phi(r) = \dfrac{A}{r}\left(\cos Br - \dfrac{\cos Ba}{\sin Ba}\sin Br\right)$

変形して $\phi(r) = (A'/r)\sin B(r-a)$， $\phi(R) = 0$ より $\sin B(R-a) = 0$, よって $B(R-a) = n\pi$ $(n = 1, 2, \cdots)$, 幾何学的バックリングは $n = 1$ に対応するから $B^2 = [\pi/(R-a)]^2$

2. $k_{eff} = k_\infty/(1 + L^2B^2)$、反応度は $\rho = (k_{eff} - 1)/k_{eff} = 1 - 1/k_{eff}$，吸収体のない場合の反応度を ρ、吸収体のある場合の反応度を ρ' と置くと

$$\Delta\rho = \rho - \rho' = (1 - 1/k_{eff}) - \left(1 - 1/k'_{eff}\right) = 1/k'_{eff} - 1/k_{eff}$$

$$= (1/k_\infty)\left[\left(1 + L^2B'^2\right) - \left(1 + L^2B^2\right)\right] = \left(L^2/k_\infty\right)\left(B'^2 - B^2\right)$$

$B'^2 = [\pi/(R-a)]^2$、 B^2 は $a = 0$ の極限と考えてよいので $B^2 = (\pi/R)^2$

$$\Delta\rho = \frac{\pi^2L^2}{k_\infty}\left[\frac{1}{(R-a)^2} - \frac{1}{R^2}\right] = \frac{\pi^2L^2}{k_\infty R^2}\left[\left(1 - \frac{a}{R}\right)^2 - 1\right] \doteqdot -\frac{2\pi^2L^2a}{k_\infty R^3}$$

例題 3-3

裸の円柱形原子炉の定数が次のような場合、最小の臨界体積を与える半径と高さの近似値を修正 1 群理論によって求めよ。ただし $J_0(2.405) = 0$，$\epsilon = 1.03$、$f = 0.93$、$\eta = 1.31$、$p = 0.87$、$L^2 = 500\mathrm{cm}^2$、$\tau = 150\mathrm{cm}^2$ （原子炉理論:第 5 回）（一部変更、なお、修正 1 群理論については第 5-3(D) 節参照のこと）

(解)

バックリング B^2 が与えられたとき、臨界体積を最小とする半径 R と高さ H は $(\pi/H)^2 + (2.405/R)^2 = B^2$ (*1) という条件の下で，体積 $V = \pi R^2H$　(*2) を最小とする R，H を求めればよい。(*1) 式を用いて (*2) 式から R^2 を消去すると

$$V = \pi H\frac{(2.405)^2}{B^2 - (\pi/H)^2} = \frac{(2.405)^2\pi H^3}{B^2H^2 - \pi^2} \qquad (*3)$$

$$\frac{dV}{dH} = \frac{(2.405)^2\pi^2\left[3H^2\left(B^2H^2 - \pi^2\right) - H^3 \cdot 2B^2H\right]}{\left(B^2H^2 - \pi\right)^2} = 0 \qquad (*4)$$

より $H^2B^2 - 3\pi^2 = 0$ すなわち $H^2 = 3\pi^2/B^2$ また $V = (2.405)^2\pi H^3/2\pi$ なので $R = 2.405 \cdot H/\sqrt{2}\pi = 2.405\sqrt{3/(2B^2)}$，修正 1 群理論により

$$\frac{\eta\varepsilon pf}{1 + (500 + 150)B^2} = \frac{1.31 \times 1.03 \times 0.87 \times 0.93}{1 + 650B^2} = \frac{1.0917186}{1 + 650B^2} = 1$$

より $B^2 = 1.411 \times 10^{-4}$ これを上の H、R に代入して $H = \pi\sqrt{3/B^2} = 458\mathrm{cm}$，$R = 2.405\sqrt{3/(2B^2)} = 248\mathrm{cm}$

例題 3-4

次の図に示すような $x = 0$ について対称な 2 領域の無限平板状の原子炉がある。第 1 領域の厚さを a、第 2 領域の厚さを b とし、外挿距離は無視する。拡散係数、熱中性子吸収断面積は、第 1、第 2 領域についてそれぞれ D_1、Σ_{a1}、D_2、Σ_{a2} であり、無限増倍係数は第 1 領域については $k_{\infty1} = 1$、第 2 領域については $k_{\infty2} > 1$ とする。

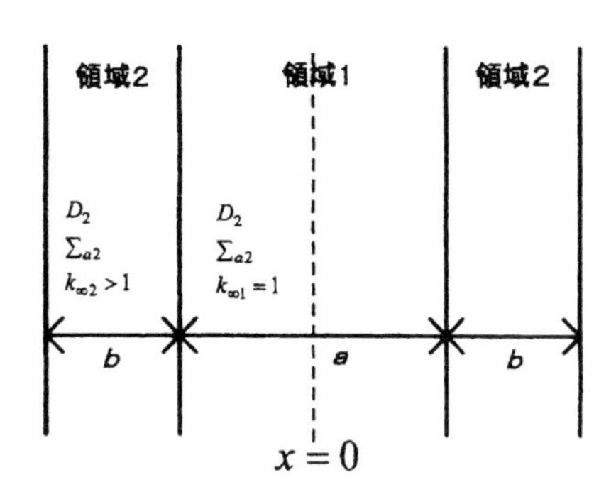

1. 第1、第2それぞれの領域における中性子束が従う拡散方程式と、この問題に対する境界条件を記せ。
2. (1) に示された拡散方程式を解いて、第1、第2それぞれの領域における中性子束分布を与える式を求めよ。
3. この原子炉の臨界条件を求めよ。

(原子炉理論：第41回)

(解)

1. 対称なので $x>0$ のみを考える。$\nu\Sigma_f/\Sigma_a = k_\infty$ なので，拡散方程式は

   第1領域： $D_1(d^2\phi_1/dx^2)=0$，$(0 \leqq x \leqq a/2)$　(*1)

   第2領域： $D_2(d^2\phi_2/dx^2)+(k_{\infty 2}-1)\Sigma_{a2}\phi_2=0$，$(a/2 \leqq |x| \leqq a/2+b)$　(*2)

   境界条件：$|d\phi_1/dx|=0$，$(x=0)$　(*3)　、　$\phi_1(a/2)=\phi_2(a/2)$　(*4)、

   $D_1(d\phi_1/dx)|_{x=a/2}=D_2(d\phi_2/dx)|_{x=a/2}$　(*5)　,　$\phi_2(a/2+b)=0$　(*6)

2. 一般解は $\phi_1(x)=A_1x+C_1$，$\phi_2(x)=A_2\cos Bx+C_2\sin Bx$，ただし $B^2=(k_{\infty 2}-1)\Sigma_{a2}/D_2$，$(A_1, A_2, C_1, C_2$ は任意定数)

   境界条件 (*3) より $A_1=0$，よって $\phi_1=C_1(=一定)$

   境界条件 (*6) より $C_2=-[\cos B(a/2+b)/\sin B(a/2+b)]$，よって

   $$\phi_2 = A_2\left[\cos Bx - \frac{\cos B\,(a/2+b)}{\sin B\,(a/2+b)}\sin Bx\right] = A_2'\sin B\left(\frac{a}{2}+b-x\right)$$

   境界条件 (*5) により $D_2BA_2'\cos Bb=0$，よって $Bb=\pi/2$，したがって $b=\pi/2B$，$B^2=(k_{\infty 2}-1)\Sigma_{a2}$ が臨界条件となり、このとき $\sin Bb=1$ なので境界条件 (*4) により $C_1=A_2'$ となる。

類題

3-1

裸の原子炉の平均熱中性子束と最高熱中性子束との比を、(1) 球形、(2) 直方体の場合につき、それぞれ求めよ。ただし、外挿距離は無視するものとする。(原子炉理論：第 6 回)

3-2

大型の反射体つき球形原子炉において、反射体と炉心の拡散係数が等しいと仮定した場合、その反射体による反射体節約 S は、1 群拡散理論によれば、次の近似式により与えられることを示せ。ただし、T を反射体の厚さ、L を反射体中の中性子拡散距離とし、外挿距離は無視するものとする。(原子炉理論:第 13 回)

$$S \fallingdotseq L\tanh(T/L)$$

3-3

右の図に示すように、半径 R_1、高さ H の円柱形原子炉がその中心に高さ H、半径 R_2 の減速材領域を持っている。この原子炉の臨界条件式を 1 群拡散理論を用いて求めよ。(原子炉理論：第 16 回)

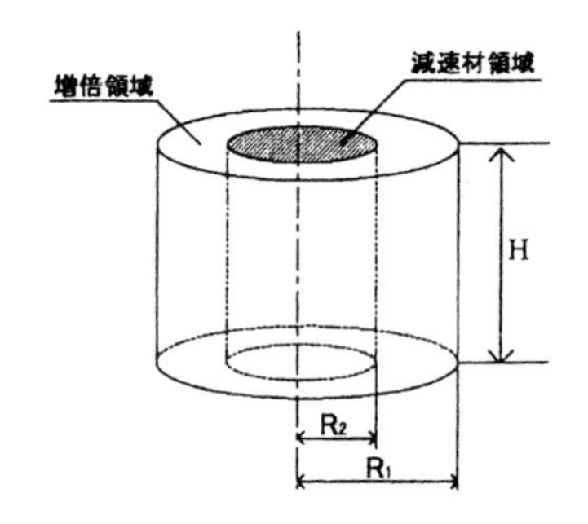

3-4

中心が中空の球形 (外径 R_1、内径 R_0) の均質な原子炉について考える。ただし材料バックリング B_m^2 が与えられているものとする。以下中性子束の外挿補正は行わなくて良いものとして答えよ。

1. 原子炉中の中性子束が 1 群拡散方程式に従うものとして、その ϕ を記述する式を B_m を用いて記せ。
2. この原子炉の臨界条件を求めよ。
3. もし、R_0 がゼロに近づけば、中空でない球の臨界条件に近づくことを示せ。
4. 今、同じ条件で臨界となっている球形原子炉があるとする。この原子炉の中心から半径 R_0 の微小な球をくり抜いた後、同じ原子炉物質を外側に一様にある量加えて、やはりこの体系を臨界に保つとする。この場合 $B_m R_0 \ll 1$ として、くり抜かれた量と、加えられた量の比率を計算せよ。ただし、$x \ll 1$ なら、$\tan^{-1} x = x - x^3/3$ という関係を用いてよい。(原子炉理論：第 37 回)

3-5

外挿距離を含めて厚さ b $(0 \leq x \leq b)$ の無限平板の増倍体系が真空中に置かれている (右図)。今、$x = a$ (ただし $0 < a < b$) の位置に平面中性子源 q_0 $(\mathrm{cm^{-2} \cdot sec^{-1}})$ があり、増倍体系の物質組成が無限増倍係数 $k_\infty = 1$ であるように与えられているとき、中性子束分布 $\phi(x)$ を求め、図に示せ。ただし、平板の中の中性子の拡散係数を D とする。(原子炉理論：第 40 回)

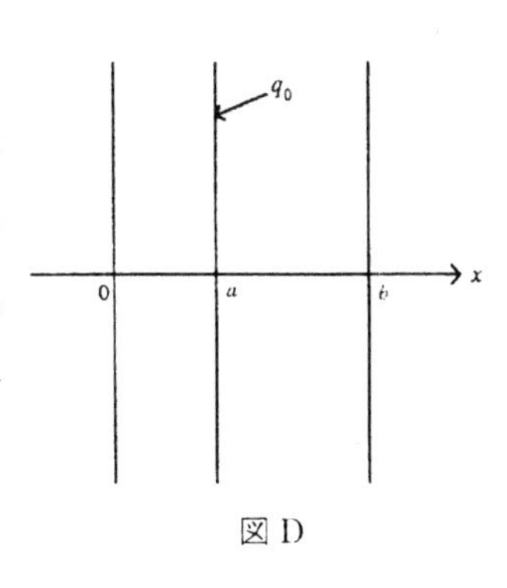

図 D

3-6

濃縮度 (原子数比) 20 %、ウラン濃度 370(g/ℓ) のウラン水溶液がある。以下の問いに答えよ。ただし、共鳴吸収を逃れる確率 $p = 0.93$、H_2O に対し拡散係数 $D = 0.16\mathrm{cm}$、熱エネルギーにおけるフェルミ年齢 $\tau = 33\mathrm{cm}^2$、マクロ吸収断面積 $\Sigma_a = 0.020(\mathrm{cm}^{-1})$、^{235}U に対してミクロ核分裂断面積 $\sigma_f = 516$ (barn)、吸収断面積 $\sigma_a = 600$ (barn)、平均核分裂中性子数 $\nu = 2.42$、^{238}U に対して吸収断面積 $\sigma_a = 2$(barn) とし、高速核分裂、外挿距離は無視してよい。

1. このウラン水溶液の体系の無限増倍係数 k_∞ を求めよ。
2. このウラン水溶液の最小臨界量は何リットルか。修正 1 群理論を用いて求めよ。
3. このウラン水溶液を円筒溶液で取り扱う場合、容器の直径を何 cm 未満とすれば、臨界制限量なしに取り扱うことができるか。ただし。反射体効果は無視してよい。

(原子炉理論：第 42 回)

4. 第 3 章　1〜2 節

例題 4-1

質量数が A の原子核による中性子の散乱を考える。重心系で微分散乱断面積が散乱核の余弦 μ を使って、

$$\sigma(\mu) = a + b\mu \quad (\mathrm{cm}^2/\text{ステラジアン})$$

と表されるとき、以下の問いに答えよ。

1. 定数 a、b を全散乱断面積 $< \sigma >$ と平均散乱余弦 $< \mu >$ を使って表せ。
2. 実験室系での散乱前の中性子のエネルギーを E、散乱後の中性子のエネルギーを E' とすると

$$E'/E = (1/2)[(1+\alpha) + (1-\alpha)\mu] \quad \text{ただし} \quad \alpha = [(A+1)/(A-1)]^2$$

　　となることを示せ。

3. 散乱後の中性子のエネルギー分布はどうなるか。グラフで示せ。

(原子炉理論：第 33 回)

(解)

1. $\int_{4\pi} d\Omega = 2\pi \int_0^{\pi} \sin\theta d\theta = 2\pi \int_{-1}^{1} d\mu$ を用いて

$$\langle\sigma\rangle = 2\pi \int_{-1}^{1} d\mu\,(a+b\mu) = 2\pi \left[a\mu + \frac{1}{2}\mu^2\right]_{-1}^{1} = 4\pi a \quad , \quad a = \frac{\langle\mu\rangle}{4\pi}$$

$$\langle\mu\rangle = 2\pi \int_{-1}^{1} d\mu \frac{\mu\,(a+b\mu)}{\langle\sigma\rangle} = \frac{2\pi}{\langle\sigma\rangle}\left[\frac{1}{2}a\mu^2 + \frac{1}{3}b\mu^3\right]_{-1}^{1} = \frac{4\pi b}{3\,\langle\sigma\rangle} \quad , \quad b = \frac{3\,\langle\mu\rangle\,\langle\sigma\rangle}{4\pi}$$

2. 略　(第 3 章 (3–22) 式の導出)
3. 右図のように重心系等方散乱なら①、前方散乱が多く $\langle\mu\rangle > 0$ なら②となる。

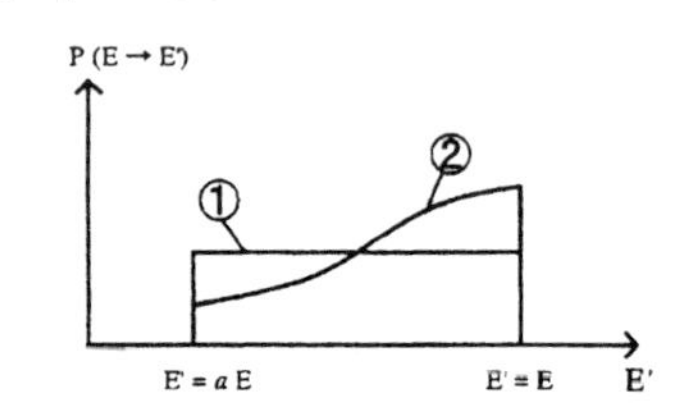

例題 4-2

リチウム-7 (^{7}Li) とフッ素 F とについて次のデータが知られている。

	^{7}Li	F
質量数	7	19
熱中性子吸収断面積　(σ_a)	33 ミリバーン	10 ミリバーン
平均散乱断面積　(σ_s)	1.4 バーン	3.9 バーン

1. 衝突当りの中性子エネルギーの対数の減少 (average energy decrement)ξ が近似的に $2/(A+1)$ で与えられるものとして、^{7}LiF(フッ化リチウム) の平均の ξ を求めよ。
2. 水素の ξ は 1.00 であり、中性子が 2MeV から熱中性子に減速されるのに平均 15.0 回の衝突が必要であるという。同じエネルギー範囲を減速するのに減速材として ^{7}LiF を用いると、平均何回の衝突が必要か。
3. ^{7}LiF の減速比の近似値を求めよ。(原子炉理論：第 2 回、一部変更)

(解)

$$\overline{\xi} = \frac{\xi_{\mathrm{Li}}\Sigma_{s,\mathrm{Li}} + \xi_{\mathrm{F}}\Sigma_{s,\mathrm{F}}}{\Sigma_{s,\mathrm{Li}} + \Sigma_{s,\mathrm{F}}} = \frac{\xi_{\mathrm{Li}}\sigma_{s,\mathrm{Li}} + \xi_{\mathrm{F}}\sigma_{s,\mathrm{F}}}{\sigma_{s,\mathrm{Li}} + \sigma_{s,\mathrm{F}}} \quad , \quad (N_{\mathrm{Li}} : N_{\mathrm{F}} = 1:1 \text{ より})$$

1. $\xi = [1.4 \times (2/8) + 3.9 \times (2/20)]/(1.4 + 3.9) = 0.74/5.3 = 0.14$
2. $n = \ln(E_0/E)/\xi$、$\xi = 1$、$n = 15$ を代入して $\ln(E_0/E) = 15$、よって ^{7}LiF の n は、$n = 15/0.14 = 107$ 回
3. 減速比 $= \overline{\xi}\Sigma_s/\Sigma_a = (\xi_{s,\mathrm{Li}}\Sigma_{s,\mathrm{Li}} + \xi_{s,\mathrm{F}}\Sigma_{s,\mathrm{F}})/(\Sigma_{a,\mathrm{Li}} + \Sigma_{a,\mathrm{F}}) = (\xi_{s,\mathrm{Li}}\sigma_{s,\mathrm{Li}} + \xi_{s,\mathrm{F}}\sigma_{s,\mathrm{F}})/(\sigma_{a,\mathrm{Li}} + \sigma_{a,\mathrm{F}}) = 0.74/0.043 = 17.2$

例題 4-3

ある吸収物質はエネルギー範囲 $E_1 < E < E_2$ に非常に強い共鳴を持っているとする。ただし減速材による散乱は重心系で等方であり、共鳴の幅 $\Gamma = E_2 - E_1$ は十分狭く、この共鳴は漸近領域にあるとする。この共鳴の吸収断面積が無限大（黒い共鳴吸収物質）であると仮定した場合の共鳴吸収を逃れる確率を求めよ。ただし、減速のパラメータを α、ξ とする。(原子炉理論：第 40 回)

(解)

減速密度の定義により

$$q(E_1) = \int_{E_2}^{\infty} dE' \frac{\Sigma_s(E')}{\Sigma_t(E')} F(E') \int_0^{E_1} dE'' P(E' \to E'')$$

与えられた条件より $E_1 \leqq E' \leqq E_2$ では $\Sigma_s/\Sigma_t = 0$、それ以外では $\Sigma_s/\Sigma_t = 1$, また

$$F(E) = q_0/\xi E$$

$$P(E' \to E'') \begin{cases} 1/(1-\alpha)E' & (\alpha E' < E'' < E') \\ 0 & (\text{それ以外}) \end{cases}$$

よって

$$P(E' \to E'') = \int_0^{E_1} dE'' \frac{1}{(1-\alpha)E'} = \int_{\alpha E'}^{E_1} dE'' \frac{1}{(1-\alpha)E'} = \frac{E_1 - \alpha E'}{(1-\alpha)E'}$$

また E' が $E' \geqq E_1/\alpha$ では E_1 以下となる中性子はないから

$$q(E_1) = \int_{E_2}^{E_1/\alpha} dE' \frac{q_0}{\xi E'} \frac{E_1 - \alpha E'}{E'(1-\alpha)} = \frac{q_0}{\xi(1-\alpha)} \int_{E_2}^{E_1/\alpha} dE' \left(\frac{1}{E'^2} - \frac{\alpha}{E'}\right) = \frac{q_0}{\xi(1-\alpha)} \left[-\frac{E_1}{E'} - \alpha \ln E'\right]_{E_2}^{E_1/\alpha}$$

$$= \frac{q_0}{\xi(1-\alpha)} \left[E_1\left(\frac{1}{E_2} - \frac{\alpha}{E_1}\right) + \alpha\left(\ln E_2 - \ln\frac{E_1}{\alpha}\right)\right] = \frac{q_0}{\xi(1-\alpha)} \left[\left(\frac{E_1}{E_2} - \alpha\right) + \alpha \ln\frac{\alpha E_2}{E_1}\right]$$

よって

$$p(E_1) = \frac{q(E_1)}{q_0} = \frac{q_0}{\xi(1-\alpha)} \left\{\left(\frac{E_1}{E_2} - \alpha\right) + \alpha \ln\left(\frac{\alpha E_2}{E_1}\right)\right\}$$

類題

4-1

鉄 (原子番号 26、原子量 55.8) の密度を 7.86g/cm^3、中性子の散乱断面積を $\sigma_s = 2$ (barn)、吸収断面積を $\sigma_a = 0.5$ (barn) とするとき、以下の量を求めよ。(1) 平均自由行路（λ）、(2) 拡散係数（D）、(3) 拡散距離（L）、(4) 平均対数エネルギー損失（ξ）（原子炉理論：第 38 回）

4-2

無限に大きい水素減速材中にエネルギー E_0 の中性子を放出する強さ S の中性子源が一様に分布している。減速の途中で吸収がないものとして

1. 中性子の衝突密度を与える式を求めよ。
2. これを解いて中性子のエネルギースペクトルを求めよ。

（原子炉理論：第 23 回）

4-3

高速中性子が大きな散乱媒質中で、ほとんど吸収されず弾性散乱で減速している。散乱によるレサジーの平均増加は衝突あたり ξ とする。

1. レサジー u を中性子エネルギー E を用いて表せ。また、そのエネルギー微分を示せ。
2. エネルギー E_0(レサジー u_0) の高速中性子が、平均レサジー u に対応するエネルギー E になるまでの平均衝突回数を求めよ。
3. レサジー当りの衝突密度 (collision density) を示せ。

4. レサジー当りの衝突密度は、中性子エネルギーによらず一定である。このことを使って減速中の中性子スペクトルの第1近似式を求めよ。

(原子炉理論：第42回)

5. 第3章　7節

例題 5-1

熱中性子が室温 (20 ℃) のマックスウエル分布（下記 (*1) 式）をする場合、$1/v$ 法則に従う吸収体の実効断面積と最も確からしい中性子速度 (20 ℃において 2200m/sec) に対する断面積の関係を導け。

$$n(v) = n_0 A v^2 \exp\left(-\frac{mv^2}{2kT}\right), \qquad A = 4\pi\left(\frac{m}{2\pi kT}\right)^{3/2} \tag{*1}$$

ただし、n_0：単位体積当りの全中性子数，k：ボルツマン定数，m：中性子の質量，T：絶対温度。なお次の定積分を利用せよ。

$$\int_0^\infty x^{2p-1} \exp\left(-qx^2\right) dx = \frac{p!}{2q^{p+1}}$$

(原子炉理論：第15回)

(解)

実効断面積は

$$\sigma_{eff} = \frac{\int n(v)\, v\sigma(v)\, dv}{\int n(v)\, v dv} \tag{*2}$$

$1/v$ 吸収体に対して

$$\sigma(v) = K/v = \sigma_p v_p / v \qquad (\sigma_p\text{: } v_p\text{における断面積}) \tag{*3}$$

(*3) を (*2) に代入して $\overline{v} = \int n(v)\, vdv / \int n(v)\, dv$ を用いれば，$\sigma_{eff} = \sigma_p v_p / \overline{v}$，すなわち $\sigma_{eff}/\sigma_p = v_p/\overline{v}$，もっとも確からしい速度は，$dn/dv = 0$ より $v_p = \sqrt{2kT/m}$。定積分を利用して $\overline{v} = \sqrt{8kT/\pi m}$，よって $\sigma_{eff}/\sigma_p = \sqrt{\pi}/2$

類題

5-1

吸収のない無限媒質の温度が 320 ℃のとき、最も多くの中性子が持つ速度 (most probable velocity) とエネルギーを求めよ。ただし、中性子のマックスウエル分布は $n(E)\, dE/n = A \exp(-E/kT)\, E^{1/2} dE$ で表される。また中性子質量 $m = 1.675 \times 10^{-24}$g、ボルツマン定数 $k = 1.38 \times 10^{-34}$ erg/deg $= 8.61 \times 10^{-5}$eV/deg とする。（原子炉理論：第 5 回）

6．第 4 章　1∼3 節

例題 6-1

即発臨界より十分大きい反応度がステップ状に原子炉に加えられた場合、その後 t 秒の間に解放されるエネルギーは、近似的に $P(t) \cdot T$ であることを示せ。ただし、$P(t)$ は時刻 t における原子炉の出力、T は原子炉周期（ペリオド）である。（運転制御：第 3 回）

(解)

$t = 0$ での原子炉出力を P_0 とすると、解放されるエネルギー E は

$$E = \int_0^t dt' P_0 \exp\left(\frac{t'}{T}\right) = P_0 T \exp\left(\frac{t'}{T}\right)\Big|_0^t = T\left[P_0 \exp\left(\frac{t}{T}\right) - P_0\right] \fallingdotseq TP(t)$$

（$P(t) = P_0 \exp(t/T)$ として第 2 項の P_0 を省略）

例題 6-2

U-235 を燃料とする臨界状態の原子炉に 0.01 ％および 2 ％の反応度外乱を加えた場合の定常炉周期（安定ペリオド）を計算せよ。ただし即発中性子寿命は 10^{-4} 秒とし、かつ遅発中性子については下の表を利用せよ。(原子炉理論：第 15 回)

表 A U-235 の核分裂による遅発中性子

群 (i)	λ_i (崩壊定数) [sec^{-1}]	β_i (遅発中性子割合)
1	3.01	0.00027
2	1.14	0.00074
3	0.301	0.00258
4	0.101	0.00125
5	0.0305	0.00140
6	0.0124	0.00021

(解)

$\beta = \sum_i \beta_i = 0.0064$, 0.01 ％の場合、第 4 章 (4–48) 式を用いて $T = 843$ 秒。2 ％の場合、(4–51) 式を用いて $T = 7.4 \times 10^{-3}$ 秒。

例題 6-3

強度 S_0 の中性子源を有する未臨界状態の原子炉を考える。

1. 遅発中性子 6 組近似の 1 点炉動特性方程式を用いて、未臨界炉の定常状態の中性子数 n_0 は未臨界度 ρ_0 と中性子源強度 S_0 より決まることを示せ。
2. この定常状態から中性子源が瞬時に完全に引き抜かれたとする。引き抜かれた直後は、遅発中性子生成率は変化しないとみなして、1 点炉動特性方程式を解くことにより、中性子源が引き抜かれた直後の中性子数の時間変化を示す式を求めよ。
3. 中性子源引き抜き直後に到達する準静的中性子数 n_1 と引き抜き前の中性子数 n_0 を測定することにより、この体系の未臨界度 ρ_0 が求まる。n_1、n_0 と ρ_0 の間の関係を表す式を示せ。ただし中性子源とその支持具による反応度効果は無視するものとする。

(運転制御：第 34 回、一部変更)

(解)

1. 第 4 章 (4–73) 式の導出を見よ。ただし ρ_0 は未臨界度だから $n_0 = \Lambda S_0/|\rho_0|$
2.

$$\frac{dC_i}{dt} = \frac{\beta_i}{\Lambda}n(t) - \lambda_i C_i = 0 \quad \text{より} \quad \sum_i \lambda_i C_i = \frac{\sum_i \beta_i}{\Lambda}n_0 = \frac{\beta}{\Lambda}n_0$$

$$\frac{dn}{dt} = \frac{-|\rho_0| - \beta}{\Lambda}n(t) + \sum_i \lambda_i C_i + S_0 \quad \text{で} \quad S_0 = 0$$

$\sum_i \lambda_i C_i = \frac{\beta}{\Lambda}n_0$ として，この方程式を解けば ((4-56) 式の導出参照)

$$n(t) = \frac{\beta}{\beta + |\rho_0|}n_0 \left[1 - \exp\left(\frac{-(|\rho_0| + \beta)}{\Lambda}t\right)\right]$$

3. $\Lambda \ll 1$ なので指数関数の項は急速に 0 となる。したがって

$$n_1 = \frac{\beta}{\beta + |\rho_0|}n_0, |\rho_0| = (\frac{n_0}{n_1} - 1)\beta$$

なお、この方法を Source jerk 法という。

例題 6-4

原子炉を臨界にした後、制御棒の較正を行うため、制御棒を 100 %引き抜いた位置から 80 %まで挿入し、中性子検出器の計数値を測定したところ、38728 cpm であった。この制御棒挿入による等価反応度は、

−0.38 %であった。次に、制御棒を 60 %、40 %、20 %、0 %まで挿入したときの計数値は、それぞれ 7889 cpm、3602 cpm、2240 cpm、1848 cpm であった。制御棒の各位置での等価反応度を求めよ。(運転制御：第 3 回)

(解)

第 4 章 (4–47) 式により $n_0 = \Lambda S_0/|\rho_0|$ （ρ_0 は既知の反応度）、未知の未臨界度を ρ_x、そのときの計数値を n_x とすると、$n_x = \Lambda S_0/|\rho_x|$ 、したがって $|\rho_x| = (n_0/n_x)|\rho_0|$。この式に $n_0 = 38728$ cpm、$|\rho_0| = 0.38$ %として順次数値を代入すれば、60 %：−1.87 %、40 %：−4.1 %、20 %：−6.6 %、0 %：−8.0 %となる。

例題 6-5

負の温度係数 $-|\alpha|(\Delta \mathrm{k/k}/℃)$ をもち、大きな熱容量 C (kcal/℃) の原子炉を定常状態で運転している。これにステップ状に反応度 (Δk/k) を加えた場合につき、次の問いに答えよ。

1. 中性子束が最高に達するまでの温度の上昇分はいくらか。
2. そのときの中性子束はいくらか。
3. 温度は最大どこまで上昇するか。ただし、

(a) 遅発中性子効果は無視してよい。

(b) ステップ状反応度が加わった後に発生した熱は外部に除去されず、全て炉の温度上昇に使われる。

(c) 過渡変化は小さく殆ど $k = 1$ の近辺で行われる。

(d) 初期中性子束を ϕ_0、中性子寿命を l、中性子束と熱の換算係数を A(kcal/中性子束・秒) とする。

(運転制御：第 11 回、一部変更)

(解)

遅発中性子を無視するので $n \propto \phi$ を用いて

$$\frac{d\phi}{dt} = \frac{\Delta k}{l}\phi \qquad (*1), \qquad \Delta k = \Delta k_0 - |\alpha|\,\Delta T \qquad (*2)$$

$$\Delta T = \frac{A}{C}\int \phi dt \qquad (*3), \qquad \frac{d\Delta T}{dt} = \frac{A}{C}\phi \qquad (*3')$$

1. 中性子束が最高のとき、$d\phi/dt = 0$、すなわち $\Delta k = 0$、よって $\Delta T = \Delta k_0/|\alpha|$

2.

$$\frac{d\phi}{dt} = \frac{\Delta k_0 - |\alpha|\,\Delta T}{l}\cdot\frac{C}{A}\frac{d\Delta T}{dt} \quad , \qquad \phi = \phi_0 + \frac{C}{Al}\left[\Delta k_0 \Delta T - \frac{|\alpha|}{2}\Delta T^2\right]$$

$$\Delta T = \frac{\Delta k_0}{|\alpha|} \text{を代入して} \phi_{\max} = \phi_0 + \frac{C}{2Al}\cdot\frac{\Delta k_0^2}{|\alpha|}$$

3. $d\Delta T/dt = 0$ より $\phi = 0$, $|\alpha|\Delta T^2 - 2\Delta k_0 \Delta T - 2(Al/C)\phi_0 = 0$

$$\Delta T_{\max} = \frac{\Delta k_0 + \sqrt{\Delta k_0^2 + 2\,|\alpha|\,(Al/C)\,\phi_0}}{|\alpha|}$$

例題 6-6

巨視的吸収断面積が Σ_p である体積 V_p の吸収性物質がある。この物質を臨界体積 V_R ($V_R \gg V_p$) の球形の裸の原子炉の中心に置いた場合の反応度効果と、この物質を原子炉内に一様に分散させた場合の反応度効果の比を求めよ。ただし 1 群摂動論が使えるものとし、また、外挿距離は無視してよい。(原子炉理論：第 19 回)

(解)

第 4 章 (付録) の摂動論の公式 (A − 32) により

$$\delta\rho = \frac{1}{H}\int_V \left[\delta\left(\nu\Sigma_f - \Sigma_a\right)\phi^2 - \delta D\left|\nabla\phi\right|^2\right] dV \quad \text{ここで} \quad H = \int_V \nu\Sigma_f \phi^2 dV$$

また中性子束は　$\phi(r) = \phi_C[\sin Br/Br]$, ϕ_C は中心での中性子束、$B^2 = (\pi/R)^2$ で与えられる。(第 2 章 (2–259) 式参照、また $\lim_{r\to 0}[\sin Br/Br] \to 1$ なることを利用)

毒物を中心においたとき $\delta\rho_1 = -(1/H)V_p\Sigma_P\phi_C^2$,

毒物を分散させた場合、

$$\begin{aligned}
\delta\rho_2 &= -\frac{1}{H}\cdot\frac{V_p\Sigma_p}{V_R}\int_0^R 4\pi r^2 dr \phi_C^2 \frac{\sin^2 Br}{(Br)^2} = -\frac{1}{H}\cdot\frac{V_p\Sigma_p}{V_R}\cdot\phi_C^2\cdot\frac{4\pi}{B^2}\int_0^R \frac{1-\cos 2Br}{2}dr \\
&= -\frac{1}{H}\cdot\frac{V_p\Sigma_p}{V_R}\cdot\phi_C^2\cdot\frac{2\pi}{B^2}\left[r - \frac{1}{2B}\sin 2Br\right]_0^R = -\frac{1}{H}V_p\Sigma_p\left(\frac{3}{4\pi R^3}\right)2\pi R\phi_C^2\left(\frac{R}{\pi}\right)^2 \\
&= -\frac{V_p\Sigma_p\phi_C^2}{H}\cdot\frac{3}{2\pi^2}
\end{aligned}$$

(ここで$\sin 2BR = \sin 2\pi = 0$), よって $\delta\rho_1/\delta\rho_2 = 2\pi^2/3$

類題

6-1

原子炉の制御棒の反応度を測定するため、炉を臨界にして、このときの中性子束密度 N を測定し、次に制御棒を挿入した後、中性子束密度の減衰曲線 (decay curve) をとった。この曲線を $t = 0$ (制御棒挿入時) に延長したときの中性子束密度を N_0 とすれば、この場合制御棒の反応度が $\delta k = (N/N_0 - 1)$ となることを示せ。ただし β は遅発中性子割合である。(運転制御：第 2 回)

6-2

制御棒の位置が約 50 %で、低出力臨界の状態を保っている原子炉において、その制御棒を 15cm 引き抜いたところ、周期 (period)$T = 30$sec で出力が上昇した。この場合、制御棒 1cm 当りの反応度はいくらか。ただし、炉の動特性は 1 群の遅発中性子に支配されると仮定して次の定数を用いよ。(運転制御：第 4 回、一部変更)

平均中性子寿命：$l = 10^{-3}$sec、遅発中性子の割合：$\beta = 0.0064$、遅発中性子の崩壊定数：$\lambda = 0.077\text{sec}^{-1}$

6-3

下記の炉心定数を持つ常温の臨界未満 U-235 系炉心に、強さが 5×10^7n/sec の中性子源を挿入したとき、炉心の平均熱中性子束 (n/cm^2·sec) および出力 W を計算せよ。ただし、遅発中性子は無視する。

炉心体積：120l，実効増倍率：0.99，即発中性子寿命：3×10^{-5}sec，中性子源中性子の漏れない確率：0.75，換算式：1W $= 3.1 \times 10^{10}$ fissions

6-4

原子炉の起動時に誤って制御棒を最大引抜速度で引抜き、高スクラムが働いたとする。

1. 1 点炉動特性方程式を解いてスクラム時の瞬間的炉周期 (ペリオド)T を求めよ。起動時の原子炉出力が低いほどスクラム時の瞬間的炉周期が短いことを説明せよ。ただし、遅発中性子と反応度フィードバック効果は無視してよい。記号として N_0（初期出力）、N_1（スクラム時出力）、Λ (即発中性子生成時間)、r（最大反応度増加率）を用いよ。
2. 定格出力を 10MW、初期出力を 1.1mW、反応度増加率は一定で 0.1 %/s とし、110 % (11MW) で高スクラムが働いたときの瞬間炉周期を計算せよ。ただし、即発中性子中性子生成時間は 4.606×10^{-4}s とし、必要なら $\log_e 10 = 2.303$ を用いよ。

(運転制御：第 41 回)

6-5

水反射体をもつ溶液円柱炉心が、中性子数 n_0、温度 T_0 で臨界になっている。そこで、反射体の水の一部を急激に抜くと、一旦未臨界となり、中性子数は急激に n_1 に減少した。その後、過渡状態を経て、温度が T_1 に下がり、再び臨界となって安定した。このときの反射体から抜いた水の反応度価値を求めよ。また、この溶液の反応度の温度係数を与える式を示せ。(原子炉理論：第 42 回、一部変更)

6-6

ウオーターボイラー型原子炉において、燃料溶液の質量の増加と実効増倍係数 (effective multiplication factor) k_{eff} の増加との間に次式が成立つことを示せ。

$$\frac{1}{k_{eff}} = \frac{dk_{eff}}{dm} = \frac{2}{3m}\left(1 - \frac{k_{eff}}{k_\infty}\right)$$

ただし、(1) 炉心は球形、(2)m は燃料溶液の質量、(3) 燃料溶液の追加により、炉心容積は増加するが、濃度は変らない、として計算せよ。(原子炉の設計：第1回)

6-7

高さ 120cm の裸の原子炉より速度 30cm/min にて制御棒を引き抜く場合について、反応度増加率の最大値を計算せよ。ただし、この制御棒の全反応度価値は 2.5 % $\delta k/k$ とする。(原子炉理論：第8回)

7. 第4章　5～7節

例題 7-1

未臨界状態における原子炉動特性（反応度変化 δk から中性子密度変化 δn への応答）は、次の式で表されることを証明せよ。(運転制御：第10回)

$$\frac{\delta n/n_0}{\delta k} = \frac{1 - s\sum_i \beta_i/(s+\lambda_i)}{1 - k_0 + s\left[1 + \sum_i \beta_i k_0/(s+\lambda_i)\right]}$$

ただし，n_0：中性子密度の初期値，k_0：増倍係数の初期値，s：ラプラスオペレータ，l：中性子寿命，β_i：第 i 種の遅発中性子生成割合，λ_i：第 i 種の遅発中性子先行核の崩壊定数

(解)

中性子源を含む1点炉動特性方程式

$$\frac{dn}{dt} = \frac{k(1-\beta)-1}{l}n + \sum_i \lambda_i C_i + S \qquad (*1)$$

$$\frac{dC_i}{dt} = \frac{k\beta_i}{l}n - \lambda_i C_i \quad , \qquad (i = 1, \ldots, 6) \qquad (*2)$$

において，$n = n_0 + \delta n$、$k = k_0 + \delta k$、$C_i = C_{i0} + \delta C_i$ を代入し、

$$\frac{k(1-\beta)-1}{l} + \sum_i \lambda_i C_{i0} + S = 0 \quad , \qquad \frac{k_0\beta_i}{l} = \lambda_i C_{i0}$$

を用いると

$$\frac{d\delta n}{dt}=\frac{(1-\beta)\,n_0\delta k+(1-\beta)\,k_0\delta n-\delta n}{l}+\sum_i\lambda_i\delta C_i \qquad (*1')$$

$$\frac{d\delta C_i}{dt}=\frac{\beta_i}{l}\,(n_0\delta k+k_0\delta n)-\lambda_i\delta C_i \quad , \qquad (i=1,...,6) \qquad (*2')$$

(*2') をラプラス変換して，$s\delta C_i(s)=(\beta_i/l)(n_0\delta K+k_0\delta N)-\lambda_i\delta C_i(s)$

$$\delta C_i(s)=\frac{\beta_i\,[n_0\delta K(s)+k_0\delta N(s)]}{l\,(s+\lambda_i)} \qquad (*3)$$

(*1') をラプラス変換し、(*3) を代入すると、

$$s\delta N=\frac{(1-\beta)\,(n_0\delta K+k_0\delta N)-\delta N}{l}+\sum_i\lambda_i\frac{\beta_i\,(n_0\delta K+k_0\delta N)}{l\,(s+\lambda_i)} \qquad (*4)$$

$$\left[ls-(1-\beta)\,k_0+1-\sum_i\frac{k_0\lambda_i\beta_i}{s+\lambda_i}\right]\delta N=\left[(1-\beta)\,n_0+\sum_i\frac{n_0\lambda_i\beta_i}{s+\lambda_i}\right]\delta K \qquad (*5)$$

$-\beta+\sum_i\frac{\lambda_i\beta_i}{s+\lambda_i}=-s\sum_i\frac{\beta_i}{s+\lambda_i}$ を用いて整理し､$G(s)=\frac{\delta N/n_0}{\delta K}$ を作ると証明すべき式が得られる。

例題 7-2

次の運動方程式で表されるシステムがある。

$$m\frac{d^2y}{dt^2}+c\frac{dy}{dt}=kx$$

ただし、x,y はそれぞれ入力変数と出力変数で平衡状態からの差を表し、m,c,k はシステムのパラメータである。以下の各問に答えよ。

1. このシステムの伝達関数 $G(s)$ を求めよ。
2. このシステムに対して、右図に示すようなフィードバック制御系を考えた場合に、制御入力 u から出力 y への閉ループ伝達関数を求めよ。

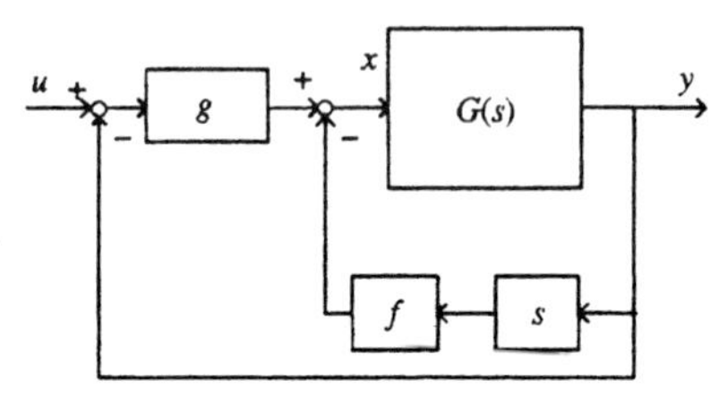

（運転制御：第 39 回, 一部変更）

(解)

1. $y(t)$、$x(t)$ のラプラス変換をそれぞれ $Y(s)$、$X(s)$ と書いて与式をラプラス変換すると、

$$ms^2Y\,(s)+csY\,(s)=kX\,(s) \quad , \qquad G\,(s)=\frac{Y\,(s)}{X\,(s)}=\frac{k}{s\,(ms+c)}$$ となる。

2. フィードバック制御系のブロック線図から $Y(s)=G(s)X(s)$, $X(s)=g[U(s)-Y(s)]-fsY(s)$

したがって求めるべき閉ループ伝達関数 $H(s)=Y(s)/U(s)$ は

$$H(s)=\frac{gG(s)}{1+(g+fs)G(s)}$$

これに前問で得られた $G(s)$ を代入すれば

$$H(s)=\frac{gk}{s(ms+c+fk)+gk}$$

例題 7-3

以下の文章を読んで問いに答えよ。

^{238}U は中性子吸収反応 (ミクロ吸収断面積 σ_a) により、^{239}U になる。^{239}U はベータ崩壊 (半減期 T_1) して、^{239}Np になる。^{239}Np はベータ崩壊（半減期 T_2）して ^{239}Pu になる。

1. 中性子照射中の各原子核の原子数密度を求めるための方程式を示せ。ただし、^{238}U の時刻 t における原子数密度を $N_{28}(t)$ とし、同様に ^{239}U は $N_{29}(t)$、^{239}Np は $N_{39}(t)$、^{239}Pu は $N_{49}(t)$ と表すものとする。また、中性子束を ϕ とする。
2. 中性子束 $\phi=10^{14}\mathrm{n\cdot cm^{-2}\cdot s^{-1}}$ の場で ^{238}U を照射しているとする。$T_1=2.35$ 分、$T_2=2.35$ 日であるので、^{239}U と ^{239}Np の原子数密度は照射開始後 10 日以上たつと平衡状態となる。このとき、時刻 t ($t>10$ 日) における ^{239}Pu の原子数密度を表す式を求めよ。ただし ^{239}U の原子数密度の初期値を N_0、また $\sigma_a=2$ バーンとする。

(原子炉理論：第 37 回、一部変更)

(解)

1.

$$dN_{28}/dt=-\sigma_a N_{28}\phi \qquad (*1)$$

$$dN_{29}/dt=\sigma_a N_{28}\phi-\lambda_1 N_{29}-\sigma_a^{29}N_{29}\phi \quad , \quad (\lambda_1=\ln 2/T_1) \qquad (*2)$$

$$dN_{39}/dt=\lambda_1 N_{29}-\lambda_2 N_{39}-\sigma_a^{39}N_{39}\phi \quad , \quad (\lambda_2=\ln 2/T_2) \qquad (*3)$$

$$dN_{49}/dt=\lambda_2 N_{39}-\sigma_a^{49}N_{49}\phi \qquad (*4)$$

ただし、$\sigma_a^{29}N_{29}\phi$、$\sigma_a^{39}N_{39}\phi$ の項は崩壊の項に対して無視できる。

2. (*1) を解いて初期条件 $N_{28}(0)=N_0$ を用いると $N_{28}(t)=N_0\exp(-\sigma_a\phi t)$, $\sigma_a\phi=2\times10^{-24}\times10^{14}=$

2×10^{-10} であり、100 日でも $t = 8.64 \times 10^6$ なので $\exp(-\sigma_a \phi_t)$ ∼1、$N_{28} = N_0$ として良い。

$$dN_{29}/dt = 0 \quad より \quad \lambda_1 N_{29} = \sigma_a N_0 \phi$$

$$dN_{39}/dt = 0 \quad より \quad \lambda_2 N_{39} = \lambda_1 N_{29} = \sigma_a N_0 \phi$$

$$N_{49} = \exp\left(-\sigma_a^{49} \phi t\right) \int_0^t N_0 \sigma_a \phi \exp\left(\sigma_a^{49} \phi t'\right) dt' = \frac{N_0 \sigma_a}{\sigma_a^{49}} \left[1 - \exp\left(-\sigma_a^{49} \phi t\right)\right]$$

$t < 100$ 日 (∼10^7 秒) では $\exp(-\sigma_a^{49}\phi t)$ ∼1 $-\sigma_a^{49}\phi t$ だから $N_{49} = N_0 \sigma_a \phi t$

類題

7-1

最高熱出力 10MW(平均熱中性子束 5×10^{13} n/cm^2·sec 程度) の原子炉において、炉を長時間運転後停止し、約 10 時間後に運転を再開する。出力上昇の途中、1MW において 1 時間平衡状態を保ち、その後 10MW まで上昇する。

制御棒によって加減すべき反応度の時間変化を、運転再開時から図示して、それに説明を加えよ。なお出力上昇時の原子炉ペリオドは一定とする。(運転制御：第 9 回)

7-2

1. 一般にゼロ出力原子炉伝達関数を、簡単のため、遅発中性子を無視して $G_0(s) = K/s$ と表示したとき、2 つの 1 次遅れで記述できるフィードバック効果を持つ原子炉の高出力時伝達関数 $G_R(s)$ はどのような式になるか記せ。
2. ここで求めた $G_R(s)$ を使って、フィードバック効果の総和が負であっても、速い方の反応度効果が正の場合は、炉が不安定となる可能性のあることを説明せよ。(運転制御：第 19 回、一部省略)

7-3

1. 平衡状態にある Xe-135 の濃度の原子炉出力の微小変化に対する応答が次式で与えられることを示せ。ただし，s：ラプラス演算子，X_0：単位体積中の Xe-135 の原子核数，Σ_f：燃料の核分裂断面積，ϕ_0：燃料中の熱中性子束，λ_I：I-135 の崩壊定数，λ_X：Xe-135 の崩壊定数，σ_X：Xe-135 の熱中性子吸収断面積，γ_I：核分裂により直接生成される I-135 の収率，γ_X：核分裂により直接生成される Xe-135 の収率
2.

$$\frac{\delta X(s)}{\delta \phi(s)} = \frac{\lambda_I \gamma_I \Sigma_f + (s + \lambda_I)(\gamma_X \Sigma_f - \Sigma_X X_0)}{(s + \lambda_I)(s + \sigma_X \phi_0 + \lambda_X)} \qquad (*1)$$

(*1) 式から周波数の極めて低い範囲では位相のずれは生じないが、10^{-3}sec^{-1} より高い位相の範囲では熱中性子束が低い場合には $-90°$ 、熱中性子束が高くなると $-270°$ それぞれ位相がずれることを示せ。

(原子炉理論：第 20 回、一部変更)

7-4

天然ウランを燃料とする無限に大きな熱中性子炉が、その寿命期間を通じて一定の中性子束を保って運転されるとする。^{235}U、^{238}U、^{239}Pu の熱中性子吸収断面積をそれぞれ σ_a^{25}, σ_a^{28}、σ_a^{49}、^{235}U、^{239}Pu、^{241}Pu の熱中性子核分裂断面積をそれぞれ、σ_f^{25}、σ_f^{49}、σ_f^{41}、核分裂当りの中性子発生数をそれぞれ ν^{25}、ν^{49}、ν^{41}、高速核分裂因子を ϵ、^{238}U の共鳴を逃れる確率を p とする。このとき、^{235}U と ^{239}Pu の原子数密度 N_{25} および N_{49} を時間の関数として表す式を導け。ただし ^{238}U の原子数密度は変化しないとし、また ^{241}Pu からの核分裂中性子が共鳴捕獲されて生ずる ^{239}Pu は無視せよ。(原子炉理論：第 22 回)

9. 第 5 章

例題 9-1

ウラン燃料、鉄 (^{56}Fe) 及びナトリウム (^{23}Na) から構成され、かつ中性子の漏れが無視できる、ある高速炉炉心を考える。ただしウランの 16.4 % (重量比) は ^{235}U で、残りは ^{238}U である。また、ウラン燃料の炉心体積に占める割合は 24 %である。このとき、炉心のエネルギースペクトル (相対値) が次のような 3 群で近似的に求められた。

1 群	$1.4\ \text{MeV} \leqq E \leqq 10.5\ \text{MeV}$	$\phi_1 = 0.114$
2 群	$10\ \text{keV} \leqq E \leqq 1.4\ \text{MeV}$	$\phi_2 = 1.00$
3 群	$0\ \text{eV} \leqq E \leqq 10\ \text{keV}$	$\phi_3 = 0.0681$

以下の問いに答えよ。

1. ^{235}U、^{238}U の密度がそれぞれ 18.7 g/cm^3、19.0g/cm^3 と与えられたとき、^{235}U の炉心単位体積当りの重量を求めよ。
2. ^{235}U の数密度 (原子数/cm^3) を求めよ。ただしアボガドロ数は $6.022 \times 10^{-23}\ \text{mol}^{-1}$ である。
3. 上記の 3 群のエネルギースペクトルに対応する ^{235}U のミクロ断面積 (バーン) が表 B に与えられている。この値を用いて、1 群に縮約した ^{235}U のマクロ断面積 $\nu\Sigma_f^{235}$、Σ_a^{235} を求めよ。

4. ^{238}U, ^{56}Fe、^{23}Na の 1 群に縮約されたマクロ断面積が表 C で与えられているとき、この炉心が臨界となるか否かを議論せよ。

(原子炉理論：第 38 回)

表 B ^{235}U のミクロ断面積（バーン）

エネルギー群	$\nu\Sigma_f$	Σ_a
1	3.47	1.3
2	4.36	2.2
3	14.97	9.5

表 C 1 群に縮約されたマクロ断面積（cm^{-1}）

	$\nu\Sigma_f$	Σ_a
^{238}U	1.49×10^{-3}	3.61×10^{-3}
^{56}Fe	-	1.56×10^{-4}
^{23}Na	-	2.60×10^{-5}

(解)

1. ウラン燃料 1g を取るとその体積は ^{235}U : $0.164/18.7 = 8.77 \times 10^{-3}$、^{238}U : $0.836/19.0 = 4.4 \times 10^{-2}$, 合わせて 0.0528cm^3 となる。したがって単位体積中のウランの重量は $0.24/0.0528 = 4.55$g、^{235}U の重量は $4.55 \times 0.164\text{g} = 0.746\text{g}$

2. 原子数密度は $(0.746/235) \times 6.022 \times 10^{23} = 1.91 \times 10^{21}$

3.

$$\nu\sigma_f = \frac{0.114 \times 3.47 + 1.00 \times 4.36 + 0.00681 \times 14.97}{0.114 + 1.00 + 0.00681} = 4.89\ (\text{バーン}) \qquad \nu\Sigma_f = 0.00934\text{cm}^{-1}$$

$$\sigma_a = \frac{0.114 \times 1.3 + 1.00 \times 2.2 + 0.00681 \times 9.5}{0.114 + 1.00 + 0.00681} = 2.53\ (\text{バーン}) \qquad \Sigma_a = 0.00484\text{cm}^{-1}$$

4.

$$k_\infty = \frac{\nu\Sigma_f}{\Sigma_a} = \frac{0.00149 + 0.00934}{0.00484 + 0.00361 + 0.000156 + 0.000026} = \frac{0.01083}{0.008632} = 1.254 > 1$$

したがって漏れが 25 %以下であれば臨界となる。

例題 9-2

水素原子核によって減速された中性子のレサージ u_i における減速密度の値を h_i とすると

$$h_i = e^{-\Delta u_i} h_{i-1} + \Sigma_s(u_i)\phi(u_i)\Delta u_i$$

となることを示せ。

ただし、$\Delta u_i = u_i - u_{i-1}$, $\Sigma_s(u_i)$: 水素原子核の散乱断面積の区間 Δu_i における平均値、$\phi(u_i)$: 中性子束の区間 Δu_i における平均値である。(原子炉理論：第 18 回)

(解)

レサージ単位での減速密度は次のように表される。

$$q(u) = \int_u^{\infty} du'' \int_0^u \Sigma_s(u')\,\phi(u')\,P(u' \to u'')\,du'$$

水素原子核による減速では、$P(u' \to u'') = e^{u' - u''}$ なので（第3章(3–99)式）

$$q(u) = \int_u^{\infty} e^{-u''} du'' \int_0^u du \Sigma_s(u')\,\phi(u')\,e^{u'} = e^{-u} \int_0^u du' \Sigma_s(u')\,\phi(u')\,e^{u'}$$

これを差分形で書き直すと、u_i での減速密度 h_i は $\Sigma_s(u_i) = \Sigma_{s_i}$, $\phi(u_i) = \phi_i$ とおいて

$$h_i = e^{-u_i} \sum_j \Sigma_{s_j} \phi_j e^{u_j} \Delta u_j = e^{-(u_{i-1}+\Delta u_i)} \sum_j \Sigma_{s_j} \phi_j e^{u_j} \Delta u_j$$

$$= e^{-\Delta u_i} e^{-u_{i-1}} \sum_j \Sigma_{s_j} \phi_j \Delta u_j + \Sigma_{s_i} \phi_i \Delta u_i = e^{-\Delta u_i} h_{i-1} + \Sigma_{s_i} \phi_i \Delta u_i = e^{-\Delta u_i} h_{i-1} + \Sigma_{s_i} \phi_i \Delta u_i$$

例題 9-3

半径 2m、3m および 4m の球形原子炉からの中性子の漏れの割合を 2 群理論により計算せよ。ただし各々の場合に原子炉は臨界状態にあるものとし、熱中性子拡散距離、フェルミ年齢（または減速面積）は常にそれぞれ 30cm および 120cm^2 であるとせよ。(原子炉理論：第 6 回)

(解)

中性子が漏れる確率

$$P_L = 1 - P_{NL} = 1 - P_{FNL} P_{THL} = 1 - \frac{1}{1+\tau B^2} \cdot \frac{1}{1+L^2B^2}$$

球形炉心なので $B^2 = (\pi/R)^2$、これに与えられた数値を代入して

2m のとき、　$B^2 = 2.467 \times 10^{-4}$　　$P_L = 1 - 0.795 = 0.205$

3m のとき、　$B^2 = 1.097 \times 10^{-4}$　　$P_L = 1 - 0.898 = 0.102$

4m のとき，　$B^2 = 6.169 \times 10^{-5}$　　$P_L = 1 - 0.940 = 0.060$

類題

9-1

多領域の無限平板状の原子炉について、1 次元多群の臨界計算を行う際に用いるべき差分方程式を示せ。

（原子炉理論：第 17 回、文章変更）

9-2

無限大の水中に厚さ0の平板状の一様な、高速中性子を等方的に放出する中性子源が置かれている。熱中性子束分布の概形を論じ、これを与える式を2群拡散理論によって求めよ。(原子炉理論：第24回、文章変更)

9-3

表Dに示すような多群定数を有する材料がある。この材料の無限増倍係数およびそれに対応する中性子

表D 多群定数

エネルギー群 (g)	χ	$\nu\Sigma_f$ (m^{-1})	Σ_a (m^{-1})	$\Sigma_{g\rightarrow g+1}$ (m^{-1})
1	1.0	0.005	0.003	0.911
2	0.0	0.026	0.035	0.456
3	0.0	0.070	0.161	1.373
4	0.0	0.635	0.33	-

スペクトル ϕ_g を求めよ。有効数字は3桁まで求めよ。ただし、中性子スペクトルは $\phi_1 = 1$ ($m^{-2}s^{-1}$) と規格化するものとする。

ここで、χ：核分裂中性子スペクトル, ν：核分裂当りの中性子収量, Σ_f：巨視的核分裂断面積, Σ_s：巨視的吸収断面積, $\Sigma_{g\rightarrow g+1}$：次群への巨視的減速断面積である。なお、減速で中性子は次群までは減速されるが、それ以下のエネルギーまで減速されたり、上の群に加速されることはないものとする。(原子炉理論：第34回)

10. 第6章

例題10-1

熱中性子炉で燃料棒直径を固定したまま格子間隔を変化させ、減速材と燃料の体積比 $x = V_M/V_F$ を変化させたとき、x を変数として、熱中性子利用率は

$$f = 1/(1+ax) \quad (*1) \qquad p = \exp(-1/bx) \quad (*2) \qquad ただし \quad b = (\xi\Sigma_s)_M/N_F I \quad (*3)$$

の形で表される。ここで $(\xi\Sigma_s)_M$ は減速材の減速能、N_F は燃料の原子数密度である。

次の問いに答えよ。

1. 熱中性子利用率が (*1) 式で表されることを熱中性子利用率の定義より示し、a を求めよ。ただし、熱中性子不利係数 (disadvantage factor) $d = \phi_M/\phi_F$ は一定であるとする。
2. (*3) 式のパラメータの原子炉理論における名称と定義を示し、原子炉理論における重要な役割を説明せよ。
3. 無限中性子増倍係数 k_∞、吸収あたりの平均核分裂中性子数 η、高速核分裂補正因子 ϵ、熱中性子利用率 f、共鳴を逃れる確率 p を x に対してプロットすると下図のようになった。曲線 a、b、c、d、e はそれぞれ k_∞、η、ϵ、f、p のどれに対応するか。
4. 4 因子のうちの η と ϵ が x によらず一定であると仮定し、k_∞ を最大にする体積比 x_{max} を求めよ。ただし $a/b \ll 1$ と近似してよい。
5. 熱中性子動力炉の設計では、下図の（イ）～（ホ）のうちどの点に x を設定するのが適切か。理由を付して答えよ。

(原子炉理論：第 43 回)

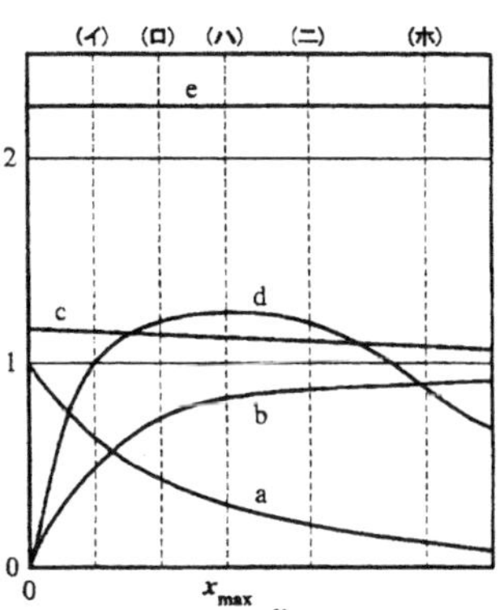

(解)

1.

$$f = \frac{\Sigma_a^F V_F \phi_F}{\Sigma_a^F V_F \phi_F + \Sigma_a^M V_M \phi_M} = \frac{1}{1 + \left(\Sigma_a^M/\Sigma_a^F\right)(V_M/V_F)(\phi_M/\phi_F)}$$

よって $a = \left(\Sigma_a^M/\Sigma_a^F\right)(\phi_M/\phi_F) = \left(\Sigma_a^M/\Sigma_a^F\right) d$

2. (実効) 共鳴積分、$I_{eff} = \int \sigma_a(E)(dE/E)$

3. $a : f$、 $b : p$、 $c : \epsilon$, $d : k_\infty$、 $e : \eta$

4.

$$k_\infty = \eta\varepsilon p f = \eta\varepsilon \frac{1}{1+ax} \exp\left(-\frac{1}{bx}\right)$$
$$\frac{dk_\infty}{dx} = \left[-\frac{a}{(1+ax)^2} + \frac{1}{(1+ax)} \cdot \frac{1}{bx^2}\right] \exp\left(-\frac{1}{bx}\right) = 0$$

より，$a/(1+ax) - [1/(1+ax)](1/bx^2) = 0$。ここから，$abx^2 - ax - 1 = 0$

$x = \frac{1}{2}\left[\frac{1}{b} \pm \sqrt{\left(\frac{1}{b}\right)^2 + \frac{4}{ab}}\right]$，$x > 0$ また $a/b \ll 1$ なることを用いれば、$x = \frac{1}{2}\left[\frac{1}{b} \pm 2\sqrt{\frac{1}{ab}}\right]$

5. 温度上昇→減速材密度低下→ Σ_a^M/Σ_a^F 減少 → k_∞ 減少となり、かつこの変化に対する k_∞ の変化があまり著しくないために (ロ) の付近に設計する。

類題

10-1

半径 R_0 の球状燃料要素が無限大の減速材中に規則正しく並んでいる体系における熱中性子利用率の損失係数 (disadvantage factor) を求めよ。ただし、等価セル (球状) の半径を R_1 とし、被覆材は無視するものとする。(原子炉理論：第 10 回)

10-2

軽水炉を例に取り、燃料棒の半径を固定したまま格子のピッチを変えて、減速材対燃料の体積比 (V_M/V_F) を非常に大きい状態から次第に減らしていくとき、4 因子 η 、f、p、ϵ および k_∞ がそれぞれどのように変化していくかを、その理由とともに説明せよ。

ただし、低エネルギー領域で中性子捕獲断面積および核分裂断面積はいずれも $1/v$ 依存性を持つものとする。(原子炉理論：第 21 回)

7–1　付録　年齢拡散理論

本書では年令拡散理論について述べなかった。しかし原子炉理論開発の歴史でこの理論が大変重要な役割を果したため原子炉主任技術者試験問題ではしばしば取り上げられるので、ここで解説する。

一次元平板体系に対して Boltzman 方程式をレサジーを変数として書くと次のようになる。

$$\mu(\partial\Psi/\partial x) + \Sigma(x,\mu)\Psi(x,\mu,u) = 2\pi\int\int_{-1}^{1}\Sigma(x,u'\to u,\mu_0)\Psi(x,\mu',u')d\mu' du' + Q(x,\mu,u) \quad \text{(A-1)}$$

ただし、$\mu_0 = \mu\cdot\mu'$（散乱後のコサイン）である。Ψ, Q, Σ をそれぞれ次のようにルジャンドル展開し、

$$\Psi(x,\mu,u) = \sum_{m=0}^{\infty}[(2m+1)/4\pi]\phi_m(x,u)P_m(\mu) \quad \text{(A-2)}$$

$$Q(x,\mu,u) = \sum_{m=0}^{\infty}[(2m+1)/4\pi]Q_m(x,u)P_m(\mu) \quad \text{(A-3)}$$

$$\Sigma(x,u'\to u,\mu_0) = \sum_{l=0}^{\infty}[(2l+1)/4\pi]\Sigma_l(x;u'\to u)P_l(\mu_0) \quad \text{(A-4)}$$

その第 1 項と第 2 項を取り、それぞれに $P_0(\mu)$、$P_1(\mu)$ を掛けて積分すれば（P_1 近似）次のようになる。

$$(\partial\phi_1/\partial x) + \Sigma(x,u)\phi_0(x,u) = \int\Sigma_0(x,u'\to u)\phi_0(x,u')du' + Q_0(x) \quad \text{(A-5)}$$

$$(\partial\phi_0/\partial x) + 3\Sigma(x,u)\phi_1(x,u) = 3\int \Sigma_1(x,u' \to u)\phi_1(x,u')du' + 3Q_1(x) \tag{A-6}$$

中性子減速理論において、衝突密度 $\Sigma_0\phi_0$ は水素の場合を除き、また 1eV から 0.1MeV の範囲で殆ど一定であった。そこで (A-5)、(A-6) を u の周りでテーラー展開してその最初の 2 項のみを取ることとする。そしてその意味を明確にするため $\Sigma_l(x,u' \to u) = \Sigma_l(x,u,u-u')$ 等と書くこととすると、被積分項の展開は

$$\Sigma_0(x,u,u \to u')\phi_0(x,u') \doteqdot \Sigma(x,u,u-u')\phi_0(x,u) - (u-u')[\partial(\Sigma_0\phi_0)/\partial u] \tag{A-7}$$

$$\Sigma_1(x,u',u-u')\phi_1(x,u,u-u') \doteqdot \Sigma_1\phi_1(x,u) \tag{A-8}$$

これらを代入して次の表記を用いると

$$\int \Sigma_0(x,u',u-u')du' \equiv \Sigma_0(x,u) \tag{A-9}$$

$$\int (u-u')\Sigma_0(x,u,u-u')du' \equiv \xi(u)\Sigma_0(x,u) \tag{A-10}$$

$$\int \Sigma_1(x,u,u-u')du' \equiv \bar{\mu}_0(u)\Sigma_0(x,u) \tag{A-11}$$

(A-5)、(A-6) は

$$(\partial\phi_1/\partial x) + (\Sigma - \Sigma_0)\phi_0 = \partial(\xi\Sigma_0\phi_0)/\partial u + Q_0 \tag{A-12}$$

$$(\partial\phi_0/\partial x) + 3(\Sigma - \bar{\mu}_0\Sigma_0)\phi_1 = 3Q_1 \tag{A-13}$$

となる。

重心系で等方散乱の場合、

$$\Sigma_0 = \Sigma_s(x,u) \tag{A-14}$$

$$\xi = 1 + [\alpha/(1-\alpha)]\ln\alpha \tag{A-15}$$

$$\bar{\mu}_0 = 2/3A \tag{A-16}$$

であり、また中性子源が等方すなわち $Q_1 = 0$ のとき、(A-13) より

$$\phi_1 = -D(\partial\phi_0/\partial x) \qquad \text{ただし} \quad D = 1/[3(\Sigma - \bar{\mu}_0\Sigma_0)] \tag{A-17}$$

なので（Fick の法則）、これを (A-12) に代入すれば

$$-[\partial(D(\partial\phi_0/\partial x))/\partial x] + (\Sigma - \Sigma_0)\phi_0 = \partial(\xi\Sigma_0\phi_0)/\partial u + Q_0 \tag{A-18}$$

が得られる。$\xi\Sigma_0\phi_0$ は減速密度で普通 $q(x,u)$ という記号で表される。$Q_0 = 0$ で吸収のないとき、すなわち $\Sigma = \Sigma_s$ でかつ D, ξ, Σ が u に依存しないとすると、(A-18) は

$$\partial^2 q(x,u)/\partial x^2 = (\xi\Sigma_0/D)(\partial q/\partial u) \equiv \partial q/\partial\tau \tag{A-19}$$

ただし $\tau = \int_0^u (D/\xi\Sigma_s)du'$　$(\partial q/\partial\tau = (\partial q/\partial u)(\partial u/\partial\tau)$ なので)

となる。(A-19) をフェルミ年齢方程式という。(A-19) において τ はフェルミ年令といい計算機の発達する以前においては、高速中性子の漏れの効果を拡散方程式に取り入れる上で重要な役割を果した。なお、

$$\partial^2 q/\partial x^2 = \partial q/\partial\tau \tag{A-20}$$

において、$q(x,0) = S\delta(x)$ と中性子源が与えられたとき、この解は

$$q(x,\tau) = (2S/a)\sum_{n=1}^{\infty} exp(-B_n^2\tau)cosB_n x \tag{A-21}$$

と与えられる。また τ の式から 2 群理論（第 5 章）によれば $\tau = D_1/\Sigma_{r1}$ とすることができる。

英和（和英）訳

	英	和
A	absorption cross section	吸収断面積
	absorption reaction	吸収反応
	adjoint operator	随伴演算子
	albedo	反射係数（アルベド）
	angular neutron current	角中性子流
	angular neutron density	角中性子密度
	angular neutron flux	角中性子束
	atomic mass unit	原子質量単位
	atomic number	原子番号
B	barn	バーン（b）
	Bessel function	ベッセル関数
	beta disintegration	ベータ壊変
	binding energy	結合エネルギー
	blanket	ブランケット
	boundary condition	境界条件
	breeding	増殖
	breeding ratio	増殖比
	Breit-Wigner one-level formula	ブライト・ウィグナーの１準位公式
	buckling	彎曲
C	capture cross section	捕獲断面積
	capture gamma ray	捕獲 γ 線
	capture to fission ratio	捕獲－核分裂比
	center of mass system	重心系
	cent	セント
	chain reaction	連鎖反応
	closed loop transfer function	閉ループ伝達関数
	collision density	衝突密度
	collision probability method	衝突確率法
	compound nucleus	複合核
	control rod	制御棒
	conversion	転換
	coolant	冷却材
	critical eigenvalue	臨界固有値
	critical volume	臨界体積
	criticality	臨界
	criticality adjustment	臨界調整
	criticality condition	臨界条件
	cross section	断面積
D	Dancoff-Ginsberg Factor	ダンコフ係数
	decay	壊変
	decay constant	壊変（崩壊）定数
	delayed neutron	遅発中性子
	delta function	デルタ関数
	detailed balance	詳細釣合
	differential scattering cross section	微分散乱断面積
	diffusion approximation	拡散近似
	diffusion area	拡散面積
	diffusion coefficient	拡散係数
	diffusion cooling	拡散冷却
	diffusion equation	拡散方程式
	diffusion hardening	吸収硬化
	diffusion length	拡散距離
	directly coupling	隣接結合
	discrete ordinate method	離散座標法
	Doppler broadening	ドップラー拡がり
	Doppler coefficient	ドップラー係数
	Doppler effect	ドップラー効果
	Doppler width	ドップラー幅
	double differential scattering cross section	2 重微分散乱断面積
	doubling time	倍増時間
E	effective multiplication factor	実効増倍率
	eigenfunction	固有関数
	eigenvalue	固有値
	elastic resonance scattering cross section	共鳴弾性散乱断面積
	elastic scattering	弾性散乱
	elastic scattering cross section	弾性散乱断面積
	electron	電子
	equivalence theorem	等価定理
	error function	誤差関数
	extrapolation distance	外挿（補外）距離
F	fast breeder reactor	高速増殖炉
	fast fission factor	高速核分裂因子
	fast reactor	高速中性子炉
	fertile material	親物質
	Fick's law	フィックの法則
	finite difference method	有限差分法
	finite dilution	有限希釈
	first flight escape probability	第 1 飛行脱出確率
	fissile nucleus	熱核分裂性核
	fission	核分裂
	fission cross section	核分裂断面積
	fission fragment	核分裂片
	fission product	核分裂生成物
	fission width	核分裂幅
	free path	自由行程
	free surface	自由表面
	fundamental mode	基本モード

	英	和
	fusion reaction	核融合反応
G	Gauss-Saidel method	ガウスーザイデル法
	geometrical buckling	幾何学的バックリング
	group constants	群定数
	group neutron flux	群中性子束
	group transfer cross section	群間の遷移断面積
H	half-life	半減期
	Helmholz equation	ヘルムホルツ方程式
	heterogeneous reactor	非均質炉
	homogeneous reactor	均質炉
	hydrogen	水素
I	inelastic scattering	非弾性散乱
	inelastic scattering cross section	非弾性散乱断面積
	infinite dilution	無限希釈
	infinite multiplication factor	無限増倍率
	inhour equation	逆時間方程式
	inscattering	散乱流入
	integral neutron transport equation	積分型中性子輸送方程式
	intermediate reactor	中速中性子炉
	isotope	同位体
J	Jacobi method	ヤコビ法
L	laboratory system	実験室系
	Laplace transformation	ラプラス変換
	Laplacian	ラプラシアン
	lethargy	レサージ
	Line Jacobi method	線ヤコビ法
M	macroscopic cross section	マクロ断面積
	magic nucleus	魔法の核
	magic number	魔法の数
	mass defect	質量欠損
	mass number	質量数
	material buckling	材料バックリング
	Maxwellian distribution	マックスウェル分布
	Maxwellian flux	マックスウェルの中性子束
	mean free path	平均自由行程
	mean life	平均寿命
	microscopic cross section	ミクロ断面積
	minimum critical volume	最小臨界体積
	moderating power	減速能
	moderating ratio	減速比
	moderator	減速材
	modified one-group theory	修正1群理論
	Monte Carlo method	モンテ・カルロ法
	most probable energy	最確エネルギー
	multi-group diffusion equation	多群拡散方程式
	multi-group transport equation	多群輸送方程式
	multiplication factor	増倍率
N	narrow resonance approximation	NR近似
	narrow resonance infinite mass approximation	NRIM近似
	natural uranium	天然ウラン
	neutrino	中性微子
	neutron	中性子
	neutron current	中性子流
	neutron diffusion equation	中性子拡散方程式
	neutron flux	中性子束
	neutron generation time	世代時間
	neutron spectrum	中性子スペクトル
	neutron temperature	中性子温度
	neutron transport equation	中性子輸送方程式
	neutron width	中性子幅
	non leakage probability	漏れない確率
	nonreentrant surface	凸表面
	nucleon	核子
	nucleus	原子核
	nuclide	核種
	numerical method	数値解法
O	open loop transfer function	開ループ伝達関数
	operator	演算子
	orthogonal	直交性
	outer iteration	外部反復
P	partial width	部分幅
	perturbation theory	摂動論
	phase	位相
	Placzeck function	プラチェック関数
	Point Jacobi method	点ヤコビ法
	point source	点源
	potential scattering	ポテンシャル散乱
	power method	べき乗法
	practical width	実用幅
	precursor	先行核
	probability distribution function	確率分布関数
	prompt critical	即発臨界
	prompt gamma ray	即発γ線
	prompt jump	即発跳躍
	prompt jump approximation	即発跳躍近似
	prompt neutron	即発中性子
	prompt temperature coefficient	即発温度係数
	proton	陽子
R	radiative capture	放射捕獲
	radiative width	放射幅

	英	和
	reactivity	反応度
	reactor	原子炉
	reactor kinetics	原子炉動特性
	reactor transfer function	原子炉伝達関数
	reciprocity relation	相反関係
	reduced mass	換算質量
	reduced wave length	換算波長
	reentrant surface	凹表面（再入射可能面）
	reflector	反射体
	reflector saving	反射体節約
	removal cross section	除去断面積
	resonance	共鳴
	resonance escape probability	共鳴を逃れる確率
	resonance integral	共鳴積分（実効共鳴積分）
S	self adjoint	自己随伴
	self shielding effect	自己遮蔽効果
	separation of variables	変数分離法
	slowing down	減速
	slowing down density	減速密度
	spontaneous fission	自発核分裂
	stable period	安定ペリオド（原子炉ペリオド）

	英	和
	supercritical	臨界超過
T	temperature coefficient	温度係数
	thermal neutron	熱中性子
	thermal reactor	熱中性子炉
	thermal utilization factor	熱中性子利用率
	thermalization	熱化
	time eigenvalue	時間固有値
	total cross section	全断面積
	total width	全幅
	transfer function	伝達関数
	transport cross section	輸送断面積
	transport kernel	輸送核
	transport mean free path	輸送平均自由行程
	tri-diagonal matrix	3 対角行列
U	unit cell	単位セル
W	wave length	波長
	width	幅
	Wigner-Seitz method	ウイグナー－ザイツの方法
Z	zero power transfer function	ゼロ出力炉伝達関数

	和	英
あ行	アルベド	albedo
	安定ペリオド(原子炉ペリオド)	stable period
	位相	phase
	ウイグナー―ザイツの方法	Wigner-Seitz method
	NR 近似	narrow resonance approximation
	NRIM 近似	narrow resonance infinite mass approximation
	演算子	operator
	凹表面（再入射可能面）	reentrant surface
	親物質	fertile material
	温度係数	temperature coefficient
か行	外挿（補外）距離	extrapolation distance
	外部反復	outer iteration
	壊変	decay
	壊変（崩壊）定数	decay constant
	開ループ伝達関数	open loop transfer function
	ガウス―ザイデル法	Gauss-Saidel method
	拡散距離	diffusion length
	拡散近似	diffusion approximation
	拡散係数	diffusion coefficient
	拡散方程式	diffusion equation
	拡散面積	diffusion area
	拡散冷却	diffusion cooling
	核子	nucleon
	核種	nuclide
	角中性子束	angular neutron flux
	角中性子密度	angular neutron density
	角中性子流	angular neutron current
	核分裂	fission
	核分裂生成物	fission product
	核分裂断面積	fission cross section
	核分裂幅	fission width
	核分裂片	fission fragment
	核融合反応	fusion reaction
	確率分布関数	probability distribution function
	換算質量	reduced mass
	換算波長	reduced wave length
	幾何学的バックリング	geometrical buckling
	基本モード	fundamental mode
	逆時間方程式	inhour equation
	吸収硬化	diffusion hardening
	吸収断面積	absorption cross section
	吸収反応	absorption reaction
	境界条件	boundary condition
	共鳴	resonance
	共鳴積分（実効共鳴積分）	resonance integral
	共鳴弾性散乱断面積	elastic resonance scattering cross section
	共鳴を逃れる確率	resonance escape probability
	均質炉	homogeneous reactor
	群間の遷移断面積	group transfer cross section
	群定数	group constants
	群中性子束	group neutron flux
	結合エネルギー	binding energy
	原子核	nucleus
	原子質量単位	atomic mass unit
	原子番号	atomic number
	原子炉	reactor
	原子炉伝達関数	reactor transfer function
	原子炉動特性	reactor kinetics
	減速	slowing down
	減速材	moderator
	減速能	moderating power
	減速比	moderating ratio
	減速密度	slowing down density
	高速核分裂因子	fast fission factor
	高速増殖炉	fast breeder reactor
	高速中性子炉	fast reactor
	誤差関数	error function
	固有関数	eigenfunction
	固有値	eigenvalue
さ行	最確エネルギー	most probable energy
	最小臨界体積	minimum critical volume
	材料バックリング	material buckling
	3 対角行列	tri-diagonal matrix
	散乱流入	inscattering
	時間固有値	time eigenvalue
	自己遮蔽効果	self shielding effect
	自己随伴	self adjoint
	実験室系	laboratory system
	実効増倍率	effective multiplication factor
	実用幅	practical width
	質量欠損	mass defect
	質量数	mass number
	自発核分裂	spontaneous fission
	自由行程	free path
	重心系	center of mass system
	修正 1 群理論	modified one-group theory
	自由表面	free surface
	詳細釣合	detailed balance
	衝突確率法	collision probability method
	衝突密度	collision density
	除去断面積	removal cross section

	和	英
	水素	hydrogen
	随伴演算子	adjoint operator
	数値解法	numerical method
	制御棒	control rod
	積分型中性子輸送方程式	integral neutron transport equation
	世代時間	neutron generation time
	摂動論	perturbation theory
	ゼロ出力炉伝達関数	zero power transfer function
	先行核	precursor
	全断面積	total cross section
	セント	cent
	全幅	total width
	線ヤコビ法	Line Jacobi method
	増殖	breeding
	増殖比	breeding ratio
	増倍率	multiplication factor
	相反関係	reciprocity relation
	即発γ線	prompt gamma ray
	即発温度係数	prompt temperature coefficient
	即発中性子	prompt neutron
	即発跳躍	prompt jump
	即発跳躍近似	prompt jump approximation
	即発臨界	prompt critical
た行	第1飛行脱出確率	first flight escape probability
	多群拡散方程式	multi-group diffusion equation
	多群輸送方程式	multi-group transport equation
	単位セル	unit cell
	ダンコフ係数	Dancoff-Ginsberg Factor
	弾性散乱	elastic scattering
	弾性散乱断面積	elastic scattering cross section
	断面積	cross section
	遅発中性子	delayed neutron
	中性子	neutron
	中性子温度	neutron temperature
	中性子拡散方程式	neutron diffusion equation
	中性子スペクトル	neutron spectrum
	中性子束	neutron flux
	中性子幅	neutron width
	中性子輸送方程式	neutron transport equation
	中性子流	neutron current
	中性微子	neutrino
	中速中性子炉	intermediate reactor
	直交性	orthogonal
	デルタ関数	delta function
	転換	conversion

	和	英
	点源	point source
	電子	electron
	伝達関数	transfer function
	天然ウラン	natural uranium
	点ヤコビ法	Point Jacobi method
	同位体	isotope
	等価定理	equivalence theorem
	凸表面	nonreentrant surface
	ドップラー係数	Doppler coefficient
	ドップラー効果	Doppler effect
	ドップラー幅	Doppler width
	ドップラー拡がり	Doppler broadening
な行	2重微分散乱断面積	double differential scattering cross section
	熱化	thermalization
	熱核分裂性核	fissile nucleus
	熱中性子	thermal neutron
	熱中性子利用率	thermal utilization factor
	熱中性子炉	thermal reactor
は行	バーン (b)	barn
	倍増時間	doubling time
	波長	wave length
	幅	width
	半減期	half-life
	反射係数	albedo
	反射体	reflector
	反射体節約	reflector saving
	反応度	reactivity
	非均質炉	heterogeneous reactor
	非弾性散乱	inelastic scattering
	非弾性散乱断面積	inelastic scattering cross section
	微分散乱断面積	differential scattering cross section
	フィックの法則	Fick's law
	複合核	compound nucleus
	部分幅	partial width
	ブライト・ウィグナーの1準位公式	Breit-Wigner one-level formula
	プラチェック関数	Placzeck function
	ブランケット	blanket
	平均自由行程	mean free path
	平均寿命	mean life
	閉ループ伝達関数	closed loop transfer function
	ベータ壊変	beta disintegration
	べき乗法	power method
	ベッセル関数	Bessel function
	ヘルムホルツ方程式	Helmholz equation
	変数分離法	separation of variables
	放射幅	radiative width

	和	英
	放射捕獲	radiative capture
	捕獲γ線	capture gamma ray
	捕獲-核分裂比	capture to fission ratio
	捕獲断面積	capture cross section
	ポテンシャル散乱	potential scattering
ま行	マクロ断面積	macroscopic cross section
	マックスウェルの中性子束	Maxwellian neutron flux
	マックスウェル分布	Maxwellian distribution
	魔法の核	magic nucleus
	魔法の数	magic number
	ミクロ断面積	microscopic cross section
	無限希釈	infinite dilution
	無限増倍率	infinite multiplication factor
	漏れない確率	non leakage probability
	モンテ・カルロ法	Monte Carlo method
や行	ヤコビ法	Jacobi method
	有限希釈	finite dilution
	有限差分法	finite difference method

	和	英
	輸送核	transport kernel
	輸送断面積	transport cross section
	輸送平均自由行程	transport mean free path
	陽子	proton
ら行	ラプラシアン	Laplacian
	ラプラス変換	Laplace transformation
	離散座標法	discrete ordinate method
	臨界	criticality
	臨界固有値	critical eigenvalue
	臨界条件	criticality condition
	臨界体積	critical volume
	臨界超過	supercritical
	臨界調整	criticality adjustment
	隣接結合	directly coupling
	冷却材	coolant
	レサージ	lethargy
	連鎖反応	chain reaction
わ行	弯曲	buckling

索　　引

あ　行

か　行

な　行

は　行

ま 行

や 行

ら 行

著者略歴

平川直弘（ひらかわ なおひろ）

1958年　東京大学理学部物理学科卒業，東京電力株式会社勤務を経て
1960年　日本原子力研究所研究員
1970年　東北大学工学部原子核工学科助教授
1979年　同教授
1999年　東北大学名誉教授
　　　　工学博士

岩崎智彦（いわさき ともひこ）

1975年3月　群馬県立前橋高等学校　卒業
1979年3月　東北大学工学部（原子核工学科）卒業
1981年3月　東北大学大学院工学研究科（原子核工学専攻）修士課程修了
1981年　株式会社東芝（原子力事業本部炉心設計部）入社
1986年　東北大学工学部（原子核工学科）助手
2002年　東北大学大学院工学研究科（量子エネルギー工学専攻）助教授
2011年　東北大学大学院工学研究科（量子エネルギー工学専攻）教授
　　　　工学博士
2022年　東北大学名誉教授

新装版　原子炉物理入門

Restyled Introduction to Nuclear Reactor Physics

2024年7月26日　　初版 第1刷 発行

著　者／平川　直弘・岩崎　智彦
発行者／関　内　　隆
発行所／東北大学出版会
〒980-8577　仙台市青葉区片平2-1-1
TEL：022-214-2777　FAX：022-214-2778
https://www.tups.jp
E-mail：info@tups.jp
印　刷／カガワ印刷株式会社
〒980-0821　仙台市青葉区春日町1-11
TEL：022-262-5551

ISBN978-4-86163-403-1　C3042
定価はカバーに表示してあります。
乱丁，落丁はおとりかえします。